高等学校规划教材

环境生物修复工程

李飞鹏　徐苏云　毛凌晨　主编

化学工业出版社

·北京·

内容提要

《环境生物修复工程》侧重于介绍环境生物修复工程原理和技术方法，同时力求反映国内外生物修复和生态修复技术的新进展。全书共分为8章。第1章为绪论；第2章环境生物修复基础理论，涵盖了微生物、植物、动物的生物修复原理以及生态修复的基本理论；第3章地表水环境生物修复，围绕湿地、河流、湖泊及流域等生态修复工程，对人工湿地、生态浮床、水生植物修复和生态营建等实用技术进行了详细介绍；第4章为土壤和地下水生物修复，同时涵盖了污染地块和矿山的适用性生物修复技术；第5章固体废物的生物处理技术，侧重于有机固体废物和工业固体废物的生物处理方法；第6章介绍了海绵城市建设中的生物修复技术；第7章农业面源污染的生物修复，主要包括农田污染、畜禽养殖污染和农村人居环境治理中的生物修复技术；第8章对环境生物修复的可处理性、工程设计和评价策略进行了简单介绍。

《环境生物修复工程》可作为高等学校环境工程、环境科学、环境生态工程城乡规划、水利类专业的教材，还可供环境工程、环境科学、环境生态工程资源管理、生态水利等相关技术领域的科研人员、管理人员和企业工程师阅读参考。

图书在版编目（CIP）数据

环境生物修复工程/李飞鹏，徐苏云，毛凌晨主编.—北京：化学工业出版社，2020.10（2025.2重印）
高等学校规划教材
ISBN 978-7-122-37402-8

Ⅰ.①环… Ⅱ.①李…②徐…③毛… Ⅲ.①环境生物学-高等学校-教材 Ⅳ.①X17

中国版本图书馆CIP数据核字（2020）第125984号

责任编辑：满悦芝　　文字编辑：刘洋洋　陈小滔
责任校对：王素芹　　装帧设计：张　辉

出版发行：化学工业出版社（北京市东城区青年湖南街13号　邮政编码100011）
印　　装：北京科印技术咨询服务有限公司数码印刷分部
787mm×1092mm　1/16　印张16¾　字数411千字　2025年2月北京第1版第4次印刷

购书咨询：010-64518888　　售后服务：010-64518899
网　　址：http://www.cip.com.cn
凡购买本书，如有缺损质量问题，本社销售中心负责调换。

定　　价：59.80元

前 言

生态环境是人类生存和发展的根基，生态环境变化直接影响文明兴衰演替。随着城镇化、工业化、基础设施建设和农业开垦等开发建设活动的快速推进，生态环境空间遭受持续威胁，环境污染问题日益突出，生态破坏事件时有发生，生态环境问题成为包括我国在内的全世界各国共同面对的难题。我国社会主要矛盾已经转化为人民日益增长的美好生活需要和不平衡不充分的发展之间的矛盾。环境污染和生态破坏打破了生态系统原有的平衡，有造成黑臭河道、水华、生物多样性减少、水土流失和耕地污染等生态危机的风险，不仅影响生态系统和人类生命健康，而且阻碍我国可持续发展的步伐。

坚持人与自然和谐共生，建设生态文明是中华民族永续发展的千年大计。“万物各得其和以生，各得其养以成。”历史教训表明，在整个发展过程中，不能只讲索取不讲投入，不能只讲发展不讲保护，不能只讲利用不讲修复。人类对大自然的伤害最终会伤及人类自身，这是无法抗拒的规律，只有遵循自然规律才能有效防止在开发利用自然上走弯路。道法自然，要重构良好的生态环境和创建美丽中国，一方面要控制污染源，降低人类的生产生活对生态环境的破坏，另一方面要大力实施生物和生态修复，唤醒和强化自然生态的自我净化功能，努力建设望得见山、看得见水、记得住乡愁的美丽中国。

生物修复工程是生态环境工程的重要组成部分。与其他工程措施相比，环境生物修复技术在处理环境污染物方面具有速度快、消耗低、效率高、成本低、反应条件温和以及无二次污染等显著优点。随着生物技术研究的发展和生态环境理念的提升，人们已越来越意识到，环境生物和生态修复技术的发展为从根本上解决生态和环境问题提供了希望、点明了方向。山水林田湖草是一个生命共同体，大自然是一个相互依存、相互影响的系统，必须按照生态系统的整体性、系统性及其内在规律，进行整体修复、系统修复、综合治理。

尽管环境生物修复技术出现的时间不长，但发展迅速，已经成为新时代生态环境保护的主流工程技术。当前我国对生态环境修复技术和相应人才的需求日益旺盛，但相关系统性的基础和技术教材并不多见。环境生物修复工程是一个系统工程，需要依靠工程学、环境学、生物学、生态学、微生物学、地质学、土壤学、水文学、化学、气象学、基因工程、计算机和微电子等多学科的合作。本书在环境生物修复基础知识的基础上，针对我国现实需求，结合国内外相关技术案例，对地表水、土壤和地下水等多种环境介质，以及生活垃圾、工业废物及污染地块的生物修复工程原理和技术方法进行系统性介绍，同时介绍了海绵城市建设中的生物和生态修复技术措施，最后对生物修复工程的可处理性及工程设计进行了介绍。

本书共包含8章：绪论、环境生物修复基础理论、地表水环境生物修复、土壤和地下水生物修复、固体废物的生物处理技术、海绵城市建设中的生物修复技术、农业面源污染的生物修复和环境生物修复的可处理性和工程设计。在编写时，笔者既注重介绍环境生物修复技术的基础性和理论性内容，又兼顾国家重大生态环境问题，如黑臭河道、江河湖生态修复、垃圾分类处理、海绵城市和农业面源污染等，以案例方式介绍了典型生态环境问题的生物修复工程，以便于读者根据实际需要来选择适宜的生物修复技术。本书编写分工为：李飞鹏、邵玲（第1章），李飞鹏、毛凌晨（第2章），李飞鹏、刘燕如、尚广峰、冯君逸（第3章），毛凌晨、叶华、孔惠、严南峡（第4章），徐苏云、张皖秋、左刘泉（第5章），李飞鹏、刘伟（第6章），高雅（第7章），李飞鹏（第8章）。谷碧涵、王玥、梁涛、杨洋、陈蒙蒙、韩啸等对书稿进行了文字核对和格式编辑。

李飞鹏对全书进行了内容设计和统稿，徐苏云和毛凌晨对全部书稿进行了文字核对和形式统稿，陶红教授对全书进行了审稿。

本书系统性、专业性和实用性较强，可作为高等院校环境、生态、城乡规划和水利类专业的高年级本科生、硕士或博士研究生的教材或教学参考用书，还可供环境保护、生态工程、资源管理、生态水利等有关技术领域的科研人员、管理人员和企业工程师参考。

本书的出版得到了化学工业出版社的大力支持，在此表示深深的谢意。

由于笔者水平和经验有限，书中难免存在疏漏和不妥之处，敬请同行专家、学者和广大读者批评指正，以使本书不断完善。

编者

2020 年 9 月

目录

第1章 绪　　论

第2章 环境生物修复基础理论

第3章 地表水环境生物修复

第4章　土壤和地下水生物修复

第5章　固体废物的生物处理技术

第6章　海绵城市建设中的生物修复技术

第7章 农业面源污染的生物修复

第8章 环境生物修复的可处理性和工程设计

第1章 绪 论

生物修复的概念一般认为起始于20世纪70年代，包括各种环境介质的生物修复等。欧洲各发达国家从20世纪80年代中期就对生物修复进行了初步研究，并完成了一些实际的处理工程。1991年3月，在美国圣地亚哥举行了第一届原位生物修复国际研讨会，学者们交流和总结了生物修复工作的实践和经验，使生物修复技术的推广和应用走上了迅猛发展的道路，诸多的土壤、地下水、海滩等环境介质中危险污染物的治理项目开始实施。到20世纪90年代生物修复工程得到迅速发展。我国的生物修复工作开展得较发达国家晚，处于刚刚起步阶段，生物修复工程自20世纪90年代开始在我国显得尤为重要。当前我国生态环境的质量虽然有所改善，但是环境问题的复杂性、紧迫性和长期性还没有改变，环境污染和生态破坏问题的根治还有很长的路要走。

环境生物修复的核心思想是应用生物自身的特性来对环境污染进行防治，并对预定要进入生物圈的污染物进行有效治理。随着生态文明建设的推进，采用生物修复技术进行生态环境治理的理念已深入人心，生物修复已经成为生态环境治理的一个主导方向。

1.1 环境生物修复概述

1.1.1 环境修复的概念

修复（repair）是一个工程概念，一般指借助外界作用力使某个受损的特定对象部分或全部恢复到原始状态的过程。严格地说，修复包括恢复、重建和改建三个方面的活动。恢复（restoration）是指使部分受损的对象向原始状态发生改变；重建（reconstruction）是指使完全丧失的对象恢复至原始水平；改建（renewal）是指使部分受损对象进行改善，增加人工特色，减少自然特征。三者之间的关系如图1-1所示。

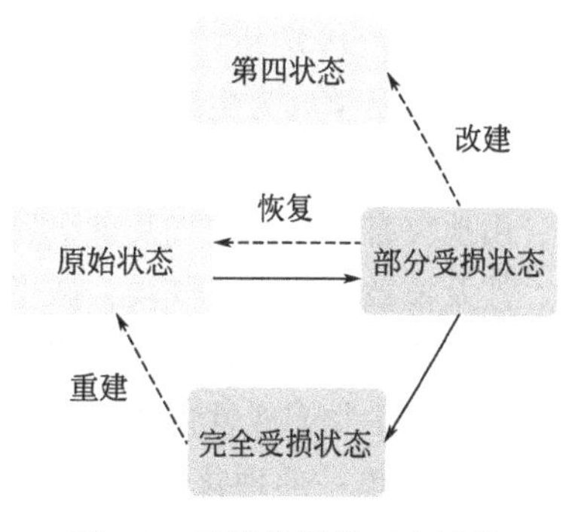

图1-1 环境修复的三个过程

（实线表示破坏方向，虚线表示修复方向）

1.1.2 生物修复的概念

生物修复的概念有广义和狭义之分。广义的生物修复，是指一切利用生物为主体的环境污染治理技术，既包括利用植物、动物和微生物吸收、降解、转化环境介质中的污染物，使污染物的浓度降低到可接受的水平，或将有毒有害的污染物转化为无害的物质，也包括将污染物稳定化，以减少放射性物质危害的生物修复等。狭义的生物修复，是指通过微生物的作用清除环境介质中的污染物，或者使污染物无害化的过程，包括自然的和人为控制条件下的污染物降解或无害化过程。简言之，生物修复就是利用生物（天然的或接种的）将环境介质中的污染物原位或异位去除或降解的工程技术系统。

生物修复工程起源于有机污染物的治理。首次记录实际使用生物修复的工程是在1972年，美国宾夕法尼亚州利用生物修复技术清除Ambler管线泄漏的汽油；1989年美国的阿拉斯加海湾溢油事故的修复，是生物修复史上的里程碑。随后生物修复也逐渐向无机污染物的治理扩展，例如用于清除土壤、地下水、废水、污泥、工业废料及矿区矿渣等重金属类的物质。虽然生物不能将其分解，但是可以通过生物将其转移或降低其毒性。

为了更好地理解生物修复的概念，有必要对生态修复的概念进行介绍。在生态修复的研究和实践中，涉及的相关概念有生态恢复（ecological restoration）、生态修复（ecological repair）、生态重建（ecological reconstruction）、生态改建（ecological renewal）、生态改良（ecological reclamation）。学术上用得比较多的是“生态恢复”和“生态修复”，生态恢复的叫法主要应用在欧美国家，在我国也有应用，而生态修复的叫法主要应用在我国和日本。

20世纪60年代，美国生态学家Odum提出生态工程的概念，受此启发，欧洲一些国家尝试应用研究，并形成所谓“生态工程工艺技术”，这实际属于清洁生产的范畴。随着生态学与环境生态学的发展，90年代美、德等国提出通过利用生态系统自组织和自调节能力来修复污染环境，并通过选择特殊植物和微生物，人工辅助建造生态系统来降解污染物，这一技术被称为环境生态修复技术。20世纪20年代开始，德、美、英、澳等国家对矿山开采扰动受损土地进行恢复和利用，逐渐形成土地复垦技术，包括农业、林业、建筑、自然复垦等，实际也属于土壤环境修复的范畴。

20世纪70年代后，受生态工程学术思想的影响，生态恢复从土壤环境修复和生产力恢复层面上升到了生态系统恢复层面，即重建该系统干扰前的结构与功能有关的物理、化学和生物学特征。1975年，以“受损生态系统的恢复”为议题的国际会议在美国弗吉尼亚工学院召开，此后英、美等国创立恢复生态学相关的杂志，生态恢复被列为当时最受重视的生态学概念之一。1987年，Jordan发表《生态恢复学》专著，1993年，Bradshaw做了更详尽的研究，生态恢复学成为生态学的一个分支学科。在其指导下，生态恢复技术研究的领域进一步拓宽，主要研究森林、草地、灌丛、水体等生态系统在采矿、道路建设、机场建设、放牧、采伐、山地灾害、工业大气及重金属污染等干扰体系的影响下退化和自然恢复的机制和生态学过程，涉及植被、土壤、气候、微生物、动物等多方面。我国生态恢复学研究多集中在大型矿区、大型建筑场地、森林采伐迹地、受损湿地等生态恢复方面，研究的焦点领域是土壤、野生动植物及其生物多样性恢复，这与我国水土保持生态修复和工矿区生态恢复与重建比较接近。

事实上单一的理化或生物措施很难达到环境恢复的目的，目前关于“生态修复”还没有一个准确的公认定义，文献中广义的生态修复与生态恢复是等同的。以生物修复为基础，强调生态学原理在退化生态系统中的应用，针对某一生态环境修复过程中所使用的相匹配的一种或几种生态修复技术而形成的模式，即为生态修复模式。因此，生态修复更多表现出综合的概念，主要体现生物修复技术的应用。

在不存在歧义的情况下，本书将采用“修复”这个概念。因为修复是一个通用的概念，具有广泛的含义，并且修复强调通过生态系统初级生产过程的修复，进而启动和引导生态系统的自我修复和维持能力。同时，也并不意味着只有生物修复过程，之后就任其发展。相反，也包括使用大量的科学技术来指导修复过程，以达到管理的目标。

1.1.3　生物修复的技术特点

针对环境问题，常用的修复方法主要有物理方法、化学方法及生物方法三大类。然而，大量实践证明，许多污染物在进行了化学处理后还会生成更难降解的有毒有害物质，对环境造成二次污染，而物理方法往往治标不治本。生物技术是当前科技发展的优秀产物，在生态环境保护与污染治理中的应用日趋广泛。生物修复技术由于克服了化学方法和物理方法的种种缺陷，被普遍认为是一种高效率、低能耗和极具生态性的环境修复技术。生物修复同传统或现代的物理、化学修复方法相比，有以下诸多优点。

① 生物修复工程一般可以原位进行，操作方便。这样不仅减少了人类直接接触污染物的机会，而且减少了运输费用，也可用于其他污染技术不能处理的场地。

② 生物修复技术天然具有环境友好性能，最大限度降低污染物浓度。生物修复主要是自然过程的强化，最终产物是水和二氧化碳等，这些产物不会对环境产生二次污染或使污染转移，遗留下来的问题相对较少。

③ 生物修复便于同其他处理技术结合使用，处理复合污染。例如将生物修复技术与水利工程技术相结合的生态修复工程已经成为当前河流综合整治的主流方向。

④ 生物修复与传统物理、化学修复方法相比，处理费用低，一般可节约一半以上费用。

当然，生物修复技术也有一定的局限性。

① 条件苛刻，前期可行性评价费用高。生物修复是一种科技含量较高的处理方法，运作时一般要符合污染程度低的特殊条件。因此，最初用在修复地点进行生物可处理性研究和处理方案可行性评价的费用要高于常规技术的费用。

② 不是所有污染物都适用于生物修复。有些化学品不适合或难以被生物降解，如多氯代有机化合物等。有些化学品经微生物降解后，产物的毒性和迁移性与母体化合物相比反而增加。

③ 处理时间长。生物修复的主要机理是依赖生物的新陈代谢。生物特别是高等动植物的生长繁殖需要经历一定的生命周期才能完成其代谢活动，所以一般需要用较长的时间。

④ 特定的生物只能利用、吸收、降解、转化特定的化学物质，状态稍有变化的物质就可能不会被同一生物酶破坏。

⑤ 环境生物修复工程执行时的检测指标除化学指标外，还需要微生物、生物和生态指标。

1.2　环境生物修复技术的分类

生物修复的种类很多，可以根据不同的标准进行分类。

(1) 按生物修复的场所分类

按修复实施的场所或形式，生物修复一般被划分为两种类型，即原位生物修复和异位生物修复，这种划分方式主要在土壤和地下水修复中应用较多。

原位生物修复，就是在污染的原地点进行修复，采用一定的工程措施，但认为不移动污染源，不挖出土壤或抽取地下水。异位生物修复，就是移动污染源到邻近地点或反应器内进行修复，采用工程措施，挖掘土壤或抽取地下水。很显然这种处理更好控制，结果容易预测，技术难度更低，但投资成本较大。

(2) 按生物修复的对象分类

生物修复可用于多种环境介质，按修复受体即修复的对象，一般分为水体生物修复、土壤生物修复、地下水生物修复和大气生物修复等。水体生物修复可继续分为河流生物修复、湖泊生物修复和海洋生物修复；地下水生物修复一般和土壤修复同时进行；固体废物场地（如垃圾填埋场、矿渣废弃地）的生物修复有时也可归类在土壤（场地）生物修复中。

(3) 按参与生物修复的生物类群分类

按照生物修复中应用的生物类群，生物修复分为微生物修复、植物修复、动物修复和生态修复。

1.3 环境生物修复的前景

20 世纪 70 年代以来，环境生物技术和环境生物学的发展突飞猛进，这种势头一直延续到今天。虽然生物修复只有几十年的历史，但是生物修复技术已经成为生态环境保护领域最有价值和最有生命力的治理方法。

从生物修复优于物理修复、化学修复的众多特点来看，虽然它具有广阔的应用前景，但只有与物理修复、化学修复方法组成统一的修复技术体系，生物修复才能真正解决人类所面临的最困难的环境问题。最经济有效的结合是首先用生物修复技术将污染物处理到较低的水平，然后采用费用较高的物理或化学方法处理残余的污染物。随着生物技术和生态科学的飞速发展，生物修复的可行性与有效性逐渐增强，将被更多的人接受和采纳。

从现有的研究来看，尚需深入研究的问题有：继续对超累积植物的寻找及超累积机理的研究；通过遗传工程构建高效降解的微生物菌株，创造超积累型转基因植物；生物降解潜力的指标与生物修复水平的评价；生物修复与理化方法结合的综合技术的研究；生物修复的产业化；等等。

总之，应用生物系统对人为带来的污染物进行有效清洁是生物修复的目标。成功的生物修复需要多学科的共同合作，包括污染生态学、分子生物学与生物技术、土壤化学、植物学、微生物学和环境工程等。特别是对生物技术方法与微生物学原理的深刻理解将有助于这一技术的进一步发展和更有效、更广泛的应用。通过吸收、借鉴、采纳已有生物修复的成功和失败的经验，特别是结合我国国情，加强研究，将会使我国的生物修复工作进入到一个崭新的阶段。从科学的角度来看，生物修复技术本身是一项复杂的系统工程，要使生物修复技术成功并广泛地应用，应尽可能解决其中涉及的诸多技术难题，以尽早实现生物修复研究的技术应用。

思考题

1. 简述环境修复的概念，分析并讨论恢复、重建和改建等概念和修复的区别与联系。

2. 什么是环境生物修复？环境生物修复应遵循的基本原则有哪些？

3. 简述环境生物修复的分类和特点。

4. 试列举环境生物修复技术的优缺点。通过查阅文献资料分析环境生物修复工程的发展前景。

第2章　环境生物修复基础理论

生物圈是生存在地球陆地以上和海面以下各约10km之间的范围，包括岩石圈、土壤圈、水圈和大气圈内所有的生物群落和人以及它们生存环境的总称，是地球上所有生态系统的总和。生物修复的主体即生物，包括微生物、植物、动物以及由它们构成的生态系统，在实际的污染环境生物修复工程中，有时以一类生物为主，有时则是由复合生物系统进行。由于这些生物主体对生态环境修复的机理具有差异性，同时为叙述方便，以下将分别从微生物、植物、动物三个方面，对环境生物修复的基础理论进行介绍。

2.1　环境微生物修复原理

微生物是个体难以用肉眼观察的一切微小生物的统称，包括原核生物（细菌、放线菌和蓝细菌）、真核生物（真菌和微型藻类）、非细胞生物（病毒类）。进入自然界中的化合物（污染物）受到物理、化学和生物的作用而降解和转化。生物作用是物质降解的主要机制，而微生物又在其中占重要地位。在地球微生物系统中，环境微生物是非常重要的一个组成部分，不仅是地球环境演化的关键参与者，而且在生态环境治理和保护中发挥着重要作用。环境微生物是污染环境生物修复的技术核心。

微生物修复即利用土著的、引入的微生物和微生物制剂及其代谢过程，或其代谢产物进行的消除或富集有毒物质的生物学过程。狭义的微生物修复是利用微生物的作用清除土壤和水体中的污染物，或是使污染物无害化，从而修复被污染环境或消除环境中的污染物的一个受控或自发进行的过程。

微生物与不同环境之间形成各自的生态系统。环境中主要有三大微生物系统。

① 空气微生物系统。空气中有较强的紫外辐射，较为干燥，温度变化大，缺乏营养，一般不适合微生物生长。

② 水体微生物系统。水体包含微生物生存所需的各种条件，是微生物的天然生活环境。

③ 土壤微生物系统。土壤也是微生物适宜的生存环境，含有其生长繁殖及生命活动所需各种条件。

2.1.1　用于环境生物修复的微生物

微生物具有强大的降解转化能力。微生物个体微小，比表面积大，种类繁多，代谢速率快，代谢类型多样，每一种微生物都有独特的酶系与功能，同时，微生物繁殖快，易变异，适应性强。

可用于生物修复的微生物包括土著微生物、外源微生物、基因工程菌及其他生物（如浮游植物、浮游动物等）。常见微生物修复的生物类型有土著微生物、外源微生物和基因工程菌（genetically engineered microorganism，GEM）。

土著微生物（indigenous microorganism）即环境中固有的微生物。在自然修复过程中，发挥土著微生物的降解能力，需要有以下条件：①有充分和稳定的环境条件；②有微生物可利用的营养物；③有缓冲 pH 的能力；④有使代谢能够进行的电子受体。如果缺少一项条件，将会影响微生物修复的速率和程度。特别是对于外来化合物，如果污染新近发生，很少会有土著微生物能够降解它们，需要加入有降解能力的外源微生物（exogenous microorganism）。

外源（或接种）微生物即针对污染环境培育的大量接种的高效菌。对于自然界固有的化合物，一般都能够找到相应的降解菌种。但对于人类工业生产中合成的一些异生物质（xenobiotics），它们的结构不易被固有菌种的降解酶识别，需要用目标降解物来驯化、诱导产生相应的降解酶系，筛选得到高效菌种，这种方法一般需要 1 个月甚至几个月的时间。人为环境生物修复工程一般采用有降解能力的外源微生物，用工程化手段来加速生物修复的进程，这种在受控条件下进行的生物修复又称强化生物修复或工程化的生物修复，一般的技术手段有生物刺激技术和生物强化技术等。

基因工程的发展为人们快速获取一些高效菌种提供了新方法。基因工程菌（GEM）是将不同细菌的降解基因进行重组，将分属于不同细菌个体中的污染物代谢途径组合起来以构建具有特殊降解功能的超级降解菌，可以有效地提高微生物的降解能力，从而增强生物修复效果。

2.1.2　微生物在环境物质循环中的作用

生物地球化学循环（biogeochemical cycles）是指生物圈中的各种化学元素，经生物化学作用在生物圈中的转化和运动。这种循环是地球化学循环的重要组成部分。碳、氢、氧、氮、硫、磷、钾、铁等元素是组成生物体的化学元素，生物必须不断从环境中取得这些营养元素才能生长发育和繁殖。但是地球上这些元素的储存量毕竟是有限的，而生命的延续与发展却是无穷尽的，两者之间的矛盾只有在自然界的物质不断循环转化的条件下才能解决。

2.1.2.1　碳循环

碳是有机化合物的骨架，是构成有机体最重要的元素成分。自然界中的碳循环以 CO_2 为中心，CO_2 被植物、藻类利用进行光合作用，合成为植物碳；动物摄食植物就将植物碳转化为动物碳；动物和人呼吸排出的 CO_2 及有机碳化合物被厌氧微生物和好氧微生物分解所产生的 CO_2 均回到大气。此后 CO_2 再一次被植物利用进入循环（如图 2-1）。

CO_2 是植物、藻类和光合细菌的唯一碳源，人和动物呼吸、微生物分解有机物产生大量 CO_2，源源不断补充至大气。海洋、陆地、大气和生物圈之间碳长期自然交换的结果，

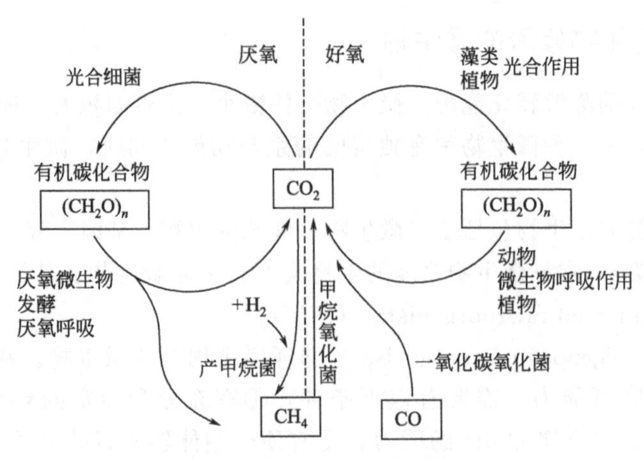

图 2-1　碳在自然界中的循环

使大气中的 CO_2 保持相对平衡、稳定。

由于含碳有机物的种类极其多样，不同有机物能被不同微生物分解，在自然界中参与有机物分解的主要是细菌、真菌和放线菌。除了自然界中的纤维素、葡萄糖等物质外，微生物还可以对来自生物的各种有机物进行转化和分解，甚至是一些人工合成的有机物和难降解的有机物，微生物也能以一定方式参与其转化过程。

2.1.2.2 氮循环

氮是所有生物体不可缺少的组成元素，也是合成蛋白质和核酸等关键细胞化合物的必要物质。自然界中的氮蕴藏量丰富，主要以三种形态存在：分子氮，占大气的 78%；有机氮化合物；无机氮化合物（氨氮和硝酸氮）。

氮的生物地球化学循环主要由微生物驱动，除固氮作用、氨化作用、硝化作用和反硝化作用外，厌氧氨氧化也是微生物参与氮循环的一个重要过程（图 2-2）。由微生物形成的氮转化的过程通常被描述为由六个有序进行的不同反应过程组成的一个循环，即 N_2 首先通过

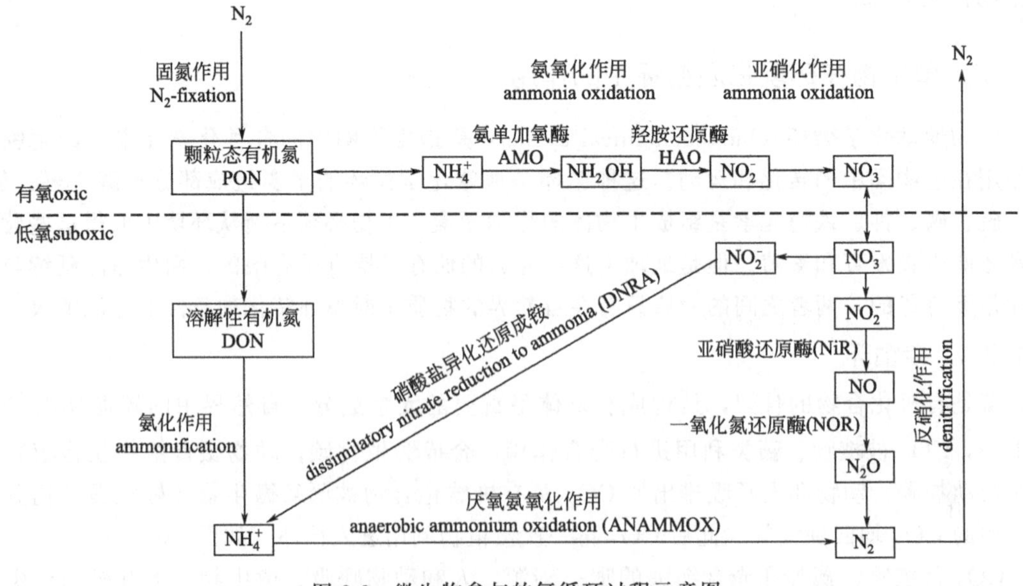

图 2-2　微生物参与的氮循环过程示意图

固氮作用变成氨，氨经过同化吸收作用而转变成生物有机氮，有机氮再经过氨化作用转变成铵盐，而铵盐再通过硝化作用被氧化成硝酸盐（$NH_4^+ \rightarrow NO_2^- \rightarrow NO_3^-$），最终再经反硝化作用被还原为$N_2$（$NO_3^- \rightarrow NO_2^- \rightarrow NO \rightarrow N_2O \rightarrow N_2$）或者经厌氧氨氧化作用被还原为$N_2$（$NO_2^- + NH_4^+ \rightarrow N_2$）。但是，自然界的氮循环过程并未达到上述所描述的一个平衡状态，这主要与这六个过程中截然不同的氮通量的大小有关。

(1) 固氮作用

在固氮微生物的固氮酶的作用下，分子氮转化为氨，进而合成为有机氮的化合物，叫作固氮作用，这种作用属于高耗能反应，需消耗ATP，同时需要特殊的酶系统固氮。

固氮微生物都是原核生物，至今还未能证实真核微生物中有能固氮的种类。具有固氮能力的微生物包括细菌、放线菌和蓝细菌，游离的主要有固氮菌、梭菌、克雷伯氏菌和蓝细菌。其中，固氮蓝细菌多见于有异形胞的固氮丝状蓝细菌，如鱼腥蓝细菌属（*Anabaena*）、念珠蓝细菌属（*Nostoc*）等在异形胞中进行固氮；共生的主要是根瘤菌和弗兰克氏菌。固氮酶对氧敏感，好氧固氮菌，如根瘤菌以只能生长不能分裂的类菌体（bacteroids）形式存在于豆科植物的根瘤中。豆血红蛋白就像一种缓冲剂，可在根瘤中调节氧的浓度，使氧浓度稳定在对固氮酶最合适的范围内。

(2) 氨化作用

有机氮化合物在氨化微生物的脱氨基作用下，产生氨，称为氨化作用。脱氨的作用有：①氧化脱氨，主要为好氧微生物的作用；②还原脱氨，由专性厌氧菌和兼性厌氧菌在厌氧条件下进行；③水解脱氨，即氨基酸水解脱氨后生成羟酸；④减饱和脱氨，是氨基酸在脱氨基时，在α、β键减饱和成为不饱和酸。氨基酸脱去羧酸基，产生胺，多由腐败细菌和霉菌引起。尿素被细菌水解产生氨，这类细菌如尿八联球菌、尿小球菌、尿素芽孢杆菌等。

(3) 硝化作用

氨基酸脱下的氨，在有氧的条件下，经亚硝化细菌和硝化细菌（氨氧化细菌）的作用转化为硝酸，称为硝化作用。亚硝化细菌主要包括亚硝酸单胞菌属、亚硝酸球菌属、亚硝酸螺菌属、亚硝酸叶菌属和亚硝酸弧菌属；硝化细菌包括硝化杆菌属和硝化球菌属，两者为革兰氏阴性（G^-）菌，好氧，多数为化能无机营养型。植物摄取氮的最为普遍形态是硝酸盐。水稻等植物可利用氨态氮，然而这一氮形态对其他植物是有毒的。当肥料以铵盐或氨形态施入土壤时，硝化细菌等微生物将他们转变成一般植物可利用的硝态氮。

氨氧化作用是硝化作用的第一个反应步骤，也是限速步骤，是全球氮循环的中心环节。典型的氨氧化过程被认为是一个主要由变形菌纲中的一小部分细菌类群所进行的专性好氧的化能自养过程。变形菌纲的氨氧化细菌将氨转化为硝酸盐作为唯一的能源而进行氨氧化作用，并广泛分布于几乎所有土壤、淡水和海洋环境。在自然界中，除自养硝化菌外，还有异养细菌、放线菌、真菌可将氨氧化为硝酸，异养菌氧化效率不高，但较耐酸，对不良环境抵抗力强。

(4) 反硝化作用

在厌氧条件下，反硝化细菌将硝酸盐还原成亚硝酸盐和气态氮（N_2和N_2O）的作用，称为反硝化作用。发生反硝化的条件是：硝酸盐存在（提供电子受体）、有机物存在（提供能量）、缺氧。反硝化细菌主要包括脱氮硫杆菌、施氏假单胞菌、脱氮假单胞菌、荧光假单胞菌、地衣芽孢杆菌等。反硝化过程中形成的氮气等气态无机氮的情况是造成土壤氮素损失、土肥力下降的重要原因之一。利用反硝化作用，可以去除水中的氮，即生物脱氮。

(5) 厌氧氨氧化作用

自一百多年前细菌氨氧化作用首次被发现以来，人们对氮循环的微生物作用已有不少认识。尤其是近十几年来，快速经历了两次革命性的突破。第一次是自然界中细菌厌氧氨氧化作用（anaerobic ammonium oxidation，ANAMMOX）的发现；第二次是氨氧化古菌（ammonia-oxidizing archaea，AOA）的发现。尤其是厌氧氨氧化菌的发现加深了人们对氮素循环的认识，也为人们研究和开发新型生物脱氮工艺提供了理论依据。厌氧氨氧化菌最初在人工生境中发现，随后在海洋沉积物、油田、河口沉积物、厌氧海洋盆地、红树林地区、海洋冰块、淡水湖、稻田土壤、湖港区以及海底热泉等自然生境中相继发现。

以亚硝酸盐作为氧化剂将氨氧化成氮气，或以氨作为电子供体将亚硝酸盐还原为氮气的生物反应，称为厌氧氨氧化。能够进行厌氧氨氧化的微生物，称为厌氧氨氧化菌。厌氧氨氧化菌是革兰氏阴性菌，为化能自养型细菌，以二氧化碳作为碳源合成细胞物质。自然界广泛存在的厌氧氨氧化菌属于浮霉菌门（Planctomycetes）。厌氧氨氧化菌不同属的形态各异，但是均具备一种重要细胞器即厌氧氨氧化体（anammoxosome），这是发生厌氧氨氧化过程的主要场所，为整个细胞提供能量。

尽管厌氧氨氧化菌对生长环境要求挑剔，但随着研究者对厌氧氨氧化领域的深入探索，及对生物脱氮效能影响因素的研究和厌氧氨氧化水处理工程的应用研究不断取得突破，实际工程的建设在全世界范围内逐渐兴起。

2.1.2.3 硫循环

自然界中硫有三态：元素硫、无机硫化物及含硫有机化合物。大多数微生物能利用硫酸盐作为唯一的硫源，同化成含有—S—S 基或者—SH 基的蛋白质有机物。硫循环主要包括脱硫作用、硫化作用、反硫化作用和同化硫酸盐还原作用（图 2-3）。

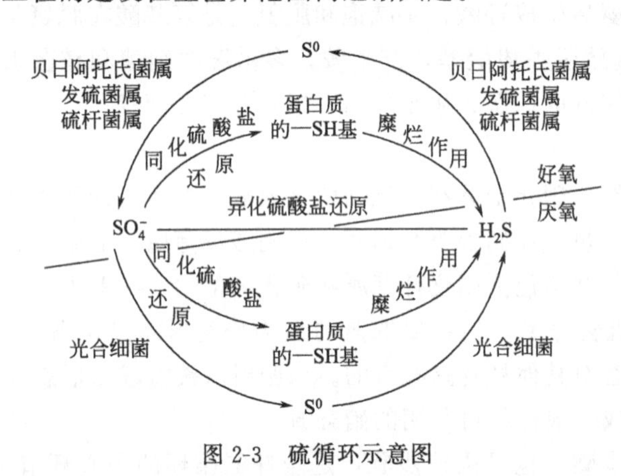

图 2-3 硫循环示意图

(1) 脱硫作用

含硫有机物以—SH 形式组成含硫氨基酸，如蛋氨酸、半胱氨酸和胱氨酸。通过氨化脱硫微生物分解有机硫产生 H_2S，即脱硫作用。能分解含硫有机物的微生物很多，引起含氮有机物分解的微生物都能分解含硫有机物产生硫化氢。含硫有机物如果分解不彻底，会有硫醇（CH_3SH）暂时积累，再转化为 H_2S。

(2) 硫化作用

硫化作用是指在有氧条件和硫细菌的作用下将 H_2S 氧化为 S 进而再氧化为 H_2SO_4 的过程。有两类细菌参与硫化作用，分别是硫化细菌和硫磺细菌。

硫化细菌为硫杆菌属，革兰氏阴性菌，好氧性硫化细菌如氧化硫硫杆菌、排硫杆菌、氧化亚铁硫杆菌、新型硫杆菌等，厌氧性如脱氮硫杆菌等。硫杆菌广泛分布于土壤、淡水、海水、矿山排水沟中。硫被氧化为硫酸，使环境 pH 下降至 2 以下。氧化硫硫杆菌为专性自养菌，生长 pH 范围 1.0～6.0，通过氧化无机硫获得能量。氧化亚铁硫杆菌从氧化硫酸亚铁、硫代硫酸盐中获得能量，可将硫酸亚铁氧化成硫酸高铁。其中，嗜酸性的氧化亚铁硫杆菌（*Thiobacillus ferrooxidans*）在富含 FeS_2 的煤矿中繁殖，产生大量的硫酸和 $Fe(OH)_3$，从而造成严重的环境污染。通过硫化细菌的生命活动产生硫酸高铁将矿物浸出的方法叫湿法冶金。硫酸及硫酸高铁溶液是有效的浸溶剂，可将铜、铁等金属转化为硫酸铜和硫酸亚铁从矿物中浸出，如硫酸高铁可与辉铜矿（Cu_2S）作用生成 $CuSO_4$ 与 $FeSO_4$，进而通过置换、萃取、电解或离子交换等方法回收金属。

硫磺细菌是将 H_2S 氧化为 S，并将硫粒积累在细胞内的一类细菌，包括：①丝状硫磺细菌，主要为贝日阿托氏菌属、透明颤菌属、亮发菌属、发硫菌、辫硫菌属，均为革兰氏阴性菌；②光合自养硫细菌，体内含有叶绿素，光照下，将 H_2S 氧化为 S，在体内积累硫粒或在体外积累硫粒，如着色菌属和绿菌属。

(3) 反硫化作用

在厌氧条件下 SO_3^{2-}、SO_4^{2-}、$S_2O_3^{2-}$ 在微生物作用下转化为 H_2S 的过程叫反硫化作用。反硫化微生物有脱硫弧菌属、脱硫肠状菌属、脱硫假单胞菌属、脱硫叶菌属、脱硫杆菌属、脱硫球菌属、热脱硫杆菌属、脱硫八叠球菌属、硫还原菌属、脱硫单胞菌属等。脱硫脱硫弧菌（*Duselfovibrio desulfuricans*）是反硫化细菌的代表，G^-，略弯曲杆菌，严格厌氧，最适温度 25～30℃，最适 pH 值 6.0～7.5，老细胞因沉积硫化铁而呈黑色。

海水中反硫化作用较大，富含硫酸盐，硫酸盐还原为 H_2S 后，海港中设施容易被腐蚀。在混凝土排水管和铸铁排水管中，如果有硫酸盐存在，在管的底部则常因缺氧而被还原为硫化氢。硫化氢上升到污水表层，与污水表面溶解氧相遇，被硫化细菌或硫磺细菌氧化为硫酸。再与管顶部的凝结水结合，使混凝土管和铸铁管受到腐蚀。为了减少对管道的腐蚀，要求管道有适当的坡度，使污水流动畅通，同时加强管道的维护工作。

土壤淹水、河流、湖泊等水体处于缺氧状态时，硫酸盐、亚硫酸盐、硫代硫酸盐在微生物的还原作用下形成硫化氢的过程，也叫硫酸盐还原作用。

(4) 同化性硫酸盐还原作用

同化性硫酸盐还原作用是硫酸盐经还原后，最终以巯基形式固定在蛋白质等成分中的过程，由植物、藻类和微生物引起。

2.1.2.4 磷循环

磷的生物地球化学循环包括三种基本过程：有机磷矿化、磷的有效化和磷的同化。微生物参与磷循环的所有过程，但在这些过程中，微生物不改变磷的价态，因此微生物所推动的磷循环可看成是一种转化（图 2-4）。

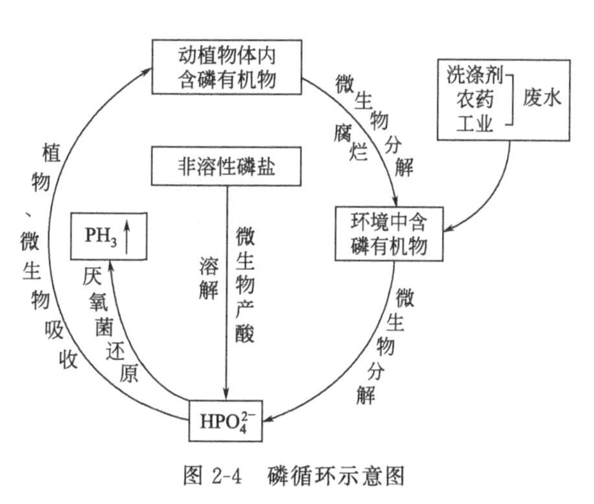

图 2-4　磷循环示意图

有机磷的矿化作用是指有机磷化物经各种腐生微生物的分解作用转变成可溶性无机磷化物，主要微生物有芽孢杆菌、链霉菌、曲霉、青霉等。分解有机磷化物的微生物主要是芽孢杆菌，如多黏芽孢杆菌（*Bacillus polymyxa*）、解磷巨大芽孢杆菌（*Bacillus megaterium* var. *phosphaticum*）。

磷的有效化是指难溶性的无机磷（如磷酸钙），可以借异养微生物代谢过程中产生的有机酸、硝化细菌和硫化细菌产生的硝酸和硫酸的作用转化成可溶性磷酸盐的过程。如硅酸盐细菌，学名胶质芽孢杆菌（*Bacillus mucilaginosus*），可分泌有机酸螯合磷灰石、正长石中的不溶性磷酸盐生成水溶性的磷盐和钾盐。磷酸盐在厌氧条件下，被梭状芽孢杆菌、大肠杆菌（大肠埃希菌）等还原形成 PH_3。

磷的同化作用是可溶性的无机磷化合物能被微生物同化为有机磷，成为活细胞组分的过程。在水体中，磷的同化主要是由藻类进行的，并沿食物链传递。

环境生物修复工程中，根据污染物的种类，微生物修复可分为有机污染的微生物修复和重金属污染的微生物修复等。由于微生物在各个环境介质中均有所应用，但微生物对有机污染物和重金属污染的修复机理不同，以下将分别就这两方面进行介绍。

2.1.3 微生物对有机污染物的修复机理

微生物对有机物的分解作用（或降解作用）常简称为“生物分解”或“生物降解”。自然界中各种生物的排泄物及死体经微生物的分解作用转化为简单无机物。微生物还可降解人工合成有机化合物。如通过脱卤素作用，把滴滴涕（DDT）转化为 DDE 和 DDD；通过氧化作用，把艾氏剂转化为狄氏剂；通过还原作用，把含硝基的除虫剂还原为胺；芳香基的环裂现象也是微生物降解作用常见的一种反应。微生物降解作用使得生命元素的循环往复成为可能，使各种复杂的有机化合物得到降解，从而保持生态系统的良性循环。由于微生物代谢类型多种多样，自然界几乎所有的有机物都能被微生物降解与转化。

随着工程技术的发展，许多人工合成的新的化合物掺入到自然环境中，引起环境污染。微生物以其个体小、繁殖力强、适应性强、易变异等特点，可随环境变化，产生新的自发突变株，也可能通过形成诱导酶产生新的酶系，具备新的代谢功能以适应新的环境，从而降解和转化那些“陌生”的化合物。有机污染物的生物降解过程如图 2-5 所示。

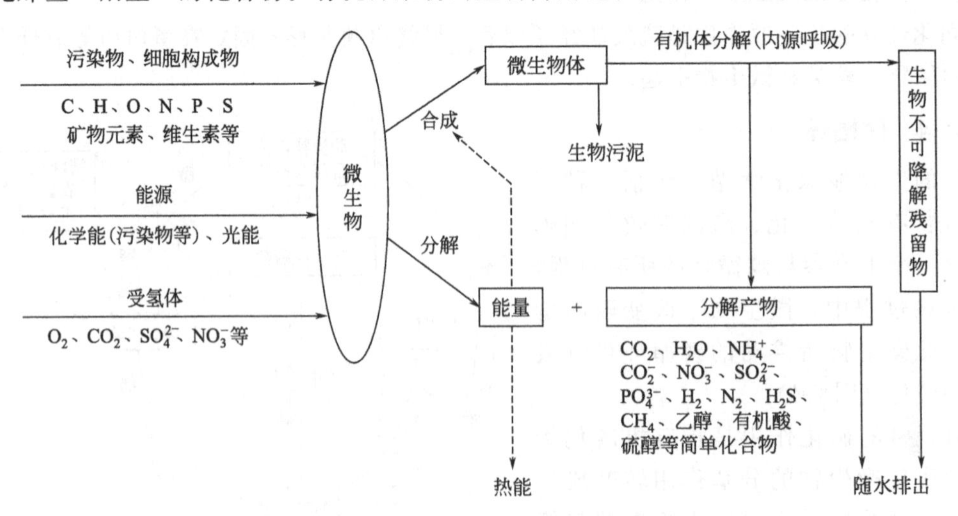

图 2-5 有机污染物的生物降解过程

2.1.3.1　有机物微生物降解的分类

根据生物降解的程度和最终产物的不同，有机物的生物降解可分为生物去除（表观降解）、初级降解、环境可接受的降解和完全降解（矿化）等不同类型。有机物的生物降解类型及其特点如表 2-1 所示。其中，矿化作用（mineralization）是指有机物在微生物的作用下彻底分解为 H_2O、CO_2 和简单的无机化合物的过程，是一种彻底的生物降解，可以从根本上清除有毒有害有机物的环境污染。

表 2-1　有机物的生物降解类型及其特点

生物降解类型	特点	降解对象有机物的分析方法
生物去除(bioelimination)	由于微生物细胞、活性污泥等的吸附作用使化学物质浓度降低的一种现象。这里所说的“生物去除”不是真正意义上的分解，而是一种表观现象，也可称为“表观生物分解”	各种色谱分析、有机碳分析
初级降解(primary biodegradation)	在分解过程中，化学物质的分子结构发生变化，从而失去原化学物质特征的分解	各种色谱分析、官能团分析毒性测试
环境可接受的降解(environmentally acceptable biodegradation)	经过生物降解，化学物质的物理化学性质和毒性达到环境安全要求的程度	各种色谱分析、官能团分析毒性测试
完全降解(ultimate biodegradation)	有机化合物被降解成稳定无机物(CO_2、H_2O 等)	总有机碳分析、产生的 CO_2 分析

当前环境污染迫切需要人类更充分地利用微生物的降解活性，不幸的是，有些化合物含有高度抗酶分解的结构元素或取代基。尽管环境微生物具有逐渐进化、适应的能力，但酶催化途径的自然进化需要多种基因成分的改变，速度很慢，不能适应现代环境保护的要求。通过共代谢（co-metabolism）等各种生物技术的应用，在搞清微生物降解环境污染物的能力和途径的基础上，应用现代基因工程技术，可以扩展微生物酶对基质的专一性和代谢途径，更有效地处理和降解各种污染物。

早在 20 世纪 60 年代，人们就发现一株能在一氯乙酸中生长的假单胞菌能够使三氯乙酸脱卤，而不能利用后者作为碳源生长。微生物的这种不能利用基质作为能源和组分元素的有机物转化方式被称为共代谢。共代谢又称为共氧化（co-oxidation）、联合氧化（combined oxidation）或辅助代谢（assistant metabolism），是指微生物从其他底物获取大部分或全部碳源和能源后将同一介质中的有机化合物降解的过程，共代谢实质也是酶促反应。在有其他碳源和能源存在的条件下，微生物酶活性增强，降解非生长基质的效率提高。例如，可利用厌氧反应器中存在共代谢的原理，通过添加初级基质来处理含氯酚的废水，使氯酚这种有毒的“难降解物质”得到生物分解。

根据是否在有氧气存在的条件下，微生物对有机物的分解可分为好氧分解和厌氧分解两种类型。与厌氧生物分解相比，好氧分解往往具有分解速率快、分解程度彻底、能量利用率高、转化为细胞成分的比例大等特点。有机污染物的降解可以使水体中的有机污染物浓度降低或消失，同时消耗水中的溶解氧，甚至引起水体缺氧、发黑、发臭，导致鱼类死亡和厌氧菌大量繁殖等。同样，利用好氧微生物、厌氧微生物和兼性微生物，可对污水和固体废物中的有机污染物进行降解处理，如污水处理中的活性污泥法和生物膜法，固体废物处理和处置中的好氧堆肥和厌氧发酵等。

2.1.3.2 有机物微生物降解的方法

微生物降解有机物主要有两种方法：第一，通过微生物分泌的胞外酶降解；第二，污染物被微生物吸收到微生物细胞内后，由胞内酶降解。微生物从胞外环境中吸收摄取物质的方式有单纯扩散、被动扩散、主动运输、基团转移和胞饮作用。以下分别进行简单介绍。

① 单纯扩散是最为简单的一种，不规则运动的营养物质分子通过细胞膜中的含水小孔，由高浓度的胞外向低浓度的胞内扩散。其特点是扩散是非特异性的，物质在扩散运输过程中既不与膜上的分子发生反应，本身的分子结构也无变化，不消耗能量，不能逆浓度扩散。扩散速度取决于细胞膜两边该物质的浓度差，浓度差大则速度大，反之则小。细胞膜的存在是物质运输的前提。扩散不是微生物吸收物质的主要方式，可扩散的物质主要是水、某些气体、甘油和某些离子等，少于 12 个碳原子的有机物分子一般可以通过细胞壁和细胞膜进入细胞。

② 被动扩散由高浓度向低浓度进行，但需要借助细胞膜上的载体蛋白。特点是不消耗能量，物质在分子结构上不会发生变化，不能进行逆浓度运输，运输速率比自由扩散速度高，在一定限度内同物质浓度成正比，需要借助载体蛋白，具有高度的立体结构专一性。多见于真核微生物中，运输物质一般是非脂溶性物质或亲水性物质，如氨基酸、糖等。

③ 主动运输是微生物生长过程中所需营养的主要运输方式，逆浓度进行，需要消耗能量，需要载体蛋白的参与，对被运输的物质有高度的立体专一性。被运输物质与相应载体蛋白之间存在亲和力，膜外亲和力大于膜内，利用膜表面亲和力，通过亲和力大小的改变使它们直接发生可逆的结合和分离，从而完成物质的运输。载体蛋白的构型变化需要的能量，好氧微生物来自呼吸作用，厌氧微生物来自化学能，光合微生物来自光能。

④ 基团转移是另一种类型的主动运输，有一个复杂的运输系统来完成物质的运输，而物质在运输过程中发生化学变化，主要存在于厌氧型和兼性厌氧型细菌中，好氧型细菌及真核生物中未发现糖和氨基酸通过这种方式进行运输。

⑤ 胞饮作用也叫内吞作用，是指物质吸附在质膜上，然后通过膜的内折而转移到细胞内的摄取物质及液体的过程，是植物细胞吸收水分、矿质元素和其他物质的方式之一。其特点是非选择性吸收，在吸收水分的同时，把水分中的物质一起吸收进来，如各种盐类和大分子物质甚至病毒。胞饮作用的过程是：当物质吸附在质膜时，质膜内陷，液体和物质便进入，然后质膜内折，逐渐包围着液体和物质，形成小囊泡，并向细胞内部移动。囊泡把物质转移给细胞的方式有两种：一是囊泡本身在细胞内溶解消失，把物质留在细胞质内；二是囊泡一直向内移动，到液泡膜后将物质交给液泡。胞饮作用必须在有些物质的诱导下才能发生，如蛋白质、氨基酸和盐类等就能发生胞饮作用。

2.1.4 微生物对重金属污染的修复机理

微生物虽然不能将重金属降解而去除，但可以将其积累在菌体内使之得到固定、移动或转化，改变其在环境内的迁移特性和形态，降低它的毒性，从而进行生物修复。微生物修复环境重金属污染的机理主要包括表面生物大分子吸收转运、生物吸附、细胞代谢、空泡吞饮、沉淀和氧化还原反应等。微生物对重金属的修复机理主要在于改变重金属的形态从而改变其生态毒性。不同类型微生物对重金属污染的耐性也不同，通常认为：真菌＞细菌＞放线菌，研究较多的微生物种类见表 2-2。

表 2-2　可修复重金属污染的微生物种类

细菌	假单胞菌属(*Pseudomonas* sp.)、芽孢杆菌属(*Bacillus* sp.)、根瘤菌属(*Rhizobium Frank*)、特殊的趋磁性细菌(magnetotactic bacteria)和工程菌等
真菌	酿酒酵母(*Saccharomyces cerevisiae*)、假丝酵母(*Candida*)、黄曲霉(*Aspergillus flavus*)、黑曲霉(*Aspergillus niger*)、白腐真菌(white rot fungi)、食用菌等
藻类	绿藻(green algae)、红藻(red algae)、褐藻(brown algae)、鱼腥藻属(*Anabaena* sp.)、颤藻属(*Oscillatoria*)、束丝藻(*Aphanizomenon*)、小球藻(*Chlorella*)等

一般工程应用中微生物对重金属污染物的修复包括两个方面，一是微生物对重金属离子的转化，二是微生物对重金属离子的吸附作用。

(1) 微生物对重金属离子的转化

环境中重金属的长期存在使自然界中形成一些特殊微生物，它们对有毒重金属具有抗性，可以使金属离子发生转化。对微生物而言是一种解毒作用，对环境则是一种修复作用。微生物对污染物的转化作用主要有甲基化作用、还原作用和氧化作用。

① 甲基化作用。Hg、Cd、Pb、As 等离子能在微生物的作用下发生甲基化反应，甲基传递体——甲基钴胺素是一种活泼的，能够使金属离子甲基化的物质，在 ATP 及特定还原剂存在的条件下，甲基钴胺素作为甲基供体，使金属离子与甲基结合而生成甲基汞、甲基砷等。假单胞菌属能够使许多金属或类金属离子发生甲基化反应，从而使金属离子的活性或毒性降低。

以汞为例，汞的生物甲基化作用可分为汞的非酶促甲基化作用和酶促甲基化作用，前者仅需要活性代谢产物（甲基供体），是间接的生物反应；后者需要有能进行汞的甲基化的生物参与，是直接的生物反应。试验表明，细菌在厌氧、好氧或兼性条件下均能将无机汞转化为甲基汞，在中性和酸性条件下形成的主要是单甲基汞，而在碱性条件下的主要产物是二甲基汞。在汞的甲基化过程中，需要有一种甲基传递体存在，甲基钴胺素起着重要作用。Hg^{2+} 甲基化的过程如下：

$$CH_3CoB_{12} + HgCl_2 + H_2O \longrightarrow CH_3HgCl + H_2OCoB_{12}Cl$$

$$CH_3CoB_{12} + CH_3HgCl + H_2O \longrightarrow (CH_3)_2Hg + H_2OCoB_{12}Cl$$

影响汞甲基化的因素较多，包括生物的种类、有机物的负荷、汞的浓度和化学形态、温度、湿度、pH 等。在水生环境中，汞的甲基化还包括生物和非生物的混合过程。

② 还原作用。还原作用即微生物将高价金属离子还原成低价态，有机态金属还原成单质。有些金属在这个过程中毒性减小或消失，例如：细菌通过 Hg-还原酶将有机的 Hg^{2+} 化合物转化成低毒性挥发态 Hg。

$$CH_3Hg^+ + 2H \longrightarrow Hg + CH_4 + H^+$$

③ 氧化作用。氧化作用主要是微生物可将一些金属离子氧化为毒性小的高价态，有些金属离子的高价态如 Mn^{4+} 和 Sn^{4+} 就比 Mn^{2+} 和 Sn^{3+} 毒性小。

(2) 微生物对重金属的吸附

1949 年，Ruchhoft 首次提出了微生物吸附的概念，是在研究活性污泥去除废水中的污染物钚（Pu）时发现的。活性污泥内的微生物可以去除废水当中的 Pu，主要是因为大量的微生物对 Pu 具有一定的吸附能力。通常所说的微生物吸附主要指失活微生物的吸附作用。然而，由于死亡细胞对重金属的吸附难以实用化，因此研究和工程应用的重点是活细胞对重金属离子的吸附作用。一般将微生物吸附分为胞内吸附、细胞表面吸附和胞外吸附。

胞内吸附主要是通过重金属离子与细胞内的金属硫蛋白、络合素以及一些多肽结合，在细胞内沉淀固定。

细胞表面吸附是指将能与重金属结合的金属硫蛋白、植物螯合素及金属结合多肽等黏附到细胞表面从而提高微生物吸附重金属的能力。

胞外吸附是指微生物分泌到细胞外的一些高分子聚合物，如多糖、蛋白质、核素及脂类等形成胞外聚合物（ESP），ESP 具有络合或沉淀重金属离子的作用。

国内外学者在细菌、真菌、藻类等微生物用于吸附重金属及其吸附动力学方面做了大量的研究，不同微生物对重金属离子的平均吸附容量见表 2-3。

表 2-3　不同微生物对重金属离子的平均吸附容量

微生物种类		金属离子/(mmol/g)				
		Ni 离子	Zn 离子	Cu 离子	Pb 离子	Cd 离子
细菌	芽孢杆菌	—	—	0.26	0.45	—
	链霉菌	—	1.22	—	0.15	0.58
	铜绿假单胞菌	—	—	0.36	0.38	0.38
	假单胞菌	—	0.36	1.53	0.27	0.07
	蜡状芽孢杆菌	0.79	—	—	0.18	—
真菌	酿酒酵母	—	0.61	0.16	—	—
	毛霉菌	0.09	0.08	—	0.08	0.06
	根霉菌	0.31	0.21	0.15	0.27	0.24
	青霉菌	1.41	0.10	0.14	0.56	0.10
	黑曲霉	—	—	0.08	0.15	—
藻类	小球藻	0.21	0.37	0.25	0.47	0.30
	红藻角叉菜	0.29	0.70	0.64	0.98	0.29
	马尾藻	0.41	—	1.08	1.36	0.74
	岩衣藻	1.35	—	—	1.31	0.34
	墨角藻	—	—	—	1.11	0.26

细菌作为微生物中的最大群体，在微生物修复研究领域研究较多，主要集中在细菌对重金属的吸附性、耐性和降解性以及对重金属的活化机理等方面。细菌细胞壁带有负电荷，使得细菌表面具有阴离子的性质，金属离子能够与细胞表面结构上的羧基阴离子和磷酸阴离子发生相互作用而被固定，因而金属很容易结合到细胞的表面。目前，已报道的能够修复重金属污染的细菌主要为：芽孢杆菌属、根瘤菌属、恶臭假单胞菌、链霉菌和微球菌等。研究最多的是芽孢杆菌属，其中蜡状芽孢杆菌、苏云金芽孢杆菌、短小芽孢杆菌、地衣芽孢杆菌等对重金属均具有良好的耐性和吸附性。

早在 19 世纪人们就发现真菌能够吸附环境当中的重金属离子，随后陆续发现了赤霉、出芽短梗霉、丝状真菌、酿酒酵母及一些腐木真菌对重金属的抗性和吸附性。尤其是在受重金属污染的区域，有时真菌可成为占有优势的生物种群。真菌对重金属的吸附主要通过其细胞壁上的活性基团（如巯基、羧基、羟基等）与重金属离子发生定量化合反应。真菌细胞通过螯合作用吸附重金属是由于真菌细胞壁的多孔结构使其活性化学配位体在细胞表面合理排列并易于和金属离子结合，而且真菌的胞壁多糖可提供氨基、羧基、羟基、醛基以及硫酸根等官能团，也能通过络合作用吸附重金属。研究发现真菌细胞壁各组分对有毒重金属的吸附能力顺序依次为：几丁质＞磷酸纤维素＞羟基纤维素＞纤维素。目前，研究较多的真菌是酿酒酵母、青霉菌、黑曲霉等。酿酒酵母可以吸附多种有毒重金属，对 Pb、Hg 和放射性核素 U 吸附能力较强。

藻类作为一类光合自养生物对许多重金属具有良好的生物吸附能力，但藻类微生物相对于细菌、真菌来说，在修复重金属污染方面目前研究得还是比较少。在重金属废水处理中应用的典型藻类有绿藻门、蓝藻门和褐藻门的部分藻类。

随着基因组学和细胞表面显示技术的日趋成熟，基因突变、基因组文库筛选等方法开始逐渐被利用，将会得到更加高效的耐重金属微生物。

2.1.5　微生物修复的影响因素

微生物修复的复杂性不仅由于细菌的生理和代谢特性差异，还表现在影响因素众多，包括非生物因素，如 pH、温度、介质类型、污染物浓度、水和有机质含量、外加碳源和氮源等；生物因素，如接种量、外加菌株和原地土著菌的互作、接种物存活状况等。以下对一些微生物修复的影响因素进行简单介绍。

(1) 营养物质

微生物分解有机污染物一般利用有机污染物作为碳源，但是微生物将有机污染物转化为用于其自身生长的生物质，还需要其他营养元素。典型的细菌细胞组成为：50% C、14% N、3% P、2% K、1% S、0.2% Fe、0.5% Ca、Mg 和 Cl 等。为了达到完全的降解，适当添加营养物往往比接种特殊的微生物更为重要。确定添加营养盐的形式、合适的浓度以及适当的比例，才能更好地提高效果。目前已经使用的营养物类型很多，如铵盐、正磷酸盐或聚磷酸盐、酿酒酵母废液和尿素等。一些微量元素也需要考虑。

(2) 电子受体

微生物氧化还原反应的最终电子受体分为三大类，包括溶解氧、有机物分解的中间产物和无机酸根（如 NO_3^-、SO_4^{2-}、CO_3^{2-}），第一种为有氧过程，另两种为无氧过程，厌氧环境中 CH_4、NO_3^-、SO_4^{2-} 和 Fe^{3+} 等都可以作为有机物降解的电子受体。

(3) 污染物性质

对于微生物修复技术，污染物的可降解性是关键。对于系列污染物，如多环芳烃的微生物降解性随着分子的增大而增大。污染物对生物的毒性以及其降解中间产物的毒性，也是决定微生物修复技术是否适用的关键。例如，土壤修复时，如果一个化学物质挥发性太高，往往挥发部分就大于降解部分，造成污染物从土壤迁移到大气中，而并非降解。土壤中微生物往往只能利用溶解态的污染物。如果一个污染物溶解度很低，又有很强的吸附性，紧密结合在土壤腐殖质或黏土中，生物可利用性很低，也会导致微生物修复技术的失败。

(4) 环境介质条件

环境介质条件包括有机质、酸碱度、温度、湿度、孔隙率等。有机质含量及结构决定着微生物的吸附特性，从而决定生物降解的可利用性。生物降解必须在一定的湿度条件下进行，湿度过大或过小都会影响生物降解的进程，与酸碱度和温度相比，湿度具有较大的可调性。

(5) 协同作用

微生物修复的协同作用体现在：一种或多种微生物为其他微生物提供维生素B、氨基酸及其他生长因素；一种微生物将目标化合物分解成一种或几种中间有机物，第二种微生物继续分解中间产物；一种微生物通过共代谢作用对目标化合物进行转化，形成中间产物不能被其进一步降解，只有在其他微生物的作用下才能得到彻底分解；一种微生物分解目标化合物形成有毒中间产物，使分解率下降，其他微生物则可能以这种有毒中间产物作为碳源加以利用。

(6) 其他影响因素

环境修复过程中需考虑现场气象和水文等影响因素，如风速、常年风向、大气湿度、降水情况、气温、水体流速等。

2.1.6 微生物修复工程的技术特点及发展趋势

微生物修复技术的优点主要体现在：费用少，仅为传统化学或物理修复费用的30%～50%；操作简单，环境影响小；最大限度地降低污染物的浓度；可应用于其他技术难以应用的场地；与其他技术结合弹性大等。但是其缺点也很明显，如耗时长，运行条件苛刻，对污染物有选择性、低生物有效性和难降解性，常使生物修复不能进行。

新的生物技术如基因工程、酶工程、细胞工程等被吸纳运用于生物修复，提高了这项技术的处理效率，使得可行性与有效性逐渐加强，降低了处理成本。但是在应用过程中必须重视微生物使用的安全性，警惕其代谢产物对环境的影响。随着基因工程菌种越来越多，对环境的现时影响、滞后影响应持续关注。

2.2 环境植物修复原理

2.2.1 植物修复的概念

植物修复（phytoremediation）是借助绿色植物除掉或减弱环境污染的生态治理技术，因更满足现代生态环境保护的要求，备受关注与重视。植物修复既是一个对社会发展造成的日益退化的生态环境进行修复的过程，也是人类在治理环境实践过程中的一种遵循自然规律的选择。成本低廉、环境友好是该技术的优势，但修复周期长、污染物的生物有效性和毒性水平也限制了其应用。近20年来，由于社会发展和实践的极大需求，植物修复技术发展迅速，许多学者对其进行了卓有成效的研究，在植物及微生物对污染物的吸收、转移和降解机制方面获得了大量的科学数据。植物修复从一个经验性利用传统植物进行污染物净化的研究，发展成为一个用现代科学理论与高技术武装起来的、多学科渗透与交叉的现代化超级学科，特别是借助分子生物学和基因工程的手段改造目标植物，使植物修复更具针对性，修复效率也大幅度提高。

植物修复作为专业术语直到20世纪80年代后才出现。它是由Raskin等于1991年提出，Cunningham和Berti于1993年在公开发表的技术文献中用到该词。根据植物可耐受或超积累某些特定化合物的特性，利用绿色植物及其共生微生物提取、转移、吸收、分解、转化或固定土壤中的有机或无机污染物，把污染物从土壤中去除，从而达到移除、削减或稳定污染物，或降低污染物毒性等目的。在植物修复系统中，植物虽然先天具有对某种生物异型物质解毒的特性，但与微生物相比通常缺乏彻底降解有毒化合物所必需的机制。因此，植物修复不是单纯依赖植物的功能，而必须考虑根际微生物的联合作用。植物修复的基础是依靠植物耐受、分解或超量积累特定化学元素的生理功能，利用植物以及共存的微生物体系实现环境中污染物的吸收、降解、挥发和富集。

根据污染物的类型、污染地块的条件、污染物的数量以及植物种类，植物修复技术分为植物萃取、植物固定、植物降解、植物促进、根滤作用和利用植物去除大气污染物等类型。

由于不同环境介质在修复过程中利用植物的种类和原理不同，为阐述方便，以下分别对土壤、水体和大气污染环境的植物修复原理进行简单介绍。

2.2.2 土壤污染的植物修复原理

土壤的植物修复是指运用农业技术改善污染土壤对植物生长不利的化学和物理方面的限制条件，使之适于种植，并通过种植优选的植物直接或间接地吸收、挥发、分离或降解污染物，恢复受污染的土壤，并重建自然生态环境和植物景观。土壤植物修复技术原理主要包括植物对重金属的稳定化、植物提取和植物挥发。

2.2.2.1 植物对重金属的稳定化

植物稳定是指利用植物降低重金属的活性，从而减少重金属的生物有效性，或促进土壤中重金属转变为低毒形态，防止其进入地下水和食物链，从而减少其对环境和人类健康的危害。这类植物一般有两个特征：①能在重金属污染严重的土壤上生长，如可耐铅的羊茅（*Festuca ovina*），耐铅、锌、铜和镍的细弱剪股颖（*Agrostis tenuis*）；②根系及其分泌物能够吸附、沉淀重金属或通过氧化/还原改变重金属的形态。

根分泌物对土壤重金属的固定作用主要通过以下三种途径。

（1）通过改变土壤酸碱性来稳定重金属

土壤中金属的可溶性极大地受到环境介质中酸碱度的影响。土壤 pH 越低，重金属的溶解度越大，生物有效性越高，反之生物有效性低。植物根系对阴阳离子吸收不平衡、呼吸产生 CO_2、根系分泌的有机酸以及微生物对根际 pH 都有一定的影响。通过改变植被，维持相对中性的根际 pH 环境能够有效地降低金属离子的浓度，改变这些有害金属在土壤中的作用。

（2）根分泌物作用下根际 Eh 改变与重金属稳定化作用

多数变价金属的溶解度和植物毒性是由其氧化还原状态决定的。Fe、Mn、Cr、As、Sb 等金属在土壤中以多价态存在。还原态铁（Fe^{2+}）、锰（Mn^{2+}）比其氧化态（Fe^{3+}、Mn^{4+}）的溶解度要高。因此，植物生长在还原性基质中时，一般可以看到 Fe、Mn 的毒害症状，而当生长在氧化性基质中时这些毒害症状大大减少。相反，氧化性的 Cr^{6+} 比其还原态 Cr^{3+} 的溶解度与毒性都更高。还原态的 As 和 Sb（三价）毒性高于它们的氧化态（五价）。土壤组分如锰氧化物、有机质、微生物等均参与了它们的氧化还原过程。根际中的锰氧化物一般可受 pH、根系分泌物、有机质等的影响而活化。比如水稻一般生长在含有大量 Fe^{2+} 和 Mn^{2+} 的淹水土壤中，为了保证正常生长，它的根系具备了向根际环境分泌氧化剂的能力，使淹水土壤中大量的 Fe^{2+} 和 Mn^{2+} 在水稻根表及质外体被氧化而形成铁锰氧化物胶膜，从而把根表包被起来以防止根系对 Fe^{2+}、Mn^{2+} 以及其他金属离子的过度吸收。

(3) 根分泌物作用下根际有机物改变与土壤重金属生物固定作用

研究表明，植物对金属离子的吸收与溶液中的离子活动有关。有机螯合物如有机酸、氨基酸、多肽、蛋白质、EDTA、DTPA 等可以增加金属离子的溶解度但降低其生物有效性。

根分泌物是植物适应其生存环境的主要物质。根分泌的低分子量有机酸在影响土壤中金属离子的可溶性和生物有效性方面扮演着重要角色。根际游离金属离子如果与从原生质膜中分泌到根际的螯合物形成稳定的金属螯合物复合体，其活性就会降低。同时，根分泌物可以吸附、包埋金属污染物，使其在根外沉淀下来。

根系分泌的黏胶状物质与 Pb^{2+}、Cu^{2+}、Cd^{2+} 等金属离子竞争性结合，使它们滞留于根外。黏胶状物质的主要成分是多糖，富含糖醛酸，具黏性。金属在黏胶中可以取代 Ca^{2+}、Mg^{2+} 等离子，作为连接糖醛酸链的“桥”，也可以与支链上的糖醛酸分子基团缔合。黏胶包裹在根尖表面，可以认为是金属向根系转移的“过滤器”，Pb^{2+}、Cu^{2+} 等金属离子在黏胶中的迁移因络合能力大而受阻。

2.2.2.2 植物提取

自 20 世纪 90 年代起，利用超累积植物提取从而彻底去除土壤中重金属的研究成为国内外研究的热点领域，有关理论与实践都得到了长足的发展。

(1) 超累积植物的概念

回顾植物修复的历史，最早的应用是利用植物去除农田污染物，已有 300 多年的历史，20 世纪 50 年代就已开发应用了利用植物修复放射性核素污染土壤。1583 年，意大利植物学家 Cesalpino 在意大利托斯卡纳“黑色的岩石”上首次发现一种特殊植物，这是有关超累积植物的最早报道。“超累积”一词源于 Reeves 报道在新喀里多尼亚喜树属的一种植物对镍的超累积吸收，而超累积植物则在 1977 年被 Brooks 等首次提出，并用于描述干叶片组织对镍的吸收大于 1000μg/g，镍含量是生长在非污染土壤中其他常见植物体内含量 100～1000 倍的植物。

由于重金属的毒性不同，通过大量研究，定义超累积植物中常见重金属含量（叶片干重）为：Cd、Se 和 Tl 可达到 100mg/kg；Co、Cr 和 Cu 可达 300mg/kg；As、Ni 和 Pb 可达 1000mg/kg；Zn 为 3000mg/kg；而 Mn 则为 10000mg/kg。最新统计表明，现发现对重金属和类金属能超累积的植物约有 500 种。大多数的重金属超累积植物主要通过野外采样法发现。已发现的超累积植物中，有超过 90%是生长在以蛇纹石（超镁铁质）为母质的土壤上，约有 25%的属于十字花科，特别是遏蓝菜属（*Thlaspi*）和庭芥属（*Alyssums*）（表 2-4）。

表 2-4 常见金属的超累积植物及其地上部重金属含量

植物及学名	科属	研究条件	金属	地上部重金属含量/(mg/kg)
香根草 (*Chrysopogon zizanioides*)	禾本科	组织培养	Pb	2458～4069
羽叶鬼针草 (*Bidens maximowicziana*)	菊科	温室土培试验 Pb 1000mg/L	Pb	2164

续表

植物及学名	科属	研究条件	金属	地上部重金属含量/(mg/kg)
金丝草 (*Pogonatherum crinitum*)	禾本科	水培实验 Pb 750mg/L	Pb	4639.4
类黍柳叶箬 (*Isachne globosa*)	禾本科	水培实验 Pb 1000mg/L	Pb	6848.4
圆锥南芥 (*Arabis paniculata* Franch.)	十字花科	水培实验	Pb	1668～11470
		Pb 160mg/L		14769
密毛白莲蒿 (*Artemisia gmelinil* var. messerschmidiana)	菊科	温室土培试验	Pb	2857.86
小鳞苔草 (*Carex gentiles* Franch.)	莎草科	野外调查测定	Pb	1834.17
东方香蒲 (*Typha orientalis*)	香蒲科	野外调查 水培实验 Pb 100mg/L	Pb	7819
长柔毛委陵菜 (*Potentilla griffithii* var. *velutina*)	蔷薇科	野外调查测定	Zn	17062
		水培实验 Zn 17mg/L		26700
天蓝遏蓝菜 (*Thlaspi caerulescens*)	十字花科	野外调查测定	Zn	39600
蓖麻 (*Ricinus communis*)	大戟科	温室土培实验 Zn 2000mg/L	Zn	2042.5
东南景天 (*Sedum alfredii H.*)	景天科	野外调查	Zn	4515
		温室土培实验 Zn 80mg/L		19674
商陆 (*Phytolacca acinosa*)	商陆科	温室土培实验 Cd 50mg/L	Cd	403.41
龙葵 (*Solanum nigrum*)	茄科	温室土培实验 Cd 25mg/L	Cd	228.4
三叶鬼针草 (*Bidens pilosa*)	菊科	温室土培实验 Cd 100mg/L	Cd	192.3
滇苦菜 (*Picris divaricata*)	菊科	水培实验 Cd 10mg/L	Cd	270
千穗谷 (*Amaranthus hypochondriacus L.*)	苋科	温室土培实验 Cd 16mg/L	Cd	120.63
厚皮菜 (*Beta vulgaris* var. *cical*)	藜科	温室土培实验 Cd 20mg/L	Cd	159.79
亮毛堇菜 (*Viola lucens*)	堇菜科	野外调查测定	Cd	378
		水培实验 Cd 50mg/L		4865
忍冬 (*Lonicera japonica*)	忍冬	水培实验 Cd 25mg/L	Cd	300
		水培实验 Cd 50mg/L		100

续表

植物及学名	科属	研究条件	金属	地上部重金属含量/(mg/kg)
天蓝遏蓝菜(*Thlaspi caerulescens*)	十字花科	野外调查测定	Cd	1800 2130
鼠耳芥(*Arabidopsis halleri*)	十字花科	水培实验 Cd 200mg/L	Cd	6643
芥芥(*Brassica juncea*)	十字花科	温室土培实验 Cd 200mg/L	Cd	102.67
鸭跖草(*Commelina communis*)	鸭拓草科	野外调查测定	Cu	1034
		水培实验 Cu 200mg/L		7789
海州香薷(*Elsholtzia splendens*)	唇形科	水培实验 Cu 200μmol/L	Cu	7626
酸模(*Rumex acetosa*)	蓼科	野外调查测定	Cu	1749
密毛蕨(*Pteridium revolutum*)	蕨科	野外调查测定	Cu	567
		沙培实验 Cu 140mg/L		2432
芥芥(*Brassica juncea*)	十字花科	温室土培实验	Cu	13696

超累积植物对土壤中重金属的提取远远高于非超累积植物。据估算，将土壤含 Zn 量从 444mg/kg 降低到 300mg/kg，如种植油菜需要 832 次，萝卜 2046 次，而种植超累积植物天蓝遏蓝菜理论上仅需要 13～14 次。高生物量的 Ni 超累积植物（*Brassica coddii*）干物质产量达 $22t/hm^2$，植株平均含 Ni 量为 7880mg/kg，植株吸收的 Ni 总量为 $168kg/hm^2$，仅种植 2 年即可使含 Ni 100mg/kg 的土壤中 Ni 含量降到 59mg/kg。对于含 Ni 250mg/kg 的土壤，也仅需种植 4 次可把含量降至 75mg/kg 以下。

(2) 植物对土壤重金属累积的过程

进入植物体内的一部分重金属可与其体内某些蛋白质或多肽相结合而在某些组织和器官中长期存留下来形成富集，并在一定的时间内随着植物的生长不断积累增多，在一些特有植物体内形成超累积（hyperaccumulation）现象。如图 2-6 所示，植物对重金属的累积过程可分为以下 4 个方面：根系活化重金属、根系吸收、从根部到地上部的转运、植物地上部细胞对重金属的贮存。

① 根系对重金属的活化

根系是植物体直接接触土壤和吸收土壤重金属的主要器官，植物根系会分泌一些酸性物质，如乙酸、乳酸、苹果酸等，与重金属形成可溶性络合物，提高重金属在根际土壤中的迁移能力。此外，植物根系也通过与植物共生微生物自身代谢活动来转化活性较低的重金属赋存形态，提高重金属在土壤中的生物有效性。在工程应用中，可以人为地调控根系环境及接种共生微生物，如添加 pH 调节剂、有机肥等有机物质，促进植物根系对重金属的活化，促进植物对重金属的吸收。

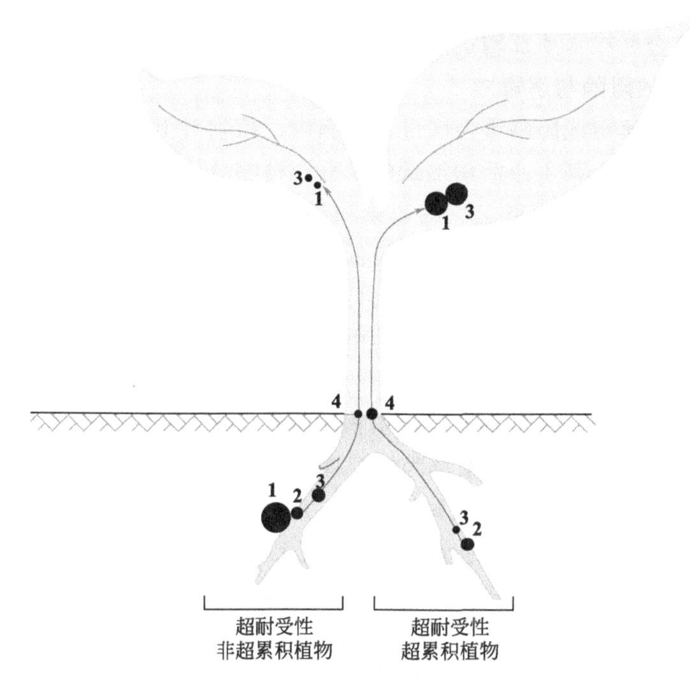

图 2-6　重金属在非超累积植物（左侧）与超累积植物（右侧）中的迁移转化机制示意图

1—根系对重金属的活化，重金属与细胞壁和/或根系分泌物结合；

2—根部提取；3—在胞液和/或在液泡里被络合或被隔离；

4—从根部到地上部的转运（圈代表作用于不同植物器官的机制，圈的大小代表作用效应的大小）

② 根系对重金属的吸收

根系对重金属的吸收方式主要有两种，一是由于环境与植物体内重金属浓度存在大的差异而使植物被动吸收重金属；二是由于植物体内离子载体（transporter）的存在而使植物主动吸收土壤中的重金属。例如，Cd 和 Zn 的超累积植物十字花科拟南芥属的鼠耳芥（*Arabidopsis halleri*）和十字花科菥蓂属的天蓝遏蓝菜（*Thlaspi caerulescens*），当土壤中 Zn 的浓度升高时，根部对于 Cd 的吸收变差，说明植物对于 Cd 的吸收是通过吸收 Zn 的载体完成的。蜈蚣草（*Pteris vittata*）对于砷酸盐的吸收可能是由于其化学性质与磷酸盐相似。Se 超累积植物则是通过硫酸盐载体吸收硒酸盐。因此，根系对重金属的吸收能力和根系的表面、离子载体、化学性质相仿的离子浓度等有关。

③ 重金属从根部到地上部的转运

当重金属进入超累积植物的根系后，通过木质部随蒸腾拉力向地上部移动，到达其他组织和器官，穿过胞间连丝、细胞质、液泡膜进入液泡。许多重金属在植物中的转运需要与转运体形成稳定的化合物。已确定的转运体主要有自由的氨基酸（如组氨酸）、柠檬酸等有机酸，这些转运体提高了重金属在木质部导管中的运输速率。然而也有重金属可以以自由离子的形态通过木质素转运。如在天蓝遏蓝菜和鼠耳芥的木质部汁液中发现大部分的 Zn 和 Cd 是以水合阳离子的形态存在的。

在非超累积植物中，重金属主要储存于它们的根部；而在超积累植物中，转运系统里的基因组成型过量表达，加强了木质部的负荷能力，使得超积累植物能高速有效地将大量重金属从根部转运至地上部分。如一类名为“重金属传输（heavy metal transporting）”的 P1Btype ATPases基因被认为能维持金属稳态，并提高植物对金属的耐受性。然而，由于各种植物间差异很大，重金属在木质部转运的机理很难完全明晰。

④ 植物对重金属的阻隔与解毒

超累积植物能高效解毒或阻隔重金属进入细胞内，植物对土壤重金属的防卫方式主要分两种。一是阻止重金属进入其生命活动活跃的部分。植物分泌物为重金属提供配位基团来沉淀重金属离子或将其吸附到细胞壁上。在超累积植物中，重金属主要贮存于植物细胞间隙中，细胞壁和液泡次之，细胞质重金属含量最低。在叶片中，重金属被阻隔于表皮、腺毛或角质层内，避免重金属破坏光合作用的正常进行。二是通过植物抗氧化性避免细胞受到氧化损伤。重金属对植物的毒害作用很大一部分是由电子转运活动受影响导致大量的活性氧自由基产生。而超累积植物中与抗氧化相关的基因的过表达，以及加快合成关键的抗氧化分子谷胱甘肽可以强化抗氧化系统，降低重金属对植物的毒害作用。

图2-7以天蓝遏蓝菜和鼠耳芥的根部为模型植物，解释了植物吸收、转运、阻隔与解毒的过程。该机制涉及超累积植物对重金属的吸收、从根到茎的转运和隔离特性。需要指出的是，虽然近20年来，在超累积植物的分子机制研究上有了长足的进步，但现有的报道仍然不足以从分子生物学层面归纳所有植物富集重金属的机制。

(3) 植物提取的影响因素

超累积植物对污染土壤中重金属的吸收能力除受其本身遗传机制影响外，还与根际圈微

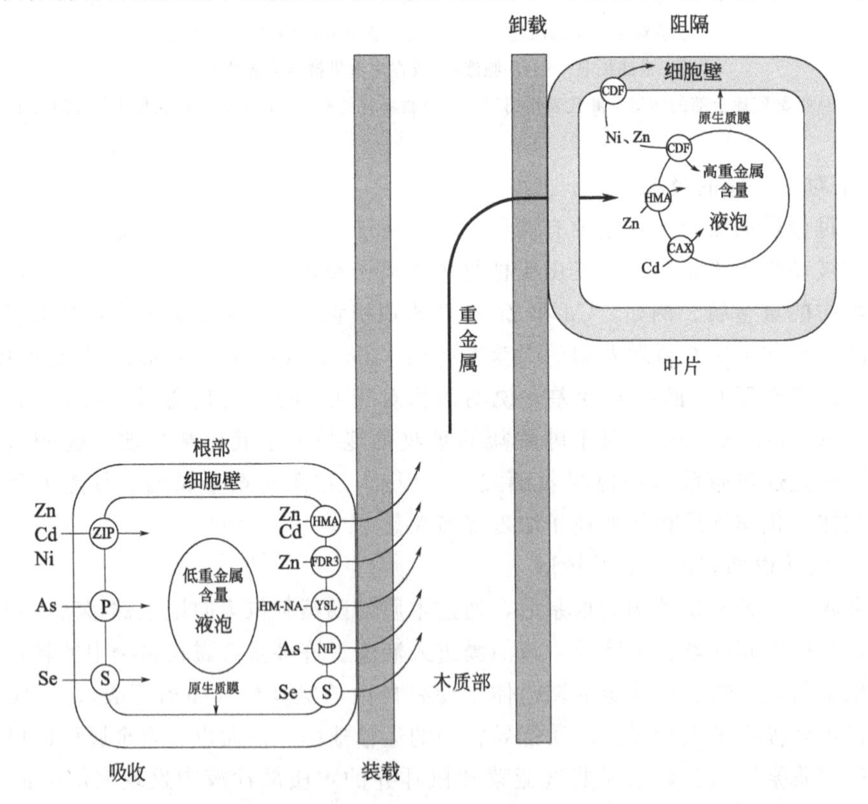

图2-7 组成型过表达和/或增强重金属亲和力的转运机制

CAX—阳离子交换剂；CDF—阳离子扩散促进剂；FDR3——一种多药及毒性化合物外排转运蛋白；HM-NA—重金属-烟草胺复合物；HMA—重金属转运ATP酶；NA—烟碱酸；NIP—类Nod26膜内在蛋白；P—磷酸盐转运体；S—硫酸盐转运体；YSL—黄色条状蛋白1；ZIP—锌铁调节转运蛋白

生物区系组成、土壤理化性质、重金属存在形态等因素有关。

根据植物根对土壤中重金属吸收的难易程度，可将土壤中重金属大致分为可吸收态、交换态和难吸收态3种，其中土壤溶液中的重金属如游离离子及螯合离子易为植物根所吸收，残渣态等难为植物所吸收，而介于两者之间的便是交换态，主要包括被黏粒和腐殖质吸附的重金属。可溶态部分的重金属一旦被植物吸收而减少时，便主要从交换态部分来补充，因此这两部分的综合又被称为“植物可利用态”或“植物有效态”。重金属的这些形态会随着环境条件（如植物吸收、螯合作用、温度、水分等）的改变而不断地发生变化。

此外影响植物生长的土壤与环境条件也能在某种程度上决定其对重金属的吸收，包括有机质、土壤酸碱度、阳离子可交换量（CEC）、水分、土壤肥力等。通过改善这些条件提高生物量，可增加植物对重金属的吸收。

（4）植物修复的化学强化调控

强化重金属污染土壤的植物提取修复的途径主要有两种，一是提高植物生物量，二是提高植物体内重金属含量。在污染的土壤中，大部分重金属离子处于固相中，被吸附在土壤颗粒表面，特别是碱性土壤。利用化学方法将处于固相的重金属转化为植物根部可以提取的液相离子形态，促进植物对重金属的吸收和富集，即称为植物修复的化学强化。有机络合剂对土壤金属具有很强的溶解、活化作用，在土壤中加入络合剂后，能够形成水溶性的金属-络合物，改变重金属在土壤中的赋存形态，提高重金属的生物有效性，进而可以强化植物对目标重金属的吸收。现在重金属污染土壤植物提取修复中研究最多的是螯合剂，常用的主要有两类：氨基多羧酸类螯合剂和小分子有机酸类螯合剂。

不少研究认为，在螯合剂作用下重金属通过非选择性的质外体途径进入植物根部，在蒸腾流的驱动下向植物地上部转移。总结相关研究可以发现，乙二胺四乙酸（EDTA）促使植物对重金属提取效果的顺序为Pb＞Cu＞Zn＞Cd，这主要与金属-EDTA络合物稳定常数以及植物对金属的吸收机制有关。加入EDTA后，土壤中的Pb被活化，植物地上部的Pb累积量可增加1.3～270.6倍。然而，螯合剂也可能对植物产生毒害作用，引起植物的黄化、萎蔫甚至死亡。因此，采用生物源的螯合剂可以避免毒害作用，因为这类螯合剂在土壤中很容易被微生物降解。如乙二胺二琥珀酸（EDDS）在土壤中的半衰期仅为3.8～7.5天，而且其本身生物毒性较小、与金属络合能力强。许多研究发现，EDDS能替代EDTA，对Cu的植物修复效果尤为显著。此外，小分子有机酸类螯合剂也多来自生物源，由植物根系分泌，相比于人工合成的螯合剂，其在土壤中周转速度快，生物毒性小、不会带来重金属渗滤等风险。

总体上，在使用螯合剂诱导植物修复技术时应考察植物对目标重金属的提取效率和修复潜能，修复后土壤质量的恢复状况，以及添加剂使用带来的潜在生态环境风险。

2.2.2.3 植物挥发

植物挥发是指利用植物将其吸收与积累的重金属元素转化为可挥发形态，并挥发出植物表面的过程。这种方法只可用于具有挥发性的污染物，对于重金属来说主要是Hg、Se、As，应用范围较小。同时该方法只是将污染物从土壤转移到大气，对环境仍有一定影响。目前这方面研究最多的是Hg和非金属元素Se。部分植物能使毒性大的二价汞转化为气态汞。如有研究将细菌的Hg^{2+}还原酶基因转导到植物拟南芥中，从而使该植物能在含一定汞的土壤中存活，并能将从土壤中吸收的汞还原为Hg^0，并挥发出去。

硒是动物和人体必需的营养元素，一旦缺乏容易引起克山病和大骨节病。但硒的作用范围很窄，过量的硒可以引起中毒，且现在没有研究能证明 Se 对植物有益处。硒酸、亚硒酸盐和硒酸盐对人体的毒性很大，元素硒的毒性最小。挥发植物可以把毒性大的化合态硒转化为基本无毒的二甲基硒和二甲基二硒，其中二甲基硒的毒性是无机硒的$\frac{1}{500}$～$\frac{1}{700}$倍。有研究指出，印度芥菜有较高的吸收和积累硒的能力，在种植该植物的第一年即可使土壤中的全硒含量减少 48%。洋麻可以使土壤中约 50%的三价硒转化为甲基硒挥发去除。此外，水稻、花椰菜、卷心菜、胡萝卜、大麦和苜蓿也有较强的吸收并挥发土壤硒的能力。

2.2.2.4 植物对土壤有机污染物的修复机理

植物修复有机污染物主要是利用植物及其根际微生物共存体系可净化土壤中有机污染物，修复的方式主要以植物固定和植物降解为主，其中微生物起了主要的作用。土壤微生物的分解与转化，特别是在土壤表层和植物根际的土壤微生物可在土壤中进行氨化、硝化、反硝化、固氮、硫化等作用，分解土壤有机污染物，是土壤净化作用的重要因素之一。

2.2.3 污染水体的高等植物修复

由于水生植物对污染水体有一定的净化能力，因此，在污染水体中种植对污染物吸收能力强且耐受性好的植物，能够对水体中的污染物进行吸附、吸收、富集和降解等，将水体中污染物去除或固定，达到水体修复的目的。

水生植物是指生长在水中或至少是生长在由于水分充足而周期性缺氧的基质上的任何大型植物，包括水生大型藻类，尤其是在湿地和其他水生生境中生长的植物。水生植物是生态学范畴上的类型，是不同类群植物通过长期适应水环境而形成的趋同性适应类型，主要包括水生维管束植物和高等藻类。水生维管束植物（aquatic vascular plant）具有发达的机械组织，植株个体比较大，通常具有 4 种生活型，挺水（emergent）、漂浮（free floating）、浮叶（floating leaved）和沉水（submergent）。水生植物在水生态系统中处于初级生产者地位，通过光合作用将太阳能转化为有机物，生产出大量的有机物质，为水生动物及人类提供直接或间接的食物，同时水生植物也是水生生态系统保持良性循环的关键，是水生生物群落多样性的基础，因此完整的水生植物群落是维持水生生态系统结构和功能的关键因子。

全世界水生植物有 87 科，168 属，1022 种，我国水生物维管植物有 61 科，145 属，400 余种及变种，许多著名水生植物的原种都以我国为分布中心，如香蒲属（*Typha*）约 16 种，我国就有 11 种分布；眼子菜属（*Potamogeton*）约 100 种，我国分布 28 种；茶菱属（*Trapella*）2 种，我国有 1 种分布；杉叶藻属（*Hippuris*）2 种，我国分布 1 种；泽泻属（*Alisma*）11 种，我国分布 6 种；芡属（*Euryale*）1 种，我国就有分布。

不同生活型的大型水生植物通常出现在不同水深区域，从沿岸带到深水区形成不同的带状分布。例如，在大多数湖泊中，这种带状分布的特征为从沿岸带挺水植物进而过渡为浮叶（水）植物和沉水植物（图 2-8）。挺水植物，如芦苇和香蒲，生长在靠近岸边的区域；接着向湖心方向浮叶植物成为优势种，如睡莲和眼子菜；然后代之以沉水植物和漂浮植物。

水生植物对水环境的修复主要是通过自身的生长以及协助水体内的物理、化学、生物等作用而去除受污染水体中的污染物，污水中的部分有机、无机物质以及含磷、含氮污染物作

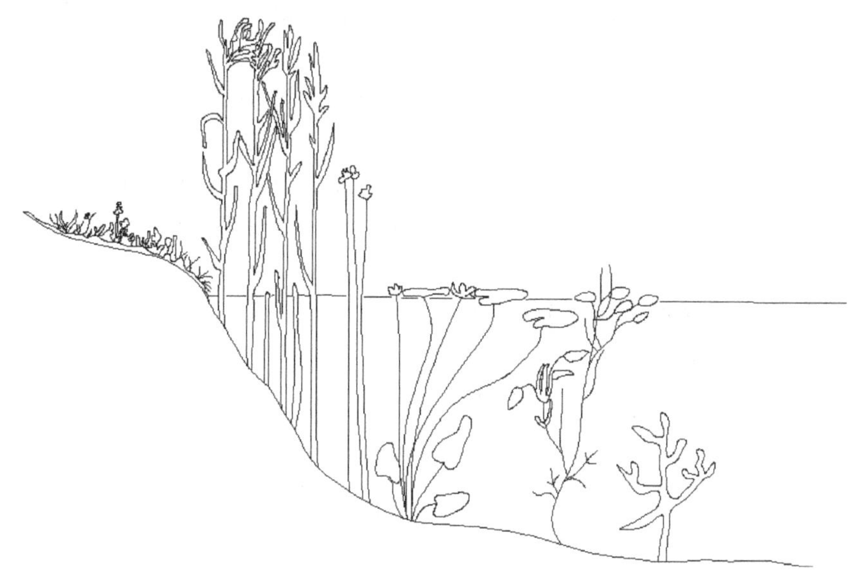

图 2-8 湖泊大型水生植物典型带状分布横截面图

为植物生长所需的养料被吸收，部分有毒物质被富集、转化、分解。水生植物的存在可以为真菌、细菌等微生物活动提供场所，并通过其发达的通气组织将 O_2 输送到根际，抑制厌氧微生物生长，为好氧微生物降解有机污染物提供良好的根际环境。

大型水生植物对水环境的净化功能主要表现为以下几个方面。

① 水生植物能够吸收氮、磷等营养元素，防止水体富营养化，改善水质状况，净化水体环境。水生植物对营养物质的吸收有利于水体中 N、P 等营养平衡，能有效地控制水体富营养化。水生植物主要通过根部吸收污染水体底质中的 N、P 等营养元素，同时具有光合功能的植物体也吸收来自水中的游离态 N、P 等营养元素。

② 大型水生植物借助植物羽状根系的强烈吸持作用，吸收、富集、沉淀污水中金属等污染物。例如，凤眼莲（*Eichhornia crassipes*）对 Cd 和 Pb 富集均可达到超累积植物的标准；水芹菜、水葫芦等浮水植物对水域的重金属污染修复效果明显；在 Cu、Pb、Zn 等重金属离子复合污染水域的植物治理中，浮萍、香蒲、水鳖、慈姑、芦苇等高等水生植物对重金属离子富集作用明显，其中水鳖根、茎叶的 Cu、Pb、Zn 含量分别达到水体中重金属浓度的 9.12 倍和 2.59 倍、33.41 倍和 5 倍、26.9 倍和 9.1 倍。研究发现，植物组织中的重金属含量与环境中的重金属含量成正相关，高等水生植物对重金属离子富集能力的一般顺序是：沉水植物＞漂浮、浮叶植物＞挺水植物（与水体接触面积成正相关），且大多数水生植物根部富集能力大于茎叶部分。

③ 大型水生植物对有机污染物的净化作用主要通过三个途径。一是植物本身可以吸收和富集某些有机污染物，例如，无菌环境中，伊乐藻、浮萍等常见水生植物，都可在较短时间（6d）内富集整个水环境内的 DDT，还可把约 1%～13%的 DDT 降解成 DDD 与 DDE。二是通过其根际区电化学反应促进物质在其表面进行离子交换、螯合、吸附、沉淀等，不溶性胶体被根系黏附和吸附，凝集的菌胶团把悬浮性的有机物和新陈代谢产物沉降下来。三是水生植物群落的存在，为更多的微生物和其他微型生物提供了附着基质和栖息场所，这些生物本身作为水生生态系统的分解者，可以大幅度提高根际区有机胶体和悬浮物的分解和矿化速度，如有机磷降解、硝态氮的氨化等，从而提高植物体对 N、P 等营养元素的吸收率；此

外，水生植物的根系还能分泌促进嗜磷、嗜氮细菌生长的物质，从而间接提高对水环境的净化效率。

④ 大型水生植物对藻类具有抑制作用，主要表现在两个方面：一是藻类数量急剧下降；二是藻类群落结构改变。水体中的大型水生植物和藻类生长在同一生态空间，二者在光照、营养盐等方面存在着激烈的生态竞争，互相影响，互相制约。水生植物和浮游藻类在营养物质和光能的利用上是竞争者，因水生植物一般个体较大、生命周期长、吸收和储存养分的能力强，能很好地抑制藻类生长。某些水生高等植物根系能分泌藻类生长抑制激素，达到抑制藻类生长和防止水华暴发的目的。另外，寄生在水生植物根系、叶面等处的小型食藻动物也对藻类的生长产生一定影响。

常用的水生修复植物种类如表 2-5 所示。

表 2-5 常用水生修复植物种类

图片	名称	简介
	黄菖蒲 科属名:鸢尾科鸢尾属 学名:*Lris pseudacorus* 多年生挺水或湿生草本植物	耐寒性极强,在我国南方地区全年常绿,在中东部地区冬季半常绿。适宜在水深 0.1m 左右的浅水中生长。叶片翠绿,剑形挺立,花色鲜艳,株高 0.6～1.0m
	香蒲 别名:东方香蒲 科属名:香蒲科香蒲属 学名:*Typha orientalis* 多年生挺水草本植物	适宜在浅水和沼泽生长,不耐旱。在长江流域 4 月根茎发芽,6～9 月花期,10 月后进入休眠期。株型挺拔,叶片修长,花穗棒形似蜡烛,株高 1.5～2.5m
	菖蒲 别名:水菖蒲 科属名:天南星科菖蒲属 学名:*Acorus calamus* 多年生挺水草本植物	耐寒性强,在我国南北地区均可自然露天过冬。适宜在 0.1m 左右的浅水中生长,可适应短期干旱。在长江流域 3 月下旬根茎发芽,6～9 月花期,10 月后进入休眠期。株型挺拔,具有香气,株高 0.6～0.8m

续表

图片	名称	简介
	水葱 科属名:莎草科藨草属 学名:*Schoenoplectus tabernaemontani* 多年生挺水草本植物	耐寒性强,在我国南北地区均可自然露天过冬。适宜浅水生长,不耐旱。在长江流域 3 月下旬根茎发芽,6～9 月花期,10 月后进入休眠期。水葱株形奇趣,株丛挺立,株高 1.5～2.5m
	千屈菜(水柳) 科属名:千屈菜科千屈菜属 学名:*Lythrum salicaria* 多年生挺水或湿生草本植物	耐寒性强,在我国南北地区均可自然露天过冬。适宜浅水或湿地生长,地下茎具有木质根状,比较耐旱,可旱地栽培。花色艳丽,花期长,株高 1～1.5m
	美人蕉 科属名:美人蕉科美人蕉属 学名:*Canna indica* 多年生湿生或陆生草本植物	耐寒性一般,在我国长江流域及以南地区可自然露天过冬;在北方过冬需采用保温措施,或将球茎挖出储存。适宜湿生地环境,在生长期可浅水生长,耐旱性极强,也是陆生植物。株高 1～1.8m
	再力花 别名:水竹芋 科属名:竹芋科再力花属 学名:*Thalia dealbata* 多年生挺水草本植物	属喜热忌寒植物,在我国长江流域及以南地区可自然露天过冬,在北方过冬需采取保温措施。适宜浅水和沼泽生长,不耐旱。植株高大挺拔,株高 1.5～2.5m

续表

图片	名称	简介
	雨久花(水白菜、蓝鸟花) 科属名:雨久花科雨久花属 学名:*Monochoria korsakowii*	茎基部呈紫红色,基生叶广卵圆状心形,具弧状脉。总状花序顶生,蓝色。根状茎粗壮,具柔软须根。茎直立,高30～70cm
	风车草(旱伞草、伞草) 科属名:莎草科莎草属 学名:*Cyperus alternifolius* 多年生挺水或湿生草本植物	不耐寒,在我国长江流域及以北地区的冬季,需采取一定的保温措施才能过冬。适宜浅水和湿生生长,耐旱性较强,可旱地栽培。在长江流域5月份才萌发新芽。花期为7～9月,11月后进入休眠期
	芦苇 科属名:禾本科芦苇属 学名:*Phragmites australis* 多年生挺水或湿生草本植物	耐寒性强,在南北方均可自然露天过冬。适宜湿生或浅水生长,也可旱生。在长江流域4月萌芽,8～10月花期,11月后休眠。株高2～3m
	睡莲 科属名:睡莲科睡莲属 学名:*Nymphaea tetragona* 多年生浮水植物	根茎直立,不分枝。叶较小,近圆形或卵状椭圆形。花单生,直径3～5cm,花梗细长,昼开夜合。种子椭圆形,长2～3cm,黑色。花期6～8月,果期8～10月,在我国广泛分布

续表

图片	名称	简介
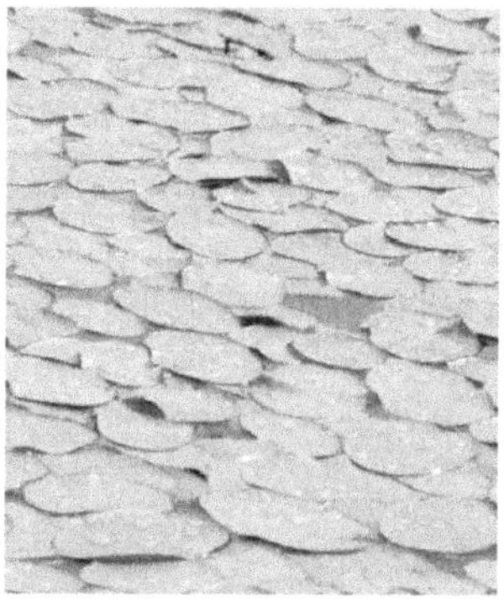	莼菜（马蹄草、水案板） 科属：睡莲科莼属 学名：*Brasenia schreberi* 多年生浮叶草本	具匍匐根茎，并有细长的分枝。叶片呈椭圆状矩圆形，浮于水面，盾状着生，脉端呈二叉分枝式伸至叶边，叶背带紫色，叶面深绿色，嫩茎叶及花柄呈黏液状。花暗红色，生自叶腋，具长柄，花期5～9月
	浮叶眼子菜 科属名：眼子菜科眼子菜属 学名：*Potamogeton natans* 多年生沉水浮叶型的单子叶植物	喜凉爽至温暖、多光照至光照充足的环境。茎纤细、丝状、分枝性高；分枝前端经常会分化出芒状的冬眠芽
	龙舌草（水带菜、水芥菜、水车前） 科属名：水鳖科水车前属 学名：*Ottelia alismoides* 沉水植物	生长在静水池沼中，性喜强光、通风良好的环境，花果期6～10月，能耐－20℃的低温。叶基生膜质、卵形；花单生，挺出水面，花两性，若单性则雌雄异株。果实长圆柱形、纺锤形或圆锥形
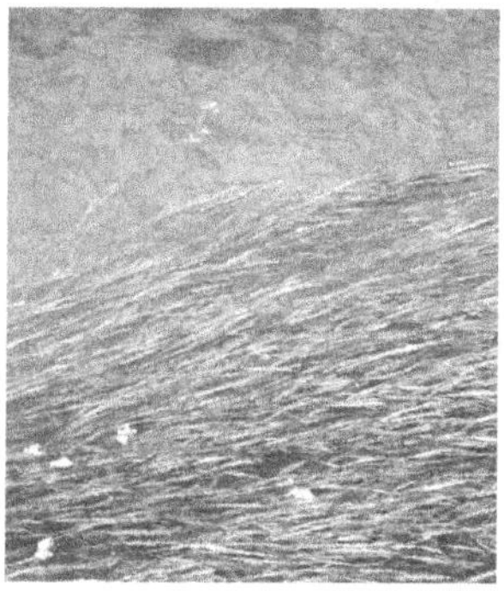	苦草 别名：扁草 水鳖科苦草属 学名：*Vallisneria natans* 多年生无茎沉水草本植物	生于溪沟、河流等环境之中。具匍匐茎，白色，光滑，先端芽浅黄色。叶基生，线形或带形，长20～200cm，宽0.5～2cm，绿色或略带紫红色，常具棕色条纹和斑点，先端圆钝，全缘或具不明显的细锯齿

续表

图片	名称	简介
	黑藻 科属:水鳖科黑藻属 学名:*Hydrilla verticillata* 多年生沉水草本植物	耐寒性强,在我国南北各地均可生长。适宜在0.5～2m深的水中生长。在长江流域4月开始萌芽,10月后开始腐烂进入休眠期
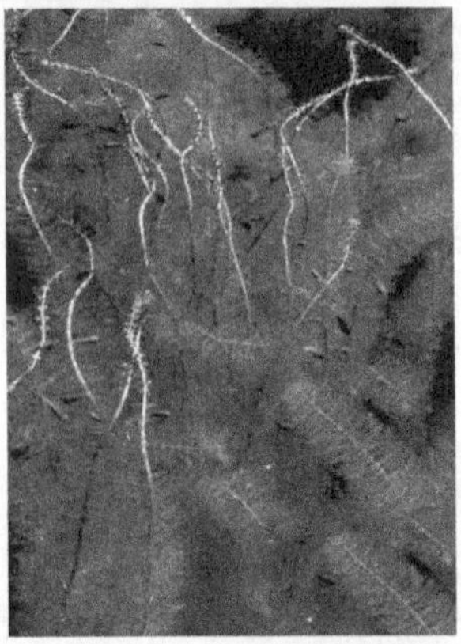	狐尾藻 科属:小二仙草科狐尾藻属 学名:*Myriophyllum verticillatum* 多年生粗壮沉水草本	根状茎发达,在水底泥中蔓延,节部生根。耐寒性强,在我国南北各地均可生长,适宜在0.8～3m的水深生长。在长江流域4月开始萌芽,11月停止生长进入休眠期
	粉绿狐尾藻(大聚草) 科属:小二仙草科狐尾藻属 学名:*Myriophyllum aquaticum*(Vell.)Verdc. 多年生浮水或沉水草本植物	耐寒性强,除东北等寒冷地区外,其他地方均可安全过冬。对水位适应性强,从湿生地到深水区均可生长。在长江流域的冬季呈半绿状态,4月开始快速生长,11月后半枯进入休眠期
	金鱼藻 科属:金鱼藻科金鱼藻属 学名:*Ceratophyllum demersum* 多年生沉水草本植物	耐寒性强,在我国南北各地均可生长,适宜在0.5～1.5m的水深生长。在长江流域4月开始萌芽,10月后开始腐烂进入休眠期

续表

图片	名称	简介
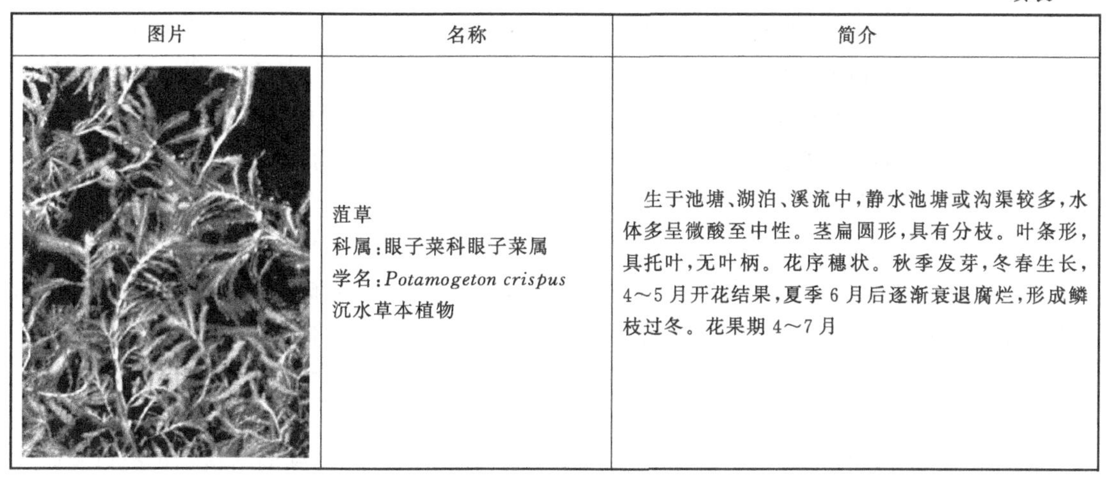	菹草 科属：眼子菜科眼子菜属 学名：*Potamogeton crispus* 沉水草本植物	生于池塘、湖泊、溪流中，静水池塘或沟渠较多，水体多呈微酸至中性。茎扁圆形，具有分枝。叶条形，具托叶，无叶柄。花序穗状。秋季发芽，冬春生长，4～5 月开花结果，夏季 6 月后逐渐衰退腐烂，形成鳞枝过冬。花果期 4～7 月

水生植物种类的选择是构筑水质净化系统的关键。应根据水质特点选择合适的水生植物。不同水生植物品种之间的搭配比例，会直接影响水体生态系统的成功创建并稳定地运行。根据环境条件和水生植物自身条件进行品种的选择和比例搭配，在时间和空间上进行植物布置，充分发挥水生植物品种间的互补搭配，对光照、营养和空间形成竞争优势，使整个生态系统高效运转。比如，漂浮植物和挺水植物可以作为先锋植物，为沉水植物的生长创造条件。

水生植物修复不足之处在于：一些植物在富营养化水体中生长迅速，若收集不及时，会降低水体中的溶解氧，加剧水体富营养化，产生负面效应。

2.2.4　大气污染的植物修复

大气污染的植物修复技术是一种以太阳能为动力，利用绿色植物的同化或超同化功能实现污染大气的净化。这种生物修复过程方式多样，可以是直接修复，也可以是间接修复，又或两者同时存在。其中直接修复指的是植物叶片气孔及茎叶表面对污染物的吸收与同化过程，而间接修复则指利用植物根系及根际微生物的协同作用实现由于干湿沉降进入土壤或水体的大气污染物的清除。

绿色植物能够有效吸附空气中雾滴、浮尘等悬浮物及其附着的污染物。因其粒径大小和性质不同，大气中飘尘吸附着多种有毒有害物质。绿色植物一般都有滞尘能力，其滞尘量的大小与气象条件、树种类别、林带、草皮面积以及种植情况密切相关。一般而言，非绿化的空旷地比绿化地带飘尘量要高得多，树木主要依靠停着、附着和黏着 3 种方式进行滞尘。众所周知，森林是天然吸尘器，由于高大的树木和稠密的林冠，可以减小风速，使尘埃沉降，从而起到净化大气的效果。核桃、毛白杨、板栗、构树、侧柏、臭椿、刺楸、华山松、重阳木、朴树、悬铃木、刺槐、泡桐等能分泌黏性油脂和汁浆，总叶面积大，叶面粗糙多绒毛，可以较好地减尘、滞尘。

植物同化是指植物对含有植物所需营养元素的污染物的吸收，并将其同化到自身物质组成中，进而促进植物体自身生长。一般认为含有植物营养元素的污染物主要有气态的含硫化合物和含氮化合物，植物能够有效吸收空气中 SO_2，并迅速将其转化成为亚硫酸盐或硫酸盐，实现同化利用。研究发现茄科（Solanaceae）和杨柳科（Salicaceae）的植物具有较高的

同化 NO_2 的能力，可以用以筛选"嗜 NO_2 植物"。此外，大量的实验证明，大多数植物均能吸收臭氧，其中柳杉、银杏、青冈栎、樟树、刺槐、夹竹桃等10余种树木净化臭氧的能力较强。已有实验证明植物表面可以吸附包括多环芳烃（PAHs）和多氯联苯（PCBs）等亲脂性的有机污染物，其吸附效率与污染物的辛醇-水分配系数关系密切。研究发现从大气中清除亲脂性有机污染物最主要的途径是绿色植被，绿色植被的吸附过程是污染物清除的第一步。绿色植物可以吸收大气中 SO_2、Cl_2、HF、重金属（如Pb）等多种化学物质。

植物修复对室内空气净化具有较好的效果。如铁线蕨每小时能吸收大约20μg的甲醛，被认为是最有效的生物"净化器"，还可以吸收电脑显示器和打印机中释放的二甲苯和甲苯；芦荟可吸收甲醛、二氧化碳、二氧化硫、一氧化碳等有害物质，尤其对甲醛吸收力特别强，在4h光照条件下，一盆芦荟可消除 $1m^3$ 空气中90%的甲醛，还能杀灭空气中的有害微生物。

此外，植物还有吸滞放射性物质、减弱噪声的作用，其作用的强弱与植物种类以及防风林带的宽度、位置、高度及配置方式密切相关。

2.3 环境动物修复原理

动物修复环境主要体现在土壤环境和水环境介质中，一方面是土壤修复中利用动物直接吸收、转化和分解有机和重金属等污染物，另一方面是水生态修复中利用动物的调控作用等间接作用，改善水质和抑制藻类生长。以下分别进行介绍。

(1) 直接修复

土壤污染修复中可利用动物直接吸收、转化和分解污染物。首先，土壤中动物主要是通过对生活垃圾及粪便污染物进行破碎、消化和吸收转化，把污染物转化为颗粒均匀、结构良好的粪肥。而且这种粪肥中还有大量有益微生物和其他活性物质，其中原粪便中的有害微生物大部分被土壤动物吞噬或杀灭。其次，土壤动物肠道微生物转移到土壤后，填补了土著微生物的不足，加速了微生物处理剩余有机污染物的能力。在人工控制条件下，土壤动物的处理能力和效率更加强大。中国农业大学开发出了大型的蚯蚓生物反应器，日处理有机废物6t。全国已有500多家公司利用蚯蚓处理畜禽粪便，也有许多农场养殖蝇蛆、蛴螬等来处理粪便，大大地降低了粪便污染。

其次，从生态学角度上看，土壤动物处在陆地生态链的底部，对农药、矿物油类等具有富集和转化作用。研究发现，在土壤中添加有机氯培养蚯蚓时，蚯蚓对所加的有机氯农药的生物富集因子为1.4～3.8，对六六六和DDE的富集作用明显。对甲螨、线虫等土壤动物生物指示作用进行研究时发现，这些土壤动物对农药的富集作用比较明显，可以用作农药污染土壤的动物修复。再者，还可利用土壤中某些低等动物（如蚯蚓和鼠妇等）吸收土壤中重金属这一特性，通过习居土壤动物或投放高富集动物对土壤重金属进行吸收和转移，后采用电击、灌水等方法从土壤中驱赶出这些动物集中处理，从而降低污染土壤中重金属含量。动物修复技术不能处理高浓度重金属污染土壤，除蚯蚓外，对于其他也具有很强修复能力的土壤动物有待于进行深入研究。

(2) 间接修复

水生态修复中利用动物如（水）蚯蚓、沙蚕、线虫类、贝类、原生动物、鱼类等的调控作用间接改善水质和抑制藻类生长。例如，贝类作为一种滤食性动物，具有很强的滤水能力，能通过过滤大量水体摄取浮游藻类，同时富集水体中的重金属，通过代谢产生生物沉降，使颗粒物质实现从水体向底层搬运的过程。经典的生物操纵理论是基于食鱼性鱼类对藻类的间接控制作用，通过放养食鱼性鱼类以控制滤食性鱼类，借此壮大浮游动物种群，借浮游动物来抑制藻类。以放养滤食性鱼类鲢、鳙鱼直接控制藻类水华的生物操纵技术已在国内外一些水体多次实践，并证明是有效的。罗非鱼对微囊藻有较强的滤食能力，不仅对蓝藻细胞的消化率（50.6%～72.8%）远大于鲢、鳙鱼，而且对蓝藻毒素有很强的降解能力。

2.4　环境生态修复基础

2.4.1　生态修复概述

地球上现存自然生态系统，包括森林、草原、荒漠、湿地、河湖水域、海洋，大多处于不同的退化阶段，因而，需要不同的对待和处置。其中，一小部分自然生态系统仍处在比较原始的状态，大多处于开发较晚的国家和地区。一方面由于人们生产和生活的需要，一部分原始生态系统（如原始森林、原始草原）仍将成为人类开发利用的对象。另一方面，由于人们社会生态意识的觉醒，对大部分原始生态系统实施或将要实施封闭式的保护，设立各种自然保护区或各种其他类型的保护地。当前，还有许多在人类社会发展中形成的新人工生态系统（城市、农田、工矿和交通建设用地），生态修复含义中实际上包括大量的新建系统。

生态修复行业涵盖湿地生态修复、盐碱地生态修复、道路边坡生态修复、矿山生态修复、水利工程生态修复、沙漠化治理以及其他生态修复工程等领域。随着生态修复技术的发展以及人类生态环保意识的提高，景观建设领域也呈现生态化的发展趋势，所以部分地产景观、公园广场景观、市政道路景观项目也具有不同程度的生态修复属性。在原来的自然生态系统已经彻底破坏消失的土地上，需要采取重建或新建的措施，如退耕还林、退牧还草、退耕还湿、造林种草，以仿造重建原有的生态系统（如果可溯源的话）或新建适合于当地自然条件的新人工生态系统。其中最令人担忧的是自然生态系统修复仍沿袭“改造自然”的思维惯性，过度干预自然演替过程，结果适得其反，使修复缺乏可持续性。《中共中央　国务院关于加快推进生态文明建设的意见》中明确“坚持把节约优先、保护优先、自然恢复为主作为基本方针”“即在生态建设与修复中，以自然恢复为主，与人工修复相结合”。

客观地说，限于目前的科技水平，我们还不能对自然界的各类生态过程作出清晰的描述，因而也很难通过人工手段进行真正意义上的“生态修复”。目前所能做的仅仅是以工程的手段，尽可能模仿自然形态，通过引导和干预自然生态过程，使得整个系统呈现比较自然的景观外貌，并在人工辅助下，逐渐恢复其部分生态功能，并逐步建立可持续的演化机制，与相邻自然系统形成良性的联系。

2.4.2 环境生态修复工程和原理

生态修复即通过一定的生物、生态以及工程的技术与方法，人为地改变和切断生态系统退化的主导因子或过程，调整、配置和优化系统内部及其与外界的物质、能量和信息的流动过程和时空秩序，使生态系统的结构、功能和生态学潜力尽快地、成功地恢复到一定的或原有的乃至更高的水平。环境生态修复工程即在特定的区域和流域内，依靠生态系统本身的自组织或自调控能力作用，或依靠生态系统本身的自组织和调控能力与人工调控能力的共同作用，使部分或完全受损的退化生态系统恢复到目标状态（一般指第四状态）。

生态修复工程应用了诸多学科的基本理论，生态修复的顺利施行，需要生态学、物理学、化学、植物学、微生物学、分子生物学、栽培学和环境工程等多学科的参与，但应用最多、最广泛的还是生态学理论。以下对一些常见的生态学概念和理论进行简单介绍。

(1) 生态系统

生态系统（ecosystem）一词是由英国植物生态学家 Tansley 于 1935 年首先提出来的，即一定时间和空间范围内由生物（包括动物、植物和微生物的个体、种群、群落）与它们的生境（包括光、水、土壤、空气及其他生物因子）通过能量流动和物质循环相互作用、相互依存所组成的一个自然体。生态系统是生态学研究的基本单位，也是环境生物学研究的核心问题。

生态系统的能量来自太阳能，太阳能以光能的形式被生产者固定下来后，就开始了在生态系统中的传递，被生产者固定的能量只占太阳能的很小一部分。能量在生态系统中的传递是不可逆的，而且逐级递减，递减率为 10%～20%。生态系统的能量流动推动着各种物质在生物群落与无机环境间循环。

生态系统是一个开放的系统，当能量和物质的输入大于输出时，生物量增加；反之，生物量减少。如果输入和输出在较长的时间趋于相等，生态系统的组成、结构和功能将长期处于稳定的动态平衡状态，即生态平衡。

生态系统对来自自然界或人类施加的最大限度的调节能力称为生态阈值。当有外来干扰时，生态系统能通过自行调节的能力恢复到稳定的状态，但是如果外来干扰超越了生态阈值，自行调节将会降低或丧失从而导致一系列的连锁反应，整个生态系统平衡失调。

自然界中任何一种生物都不能离开其他生物而单独生存和繁衍，这种关系是自然界中生物之间长期进化的结果，包括共生、竞争等多种关系，构成了生态系统的自我调节和反馈机制。一个系统内一个物种的变化对生态系统的结构和功能均有影响，这种影响有时在短时间内表现出来，有时则需要较长的时间。

共生是指不同物种的有机体或系统合作共存，共生的结果使所有共生者都大大节约物质能量，减少浪费和损失，使系统获得多重效益，共生者之间差异越大，系统多样性越高，共生效益也越大。共生关系分互利共生、偏利共生和偏害共生。互利共生是一起生活对两种生物均有利；两种生物共存时，对于其中一种生物有利，但对于另一种生物没有影响，称为偏利共生；当一种生物受到不利影响而另一种生物不受影响时，称为偏害共生。

竞争关系是指两种生物在一起生活时，生长繁殖都受到对方的直接抑制，在食物、空间及其他共同的需要方面产生竞争，并受到不利影响。

捕食是指一种生物消耗另一种生物的全部或部分，从而直接获取营养并维持自己的生存和繁殖的现象。前者称为捕食者，后者称为猎物或被捕食者。

在环境生态修复工程中，利用生物种群间的不同关系，尤其是竞争、互利共生和捕食关系，对生态系统中生物种群进行巧妙搭配和设计是非常重要的。

(2) 生态演替

演替（succession）是生态学最重要的概念之一。它是群落动态的一个最重要的特征，是现代生态学的中心课题之一。生态演替是指随着时间的推移，一种生态系统类型（或阶段）被另一种生态系统类型（或阶段）替代的顺序过程，是生物群落与环境相互作用导致生境变化的过程。从地球上诞生生命至今的几十亿年里，各类生态系统一直处于不断发展、变化和演替之中。对生态演替理论的理解不仅有助于对自然生态系统和人工生态系统进行有效的控制和管理，而且生态演替理论还是退化生态系统恢复与重建的重要理论基础。

任何群落的演替过程，都是从个体替代开始，随着个体替代量的增加，群落的主体性质发生变化，产生新的群落形态。从微观（个体）角度看，这种过程是连续的、不间断的（大灾变除外），是一个随时间而演化的生态过程。从宏观（整体）看，这种演替都是有明显阶段性的，即群落性质从量变到质变的飞跃过程，从一定态到另一定态的演化过程。

生态系统的核心是该系统中的生物及其所形成的生物群落，在内外因素的共同作用下，一个生物群落如果被另一个生物群落所替代，环境也就会随之发生变化。因此生物群落的演替，实际是整个生态演替。生态演替过程可以分为 3 个阶段，即先锋期、顶级期和衰老期。

① 先锋期。生态演替的初期，首先是绿色植物定居，然后才有以植物为生的小型食草动物的侵入，形成生态系统的初级发展阶段。这一时期的生态系统，在组成上和结构上都比较简单，功能也不够完善。

② 顶级期。生态演替的繁盛期，也是演替的顶级阶段。这一时期的生态系统，无论在成分上和结构上均较复杂，生物之间形成特定的食物链和营养级关系，生物群落与土壤、气候等环境也呈现出相对稳定的动态平衡。

③ 衰老期。生态演替的末期，群落内部环境的变化，使原来的生物成分不太适应而逐渐衰弱直至死亡。与此同时，另一批生物成分从外界侵入，使该系统的生物成分出现一种混杂现象，从而影响系统的结构稳定性。

植物的演替指植物群落更替的有序变化发展过程。因而恢复和重建植被必须遵循生态演替规律，促进进展演替，重建其结构，恢复其功能，即充分合理地利用种的群聚特征和种内竞争、种间竞争，在不同的植被演替阶段适时引入种内、种间竞争关系，促进植被的进展演替。

(3) 食物链与食物网

食物链（food chain）一词是英国动物生态学家埃尔顿（C. S. Eiton）于 1927 年首次提出的。食物链亦称“营养链”，是生态系统中各种生物为维持其本身的生命活动，必须以其他生物为食物的这种由食物联结起来的链锁关系。例如池塘中的藻类是水蚤的食物，水蚤又是鱼类的食物，鱼类又是人类和水鸟的食物。于是，池塘中的藻类、水蚤、鱼便与人或水鸟之间形成了一条食物链。这种摄食关系，实际上是太阳能从一种生物转移到另一种生物的关系，也即物质和能量通过食物链的方式流动和转换。一条食物链一般包括 3～5 个环节：一种植物，一种以植物为食物的动物和一种或更多的肉食动物。食物链不同环节的生物其数量相对恒定，以保持自然平衡。按照生物与生物之间的关系可将食物链分为捕食食物链、腐食食物链（碎食食物链）和寄生食物链。

一个生态系统中常存在着许多条食物链，由这些食物链彼此相互交错连结成的复杂营养关系为食物网（food web）。一个复杂的食物网是使生态系统保持稳定的重要条件，一般认为，食物网越复杂，生态系统抵抗外力干扰的能力就越强；食物网越简单，生态系统就越容易发生波动和毁灭。一个生态系统中，各种生物的数量和所占比例总是维持在相对稳定的状态，即达到生态平衡。食物网能直观地描述生态系统的营养结构，是进一步研究生态系统功能的基础。

(4) 生态位

生态位（ecological niche）又称生态龛，指一个种群在生态系统中，在时间、空间上所占据的位置及其与相关种群之间的功能关系与作用，表示生态系统中每种生物生存所必需的生境最小阈值，是生物（个体、种群或群落）对生态环境条件适应性的总和。生态位是生态学中的一个重要概念，是种群生态研究的核心问题。有利于某一生物生存和生殖的最适条件为该生物的基础生态位，即假设的理想生态位，可以用环境空间的一个点集来表示。在这个生态位中生物的所有物理、化学条件都是最适的，不会遇到竞争者、捕食者和天敌等。但是生物生存实际遇到的全部条件总不会像基础生态位那样理想，所以又有现实生态位，包括限制生物的各种作用力，如竞争、捕食和不利气候等。

生态位和生境是两个不同的概念。生境是指生物个体或种群生活区域的环境，生境的特征就是物种所需的生存条件。生态位反映了物种在生物群落或生态系统中的地位和角色。生态位和生境又是息息相关的。一条生活在土壤中的蚯蚓，以碎屑为食，碎屑经过蚯蚓的消化分解后又进入到土壤，给土壤提供矿物营养，而蚯蚓在土壤中的不停蠕动又改善了土壤的通透性。啄木鸟通过啄树洞来寻找食物，树洞为它和其他动物提供了栖息的场所。简单来说，生境是生物的“住所”，而生态位是生物的“职业”，一个动物的生态位表明了它在环境中的地位及其与食物和天敌的关系。

物种生态位既表现了该物种与其所在群落中其他物种的联系，也反映了它们与所在环境相互作用的情况。生态位理论的应用范围甚广，特别是在研究种间关系、群落结构、群落演替、生物多样性、物种进化等方面，另外在植被的生态恢复与重建过程也应用了生态位原理。生态位是普遍的生态学现象。每一种生物在自然界中都有其特定的生态位，这是其生存和发展的资源与环境基础。在生态修复工程中，合理运用生态位原理，可以构成一个具有多样化种群的、稳定而高效的生态系统。

(5) 生物多样性

生物多样性（biodiversity）是生物（动物、植物、微生物）与环境形成的生态复合体以及与此相关的各种生态过程的总和。随着转基因生物安全、外来物种入侵、生物遗传资源获取与惠益共享等问题的出现，生物多样性保护日益受到国际社会的高度重视。

在等级层次上，生物多样性一般包括遗传多样性、物种多样性、生态系统多样性和景观多样性 4 个层次。

① 广义的遗传多样性是指地球上生物所携带的各种遗传信息的总和。这些遗传信息储存在生物个体的基因之中。因此，遗传多样性也就是生物遗传资源，是具有实际或潜在价值的动植物和微生物种，以及种以下的分类单位及其含有生物遗传功能的遗传材料。任何一个物种或一个生物个体都保存着大量的遗传基因，因此，可被看作是一个基因库（gene pool）。一个物种所包含的基因越丰富，它对环境的适应能力越强。基因的多样性是生命进化和物种分化的基础。

② 物种多样性是生物多样性的核心，是指地球上动物、植物、微生物等生物种类的丰

富程度。物种多样性包括两个方面，其一是指一定区域内的物种丰富程度，可称为区域物种多样性；其二是指生态学方面的物种分布的均匀程度，可称为生态多样性或群落物种多样性。物种多样性是衡量一定地区生物资源丰富程度的一个客观指标。

③ 生态系统的多样性主要是指地球上生态系统组成、功能的多样性以及各种生态过程的多样性，包括生境的多样性、生物群落和生态过程的多样化等多个方面。其中，生境的多样性是生态系统多样性形成的基础，生物群落的多样化可以反映生态系统类型的多样性。

④ 景观是一种大尺度的空间，是由一些相互作用的景观要素组成的具有高度空间异质性的区域。景观要素是组成景观的基本单元，相当于一个生态系统。景观多样性是指由不同类型的景观要素或生态系统构成的景观在空间结构、功能机制和时间动态方面的多样化程度。

这 4 个层次的有机结合，综合表现为结构多样性和功能多样性。生物多样性对于维持生态平衡、稳定环境具有关键性作用，为全人类带来了巨大的利益和难以估计的经济价值。生态系统中某一种资源生物的生存及功能表达，均离不开系统中生物多样性的辅助和支撑，丰富的生物多样性是生态系统稳定的基础。

(6) 最小因子定律

物质守恒定律在生态环境方面的一个主要的结论就是，如果我们不考虑核过程，就可以对所有已知天然元素进行簿记建档。这意味着，如果生物量的增长所需要的某一种元素被用尽，它不可能在生态系统内被创造，而必须从环境中输入系统。大部分生物所必需的元素有 20～25 种，当某种元素在生态系统的存量极低，和某种生物生长所需要的量相比近乎耗竭时，这种生物的生长必然会停止。

环境中几乎没有与生物生长所需的化学组成完全一致的情况，与决定生长限制的需求相比，总有一些元素呈最低供应量。这就是经典的李比希（Liebig）最小因子定律，最早于 1840 年由德国有机化学家李比希提出。在研究谷物产量时，他发现植物对某些矿物盐类的要求不能低于某一数量，当某种土壤不能供应这一最低量时，不管其他养分的量如何充足，植物也不能正常生长；作物的产量往往不是由过剩的营养物质限制，而是取决于供应不足的营养物质，与系统中的“木桶原理”一致。

湖泊富营养化治理中，可以藻类生长的氮或磷限制为基础制订相应的控制策略。李比希最小因子定律通常被用于生态模型中，计算植物（包括浮游藻类）的生长速率。假定化学计量比不变，磷限制时最常用的计算公式是：

$$生长速率=\mu_{max}[PS]/([PS]+k_P)$$

如果两个营养物质（氮和磷）都构成限制，可用下面这个公式：

$$生长速率=\mu_{max}\cdot MIN([NS]/(k_N+[NS]),[PS]/([PS]+k_P))$$

式中，μ_{max} 是最大生长速率；k_P 与 k_N 是米氏半饱和常数；[PS] 和 [NS] 分别是溶解性无机氮和活性磷酸盐的浓度。如果是复合限制因子在起作用，那么，即使某一种元素的浓度增加，也不会影响生长。

很多学者提出严重的湖泊富营养化早已使各类营养盐含量过量，不再存在营养盐限制的问题；也有学者认为要控制生物生长，各种必需元素中控制一种即可，氮和磷是藻类生长的必需元素，因此控制其中一种即可。其实这些观点对限制因子的理解并不全面。任何生物体总是同时受多种因子的影响，每一因子都不是孤立地对生物体起作用，而是许多因子共同起作用，因此任何生物总是生活在多种生态因子交织成的复杂网络之中。但是在任何具体生态关系中，在一定情况下某个因子可能起的作用最大。这时，生物体的生存和发展主要受这一因子的限制，即限制因子。一个生态因子在数量上和质量上均存在一个范围，在这个范围内，所有与该因子有关的生理活动才能正常发生。因此，应寻找生态系统恢复的关键因子及因子之间存在的相互作用，据此进行生态工程的设计和确定采用的技术手段、时间进度等。

(7) 生态适宜性与生态敏感性

任何生物的生长和发育都要受到生态环境条件的制约和限制，并只能生存在一定的生态梯度范围内。生态适宜性是指某一特定生态环境对某一特定生物群落所提供的生存空间的大小及对其正向演替的适宜程度。当前生态适宜性理论是生态规划的核心内容之一，其目的是应用生态学、经济学、地学及其他相关学科的原理和方法，根据研究区域的自然资源与环境特点，及发展和资源利用要求，划分资源与环境的适宜性等级，为规划方案提供基础。

生态环境敏感性是指生态系统对区域内自然和人类活动干扰的敏感程度，它反映区域生态系统在遇到干扰时，发生生态环境问题的难易程度和可能性的大小。可以以此来确定生态环境影响最敏感的地区和最有保护价值的地区，为生态功能区划分提供依据。生态敏感性评价的应用主要包括土壤侵蚀敏感性评价、土壤沙漠化敏感性评价、土地盐渍化敏感性评价、石漠化敏感性评价、生境敏感性评价、酸雨敏感性评价、城市生态敏感性评价和景观敏感性评价等。

生物通过进化改变自身的结构和功能，使其与生存环境相协调。在自然界中，每种植物均分布在一定地理区域和一定的生境中，并在其生态环境中繁衍后代维持至今。植物长期生长在某一环境中，获得了一些与环境相适应的相对稳定的遗传特征，其中包括形态结构的适应特征。物种的选择是植被恢复和重建的基础，也是人工植物群落结构调控的手段。确定物种与环境的协同性，充分利用环境资源，采用最适宜的物种进行生态恢复，维持长期的生产力和稳定性。选择物种时，应遵从适宜性原理，引入符合人们某种重建愿望的目的物种。

(8) 有害生物可持续控制策略

对有毒有害植物采用人工措施，降低种群密度和大小。在调整植物种群结构、大小控制有害动物的同时，加强动物的管理和利用，通过人工调节食物链的各个环节，保持动物种群数量的动态平衡，使某一种群都处于其他种群的调节之下进而达到控制的目的，既不使有害生物的物种灭绝，又不使有害生物种群迅速扩张而发生危害，从而达到控制有害生物的目的。

尤其要注意外来入侵物种（invasive species）。一个外来物种引入后，有可能因不能适应新环境而被排斥在系统之外；也有可能因新的环境中没有相抗衡或制约它的生物，这个引进种成为真正的入侵者，打破平衡，改变或破坏当地的生态环境，严重破坏生物多样性。

2.4.3 生态修复的价值实现

生态系统以直接或间接的方式提供了支撑人类福祉的服务和产品，但不少生态系统对人类的贡献却是隐含的，不少生态特征在人类尚未真正理解其对人类的重要作用之前就已丧失。生态系统退化表面上是生态环境问题，归根结底是社会发展问题，要从社会经济层面寻求根本的解决途径。科学界提出的“生态系统服务”的概念，旨在形成生态系统的服务价值和价值定量化，促进生态修复实践的价值实现，唤醒人类重视生态环境保护。

生态环境保护是我国生态文明建设的一项重要基础性工作，生态修复必须根据生态文明建设的理念和要求来确定其行事准则。基于建设美丽中国的目标，应正确处理人与自然的关系，树立尊重自然、顺应自然、保护自然的理念，树立发展和保护相统一的理念，树立绿水青山就是金山银山的理念，树立自然价值和自然资本的理念，树立空间均衡的理念，树立山水林田湖是一个生命共同体的理念，形成人与自然和谐发展的现代化建设新格局。可见，生态修复要为自然资本增值，全面增进生态系统的服务功能。

(1) 生态系统服务功能

人类生存与发展所需要的资源归根结底都来源于自然生态系统。联合国《千年生态系统评估报告》(MEA，2005) 认可了“生态系统服务”这一术语，即生态系统和生态过程所形成及维持的人类赖以生存的自然环境条件与效用。生态系统服务功能是人类生存和现代文明的基础，与人类福祉息息相关。所谓福祉，包括保障美好生活的基本物质供应，安全、健康与和谐的社会关系以及实现个人存在价值的机会等。

生态系统服务功能包括支持服务、供给服务、调节服务以及文化服务功能，各功能描述如下。

① 支持服务。通过生物摄入、储存、转移、分解等过程，实现营养物质循环；通过光合作用，将太阳能转化为生物化学能进行初级生产；通过生产和分解有机物，并与无机淤积物混合，形成土壤和泥炭。

② 供给服务。为人类提供淡水、食品、药品、木材，以及提供矿物、燃料、建材、纤维等工业原料，还包括生物资源遗传功能。

③ 调节服务。通过 O_2 和 CO_2 在空气和水之间交换的生物化学过程，维持大气与水中的气体平衡；通过过滤、净化及储存淡水，维持清洁淡水供应；通过气候调节、温度调节和水文循环，维持人类宜居生活条件和生产条件；通过涵养水分、调节洪水和水土保持，减轻自然灾害。

④ 文化服务。大自然的美学价值，满足了人们对自然界的心理依赖和审美需求，更是全人类宝贵的自然和文化遗产。自然界提供了人们运动、休闲的空间；为科学和教育事业的调查、研究和学习提供环境条件；为崇尚自然的宗教仪式和民间习俗提供活动空间及场所。

(2) 生态修复的价值实现模型

在认识到生态系统服务功能的重要性后，接下来的任务就是如何使生态系统的服务和产品定量化，实现生态修复的价值。

生态系统服务价值可分为利用价值和非利用价值两大类。在利用价值中，又包括直接利用价值和间接利用价值。以水生态系统的服务价值为例，直接利用价值主要包括淡水供应和水资源开发利用效益，如水生态系统提供的食品、药品和工农业所需原料等；间接利用价值主要有泥沙与营养物输移、水分涵养与旱涝缓解、水体净化功能、局地气候稳定、各类废物的解毒和分解、植物种子的传播和物种演替以及文化美学功能。水生态系统的非利用价值不是对人类的实用性，是独立于人以外的价值，关注的对象是地球生态系统完整性，其价值准则基于自然性、典型性、多样性和珍稀物种等。非利用价值未来可能转变为利用价值，如留给子孙后代的自然物种、生物多样性以及生境等。非利用价值还包括人类现阶段尚未感知但对自然生态系统可持续发展影响巨大的自然价值。

然而，由于不能被客观量化，《千年生态系统评估报告》划分的文化服务和支持服务的适用性并未获得一致认可。从人类价值观和生态恢复的角度出发，Clewell-Aronson 模型将生态系统服务价值划分为四大类：生态价值、社会经济价值、文化价值以及个人价值。这种

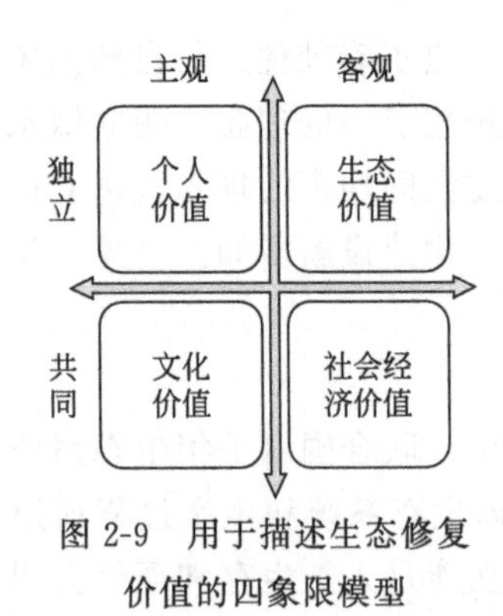

图 2-9　用于描述生态修复价值的四象限模型

分类方式可以用四象限模型（图 2-9）来表示，用于描述生态恢复和生态修复能实现的价值。这个模型的优点在于强调了各个类别之间和每个类别内各因素的协同作用。

生态价值是客观的，因为生态价值能通过相对简单和可重复的实证研究衡量出来；生态价值又是相对独立的，因为不同的自然区域或生态系统具有不同的特征。4 种价值的子整体如图 2-10 所示。生态价值开始于修复受损的生态系统的各个方面。在生态价值象限中，一种生态特征就是一种价值。最基本的价值就是能为生物群落提供良好的发展环境。生物群落结构和功能又是其他价值的基石，依次就到了生态系统可持续发展这一最高价值。一旦实现了可持续发展，受损的生态系统就会逐步恢复到原有的生态结构和功能。

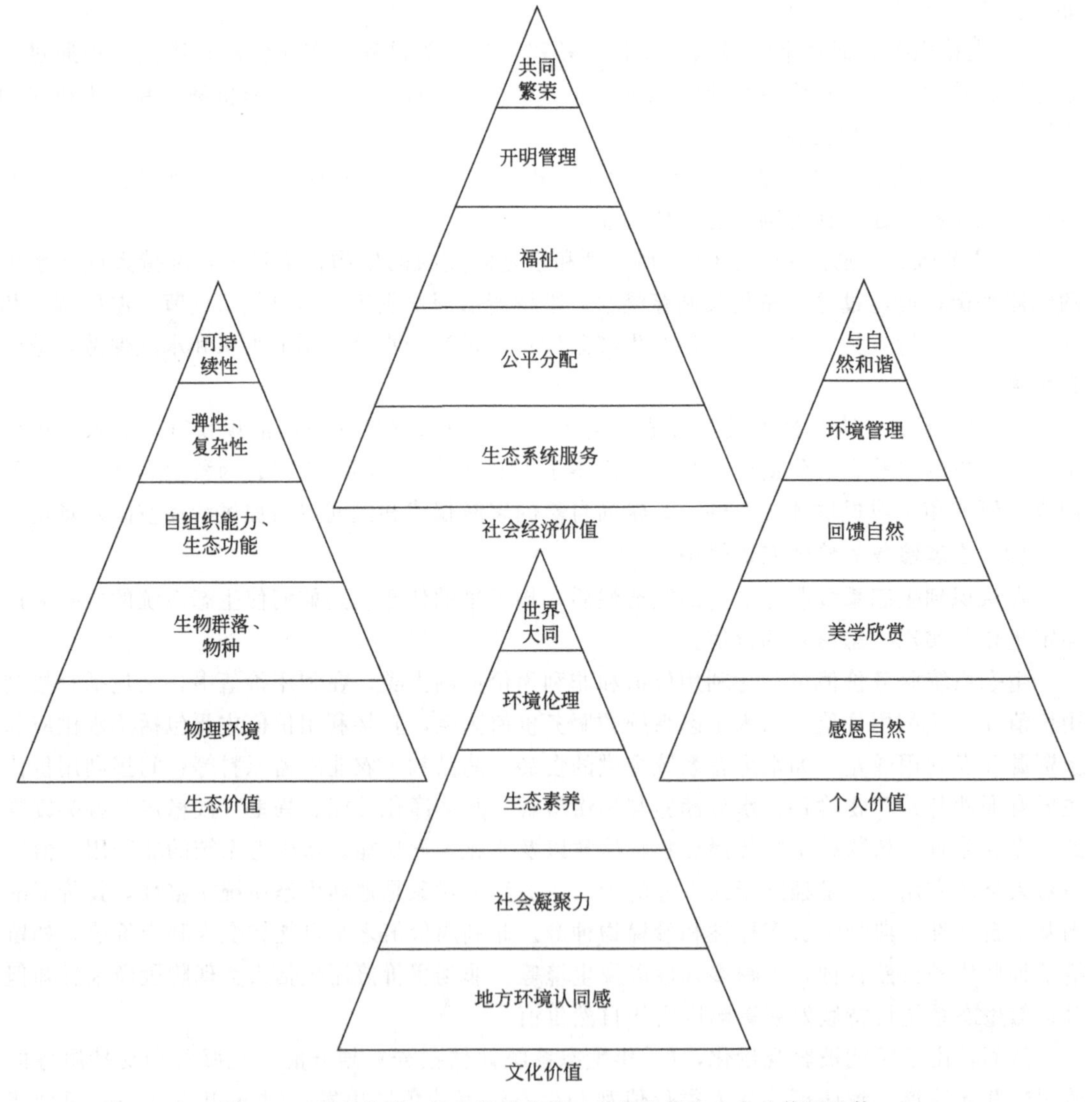

图 2-10　生态价值、社会经济价值、文化价值和个人价值子整体

上述象限中的每一种价值环环相扣，只有完成好上一步的工作才能顺利开展下一步工作。社会经济价值最初产生于生态系统提供的供给服务与调节服务，随着生态系统服务越来越多样，人类从中的获益也越来越多，合理利用这些生态系统服务促进了社会的发展。开明的管理模式不仅有利于公平分配，也有利于生态系统不断提供生态系统服务。按照既定步骤有序地获取生态系统服务，过渡到实现开明的管理模式以及社会可持续发展和共同繁荣，这就是社会经济价值子整体。

文化价值起源于人类对自己生活、工作、娱乐等各种活动所在地的社会认同，人们共同努力修复赖以生存的生态系统，强化了对周遭环境的认同，这种认同又发展为社会凝聚力。如果人们意识到蕴含在修复各种受损生态系统中的价值，就会自觉地参与到生态修复的各个环节中来；随着大众对生态修复越来越感兴趣，社会的生态素养也随之提高。人们的共识又形成环境伦理，进一步强化了人们保护环境和完成环境管理的意识。从地方文化到地方制度到生态素养再到环境伦理的发展过程，构成了文化价值子整体。

个人价值起源于人对自然的感恩与对生态系统服务的依赖程度。人类获取的社会产品均隐含了生态环境成本。爱护环境的人主动自觉保护环境，参与到因人类的无知或人性的弱点破坏的生态系统的恢复工作中，这种奉献精神又强化了个人对自然的感恩和对自然美学的欣赏。从欣赏自然到参与管理自然再到与自然和谐共生的发展过程，构成了个人价值的子整体。

在不耗竭自然资源的同时，如何实现社会繁荣、培育文化凝聚力和实现个人价值？其实答案就是人与自然的关系问题。首先，人与自然是生命共同体，人类必须尊重自然、顺应自然、保护自然。大自然是人类最好的朋友，人类要去回报和保护它。其次，自然是有价值的，绿水青山就是金山银山。自然维系着社会经济价值、文化价值和个人价值。保护自然，就是增值自然价值和自然资本的过程，就是保护和发展生产力，理应得到合理回报和经济补偿。如果能够将生态价值子整体与社会经济价值子整体、文化价值子整体和个人价值子整体同步地考虑，就有可能使人类的发展达到新的高度。

在发展一个子整体的时候，逐步发展其他三个子整体，四个整体协同共进，这是生态修复的一个基本原则。其中，个人、文化和社会经济的发展都与生态系统的健康状况和完整性密不可分。金山银山和绿水青山的关系，就是正确处理经济发展和生态环境保护的关系，是实现可持续发展的内在要求，是坚持绿色发展、推进生态文明建设首先必须解决的重大问题。绿色发展，就是要解决好人与自然和谐共生的问题。面对资源日益枯竭和世界人口不断增长的现实，我们别无选择，只能开展生态修复。生态修复不仅可以维持我们当前的生活水平，也可以维持我们长远的发展，这也是绿色发展的意义所在。

思考题

1. 用于环境生物修复的微生物有哪几种类型？

2. 简述微生物在碳、氮、磷和硫循环中的作用。

3. 名称解释：硝化作用、反硝化作用、厌氧氨氧化、硫化作用、反硫化作用、矿化作用、共代谢。

4. 微生物环境生物修复的主要影响因素有哪些？

5. 简述微生物对有机污染物和重金属的作用机理。

6. 简述植物重金属累积的过程。

7. 什么是超累积植物？举例说明超累积植物的环境意义。
8. 简述大型水生植物的分类，举例说明不同水生植物对水环境的净化功能。
9. 试述演替及其在环境生物修复中的意义。
10. 什么是生态位和生境？两者之间的区别体现在哪里？
11. 生物多样性的概念是什么？一般分哪几个层次？
12. 简述最小因子定律及其适用性。
13. 如何理解生态系统的价值？生态系统服务功能有哪些？
14. 通过查阅相关资料阐述绿水青山和金山银山的关系。
15. 试述个人价值实现与生态修复价值实现的关系。

第3章　地表水环境生物修复

地表水体（surface water）是指在一定的自然空间内被水覆盖的自然综合体，包括河流、湖泊、水库、河口、海洋等，一般由水、水中的物质、水生生物和底泥等四部分构成。我国自改革开放以来，经济发展和城镇化进程迅猛，而地表水资源、水环境和水生态面临着越来越大的压力。随着我国对水环境问题高度重视，大江大河干流水质稳步改善，但部分重点流域的支流污染严重，个别重点湖库和部分海域富营养化问题突出，个别城市黑臭水体依然存在。对受污染的江河湖库进行修复，已是社会经济发展及生态环境建设的迫切需要。在意识到单靠截污、清淤和水力调度等环境和市政工程手段不可能完全解决水环境问题后，人们开始考虑生物和生态修复的方法来治理和恢复受污染的水生态环境。本章主要关注的地表水对象为河流和湖库。

3.1　水环境生物修复概述

水环境修复工程遵循的原则不同于传统环境工程学。在传统环境工程领域，处理对象能够从环境中分离出来，例如对于废水或废弃物，可建造成套的处理设施，在最短的时间内，以最快速度和最低成本，将污染物净化去除；而在水环境修复领域，修复的水体对象是环境的一部分，不可能或很难建造能将修复对象包容进去的处理系统。若采用传统治理净化技术，即使局部小系统的修复，其运行费用也是天文数字。

水环境修复需要保护周围环境，比传统环境工程学需要的专业面更广，包括环境工程、水利工程、景观工程、土木工程、生态工程、化学、生物学、毒理学、地理信息和分析监测等，必须将环境因素融入技术中进行系统治理。立足山水林田湖生命共同体，统筹自然生态各要素，是解决复杂水问题的根本出路，是新时代水环境修复和治理工作必须始终坚持的思想方法。

广义的水环境生物修复包括微生物修复和河流浮游植物、浮游动物、挺水植物、浮水植物、底栖动物以及水鸟等整个食物链系统的“操纵”和生物多样性恢复，在某种意义上更接近水环境生态修复。狭义的水环境修复是指对水体水质和生态机能的修复。

水环境修复的目标是在保证水环境结构健康的前提下，满足人类可持续发展对水体功能的要求。水环境的生物修复和生态修复工程是最适于水环境修复目标达成的工程技术手段（图 3-1）。

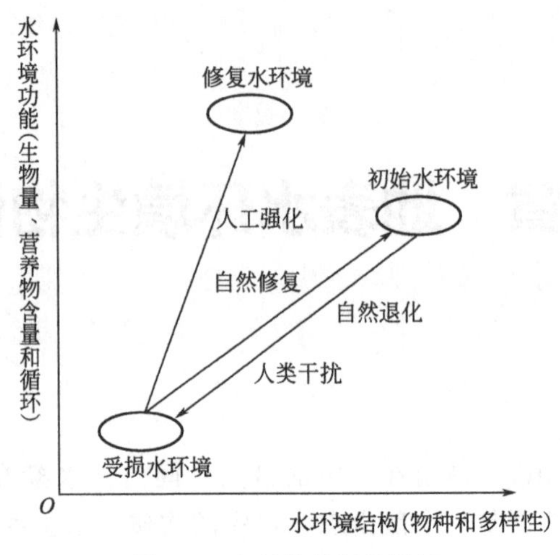

图 3-1　水环境修复的目标

3.2　水体的自然净化

水体的自然净化能力简称水体自净，在人类出现以前的远古时期，保证了自然界江河湖泊的水体洁净。水体生物修复技术，实质上是按照仿生学的理论对于自然界恢复能力与自净能力的强化，即按照自然界自身规律去恢复自然界的本来面貌，强化自然的自净能力去治理被污染水体，这是人与自然和谐相处合乎逻辑的修复思路。

广义的水体自净指污染物随污水排入水体后，经过物理的、化学的与生物化学的作用，使污染物浓度降低或总量减少，受污染的水体部分地或完全地恢复原状；狭义水体自净是指水体中微生物氧化分解有机物而使得水体得以净化的过程。

3.2.1　水体自净过程和微生物生态

污（废）水或污染物一旦进入水体后，就开始了自净过程。这种过程由弱到强，直到趋于恒定，使水质逐渐恢复到正常水平。进入水体中的污染物，在连续的自净过程中，总趋势是浓度逐渐下降。在自净初期，水中溶解氧含量急剧下降，到达最低点后又缓慢上升，逐渐恢复到正常水平。在排污点下游进行着正常的自净过程，沿着河流方向形成一系列连续的污化带。

① 多污带：位于排污口之后的区段，水呈暗灰色，浑浊，含大量有机物，生物需氧量（BOD）高，溶解氧量极低，为厌氧状态。污化指示生物包括厌氧菌和兼性厌氧菌（硫酸还原菌、产甲烷菌等），以及寡毛类动物（颤蚯蚓）等。

② α-中污带：在多污带下游，水为灰色，溶解氧少，有机物减少，BOD 下降，含有 NH_3 和 H_2S，为半厌氧状态。污化指示生物包括细菌、藻类（蓝藻、裸藻、绿藻）、原生动

物（喇叭虫、独缩虫、水轮虫）及节虾、颤蚯蚓等。

③ β-中污带：在α-中污带之后，有机物较少，BOD和悬浮物含量低，溶解氧浓度升高，NH_3 和 H_2S 氧化为 NO_3^- 和 SO_4^{2-}，细菌数量减少。污化指示生物包括藻类、水生植物、原生动物、浮游甲壳动物及昆虫。

④ 寡污带：在β-中污带之后，有机物全部无机化，BOD和悬浮物含量极低，H_2S 消失，溶解氧恢复到正常水平。指示生物有：鱼腥藻、硅藻、黄藻、钟虫、变形虫、浮游甲壳动物、水生植物及鱼类。

3.2.2　水体自净的实现方式

水体自净主要通过三种作用方式来实现。

物理作用包括可沉性固体逐渐下沉，悬浮物、胶体和溶解性污染物稀释混合，浓度逐渐降低。其中稀释是一项重要的物理净化过程，即污水排入水体后，在流动的过程中，逐渐和水体水相混合，使污染物的浓度不断降低。

化学作用是指污染物由于氧化、还原、酸碱反应、分解、化合、吸附和凝聚等作用而使污染物质的存在形态发生变化和浓度降低。

生物化学作用在水体自净中起非常重要的作用，通过各种生物（藻类、微生物等）的活动特别是微生物对水中有机物的氧化分解作用使污染物降解，净化过程如图3-2所示。

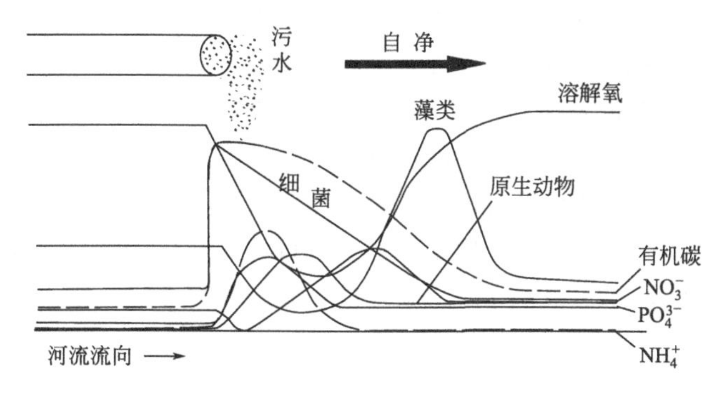

图3-2　水体污染及其生物净化过程

水体中污染物的沉淀、稀释、混合等物理过程，氧化还原、分解化合、吸附凝聚等化学和物理化学过程以及生物化学过程等，往往是同时发生，相互影响，并相互交织进行。一般说来，物理和生物化学过程在水体自净中占主要地位。

3.2.3　水环境容量与自净作用的影响因素

水体的自净能力是有限的，如果排入水体的污染物数量超过某一界限，就会导致水体污染，该界限即自净容量或水环境容量。影响水体自净的因素很多，其中主要因素有：受纳水体的地理和水文条件、微生物的种类与数量、水温、沉积物以及水体和污染物的组成、污染物浓度等。

（1）水文要素

流速、流量直接影响到移流强度和紊动扩散强度。流速和流量大，不仅水体中污染物浓度稀释扩散能力随之加强，而且水气界面上的气体交换速度也随之增大。河流中流速和流量有明显的季节变化，洪水季节，流速和流量大，有利于自净；枯水季节，流速和流量小，给自净带来不利影响。

水温不仅直接影响到水体中污染物的化学转化的速度，而且能通过影响水体中微生物的活动对生物化学降解速度产生影响，随着水温的增加，BOD的下降速度明显加快，但水温高却不利于水体富氧。

(2) 太阳辐射

太阳辐射对水体自净作用有直接影响和间接影响两个方面。直接影响指太阳辐射能使水中污染物产生光转化；间接影响指可以引起水温变化和促进水生植物进行光合作用。太阳辐射对浅水河流自净作用的影响比对深水河流大。

(3) 沉积物

沉积物是污染物的源和汇，河水与河床基岩、沉积物也有一定物质交换过程，这两方面都可能对河流的自净作用产生影响。例如河底若有铬铁矿露头，则河水中铬浓度可能较高；又如汞易被吸附在泥沙上，随之沉淀在沉积物中累积，虽然比较稳定，但在水与沉积物界面上存在缓慢的释放过程，使汞重新回到水中形成二次污染。此外，沉积物不同，底栖生物的种类和数量亦不同，对水体自净作用的影响也不同。

(4) 水中（微）生物

水中微生物对污染物有生物降解作用，一些水生生物对污染物有富集作用，这两方面都能降低水中污染物的浓度。因此，若水体中能分解污染物的微生物和能富集污染物的水生生物品种多、数量大，对水体自净过程较为有利。

(5) 污染物的性质和浓度

易于化学降解、光转化和生物降解的污染物显然最容易自净。例如酚和氰，由于易挥发和氧化分解，且能被泥沙和底泥吸附，因此较易净化。难以化学降解、光转化和生物降解的污染物在水体中也难以自净。例如合成洗涤剂、有机农药等化学稳定性高的合成有机物，以水流为载体，逐渐蔓延，不断积累，成为全球性污染的代表物质。某些重金属类污染物可能对微生物有害，也会降低水中生物的降解能力。

3.3 稳定塘技术

3.3.1 稳定塘概述

稳定塘（stabilization pond），是一种天然的或经一定人工构筑的水净化系统。污水在塘内经较长时间的停留、储存，通过微生物（细菌、真菌、藻类、原生生物等）的代谢活动，以及相伴随的物理的、化学的、物理化学的过程，使水中的有机污染物、营养素和其他污染物进行多级转换、降解和去除。

早在3000多年前，人们就知道使用塘净化污水，但真正研究却始于20世纪初。世界上第一个有记录的稳定塘于1901年修建在美国得克萨斯州圣安东尼奥市。1920年欧洲最早的稳定塘修建于德国巴伐利亚州慕尼黑市。从20世纪四五十年代开始，受全球能源危机的影响，国际上对能耗较低、运行稳定的稳定塘技术的研究给予了足够的重视，并在实践中大范围推广。目前，全世界已有 50 多个国家采用稳定塘处理污水。我国有关稳定塘的研究始于 20 世纪 50 年代末，从 60 年代起陆续建成了一批污水塘库，80～90 年代开始迅速发展。目前已经建成并投入运行的稳定塘几乎遍布全国各个地区。稳定塘处理污水的规模也逐渐扩大，较大的稳定塘每日可处理几十万立方米污水。

稳定塘既可作为二级生物处理技术，相当于传统的生物处理，也可作为二级生物处理出水的“精制”或“深度”处理工艺技术。实践证明，设计合理、运行正常的稳定塘系统，出水水质相当于甚至优于二级生物处理的出水。当然，在不理想的气候条件下，出水水质会比较差。

稳定塘作为一种生态净化技术，具有基建投资和运转费用低、维护和维修简单、便于操作、无须污泥处理等优点，可同时有效去除 BOD、病原菌、重金属、有毒有害有机物和含 N、P 等营养物质，在村镇污水及分散污水的处理、面源污染控制、河流湖泊生态修复、进一步降低污水处理厂的低浓度污染物、处理含 N 和 P 等营养盐方面具有一定的优势。同时，稳定塘水处理系统还依然存在占地面积大、水力停留时间较长、效率低下、散发臭味、处理效果受气候条件影响大等缺陷。

稳定塘按塘水中微生物优势群体类型和塘水的溶解氧状况可分为好氧塘、兼性塘、厌氧塘和曝气塘。按用途又可分为深度处理塘、强化塘、储存塘和综合生物塘等。不同类型组合成的塘称为复合稳定塘。此外，还可按排放间歇或连续、污水进塘前的处理程度或按塘的排放方式来进行划分。

本章主要针对常用的溶解氧分类方式，对稳定塘进行介绍，同时也对新型塘和组合工艺等进行了简单介绍。

3.3.2　好氧塘

好氧塘（aerobic pond）是在有氧状态下净化水的稳定塘，完全依靠藻类光合作用和塘表面风力搅拌自然复氧供氧。好氧塘一般很浅（15～50cm 深），不大于 1m，水力停留时间 2～6d。好氧塘适于处理 BOD_5 小于 100mg/L 的水，多用于处理其他处理方法的出水。

好氧塘按有机负荷的高低又可分为高负荷好氧塘、普通好氧塘和深度处理好氧塘。

① 高负荷好氧塘一般设置在处理系统前端，目的是处理污水和产生藻类。特点是塘的水深较浅，水力停留时间较短，有机负荷高。

② 普通好氧塘用于处理污水，起二级处理作用。特点是有机负荷高，水深比高负荷好氧塘大，水力停留时间较长。

③ 深度处理好氧塘设置在塘处理系统的后部或二级处理系统之后，作为深度处理设施。特点是有机负荷较低，水深比高负荷好氧塘大。

好氧塘净化有机污染物的基本工作原理如图 3-3 所示，塘内存在着细菌、藻类和原生生物的共生系统。有阳光照射时，藻类进行光合作用放氧，同时伴随风力搅动，表面还存在自然复氧，二者使塘水呈好氧状态。塘内的好氧型异养细菌利用水中的氧，通过好氧代谢氧化分解有机污染物并合成本身的细胞物质（细胞增殖），代谢产物 CO_2 又是藻类光合作用的碳源。

藻类光合作用使塘水的溶解氧和 pH 呈昼夜变化。在白天，藻类光合作用释放的氧超过细菌降解有机物的需要量，塘水的溶解氧浓度很高，可达到饱和状态。夜间，藻类停止光合作用，由于生物的呼吸消耗氧，溶解氧浓度下降，凌晨时达到最低。阳光再照射后，溶解氧逐渐回升。

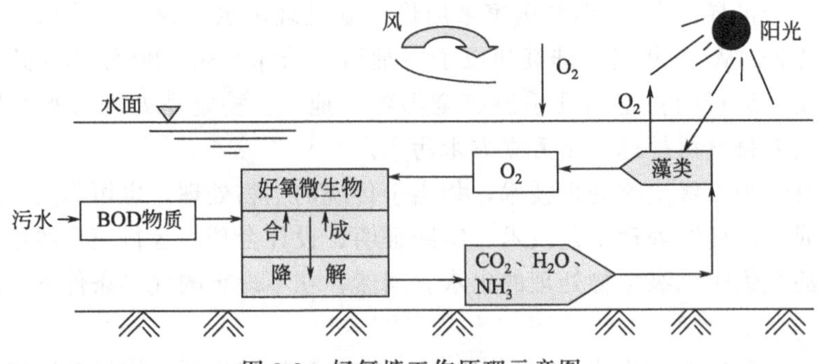

图 3-3 好氧塘工作原理示意图

好氧塘内生物种群主要有细菌、藻类、原生生物、后生生物等。

细菌主要生存在水深 0.5m 的上层，浓度约为 $1\times10^8\sim5\times10^9$ 个/mL，主要种属与活性污泥和生物膜相同。好氧塘的细菌绝大多数属异养菌，这类细菌以有机化合物如碳水化合物、有机酸等作为碳源，并以这些物质分解过程中产生的能量维持生理活动，营养氮源为含氮化合物。细菌对有机污染物的降解起主要作用。

藻类在好氧塘中起着重要的作用，是塘水中溶解氧的主要提供者。藻类主要有绿藻、蓝藻两种，有时也会出现褐藻，但一般不会成为优势种。藻的种类和数量与塘的负荷有关，可反映塘的运行状况和处理效果。若塘水营养物质浓度过高，会引起藻类异常繁殖，诱发水华，此时藻类聚集成蓝绿色絮状体和胶团状，使塘水浑浊。

塘内原生生物和后生生物的种属数与个体数均比活性污泥法和生物膜法少。水蚤捕食藻类和细菌，又是好的鱼饵，但过分增殖会影响塘内细菌和藻类的数量。

3.3.3 兼性塘

兼性塘（facultative pond）是指在上层有氧、下层无氧的条件下净化水的稳定塘，是最常用的塘型。塘深通常为 1～2m。兼性塘上部是好氧层，下部是厌氧层，中层是兼性层，污泥在底部进行消化。水力停留时间为 5～30d。兼性塘运行效果主要取决于藻类光合作用产氧量和塘表面的复氧情况。

兼性塘常用于处理小城镇的原污水以及中小城市污水处理厂一级沉淀处理后出水或二级生物处理后的出水。在工业废水处理中，接在曝气塘或厌氧塘之后作为二级处理塘使用。兼性塘的运行管理方便，能经受水量、水质的较大波动而不致严重影响出水水质。为了使 BOD 面积负荷保持在适宜的范围之内，需要的土地面积很大。

储存塘和间歇排放塘属于兼性塘类型。储存塘可用于蒸发量大于降雨量的气候条件。间歇排放塘的水力停留时间长而且可控，当出水水质令人满意的时候，每年排放 1～2 次。

兼性塘好氧层对有机污染物的净化机理与好氧塘基本相同。在好氧层进行的各项反应与存活的生物相也基本与好氧塘相同。但由于停留时间长，有可能生长繁殖更多种属的微生物，如硝化菌等。兼性塘的净化机理见图 3-4。

兼性层的微生物是兼性异养型细菌，既能利用水中的溶解氧氧化分解有机污染物，也能在无氧条件下，以 NO_3^-、CO_3^{2-} 为电子受体进行无氧代谢。厌氧层没有溶解氧。可沉物质和死亡的藻类、菌类在此形成污泥层，污泥层中的有机质由厌氧微生物进行分解。机理与一般的厌氧发酵反应相同。

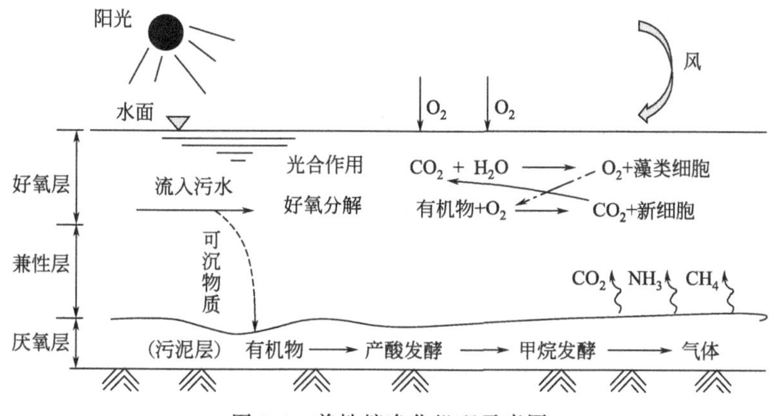

图 3-4　兼性塘净化机理示意图

兼性塘去除污染物的范围比好氧塘多，不仅可去除一般有机污染物，还可有效地去除含磷、氮等的营养物质和某些难降解的有机污染物，如木质素、有机氯农药、合成洗涤剂、硝基芳烃等。

兼性塘中的生物种群与好氧塘基本相同，但由于存在兼性层和厌氧层，使产酸菌和厌氧菌得以生长。

3.3.4　厌氧塘

厌氧塘（anaerobic pond）是一类在无氧状态下净化水的稳定塘，有机负荷高，以厌氧反应为主。当稳定塘中有机物的需氧量超过了光合作用产氧量和水面复氧量时，即处于厌氧条件，厌氧菌大量生长并消耗有机物。由于专性厌氧菌在有氧环境中不能生存，因此厌氧塘一般表面积较小但深度较大。

厌氧塘最初被作为预处理设施，特别适用于处理高温、高浓度的污水，在处理城镇污水方面已取得了成功。塘深通常是 2.5～5m，水力停留时间为 20～50d。主要的反应是酸化和甲烷发酵。当厌氧塘作为预处理工艺时，优点是可以大大减少后续兼性塘、好氧塘的容积，消除了兼性塘夏季运行时经常出现的漂浮污泥层问题，并使后续处理塘中不致形成大量污泥淤积层。

厌氧塘对有机污染物的降解机理，与所有的厌氧生物处理设备相同。在厌氧消化系统中微生物主要分为两大类：非产甲烷菌（non-menthanogen）和产甲烷菌（menthanogen）。由于产甲烷菌的世代时间长，增殖速度慢，且对溶解氧和 pH 敏感，因此厌氧塘的设计和运行，必须以甲烷发酵阶段的要求作为控制条件，控制有机污染物的投配率，以保持产酸菌与产甲烷菌之间的动态平衡。一般应控制有机酸浓度在 3000mg/L 以下，pH 为 6.5～7.5，进水的 BOD_5 ∶N∶P＝100∶2.5∶1，硫酸盐浓度应小于 500mg/L，以使厌氧塘能正常运行。图 3-5 是厌氧塘基本功能模式图。

3.3.5　新型稳定塘和组合塘工艺

针对传统稳定塘存在的缺陷，经过不断改良，出现了许多新型塘，如曝气塘、高效藻类塘、水生植物塘和养殖塘、高效复合厌氧塘、超深厌氧塘、生物滤塘等。为了提高处理效率，还出现了许多组合塘工艺，例如，与传统生物法组合的 UNITANK 工艺＋生物稳定塘、水解酸化＋稳定塘工艺和折流式曝气生物滤池＋稳定塘工艺等，还有各类塘型组合的多级串

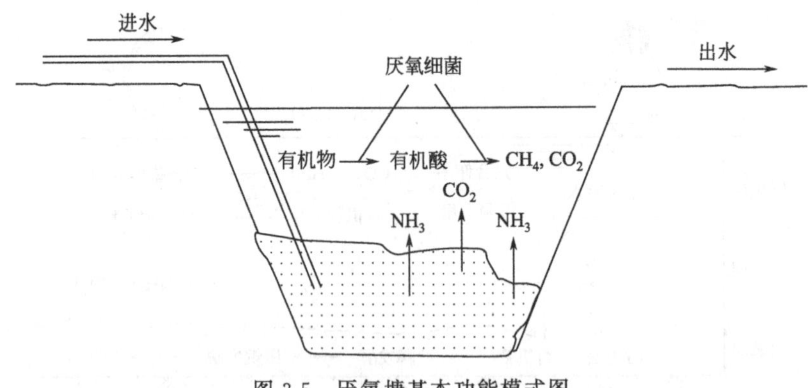

图 3-5 厌氧塘基本功能模式图

联塘系统、生态综合塘系统、高级综合塘系统（AIPS）等。以下对一些主要的新型稳定塘技术和组合塘工艺进行简单介绍。

3.3.5.1 新型稳定塘

(1) 曝气塘

通过人工曝气设备向塘中供氧的稳定塘称为曝气塘（aerated pond），是人工强化与自然净化相结合的一种形式，适用于土地面积有限，不足以建成完全以自然净化为特征的塘系统。曝气塘 BOD_5 去除率为 50%～90%，但由于出水中常含大量活性和惰性微生物体，曝气塘出水不宜直接排放，一般需后续连接其他类型的塘或生物固体沉淀分离设施进一步处理。曝气塘可分为完全混合曝气塘［图 3-6(a)］和部分混合曝气塘［图 3-6(b)］两种。

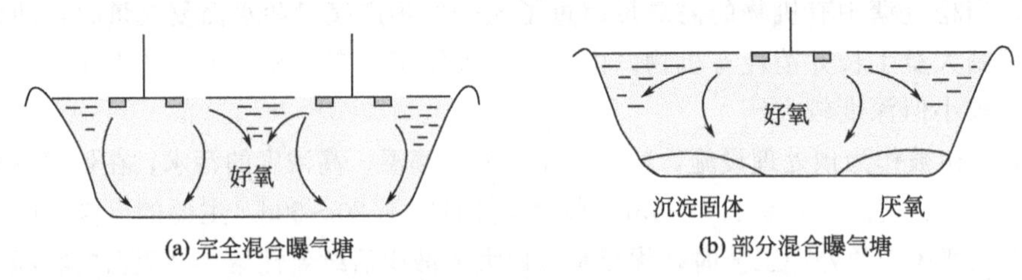

图 3-6 完全混合曝气塘和部分混合曝气塘示意图

曝气塘在工艺和有机物降解机理等方面与活性污泥法的延时曝气法类似，因此，有关活性污泥法的计算理论对曝气塘也适用。

(2) 高效藻类塘

美国加利福尼亚州大学伯克利分校的 Oswald 教授提出并发展了高效藻类塘（high rate algae pond）。工作原理是利用藻类的大量增殖形成有利于微生物生长和繁殖的环境，建立更紧密的藻菌共生系统。塘中藻类光合作用产生的氧有助于硝化作用的进行，藻类在生长繁殖过程中吸收氮、磷等营养盐，可提高氮、磷等污染物的去除率。由于最大限度地利用了藻类产生的氧气，塘内的一级降解动力学常数值比较大，故称之为高效藻类塘。试验表明，高效藻类塘对化学需氧量（COD）的平均去除率可达 70%，对氨氮的平均去除率大于 90%，对总磷和磷酸盐的去除率约为 50%。与传统稳定塘相比，高效藻类塘具有塘深较浅、可进行连续搅拌、停留时间较短和可以安装搅拌装置等优势。

(3) 水生植物塘和养殖塘

水生植物塘是指在塘中种植高等水生植物（主要是水生维管束植物），通过植物作用处理水，同时植物可进行回收的塘，具有较好的经济价值。水生植物塘可去除水体中的悬浮泥沙，改善透明度；可有效去除水中有机物、难降解物质和微量重金属等；水生植物还能抑制有害藻类的生长，从而净化水环境。养殖塘是通过在塘中放养经济鱼类，通过鱼类捕食水中悬浮大颗粒有机物、藻类和菌类而进一步去除有机物的塘。研究发现，养殖塘对总氮（TN）、NO_3^--N 和 NH_4^+-N 的去除效果优于植物塘，但植物塘对总磷（TP）的去除效果优于养殖塘。根据对污染物降解过程的分析，植物塘与养殖塘之间具有较强的互助互补性，组合使用可使整个系统充分发挥处理功效，提高脱氮除磷效率。

(4) 高效复合厌氧塘

高效复合厌氧塘主要由底部的污泥消解区和上部的生物膜载体填料区组合而成，通过均匀进水和出水系统，使污水在厌氧塘中进行上向和下向翻腾式折流流动，与底部污泥层和上部生物膜层进行充分接触，对有机物进行有效的厌氧生物降解。填料安装方式采用悬浮框架结构，顶部设有浮筒，依靠其浮力将单元体悬浮在水中，单元体下部设有混凝土重锤，依靠其重量控制单元体高度。高效复合厌氧塘具有填料挂膜快、生物膜更新周期时间长、运行稳定和抑制臭气作用明显等优点。

(5) 超深厌氧塘

与普通厌氧塘相比，超深厌氧塘在停留时间不变的条件下具有较小的占地面积，塘中有机物的需氧量超过了光合作用的产氧量和塘面复氧量，使塘内处于厌氧状态，改善了塘中厌氧微生物的生存条件。从保温角度看，减少表面积还可以减少冬季塘表面热量的散失，塘中温度变化较小，从而减少季节温度变化对处理效率的影响。美国 Oswald 教授提出的“高级综合塘系统”（advanced integrated pond systems)，在兼性塘内设置 6m 深的厌氧坑，污水从坑底进入塘内，坑内上升流速很小，全部悬浮物（SS）和 70%的 BOD_5 在坑中可被去除。英国有采用深 15m 的厌氧储留塘在非灌溉季节储存污水，用厌氧-厌氧超深储留塘系统将污水处理至含粪便大肠杆菌 1000 个/100mL 的灌溉水标准，比一般的厌氧-兼性-熟化塘系统节约 52%占地面积。

(6) 生物滤塘

从稳定塘结构与净化机理出发，结合厌氧生物膜法、吸附过滤法和稳定塘技术，形成了生物滤塘。生物滤塘占地面积小，在单塘塘底增设卵石层和滤层，增加微生物附着面积，使塘体形成厌氧-好氧交替带，有利于氮和磷的去除。采用底部分散式进水，提高单塘的去除能力，能减少塘体的短路现象，一定程度上也缩短了水力停留时间。

3.3.5.2 组合塘工艺

组合塘工艺可分为两大类型：一是与传统生物法组合，作为二级处理的补充；二是各类塘型的组合。

(1) 与传统生物法组合

① UNITANK 工艺＋生物稳定塘。UNITANK 工艺是基于三沟式氧化沟结构提出的一种活性污泥处理工艺，于 20 世纪 80 年代初开发，已广泛应用于城市污水和工业废水的处理。采用 UNITANK 串联生物稳定塘，是利用 UNITANK 工艺处理负荷高、投资省以及生物塘出水水质稳定的优点，以达到降低建设投资和提高出水水质的目的。

② 水解酸化＋稳定塘工艺。采用水解酸化＋稳定塘串联的工艺，水解酸化池能将大分子难降解有机物转化为小分子物质，从而加速了污水在后续稳定塘中的降解。研究表明，相

较于传统工艺，采用水解酸化＋稳定塘工艺可减少50％停留时间，相应的占地面积减少50％以上。

③ 折流式曝气生物滤池＋稳定塘工艺：针对传统曝气生物滤池容易发生堵塞、对进水SS浓度要求较高（SS浓度≤60mg/L）、运行周期较短等问题，在原有上向流和下向流曝气生物滤池的基础上开发出了新型折流式曝气生物滤池（BBAF）。以BBAF作为主体构筑物，稳定塘进一步净化BBAF出水，可保障整个系统达到较好的出水水质。

（2）各类塘型组合

① 在实际的应用过程中，根据当地条件和处理要求不同，稳定塘也可采用不同的组合工艺，如多级串联或并联等。图3-7是几种典型的流程组合示意图。多级串联有助于污染物浓度的逐渐减少，有利于降解过程的稳定进行，各级水质在递变过程中，各自的优势菌种会出现，从而具有更好的处理效果。与单塘相比，串联稳定塘不仅出水的菌、藻浓度低，BOD、COD、TN和TP等去除率高，而且水力停留时间短。多级串联塘流态接近于推流反应器，也有效地减少了单塘中常出现的短流现象。

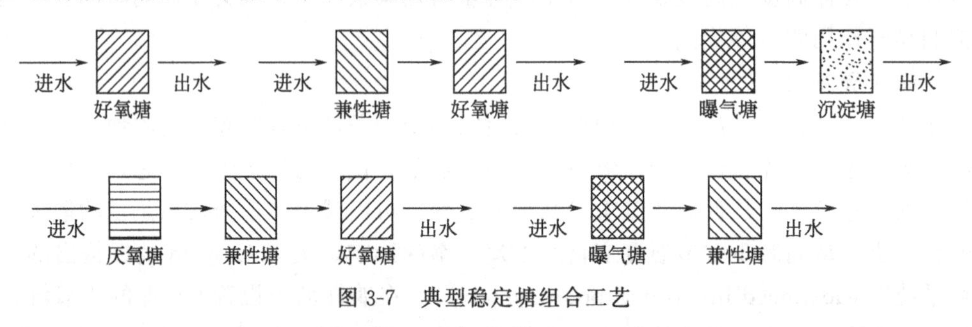

图3-7　典型稳定塘组合工艺

② 高级综合塘系统（AIPS）由高级兼性塘、高负荷藻类塘、藻类沉淀塘和熟化塘组成。高级兼性塘上部好氧，底部有一个厌氧坑进行沉淀和厌氧发酵；高负荷藻类塘装有搅拌桨，使藻类通过光合作用释放大量的氧气，供微生物降解有机物；藻类沉淀塘用来沉淀高负荷藻类塘出水中的藻类；熟化塘一方面用来对出水进行消毒，一方面存储出水用于灌溉。二级处理可以由位于最前端的高级兼性塘和后面的高负荷藻类塘完成，营养物的去除及生物回收由各塘间的优化组合实现。高级综合塘系统几乎不需要污泥处理，占地面积小，水力负荷率和有机负荷率较大，水力停留时间较短，基建和运行成本较低，能实现水的回收和再利用。

③ 生态综合塘系统是将污水处理与利用相结合，实现污水资源化的一种废水生物处理设施，具有基建投资省、年运行费用低、管理维护方便、运行稳定可靠等诸多优点，不足之处就是占地面积比较大。

3.4　湿地保护修复与人工湿地处理技术

3.4.1　湿地概述

湿地是陆地和水生生态系统间的过渡带，支撑着独具特色的物种和较高的自然生产力，为人类生活和社会生产提供极为丰富的自然资源，与森林、海洋并称为全球三大生态系统。

《关于特别是作为水禽栖息地的国际重要湿地公约》（简称《湿地公约》）将湿地定义为："自然或人工、长久或暂时的沼泽地、泥炭地或水域地带，静止或流动的淡水、半咸水和咸水体，包括低潮时不超过6m的水域。"

我国《湿地保护管理规定》中，湿地是指常年或者季节性积水地带、水域和低潮时水深不超过6m的海域，包括沼泽湿地、湖泊湿地、河流湿地、滨海湿地等自然湿地，以及重点保护野生动物栖息地或者重点保护野生植物原生地等人工湿地。我国湿地分布广、类型丰富、面积大，从寒温带到热带，从平原到高原山区均有湿地分布，几乎涵盖了《湿地公约》中所有湿地类型，湿地总面积位居亚洲第一位。

湿地既包括许多旱生生态系统的环境因素，也形成一系列湿度不同的生境。同时，由于此类湿生生境在地形条件和补给水源的综合作用下形成，即在排水不畅、水源充足或两者综合作用下发展形成，因此湿地又具有水生生态系统的一些特征。水源及其供给机制的不同可以增加湿地的多样性。珊瑚礁、滩涂、红树林、湖泊、河流、河口、沼泽、水库、池塘、水稻田等都属于湿地。

湿地在涵养水源、净化水质、蓄洪抗旱、调节气候和维护生物多样性等方面发挥着重要功能，是重要的自然生态系统，也是自然生态空间的重要组成部分。湿地是"地球之肾"，具有极强的降解污染物功能；湿地是"淡水之源"，具有强大的储水功能；湿地是"物种基因库"，具有维护自然界的生物多样性和生物链完整性功能；湿地是"储碳库"，在应对气候变化中发挥着重要作用；湿地是人类文明的"摇篮"，孕育和传承着人类的文明。此外，湿地为人类生产、生活提供了多种资源，如淡水、粮食、肉质产品、药材、能源、矿产及多种工业原材料，以及特色的旅游景观、宣教和科研基地。因此，湿地既是独特的自然资源，又是重要的生态系统，在维护生态安全、气候安全、淡水安全和生物多样性等方面发挥着不可替代的作用。

由于大多数人并未意识到湿地的重要功能，随着社会和经济的发展，湿地生态系统退化严重。有数据显示，全球湿地面积1.21×10^{9}公顷。1970～2015年，约35%的天然湿地消失，消失速度是森林生态系统的3倍；81%的内陆湿地物种数量和36%的滨海和海洋湿地物种数量减少。2014年第二次全国湿地资源调查结果显示，全国湿地总面积5360.26万公顷，湿地面积占国土面积的比例（即湿地率）为5.58%。其中，自然湿地面积4667.47万公顷，占全国湿地总面积的87.08%。与第一次调查同口径比较，我国湿地面积以每年约33.3万公顷的速度减少，自然湿地面积减少了337.62万公顷。表明我国自然湿地受到的威胁加剧，湿地生物多样性有所减退，湿地面临威胁有增无减，湿地不合理利用屡禁不止，湿地保护空缺依然较大。

我国的湿地在几千年的人为活动干预下凝聚着丰富的人类文明印迹。《诗经》中《蒹葭》有云："蒹葭苍苍，白露为霜。所谓伊人，在水一方。"这首脍炙人口的诗描绘的即为湿地的风貌。"蒹"是荻，"葭"为芦苇，均是典型的湿地植物。实际上，中国人很早就关注湿地，古人将常年积水的沼泽地或浅湖称为"沮泽"，将季节性积水的沼地称为"沮沼"，将滨海沼泽湿地称为"斥泽"，古文常见的"泽薮"即为当代人所谓的湿地。中国工农红军长征经过的沼泽地也是典型的湿地地貌。但从广义上讲，湿地可分为天然湿地和人工湿地两种。

从生态和环境净化的功能来看，天然湿地具有复杂的功能，可以通过物理的、化学的和生物的反应（诸如沉淀、储存调节、离子交换、吸附、吸着、固着、生物降解、溶解、气化、氨化、硝化、脱氮、磷吸收等），去除污水中的有机污染物、重金属、氮、磷和细菌等，因而被人们利用来净化污水。但由于天然湿地生态系统极其珍贵，而面对人类所需处理的大量污水，湿地能承担的负荷能力有极大的局限性，因而不可能大规模地开发利用。

然而，湿地系统复杂高效的净化污染物的功能使得科学家没有放弃对它的研究利用，而是在进行了大量调查及试验研究的基础上，创造了可以进行控制，能达到净化污水、改善水质目的并适用于各种气候条件的人工湿地系统（artificial wetland system）。

3.4.2 湿地保护修复与重建工程

随着湿地消失及破坏的日益严重，人们对湿地生态系统服务价值的认识正在加深，退化湿地的生态恢复成为当今的热点。2016 年 9 月第十届国际湿地大会发布《湿地常熟宣言》，呼吁全球应在充分认识湿地重要生态服务功能的基础上，积极开展湿地保护、恢复和合理利用。

我国高度重视湿地保护工作，自 1992 年加入湿地公约以来，相继采取了一系列重大举措加强湿地保护与恢复，初步形成了以湿地自然保护区为主体的湿地保护体系。自 2000 年以来，我国实施了一系列湿地保护恢复工程。《全国湿地保护工程规划（2002—2030 年）》明确了我国湿地保护的近期、中期和远期目标。“十二五”期间，全国实施了 1100 多项湿地保护工程和财政补贴项目，恢复湿地 16 万公顷，抢救性保护了一批重要湿地，工程实施对地方湿地保护恢复起到了示范带动作用。2019 年《中国国际重要湿地生态状况白皮书》显示，中国国际重要湿地土地（水域）类别整体处于稳定状态，没有发生明显的变化情况。

根据生态区位、生态系统功能和生物多样性，我国将全国湿地划分为国家重要湿地（含国际重要湿地）、地方重要湿地和一般湿地，列入不同级别湿地名录，定期更新。截至 2018 年底，中国已有 57 处国际重要湿地，898 个国家湿地公园。至此，受到保护的湿地面积达 2628 万公顷，湿地保护率为 49.03%，以湿地自然保护区为主体，湿地保护小区与湿地公园并存，其他保护形式为补充的湿地保护体系初步形成。

3.4.2.1 湿地保护修复的主要理论

（1）自我设计和人为设计理论

自我设计和人为设计理论起源于恢复生态学。自我设计理论认为，只要有足够的时间，随着时间的进程，湿地将根据环境条件合理地“组织自己”并会最终改变其组分。在一块要恢复的湿地上，种与不种植物无所谓，最终环境将决定植物的存活及其分布位置。湿地具有自我恢复的功能，种植植物只是加快了恢复过程。湿地的恢复一般要 15～20 年。选择这种方法重建或修复的湿地，仅在项目开始时提供一些人工帮助，例如选择性锄草。

人为设计理论认为，通过工程和植物重建可直接恢复湿地，但湿地的类型可能是多样的。这一理论把物种的生活史（即种的传播、生长和定居）作为湿地植被恢复的重要因子，并认为通过干扰物种生活史的方法可加快湿地植被的恢复。强化措施主要指人工播种、种植幼苗和种植成树等。

比较这两种方法，显然自我设计理论的方法工程成本和维护费用较低，对于湿地的演替方向也有一定的预测性。但是，在某些情况下，人为设计理论方法也有其优势，例如，可以实现湿地某些预期的主要功能，若需要景观功能，就需要引进一些观赏性植物，若要求强化污染控制功能，就要引进一些具有净化功能的植物。

（2）干扰理论

引起湿地生态系统结构与功能退化的原因很多，干扰作用是主要原因，干扰的结果即打破了原有生态系统的平衡状态，使系统的结构和功能发生变化，形成破坏性波动和恶性循环，从而导致系统退化。

干扰可分自然干扰和人为干扰两种类型。其中，人为干扰可理解为人类的行为活动对生态系统造成了一定程度的负面或积极的影响。人类干扰的规模和强度远远超出了自然干扰，而且人类活动的干扰往往超出了湿地生态系统阈值，引起湿地生态系统结构和功能的改变，是湿地生态系统退化的主要原因。人为干扰有不同的方式，其造成的影响在空间上大小不一，对生态系统和生物的影响也不同。“中度干扰假说”提出，生态系统或群落遭受某些中度水平的干扰可使生态系统更完善、物种丰富度更高。在实践应用中，干扰时机、干扰程度应把握好，前期的论证评估非常重要。在充分评估的基础上，在适当时机采取适度的人为干扰，可促进湿地生态系统的保护和恢复。

(3) 演替理论

演替理论强调在一定的环境条件下，湿地生态系统有一定的演替序列，当自然和人为干扰没有超出系统的阈值时，干扰消除后系统可以按其演替序列继续演化。如果干扰超出了系统阈值，即使干扰消除系统也不会回到原来的演替序列，而是向新的顶极群落方向演化。演替理论对湿地生态系统恢复与重建具有重要指导意义。对非湿地生态系统来讲，可以人为地创造条件改变其演化方向使之向湿地生态系统方向演化，如湿地建造和国外湿地的“影子计划”，就是在原来非湿地地区通过人为干扰使之向湿地生态系统发展。对现有湿地生态系统的干扰（开发利用）要进行一定的限制，否则会引起湿地生态系统的退化。

(4) 入侵理论

在恢复过程中植物入侵是非常明显的。一般，退化后的湿地恢复依赖于植物的定居能力（散布及生长）和安全岛（safe site，适于植物萌发、生长和避免危险的位点）。植物入侵的安全岛可由障碍和选择性决定，当移开一个非选择性的障碍时，就产生了一个安全岛。例如，在湿地中移走某一种植物，就为另一种植物入侵提供了一个临时安全岛，如果这个新入侵种适于在此生存，它随后会入侵其他的位点。互花米草是入侵近海与海岸类型国际重要湿地的主要外来物种，上海崇明东滩为治理互花米草入侵，通过围堤、刈割、晒地、定植、调水等措施，有效改善了互花米草入侵引起的一系列生态环境问题，使互花米草入侵得到有效控制。

(5) 洪水脉冲理论

洪水脉冲理论认为洪水冲积湿地的生物和物理功能依赖于江河进入湿地的水的动态。被洪水冲过的湿地上植物种子的传播和萌发、幼苗定居、营养物质的循环、分解过程及沉积过程均受到影响。在湿地恢复时，一方面应考虑洪水的影响，另一方面可利用洪水的作用，加速恢复退化湿地或维持湿地的动态。

(6) 边缘效应理论

边缘效应理论认为两种生境交汇的地方由于异质性高而导致物种多样性高。湿地位于陆地与水体之间，其潮湿、部分水淹或完全水淹的生境在生物地球化学循环过程中具有源、库和转运者三重角色功能，适于各种生物生活，生产力较陆地和水体高。湿地位于水体与陆地的边缘，又常有水位的波动，因而具有明显的边缘效应。

3.4.2.2 湿地修复原则和目标

湿地修复具有狭义和广义两方面的含义。狭义上湿地修复指通过生态技术或生态工程对退化或消失的湿地进行修复或重建，再现干扰前的结构和功能，以及相关的物理、化学和生物学特性，使其发挥应有的作用。例如提高地下水位来养护沼泽，改善水禽栖息地；增加湖泊的深度和广度以扩大湖容，增加调蓄功能和鱼的产量；迁移湖泊、河流中的富营养沉积物以及有毒物质以净化水质；恢复泛滥平原的结构和功能以利于蓄纳洪水，提供野生生物栖息地以及户外娱乐区，同时有助于水质恢复。目前的湿地恢复实践主要集中在沼泽、湖泊、河流及河缘湿地的修复。湿地修复广义上的含义是采用各种有效措施改善湿地的生态功能，进而提高生态系统的服务能力，不仅强调复原湿地生态系统的功能，更强调改善和提高湿地生态系统的综合服务功能。

湿地修复工程包括退化湿地恢复、湿地生态修复和野生动植物生境恢复等。其中，退化湿地恢复项目包括退养还滩、退牧还草、红树林恢复、泥炭地恢复、排水退化湿地恢复和外来入侵物种治理等；湿地生态修复项目主要包括水系连通、水位控制、驳岸改造、生态补水、水通道疏浚、河流整治、水质改善、水体富营养化治理等；野生动植物生境恢复项目主要包括植被恢复，生境改善，生态廊道、生境岛、隐蔽地建设，等。

湿地修复的最终目的就是再现一个自然的、自我持续的生态系统，使之与环境背景保持完整的统一性。

3.4.2.3 大型湿地修复策略

生态恢复和生态重建是我国湿地恢复的主要策略。人工干预可促进湿地生态系统的保护恢复，应根据湿地退化的程度确定湿地的修复策略。不同的湿地类型，恢复的指标体系及相应策略亦不同。以下对一些重要的大型湿地的修复策略进行简单介绍。

(1) 沼泽湿地

对沼泽湿地而言，由于泥炭提取、农业开发和城镇扩建使湿地受损和丧失。如要发挥沼泽在流域系统中原有的调蓄洪水、滞纳沉积物、净化水质、美学景观等功能，必须重新调整和配置沼泽湿地的形态、规模和位置，因为并非所有的沼泽湿地都有同样的价值。在人类开发规模空前巨大的今天，合理恢复和重建具有多重功能的沼泽湿地，而又不浪费资金和物力，需要科学策略和合理生态设计。

(2) 河流与河缘湿地

面对不断的陆地化过程及其污染，河流及河缘湿地修复的目标应主要集中在洪水危害的减小及水质净化上。可通过疏浚河道、河漫滩湿地再自然化、增加水流的持续性、防止侵蚀或沉积物进入等来控制陆地化；通过切断污染源以及加强非点源污染净化使河流水质得以恢复。

(3) 湖泊湿地

湖泊是静水水体，对湖泊湿地的修复却并不简单，尽管其面积不难恢复到先前水平，但其水质恢复要困难得多。湖泊自净作用要比河流弱得多，仅仅切断污染源远远不够，因为水体尤其是底泥中的毒物很难自行消除，不但要进行点源、非点源污染控制，还要进行生物调控和深度生态处理。

(4) 红树林湿地

红树林沼泽发育在河口湾和滨海区边缘，在高潮和风暴期是滨海的保护者，在稳定滨海线以及防止海水入侵方面起着重要作用，为发展渔业提供了丰富的营养物源，也是许多物种的栖息地。由于人类的各种活动，红树林正在被不断地开发和破坏。严禁滥伐及矿物开采、保证营养物的稳定输入等是恢复退化红树林的关键所在。

3.4.2.4　小微湿地修复策略

我国有大量的小微湿地，发挥着调蓄洪水、净化水质、维持生物多样性、改善区域生态环境等重要作用。城市中的小微湿地是社会经济发展、城市建设扩张的结果，大多数小微湿地也是城市发展中重要的绿色基础设施，可有效改善城市居住环境。农村小微湿地多以“乡村湿地”出现，蕴含着生态、生产、生活“三生融合”的新兴湿地管理模式。

小微湿地保护恢复应与建设美丽中国相结合，探索乡村振兴或社区发展“三生融合”新模式，保护和改善生态环境，扩大湿地面积，为人民创造良好的生活环境。

3.4.3　湿地公园营建技术

湿地公园（wetland park）的概念类似于小型自然保护区，但又不同于自然保护区和一般意义上的公园。湿地公园营造和建设是湿地生态保护与恢复的一种有效途径和主要模式，是湿地保护体系的重要组成部分。湿地公园是利用自然或人工湿地，运用湿地生态学原理和湿地恢复技术，借鉴自然湿地生态系统的组织结构、生态过程和景观特征而营造的绿色空间。根据国内外目前湿地保护和管理的趋势，兼有物种及其栖息地保护、生态旅游和生态环境教育功能的湿地景观区域都可以称为湿地公园。

3.4.3.1　湿地公园的类型

我国坚持全面保护、分级管理的原则，将全国所有湿地纳入保护范围，重点加强自然湿地、国家和地方重要湿地的保护与修复。目前主要有两种类型的湿地公园，即“湿地公园”和“城市湿地公园”。国家湿地公园由自然资源部批准设立，这一概念主要在我国使用。城市湿地公园是指在城市规划区范围内，以保护湿地资源为目的，兼具科普教育、科学研究、休闲游览等功能的公园绿地，由国家林业和草原局批准设立。

湿地的基底属性决定了湿地公园的环境特征，也是湿地公园营造的基础。根据湿地基底条件或湿地资源的不同，可以把湿地公园分为湖泊型、江河型、滨海型、农田型和其他类型五大类，其下还有亚类，如表 3-1 所示。

表 3-1　湿地公园的分类

类型	亚类	描述	代表性案例
湖泊型	—	湖泊沿岸线及其植被和水体侵蚀而形成的滩地	镜湖国家城市湿地公园、溱湖国家湿地公园
江河型（含人工运河）	河漫滩湿地	滨河两岸具有湿地特征的景观带	无锡长广溪国家湿地公园
	河口湿地	多条河流冲积形成	南京七桥瓮生态湿地公园、江苏溧阳天目湖国家湿地公园
滨海型	海岸沼泽地湿地	港湾与潟湖的潮间带	香港湿地公园
	入海口三角洲湿地（河口滨海湿地）	上游河流泥沙淤积而成	上海崇明东滩湿地公园

续表

类型	亚类	描述	代表性案例
农田型（含养殖塘）	冲田型	丘陵或山间较狭窄的谷地上的农田	南京汤山农田生态园
	圩田型	江湖冲积平原的低洼易涝地区筑堤围垦成的农田	杭州西溪国家湿地公园
	养殖塘	鱼、蟹等水产养殖为主的场地	南京高淳固城湖永胜圩湿地
其他类型	采矿与挖方取土区	由于采矿或取土形成的特殊场地	包头国家生态工业（铝业）示范园区
	废弃地	受一定工业污染，具有湿地特征或周边有一定规模的自然与人工湿地	上海吴淞炮台湾国家湿地公园
	蓄水区	水库、拦河坝、堤坝形成的面积较大的储水区	江苏淮安金湖县西海公园

3.4.3.2 湿地公园的环境资源

湿地公园中除自然因素外，还包括人工干扰后带来的各种要素，即原生因子和异源因子两大类。其中，原生因子包括原有的生境条件（水环境、土壤环境和小气候环境等）、原生植被群落、生物群落以及场地原有的地貌特征和空间格局等，是湿地的基本组成部分，是湿地生态系统形成和演替的基础。异源因子主要指人为干扰带来的非湿地本体的物质类型，如：游憩设施、人工建（构）筑物、引进或养殖的外来物种等。异源因子介入会不同程度地影响原生因子，除异源因子的数量外，与个体干扰强度也有很大关系。若异源因子逐渐融入湿地环境，被原生因子同化，则湿地走向和谐；若异源因子介入严重干扰了原生因子的演替，湿地则走向衰败。可持续的湿地公园应能够满足原生因子与异源因子的和谐共生。

针对湿地环境特征以及湿地公园的特殊属性，将多个因素进行分类，主要可归纳为生态资源、空间格局以及人工影响三大类。其中生态资源和空间格局是湿地的本底要素，直接影响湿地公园的最终效果以及可持续发展；而人工影响并非针对湿地本体而言，主要是场地以及场地外部环境中，对湿地公园的营建及功能定位产生一定影响的人为因素（表 3-2）。

表 3-2 湿地公园环境资源因素分类

生态资源	非生物资源	水文因素	水深、水质、水周期和汇水面积
		土壤因素	土壤类型和结构
	生物资源	植被因素	天然植被类型和人工作物
		动物因素	动物种类和栖息地条件
空间格局	竖向变化		整体和局部竖向变化、植被天际线
	水陆比		水网结构、水陆比
	生态交错带		斑块密度、岸线边界周长
人工影响	交通要素		外部区位与交通条件
	人工设施		人工建(构)筑物、用地类型

湿地的生态资源主要包括了生物资源和非生物资源，其中非生物资源水文和土壤因素是湿地形成和存在的基础，生物资源主要包含了植物因素和动物因素。水文因素是湿地环境的主导条件，决定和促成了其他要素。湿地发育于水陆环境过渡地带，水环境的变化影响着湿地地形的发育和演化，决定了湿地的基底性质。同时，湿地的植被群落特征、地貌以及地质背景等又调节了水体环境，湿地主要生态要素之间的相互作用（图 3-8）形成了湿地生态系统。

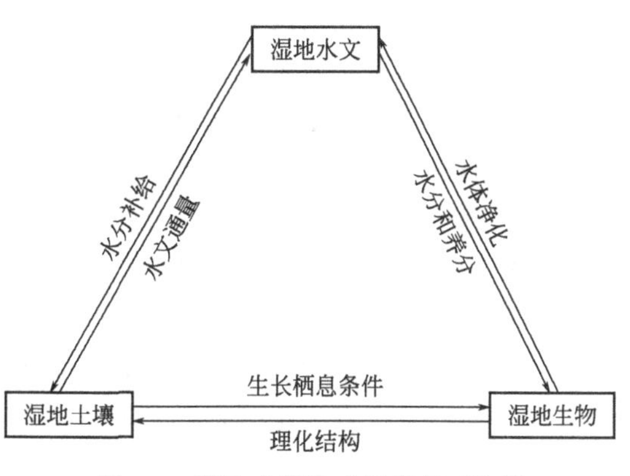

图 3-8　湿地主要生态要素相互作用

湿地本体的竖向变化较小，空间层次比较单薄，而湿地公园虽然是从生态设计出发，但最终要落实到空间的优化与调整上来。湿地公园环境系统的状态和演化，既取决于系统内部的组成成分和结构特性，又受控于系统外部各种因素的作用及人类活动的影响。湿地公园生态空间格局构建的核心是提高湿地公园的空间异质性（spatial heterogeneity）。所谓空间异质性，是指某种生态学变量在空间分布的不均匀性及其复杂程度。可以通过工程措施调整斑块-廊道-基底总体格局，提高湿地公园的空间异质性（表 3-3）。

表 3-3　提高湿地公园空间异质性的措施

景观要素调整	工程措施
增加湿地斑块类型	恢复和增加水塘、岛屿、沼泽、池塘、树林、灌木丛、稻田、跌水、沙洲、堤坝等斑块类型
调整斑块布局	适当合并陆地与水面，以自然方式布置湿地植物群落
改变斑块形态	通过挖填方提高岸线曲折度，提高岸线发育系数
增加斑块间大小对比度	调整水面与陆地对比度，调整湖面与池塘对比度，调整大陆地域和小岛对比度
增加相同类型斑块间连接度	开挖河道增加水体的连通性，增加植被斑块的连通性
水体廊道连接	开挖沟渠、支汊，增加湿地斑块之间的连通性

湿地公园的人工影响主要是交通因素和人工设施。湿地公园并非纯粹的自然保护区，如何利用外部交通区位合理布局是湿地公园营建过程的问题。人工建筑物是湿地公园中供居住、生产以及其他活动的房屋，主要是道路、堤坝和桥梁等。对人工构筑物的改造应充分利用环境中的良好的原有设施，减少过大的拆建，尽可能不将道路延伸到原本不通行的区域，以减少对原有生态环境的干扰。

3.4.3.3　湿地公园营造技术要点

湿地公园营造应遵循自然化原则，重点恢复湿地的自然生态系统并促进湿地的生态系统发育，协调湿地环境中的水土关系，丰富湿地生物多样性，同时尽量减轻人为干扰，避免人工化、园林化和商业化的倾向，保持湿地的自然风貌。

结合生境修复的主要内容，以下主要从植被、鱼类栖息地和鸟类栖息地等三个方面对湿地公园营造的要点进行简单介绍，其他具体内容可参考河流、湖泊等生物修复措施。

（1）植被营造技术

根据不同高程和水位选择植物种类。植物类型根据高程依次为中生植物、湿生植物、水生植物，其中水生植物依次为挺水植物、浮叶植物和沉水植物。植物恢复以土著植物为主，适当引进观赏植物。按照不同水位，确定乔、灌、草各类植物搭配分区。

与其他景观相比，湿地景观有明显的季节差异。根据湿地所处气候带，合理配置植物种类，使湿地四季色彩变化，营造充满活力的自然气息。为保证冬季常绿，可增加当地常绿乔、灌木的种植。湿地是鸟类和两栖动物的栖息地，随季节变化，动物种类发生周期性变化。为显示物种季节性差异，可适当引进游禽、涉禽等水禽和其他动物。

(2) 鱼类栖息地营造

鱼类栖息地有着不同的空间形态，主要由水体、底质、滨水植物、驳岸等元素构成。层次丰富的空间形态可以为鱼类提供不同的生存空间，满足其食物需求和繁殖需求。鱼类栖息地可通过地形、植物以及人工构筑物等要素营造，形成不同尺度和空间层次的鱼类栖息地，以满足鱼类的生活需求；针对不同的环境特征，构建不同的鱼类栖息地，在长时间内形成稳定的鱼类生活环境；在栖息地的构建过程中，要充分考虑和协调栖息地构成要素与鱼类生存活动的时间关系，以便有效地构建鱼类的栖息地环境。鱼类栖息地的构建策略可主要从以下几个方面考虑。

① 水域内栖息地改善结构。利用木材、块石、适宜植物以及其他生态工程材料，在湿地水域内局部区域构筑特殊结构，形成多样性地貌和水流条件，例如水的深度、流速、急流、缓流、湍流、深潭、浅滩等水流条件，创造避难所、遮蔽物、通道等物理条件，增强鱼类和其他水生动物的生物栖息地功能，促进生物群落多样性提高。卵石群是最常见的遮蔽物。例如在浅水区适量投放一些石块，有些淹没于水中，并隔空底部，可以作为一些小型浅水鱼及幼鱼的庇护所；有些可以露出水面，既可以减少湖水对湖岸的冲击，又可以起到景观置石的作用。

② 底质改善。底质的颗粒大小、稳定程度、表面构造和营养成分等都对底栖动物有很大的影响。渗透性的底泥可为水生植物提供生存空间，同时也有利于微生物的生存，不同粒径砾石自然组合形成的底质，是鱼类产卵的良好场所。对于沙质底质，可以局部铺撒一些不同粒径的砾石；对于淤泥质底质，可先局部铺撒一些沙土，再铺撒一些不等粒径砾石。底质改善中需保证一定比例的原有底质、沙土或淤泥。为防止湖泊鱼类及其他生物丧失栖息地，失去生态功能，要严禁对底质进行硬化处理或铺设塑料防渗膜。

③ 提高岸线曲折度。岸线处理应尽量避免平直，凹凸变化的水岸线能够创造各种类型的水域环境，为鱼类提供丰富多变的栖息场所。岸线转弯、凹入处形成的隐湾可为鱼类创造很好的庇护条件，水湾处形成的水流也可为鱼类提供丰富的食物源。

④ 充分利用原始环境条件。例如，岸滩上倒悬的圆木、倾倒的树木等，其汇聚的枯枝、残叶等也可以为鱼类提供避难所，这种措施外观自然、原始，对水流干扰小。

(3) 鸟类栖息地营造

湿地鸟类分为留鸟和候鸟　留鸟是指终年生活在一个地区，不随季节迁徙的鸟类，如喜鹊、麻雀等；有些鸟可随着一年中季节的改变而作定时迁徙来变换栖息地，这类鸟称为候鸟，分为夏候鸟、冬候鸟、旅鸟、漂鸟。湿地公园营造鸟类栖息地的方式有以下几种。

① 游禽栖息地。营造深水区域，平均深度 0.8～1.2m，供游禽类栖息。堤岸为缓坡，栽种芦苇和灌木丛，可保留一部分裸露滩涂。水面中心可设置安全岛，提供隐蔽的繁殖与栖息场所。安全岛保留滩涂和种植水生植物。

② 涉禽栖息地。营造浅水区，栽种荷花、菱角和芡实等植物，吸引涉禽类在此栖息。

③ 候鸟栖息地。候鸟喜栖树种包括水杉、池杉、柏树、女贞、黄杨、樟树、棕榈、榆树、乌桕、桑树、桃树和樱桃树等，其中挂果树木可为候鸟提供食物。候鸟厌栖植物包括意杨、皂荚等。在湿地公园水域一侧，尽量不种高大乔木，以保障鸟类的飞翔空间和大型鸟类的起降距离。滨海滩涂、湖泊、水库和河流滩涂，水面宽阔，成为春秋季节大量候鸟的停留站。

④ 鸟类饵料。在园内水域提供充足的鸟类饵料。条件具备的湿地公园，可栽种挂果树木；养殖本地小型鱼类并轮番晒塘，为鸟类提供食源。

⑤ 水动力条件。保障鸟类觅食的水动力条件，强化污染控制，保证水质清洁。

3.4.4 人工湿地处理技术

运用人工湿地处理污水可追溯到1903年，在英国约克郡，建造了世界上第一个用于污水处理的人工湿地，并连续运行到1992年。20世纪70年代德国学者Kichunth提出根区法理论（root-zone-method）之后，人工湿地在世界各地逐渐受到重视并被运用。根区法理论强调高等植物在湿地处理系统中的作用，能够为根周围的异养微生物供应氧气，从而在还原性基质中创造了一种富氧微环境。微生物在水生植物的根系上生长，与较高级的植物建立了共生合作关系，增强水中污染物的降解速度。在远离根区的地方为兼氧和厌氧环境，有利于兼氧和厌氧净化作用，同时水生植物根的生长有利于提高床基质层的水力传导性能。

人工湿地是用人工筑成水池或沟槽，底面铺设防渗漏隔水层，充填一定深度的基质层，种植水生植物，利用基质、植物、微生物的物理、化学、生物三重协同作用使污水得到净化。天然湿地和人工湿地有明确的界定：天然湿地系统以生态系统的保护为主，以维护生物多样性和野生生物良好生境为主，净化污水是辅助性的；人工湿地系统是通过人为地控制条件，利用湿地复杂特殊的物理、化学和生物综合功能净化污水。

3.4.4.1 人工湿地系统的构成

人工湿地一般由人工基质和生长的水生植物组成，形成基质-植物-微生物生态系统。人工湿地的净化机理如表3-4所示。

表3-4 人工湿地净化机理

反应机理		对污染物的去除与影响
物理	沉降	可沉降固体在湿地及预处理池中沉降去除，可絮凝固体通过絮凝沉降去除
	过滤	通过颗粒间相互引力作用及植物根系的阻截作用使可沉降及可絮凝固体被阻截而去除
化学	沉淀	磷及重金属通过化学反应形成难溶解化合物，与难溶解化合物一起沉淀去除
	吸附	磷及重金属被吸附在土壤和植物表面而被去除，某些难降解有机物也能通过吸附去除
	分解	通过紫外辐射、氧化还原等反应过程，使难降解有机物分解或变成稳定性较差的化合物
微生物	微生物代谢	通过悬浮的、底泥中的和寄生于植物上的细菌的代谢作用将凝聚性固体、可溶性固体进行分解；通过生物硝化-反硝化作用去除氮；微生物也将部分重金属氧化并经阻截或结合而被去除
植物	植物代谢	通过植物对有机物的代谢而去除，植物根系分泌物对大肠杆菌和病原体有灭活作用
	植物吸收	相当数量的氮、磷、重金属及难降解有机物能被植物吸收而去除

填料、植物、微生物（细菌、真菌等）和动物是构成人工湿地生态系统的主要组成部分。

(1) 填料

人工湿地中的填料又称滤料、基质，不仅为植物和微生物提供生长介质，还可通过沉淀、过滤和吸附等作用直接去除污染物。同时，填料应能为植物和微生物提供良好的生长环境，并具有良好的透水性，填料安装后湿地孔隙率不宜低于0.3。选择合适的填料对人工湿地污水处理系统起着关键作用。由于每个地区的水质特点、地质条件及土壤类型不同，因此所选填料的组成及配比也有差异。选择填料时，应综合考虑填料的水力渗透系数及对污染物的去除效果等。

目前，人工湿地污水处理系统的填料主要分为三大类：天然矿物、工业副产物和人工合成填料，表3-5为国内外一些研究及应用推荐的填料。在20世纪70年代，人工湿地系统基本上是在天然湿地基础上，结合人工建造的氧化塘系统，在原有结构上对氧化塘去污能力进行提升，该阶段人工湿地的填料主要为天然土壤；20世纪80年代之后，人工湿地发展成为以砾石、石灰石等人为选择的矿物作为填料，并栽种去污植物的处理系统，这种构建模式使得人工湿地的规模性、应用可行性大幅度增强，同时，针对不同特征污染物从而选择人工湿地水处理系统的填料成为关键性的步骤。

表3-5　人工湿地处理系统常见填料种类

分类	主要种类
天然矿物	石灰石、黄铁矿、草炭、沸石、硅藻土、蛭石、火山岩、页岩、麦饭石、高岭土、磁铁矿、河砂
工业废物	瓷砖、粉煤灰、空心砖、给水厂污泥、煤渣、炉渣、建筑废砖、回收塑料、锯末、无烟煤、焦炭、钢渣、生物质电厂渣
人工合成填料	人造陶粒、活性炭、生物炭、海绵铁、人工生态填料、碳化缓释填料、铁盐改性填料、改良填料（如改性沸石、改性硅藻土、改性石灰石、改性生物炭）

填料选择应遵循就近取材原则，并且所选基质应达到设计要求的粒径范围。对出水的氮磷浓度有较高要求时，提倡使用功能性机制，提高氮磷处理效率。人工湿地处理区宜选用比表面积大、机械强度高、稳定性好、取材方便、价格低廉的填料。根据工程情况和处理要求，人工湿地宜选用砾石、沸石、砂等一种或多种填料的组合。

(2) 微生物

微生物是人工湿地不可缺少的重要组成部分。人工湿地中的优势菌属主要有假单胞菌属、产碱杆菌属和黄杆菌属。这些优势菌均为快速生长的微生物，是分解有机污染物的主要微生物种群。人工湿地系统中的微生物主要去除有机物质和氨氮，某些难降解的有机物质和有毒物质可以通过微生物自身的变异，达到吸收和分解这些有机物质和有毒物质的目的，即运用微生物的诱发变异特性，培育驯化适宜吸收和消化这些有机物质和有毒物质的优势细菌进行降解。驯化接种的优势菌种有假单胞菌属（*Pseudomonas*）、产碱杆菌属（*Alcaligens*）、黄杆菌属（*Flavobacterium*）以及硝化细菌和反硝化细菌。一般接种活性污泥，配置一定浓度的营养物质，使得微生物在人工湿地中迅速生长、繁殖。

(3) 植物

湿地中生长的植物通常称为湿地植物，包括挺水植物、沉水植物和浮水植物。大型挺水植物在人工湿地系统中主要起固定床体表面、提供良好的过滤条件、防止湿地被淤泥淤塞、为微生物提供良好根区环境以及冬季运行支承冰面的作用。人工湿地植物的选择宜符合下列要求：

① 根系发达，输氧能力强；

② 适合当地气候环境，优先选择本土植物；

③ 耐污能力强、去污效果好；

④ 具有抗冻、抗病害能力；

⑤ 具有一定经济价值；

⑥ 容易管理；

⑦ 有一定的景观效应。

常用的挺水植物主要有芦苇、灯心草、香蒲等。某些大型沉水植物、浮水植物也常被用于人工湿地系统，如浮萍等。人工湿地中种植的许多植物对污染物都具有吸收、代谢、累积作用，对 Al、Fe、Ba、Cd、Co、B、Cu、Mn、P、Pb、V、Zn 均有富集作用，一般来说植物的长势越好、密度越大，净化水质的能力越强。常见湿地植物的栽种密度如表 3-6 所示。

表 3-6　常见湿地植物的栽种密度

<table>
<tr><th>植被类型</th><th>生活型</th><th>植物名</th><th>拉丁名</th><th>栽种密度</th><th>备注</th></tr>
<tr><td rowspan="3">沼生植物</td><td>单生</td><td>红蓼</td><td>Polygonum orientale</td><td>9～12 株/m²</td><td></td></tr>
<tr><td rowspan="2">丛生</td><td>斑茅</td><td>Saccharum arundinaceum</td><td>1～2 丛/m²</td><td>20～30 芽/丛</td></tr>
<tr><td>蒲苇</td><td>Cortaderia selloana</td><td>2～3 丛/m²</td><td>20～30 芽/丛</td></tr>
<tr><td rowspan="13">挺水植物</td><td rowspan="5">单生</td><td>芦苇</td><td>Phragmites australis</td><td>35 株/m²</td><td>—</td></tr>
<tr><td>香蒲</td><td>Typha orientalis</td><td>20～25 株/m²</td><td>—</td></tr>
<tr><td>千屈菜</td><td>Lythrum salicaria</td><td>12～16 株/m²</td><td>—</td></tr>
<tr><td>东方泽泻</td><td>Alisma orientale</td><td>16～25 株/m²</td><td>—</td></tr>
<tr><td>野芋</td><td>Colocasia antiquorum</td><td>16 株/m²</td><td>—</td></tr>
<tr><td rowspan="8">丛生</td><td>变叶芦竹</td><td>Arundo donax var. versicolor</td><td>5～6 丛/m²</td><td>5～10 芽/丛</td></tr>
<tr><td>再力花</td><td>Thalia dealbata</td><td>2～3 丛/m²</td><td>10～20 芽/丛</td></tr>
<tr><td>水葱</td><td>Schoenoplectus tabernaemontani</td><td>6 丛/m²</td><td>20 芽/丛</td></tr>
<tr><td>水毛花</td><td>Schoenoplectus mucronatus subsp. robustus</td><td>12～16 丛/m²</td><td>30～40 芽/丛</td></tr>
<tr><td>花蔺</td><td>Butomus umbellatus</td><td>25 丛/m²</td><td>2～3 芽/丛</td></tr>
<tr><td>玉蝉花</td><td>Iris ensata</td><td>12～16 丛/m²</td><td>5～8 芽/丛</td></tr>
<tr><td>梭鱼草</td><td>Pontederia cordata</td><td>12 丛/m²</td><td>3～5 芽/丛</td></tr>
<tr><td>溪荪</td><td>Iris sanguinea</td><td>12～16 丛/m²</td><td>5～8 芽/丛</td></tr>
<tr><td rowspan="7">浮水植物</td><td rowspan="7">丛生</td><td>睡莲</td><td>Nymphaea tetragona</td><td>1～2 头/m²</td><td>—</td></tr>
<tr><td>萍蓬草</td><td>Nuphar pumila</td><td>1～2 头/m²</td><td>—</td></tr>
<tr><td>荇菜</td><td>Nymphoides peltata</td><td>20～30 株/m²</td><td>—</td></tr>
<tr><td>芡实</td><td>Euryale ferox</td><td>4～6 株/m²</td><td>—</td></tr>
<tr><td>水罂粟</td><td>Hytrocleys nymphoides</td><td>20～30 株/m²</td><td>—</td></tr>
<tr><td>水鳖</td><td>Hytrocharis dubia</td><td>60～80 株/m²</td><td>—</td></tr>
<tr><td>大薸</td><td>Pistia stratiotes</td><td>30～40 株/m²</td><td>—</td></tr>
</table>

续表

植被类型	生活型	植物名	拉丁名	栽种密度	备注
浮水植物	丛生	槐叶苹	*Salvinia natans*	100～150 株/m^2	—
		凤眼莲	*Eichhornia crassipes*	20～30 株/m^2	—
		四角菱	*Trapa quadrispinosa Roxb*	20 芽/m^2	—
沉水植物	丛生	苦草	*Vallisneria natans*	40～60 株/m^2	—
		黑藻	*Hydrilla verticillata*	9～12 丛/m^2	10～15 芽/丛
		穗状狐尾藻	*Myriophyllum spicatum*	9 丛/m^2	5～6 芽/丛
		竹叶眼子菜	*Potamogeton wrightii*	30～50 株/m^2	—

在进行人工湿地植物设计时，应尽可能增加湿地植物的种类，提高湿地生态系统的稳定性，有利于系统抵抗病虫害等外界干扰因素的破坏，提高湿地的净化功能，延长寿命。应尽可能选用土著植物，防止发生生物入侵。表 3-7 列出了常见湿地植物的生活特性及其氮、磷去除速率。

表 3-7　部分湿地植物的生活特性及其氮、磷去除速率

植物	含水率/%	N/P 值	增长速度（以干重计）/[g/(m^2·d)]	生长温度/℃	适应 pH	N 去除速率/[g/(m^2·d)]	P 去除速率/[g/(m^2·d)]
浮萍	96	6.5/0.6	0.35	28～32	7.5～9.0	0.0088	0.003
水蕴草	95	3.11/0.46	3.1	18～28	6.5～7.5	0.34	0.182
满江红	95	4.25/	—	15～35	—	0.18	0.055
灯心草	95	1.5/0.2	14.5	—	5.0～8.0	0.37	0.056
菖蒲	—	1.7/0.28	24	—	5.0～7.0	0.40	0.056
铁菱角	95	1.47/0.3	10.5	—	6.0～10.0	0.63	—
芦苇	39	2/0.29	32	—	3.7～8.0	0.28	0.028
凤眼莲	95	3.3/0.67	26.5	18～32	>4.0	0.95	0.17
美人蕉	—	—	—	—	—	0.40	0.14
狐尾藻	—	4.8/2	13	—	6.0～9.0	0.62	0.26
莲	—	2/0.3	—	—	—	0.36	0.08
水芹	89	3.8/0.68	—	—	—	0.054	0.0039
空心菜	92	2.7/0.38	11	25～35	—	0.51	0.062

3.4.4.2　人工湿地污染物去除机理

人工湿地系统所针对的污染物主要为氮、磷、SS、有机物（BOD、COD）和重金属等。

① 悬浮物的去除。SS 的去除主要通过基质的过滤、污泥沉淀及根系附着来完成。为防止在进水口附近发生堵塞，进水前应设置预处理以降低总固体浓度，一般设置沉淀池即可。

② 有机物的去除。微生物在具有巨大比表面积的土壤颗粒表面形成一层生物膜，当污水流经土壤颗粒表面时，不溶性的有机物通过基质的沉淀、过滤和吸附作用被截留，然后被微小生物利用，可溶性有机物则通过植物根系生物膜的吸附、吸收及微生物的代谢过程而被分解去除。人工湿地水处理系统主要依赖微生物的降解作用去除有机物，而填料主要通过间

接影响微生物的代谢活动从而改变有机物的去除效果。

③ 氮的去除。氮在人工湿地中的存在形态有7种，分别为N_2、N_2O、NH_3、NH_4^+-N、NO_2^--N、NO_3^--N、有机氮。湿地对氮的去除方式有：微生物作用、氨气挥发、自由沉降、植物的吸收与吸附、填料的吸附和离子交换作用。人工湿地系统对氮的去除主要依赖微生物氨化、硝化和反硝化作用，填料吸附的还原态氨氮无法作为氨氮去除的长期汇，一般认为其是快速可逆的。填料主要是作为微生物的载体影响其代谢过程从而影响氮的去除，主要通过影响微生物的氨化、硝化及反硝化作用从而间接影响氮的去除，填料可通过离子交换及物理吸附作用直接去除污水中的氨氮，填料种类和填充方式会显著影响系统复氧能力和微生物种类，从而影响系统脱氮效果。

④ 磷的去除。进入人工湿地中的磷可以分为正磷酸盐、聚合磷酸盐和有机磷酸盐3类。影响人工湿地除磷效果的因素主要有填料、植物、污染物负荷、温度、溶解氧、pH、水力条件等。人工湿地对磷的去除主要通过填料的吸附和沉淀作用、微生物的聚集作用、湿地中植物和藻类的吸收等途径共同作用而完成的。人工湿地填料的吸附和沉淀作用是最主要的除磷方式，而湿地植物对磷的去除贡献则相对很小。人工湿地对磷的去除主要依靠填料的物理吸附和化学吸附作用，其中化学吸附作用占主导地位，磷主要通过配位体之间的交换作用生成难溶性磷酸盐，从而被填料吸附并通过沉淀作用而被固定在系统中，而pH、钙、铝、铁和锰及其氧化物可能会对填料除磷效果产生显著影响。

⑤ 重金属的去除。金属离子去除机理主要有：植物的吸收和富集作用、土壤胶体颗粒的吸附、悬浮颗粒的过滤和沉淀，人工湿地对污水中重金属的去除是通过植物、微生物、土壤基质等组成成分共同起作用的。

3.4.4.3　人工湿地的分类

按照污水流动方式，人工湿地可分为表面流人工湿地、水平潜流人工湿地和垂直潜流人工湿地。

(1) 表面流人工湿地

表面流人工湿地（surface flow constructed wetland）在外观和功能上都接近于自然湿地，其组成一般包括：环绕各处理单元的围堰、可调节及均匀布水的进水装置、敞水区和植物生长区。表面流人工湿地示意图如图3-9所示。表面流人工湿地向湿地表面布水，维持一定的水层厚度，一般为10～30cm，这时水力负荷可达$200m^3/(hm^2 \cdot d)$。水流呈推流式前进，整个湿地表面形成一层地表水流，流至终端而出流，完成整个净化过程。湿地纵向有坡度，底部不封底，土层不扰动，但其表层需经人工平整置坡。污水投入湿地后，在流动过程中与土壤、植物，特别是与植物根茎部生长的生物膜接触，通过物理的、化学的以及生物的反应过程而得到净化。表面流湿地类似于沼泽，不需要沙砾等物质作填料，因而造价较低。表面流人工湿地操作简单、运行费用低，但占地大、水力负荷小、净化能力有限。湿地中的O_2来源于水面扩散与植物根系传输，系统受气候影响大，夏季易滋生蚊蝇。

表面流人工湿地可选择菖蒲、灯心草等挺水植物，凤眼莲、浮萍、睡莲等浮水植物，伊乐藻、草茨藻、金鱼藻、黑藻等沉水植物。

根据数据库统计和经验总结，参照美国环境保护署（EPA）编的《城市污水处理人工湿地指南》（*Manual Constructed Wetlands Treatment of Municipal Wastewaters*）（EPA/625/R－99/010），列出了表面流人工湿地设计的一些参数，见表3-8。

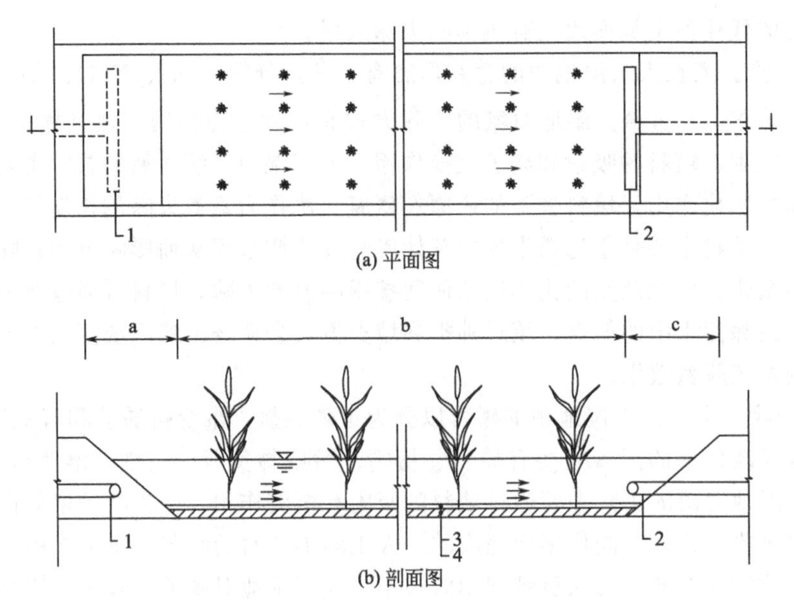

图 3-9　表面流人工湿地设计示意图

1—配水管；2—出水管；3—覆盖层；4—防渗层

a—进水区；b—处理区；c—出水区

表 3-8　表面流人工湿地推荐设计参数

参数	设计标准
出水水质	BOD≤20mg/L 或 30mg/L，总悬浮固体物(TSS)≤20mg/L 或 30mg/L
预处理	氧化塘
设计流量	Q_{max}(最大月流量)和 Q_{ave}(平均流量)
最大 BOD 负荷(整个系统)	20mg/L：45kg/(hm^2·d)；30mg/L：60kg/(hm^2·d)
最大 TSS 负荷(整个系统)	20mg/L：30kg/(hm^2·d)；30mg/L：50kg/(hm^2·d)
水深	长满植物区 0.6～0.9m；敞水区 1.2～1.5m；入口沉淀区 1.0m
1 区(和 3 区)中的最小水力停留时间(HRT)(在 Q_{max} 时)	长满植物区 2d
2 区中的最大 HRT(在 Q_{ave} 时)	敞水区(根据气候)2～3d
最少单元数	每一序列中 3 个
最小序列数	2(除非很小)
水池几何形状(长宽比，AR)	最适 AR 为 3∶1～5∶1，受场地限制；AR＞10∶1 时可能需要计算回水曲线
入口沉淀区	预处理不能截留可沉淀微粒时设置
入口	在单元入口区域均匀分布入水
出口	在单元出口处均匀收集出水
出口堰单宽流量	≤200m^3/(m·d)
设计间隙率	长满植物区中挺水植物密集时为 0.65；长满植物区中挺水植物不太密集时为 0.75；敞水区为 1.0
单元水力学条件	每一个单元都应该是可以完全排干的；应设置灵活的内部单元管道系统且能够进行必要的维护

(2) 水平潜流人工湿地

水平潜流人工湿地（horizontal subsurface flow constructed wetland）示意图如图 3-10 所示。床底有隔水层，纵向有坡度。进水端沿床宽构筑有布水沟，内置填料。污水从布水沟投入床内，沿介质下部潜流呈水平渗滤前进，从另端出水沟流出。在出水端砾石层底部设置多孔集水管，可与能调节床内水位的出水管连接，以控制、调节床内水位。

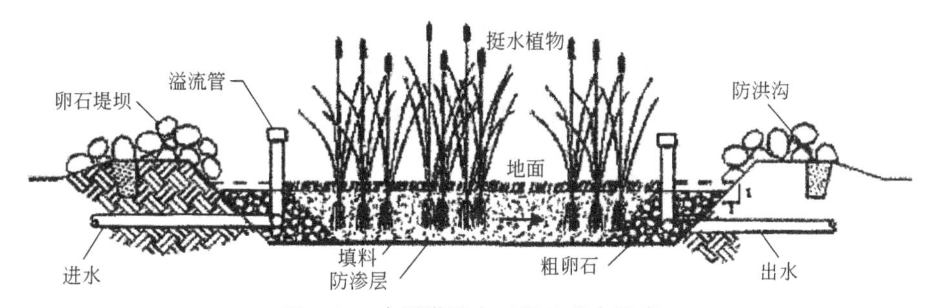

图 3-10　水平潜流人工湿地基本组成

水平潜流湿地可由一个或多个填料床组成，床体填充基质，床底设隔水层。水力负荷与污染负荷较大，对 BOD、COD、SS 及重金属等处理效果好，氧源于植物根系传输，少有恶臭与蚊蝇现象，但控制相对复杂，脱氮除磷效果欠佳。由于水在地表下流动，保温性好，处理效果受气候影响较小，且卫生条件较好，是目前国际上较多研究和应用的一种湿地处理系统，但此系统的投资比地表流系统略高。图 3-11 为水平潜流人工湿地设计示意图。

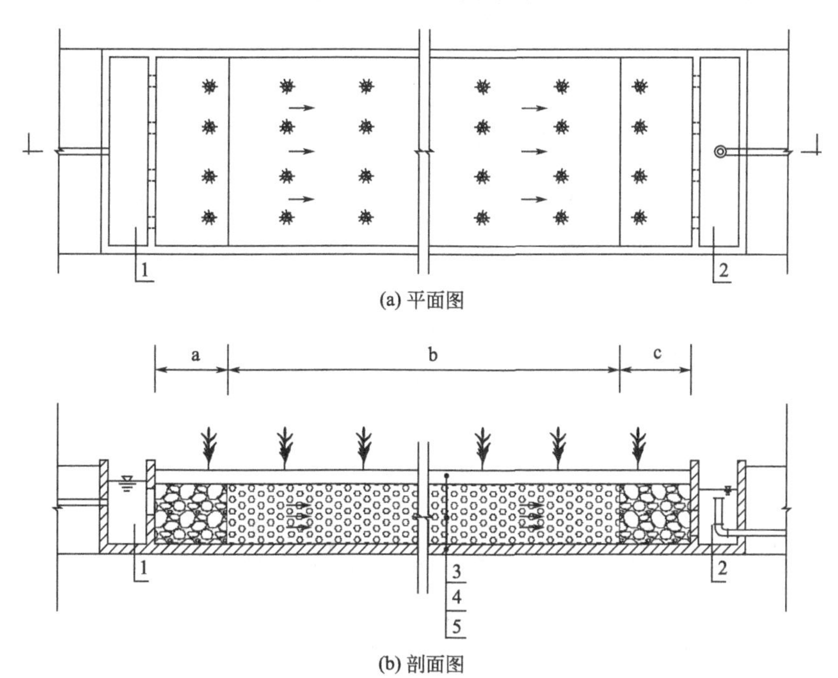

图 3-11　水平潜流人工湿地设计示意图

1—配水渠；2—出水渠；3—覆盖层；4—填料层；5—防渗层

a—进水区；b—处理区；c—出水区

(3) 垂直流人工湿地

垂直流人工湿地（vertical flow constructed wetland），污水以垂直流方式从顶部（或底部）流至底部（或顶部），且内部设置填料的人工湿地。垂直流人工湿地基本构造如图 3-12 所示。垂直流湿地实质上是水平潜流湿地与渗滤型湿地处理系统相结合的一种新型湿地，渗滤湿地采取地表布水，污水经水平渗滤，汇入集水暗管或集水沟流出。通过地表与地下渗滤过程中发生的物理、化学和生物反应使污水得到净化。向湿地表面布水，一般来说，土壤的垂直渗透系数大大高于水平渗透系数，在湿地构筑时引导污水不仅呈垂直向流动，而且向水平方向流动，在湿地两侧地下设多孔集水管以收集净化出水。此类湿地可延长污水在土壤中的水力停留时间，从而可以提高出水水质。垂直流湿地床体处于不饱和状态，氧通过大气扩散与植物根系传输进入湿地，硝化能力强，适于处理氨氮含量高的污水，但处理有机物能力欠佳，控制复杂，落干/淹水时间长，夏季易滋生蚊蝇。

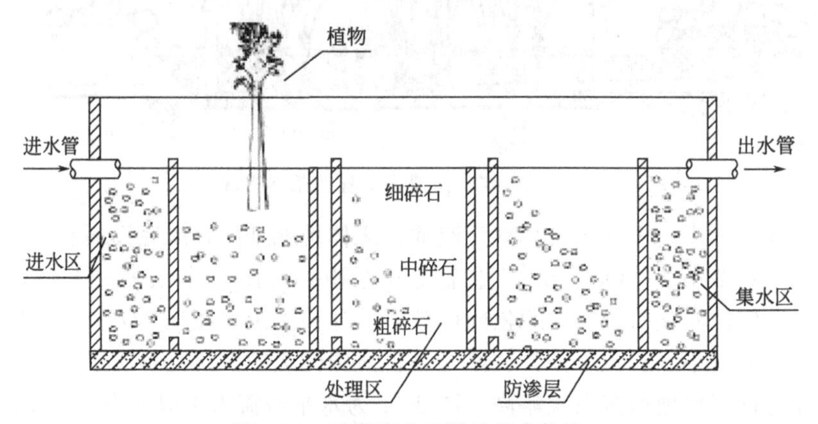

图 3-12 垂直流人工湿地基本构造

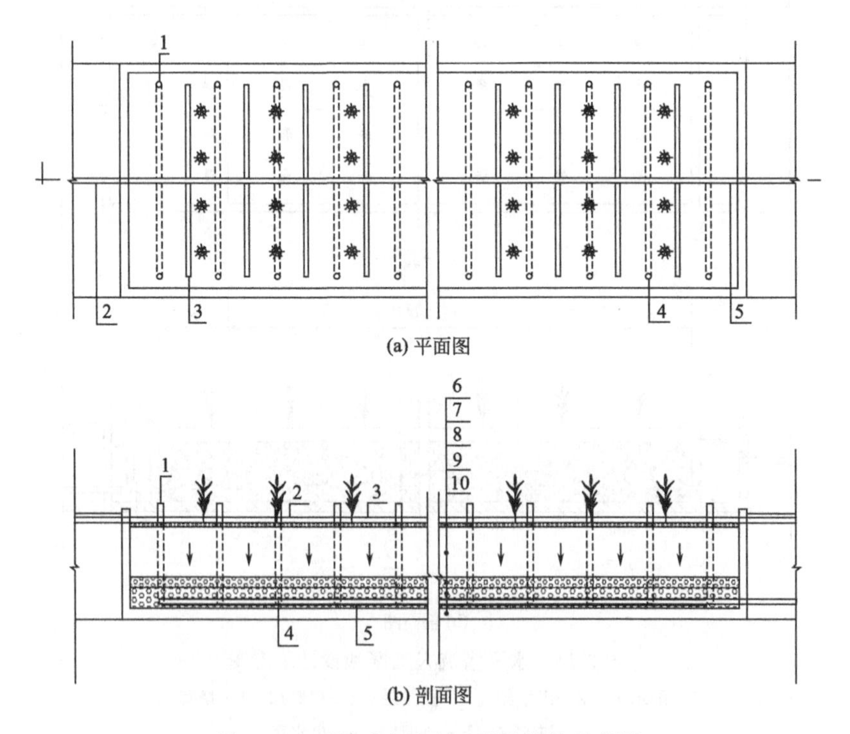

图 3-13 下行垂直流人工湿地设计示意图

1—通气管；2—配水干管；3—配水支管；4—集水支管；5—集水干管；6—覆盖层（可选）；7—填料层；8—过渡层；9—排水层；10—防渗层

垂直流人工湿地又可分为下行流人工湿地（down flow constructed wetland）和上行流人工湿地（up flow constructed wetland）两类。其中常见的是下行流湿地，图 3-13 即为下行垂直流人工湿地设计示意图，污水从湿地表面流入，从上到下流经湿地基质层，从湿地底部流出。上行流人工湿地则与之相反，污水从湿地底部流入，从顶部流出。

潜流人工湿地可选择芦苇、蒲草、荸荠、莲、水芹、水葱、茭白、香蒲、千屈菜、菖蒲、水麦冬、风车草、灯心草等挺水植物。

EAP 推荐以满足排放标准的最大污染面积负荷率（ALR）作为设计依据（EPA/625/R-99/010）。这种方法具有可操作性，而且比其他设计方法保守。根据数据统计和经验总结，表 3-9 列出潜流人工湿地推荐设计参数。

表 3-9　潜流人工湿地推荐设计参数

参数		设计要求
出水水质要求和面积负荷率	BOD	面积负荷率 6g/(m^2 · d)，出水浓度 30mg/L
	BOD	面积负荷率 1.6g/(m^2 · d)，出水浓度 20mg/L
	TSS	面积负荷率 20g/(m^2 · d)，出水浓度 30mg/L
	TKN	需要另一种处理工艺同潜流湿地系统联合运行
	TP	不推荐潜流湿地系统用于去除 P
几何尺寸和渗透系数	一般基质厚度	0.5～0.6m
	一般水深	0.4～0.5m
	长	最小 15m
	宽	最大 60m
	底部坡度 S	0.5%～1%
	表面坡度	水平或接近水平
	渗透系数（始端 30%长度）	洁净渗透系数 K 的 1%
	渗透系数（终端 70%长度）	洁净渗透系数 K 的 10%
基质尺寸	进水区(前 2m)	40～80mm
	处理区	20～30mm(如果 K 未知，以 K=100000 计)
	出口区(后 1m)	40～80mm
	植物种植基质	5～20mm
综合布置	并联单元	至少两个潜流湿地平行布置
	进口	进出口端安装可均匀布水的水位调节设备
	出口	进出口端安装能注水和排水的水位调节设备

不同类型人工湿地特性比较如表 3-10 所示。为达到一定的处理效果，可根据污水特性及不同人工湿地类型进行组合。

人工湿地污水处理系统一般包括前处理和人工湿地两部分。前处理一般包括化粪池、格栅、沉砂池、沉淀池、厌氧池和兼性塘等。直接将未经沉淀处理的水引入人工湿地，虽然第一级人工湿地的 COD、BOD、SS 的去除率高，但容易引起堵塞等问题，使维护费用增加。因此，将沉淀池或稳定塘用作人工湿地系统前处理是非常必要的。

表 3-10 不同类型人工湿地特性比较

参数	表面流 人工湿地	水平潜流 人工湿地	上行垂直流 人工湿地	下行垂直流 人工湿地
水流	表面漫流	水平潜流	上行垂直流	下行垂直流
负荷	低	较高	高	高
占地面积	大	一般	较小	较小
构造管理	简单	一般	复杂	复杂
工程建设费用	低	较高	高	高
季节气候影响	大	一般	一般	一般
卫生状况	差	好	一般	一般
景观效果	好	好	较好	较好
有机物去除能力	一般	强	强	强
硝化能力	较强	较强	一般	强
反硝化能力	弱	强	较强	一般
除磷能力	弱	较强	较强	较强

设计合理、运行管理严格的人工湿地处理污水效果稳定、有效、可靠，出水 BOD、SS 等明显优于生物处理出水，可与污水三级处理媲美。但是若对出水脱氮有更高的要求，则尚嫌不足。此外，人工湿地对水中含有的重金属及难降解有机污染物有较高净化能力。污水中污染物浓度过高不利于人工湿地的处理，尤其悬浮颗粒浓度较高易引发人工湿地堵塞。从延长人工湿地使用寿命角度考虑，人工湿地的进水 SS 值不宜超过 100mg/L。

人工湿地设计应包括池体设计、布水集水系统设计、防渗设计、填料类型选择和植物种类选择。主要设计参数宜根据试验资料确定，无试验资料时，可采用经验数据或按规范的规定取值。

3.5 河流生物修复和生态修复

3.5.1 河流的基本概念与生态功能

从概念上理解，河流是由一定区域内地表水和地下水补给、经常或间歇地沿着狭长凹地流动的水流。河流一般以高山区域为源头，然后沿地势向下流动，汇流成为江河，一直流入湖泊或海洋。

按照河段的不同特性，一条发育完整的河流，自高向低可划分为河源、上游、中游、下游和河口五段（图 3-14）。流水不断改变着地表形态，形成不同的地貌，如冲沟、峡谷、冲积扇、冲积平原及河口三角洲等。

河流生态系统属于流水生态系统的一种，是陆地与海洋联系的纽带，在生物圈的物质循环中起着主要作用。河流生态系统的空间尺度可分为流域尺度、河流廊道尺度、河段尺度。城市水系综合治理属于河流廊道尺度或河段尺度的水生态修复和保护范畴。

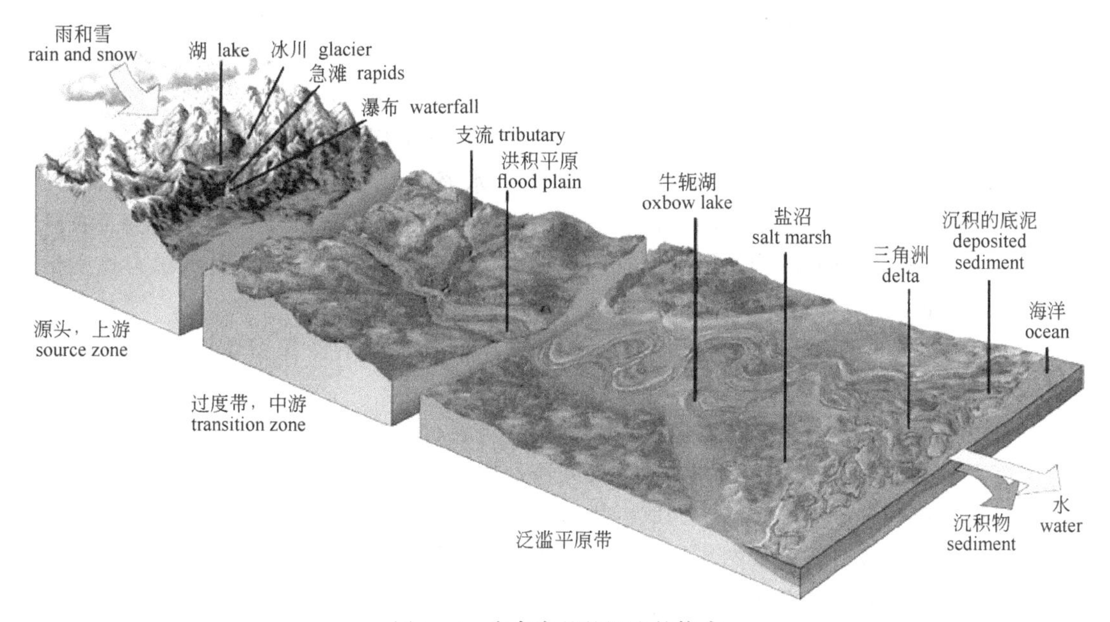

图 3-14　发育完整的河流的构成

(1) 河段划分及特征

根据河流流经的区段和不同的划分原则，河流的河段有不同的分类和特点。一般情况下，主要有以下三类河段划分方法。

① 根据河型、平面形态和河段特点，可分为顺直型、弯曲（蜿蜒）型、分汊型、游荡型等典型河段。

从水利防洪角度，弯道水流所遇到的阻力比同样长度的顺直河段要大，将抬高弯道上游河段的水位，从而对宣泄洪水不利。此外，曲率半径过小的弯道，汛期水流不平顺，形成顶冲凹岸的现象，危及堤岸安全。从航运角度，河流过于弯曲，航道弯曲半径将不满足航行安全要求，且航行视线不利，弯道往往也形成不利航行安全的流势、流态。

从河道生态保护角度，弯曲（蜿蜒）型河段形态蜿蜒曲折，是自然河流的重要特征，河流的蜿蜒性使得河流形成主流、支流、河湾、沼泽、急流和浅滩等丰富多样的生境。此外，由于弯曲河段的流速不同，在急流和缓流的不同生境条件下，可形成丰富多样的生物群落，如急流生物群落和缓流生物群落。

分汊型河道作为一种常见的天然河道形态，可形成较为丰富多样的生物群落，应侧重汊道生态流量的研究，保护河流生态环境，维持河流健康，科学开发和利用水资源。当条件允许时，亦可结合地形、水文条件等，因地制宜地布置浅滩湿地、江心洲湿地或生态岛等。

游荡型河道应充分利用水利工程逐步稳定下来的河势，采取必要的工程、生物等措施，发挥河漫滩及边滩丰富的生态价值，并利用部分滩地串沟，尤其是堤防临水侧堤脚附近的水沟，构筑生态水槽，创造良好的生物栖息条件。此外，尚可利用自然或人工放淤的边滩，构筑滩地小型的湿地环境，恢复或保持生物的多样性。

② 根据河型动态分类，河段可分为稳定型和不稳定型，或相对稳定和游荡型两类。然后，再按平面形态分为顺直、弯曲、分汊等类型。

③ 根据地区分类，河段可分为山区（包括高原）河流和平原河流两类。

山区河流，尤其是中小型山区（包括高原）河流分布广泛，因山区地形和地质结构复杂、气候差异悬殊、自然条件恶劣，山区河流具有暴雨后洪峰出现时间短、洪峰流量大、河道坡降变大、洪枯变幅大、洪水冲刷力强、河岸植被脆弱、水土流失严重等显著特点。

平原地区一般人口稠密，农业和经济发达，地形地势平坦，河道行洪排涝不畅，从而成为洪涝灾害的多发地。平原河流具有线状分布里程长、河道周边农田分布广、自然河流和人工运河交叉密布（包括行洪、排涝、灌溉等渠道）、水流受人工泵闸调控等显著特征。

此外，根据河道流经的不同区段，也可分为城（镇）市区段、城（镇）郊区段、农村段（村落段、田野段）、重要保护区段（如自然保护区、风景名胜区、山地森林区、自然文化遗产区、水源保护区等）及其他自然形态区段等。

城（镇）郊区段河道两岸用地相对较为宽裕，一般情况下尚保留着河道原有的岸线形态。

农村段根据村落和农田的分布情况，又可细分为农村村落段和农村田野段。农村段河道周边主要为村落、耕地、农田、经济林、果园等，受农业生产发展的影响，农村段河道周边可能分布有一定的农业生产设施，如取、排水口，灌溉沟渠，闸涵以及堤防和田埂等，但河道总体形态一般保持着自然状态。一般来说，田野段的耕地保护要求较高。

重要保护区段河道原则上位于自然保护区、风景名胜区、山地森林区、自然文化遗产区、水源保护区等，往往保持着自然的、原始的河道形态，其他自然形态区段的河道，一般也具有相同的自然或原始属性。

(2) 河道的形态特征

河道形态特征主要包括河流形态（不同类型河段的长度、宽度、深度、河岸状况及其体现出来的河流沿程的岸线、横断面、纵断面等形态变化特征）、支流分布状况等。河道治理的形态主要考虑河道平面形态（河道岸线形态）（图 3-15）和河道的断面形态（河道横断面形态和河道纵断面形态）。

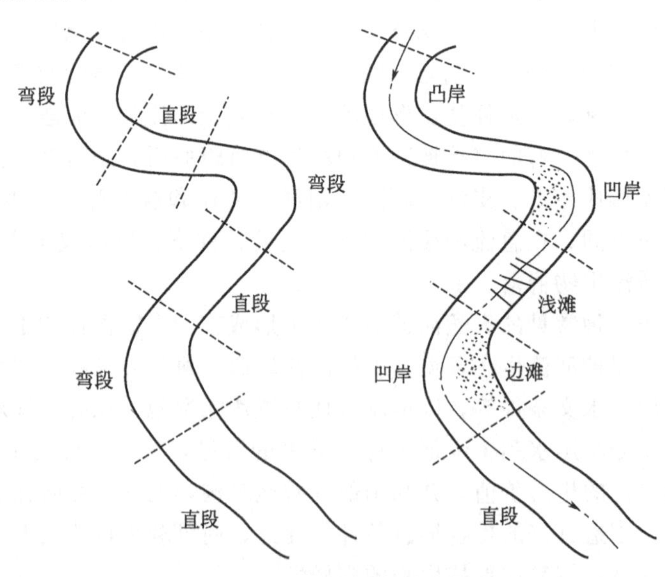

图 3-15　河道平面形态示意图

河流断面有横断面和纵断面之分。河流中沿水流方向各断面最大水深点的连线称为中泓线，沿中泓线的断面称为河流的纵断面，能反映河床的沿程变化。垂直于水流方向的断面称为横断面，简称断面。断面内自由水面高于某一水准基面的高程称为水位。河流横断面示意如图 3-16 所示。枯水期水流所占部分为基准河床，或称为主槽；洪水泛滥所及部分为洪水河床，或称为滩地。只有主槽而无滩地的断面称为单式断面，既有主槽又有滩地的断面称为复式断面。河流横断面能表明河床的横向变化。断面内通过水流的部分称为过水断面，大小随断面形状和水位而变化。

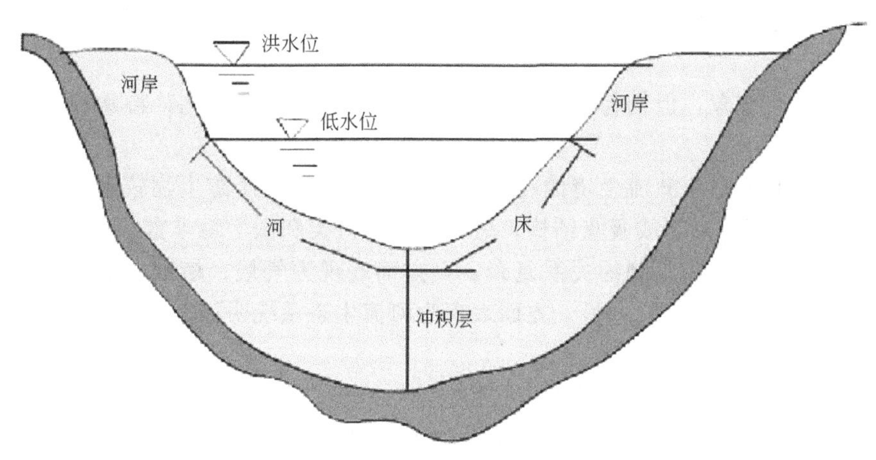

图 3-16　河流横断面示意图

根据河道过水断面的形状，河道断面形式一般主要分为三类：矩形断面、梯形断面和复合型断面。

① 矩形断面主要受河道两岸用地限制，占地面积较小，一般布置于城（镇）市区段，河道生态系统恢复条件较差。此类断面较难构建利于生态系统恢复的基底条件，不利于河道中水生动植物的生长，生态亲和性相对较差。

② 梯形断面适用于河道面宽较宽、用地相对充裕的河段，一般布置于城（镇）郊区段、农村村落段等，河道生态系统恢复条件一般。此类断面可构建利于生态系统恢复的基底条件，但因边坡的单一和水深的制约，能够生长水生植物的基底相对较少，生态亲和性相对一般。

③ 复合型断面更加贴合河道的自然特征，是根据河道水位特性设置分级护坡及平台的断面形式，适用于河道自然形态保持较好的河段，往往可体现河道浅滩、边滩、水槽、滩地串沟等河道自然特征，河道占地面积一般较大，一般适用于用地较为充裕的河道。生境条件较好，且易构建利于河道生态修复的平面形态和断面条件，因地制宜设置边坡及平台，有利于河道中的水生动植物的生长，生态亲和性较佳。典型复合型断面形式如图 3-17 所示。

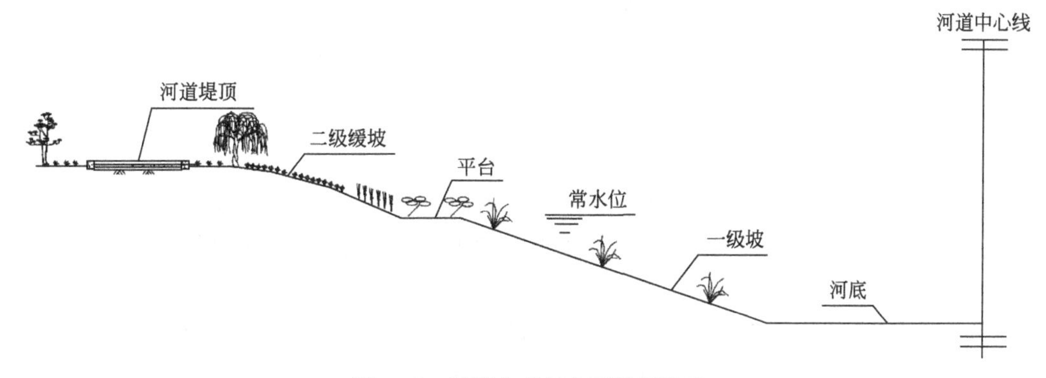

图 3-17　河道典型复合型断面形式

此外，对于以水利、航运等整治工程为主的河道，顺直河段一般以对称型、几何尺度规则化为主；而对于现状自然属性显著的河道，根据水流、泥沙及河床演变等特性，宜保留其自然的、不规则、不对称的河道复合断面形态。

(3) 河流的生态系统功能

河流生态系统中水的持续流动性，致使溶解氧比较充足，层次分化不明显，主要具有以下特点。

① 具纵向成带现象，但物种的纵向替换并不是均匀的连续变化，特殊种群可以在整个河流中再出现。

② 生物大多具有适应急流生境的特殊形态结构。表现在浮游生物较少，底栖生物多具有体形扁平、流线型等形态或吸盘结构，适应性强的鱼类和微生物丰富。

③ 与其他生态系统相互制约关系复杂。一方面表现为气候、植被以及人为干扰强度等对河流生态系统都有较大影响；另一方面表现为河流生态系统明显影响沿海（尤其河口、海湾）生态系统的形成和演化。

④ 自净能力强，受干扰后恢复速度较快。

河流生态系统的物质流动和生物的关系如图 3-18 所示。在满足一定防洪标准的同时，应留给河流一定的侵蚀-搬运-堆积等自然作用的空间。因为只有通过河流自身的运动，河流才能自然演变为具有蛇形、浅滩和深潭、周期淹没等多样性的河流形态。

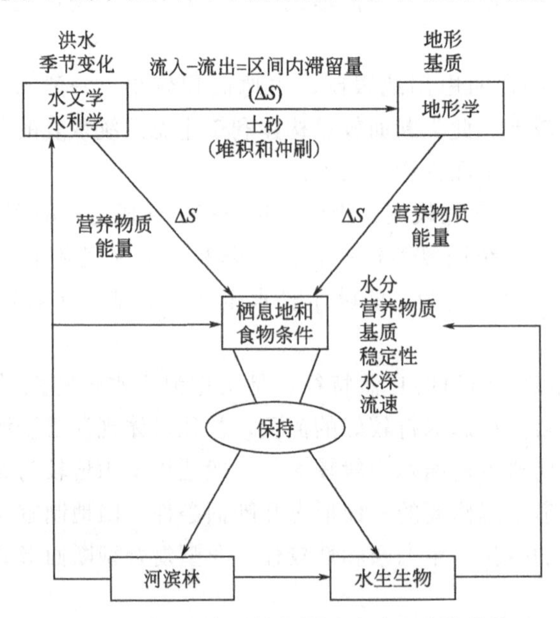

图 3-18　河流生态系统的物质流动和生物的关系

3.5.2　河流的污染

随着人类社会的进步，生态环境问题越来越引起社会的关注，在所有生态问题中，水环境恶化成为问题的核心。我国河流生态系统出现的主要问题可归纳为水资源问题和河流过分人工化问题两个主要方面。

首先，水资源问题表现为空间及时间分配的不均衡以及水资源质量的恶化。从空间分配来看，长江以北持续干旱，长江以南水害频繁，西北地区资源匮乏，东南地区资源富集；从时间分配来看，旱季与雨季过于分明，干旱与洪涝交替出现，而且，干旱年与洪涝年降雨量差别巨大；从水资源质量上讲，北方水量型缺水，南方水质型缺水，而且水资源质量问题的严重区域集中于人口集中、产业发达、经济高速增长的区域。

其次，河流过分人工化问题是我国河流当前面临的最为严重的问题，直接导致河道生态功能的丧失和河道生态系统的崩溃，主要表现为以下几点。

① 以充分利用水资源、防洪或城市供水等为目标，在河流上游或源头规划和建设水库，成为主要的河流开发模式。然而，水电的过度开发和跨流域水利工程导致河流生物多样性急剧下降，生态系统变得十分脆弱，丧失对外部负荷的抗冲击能力，造成水环境和水生态的严重恶化。

② 为城市防洪和排水安全，河流渠道化和堤防人工化（如“两面光”与“三面光”工程）割裂了河道与周边区域的必要联系，河道裁弯取直后，河水排水流速加快，人为改变水体的运动状态。平原地区水体封闭在河道中，切断了各生态要素间的物质、能量和信息流动，河道的自净能力大大降低，污染物一旦流入即造成严重污染，如城市黑臭水体等。

③ 在城镇化过程中，人类喜水而居，河滨带的土地空间极具吸引力，往往成为建设者的黄金地带，河滨生态带被野蛮侵占和过度开发，导致土地的水源涵养能力下降以及地表水与地下水联系的隔离。水景房和高档商业中心等地标建筑、滨水种植和养殖业、水电产业以及农业开发造成的水资源破坏，森林、湿地以及其他滨水栖息地的消失是这一状况的直接体现。

3.5.3 河流生物和生态修复的基本理论

水量充足、水质优良和生态健康是河流水系的核心要素。河流生物-生态修复就是利用生物技术和生态系统的基本原理，采取多种方法修复受损水系统中的生物群体及结构，重建健康的水生生态系统，改善和强化水体生态系统的主要功能，并能使生态系统实现整体协调、自我维持、自我演替的良性循环。美国土木工程师协会将河流生态修复定义为一种促使河流系统恢复到具有可持续性特征的、接近自然的状态，并可提高生态系统价值和生物多样性的环境保护行动。

河流可以看作生命体，具有自净能力和自我修复能力。河流既然具有生命就必然进行新陈代谢。水环境、水生态在一定范围内也是可以自我修复的。在发生洪水时产生的侵蚀，如果是比较小的损伤，健康状态的河流自己就能够修复。河流由多种要素相互结合而发挥其功能作用，认识河流这种生命体需要掌握其整体的动态变化。在不违背自然法则的前提下开发利用河流，有利于形成美丽的河流，促进生态系统的健康发展，同时对人类而言也是安全和经济的。

随着生物学和生态学的系统发展，人们对于河流治理产生了新的观念，认识到水利工程除了要满足人类社会的需求外，还需要与生态环境发展的需求相统一，特别是随着恢复生态学、景观生态学等分支学科的迅速发展，生态学更多新理论也不断涌现，不仅丰富了生态学的理论体系，同时许多理论也可作为河流生态修复的理论基础，指导河道生态建设。

(1) 恢复生态学

恢复生态学（restoration ecology）是生态学的应用性分支，在20世纪80年代产生并迅速发展起来，是一门应用与理论研究紧密结合的科学，是研究生态系统退化的原因、退化生态系统恢复与重建的技术和方法及其生态学过程和机理的学科。恢复生态学是从生态系统层次考虑和解决问题的，是对因社会经济活动导致的退化生态系统、各类废弃地和废弃水域进行生态治理的科学技术基础。生态恢复的最终目的是恢复生态系统的健康、整体性和自我维持能力，保护物种多样性，维持或提高经济发展的持续性，通过多种途径为人类和其他生命提供产品和服务。

自然演替的自我设计与人为设计理论构成了恢复生态学的理论基础。恢复生态学应用了许多学科的理论，但应用最多、最广泛的还是生态学理论。这些理论主要有：主导生态因子原理、元素的生理生态原理、种群密度制约原理、种群的空间分布格局原理、边缘效应原理、生态位原理、生物多样性原理、演替理论、缀块-廊道-基底理论等。

(2) 景观生态学

景观生态学（landscape ecology）是一门新兴的和迅速发展的学科，是研究景观单元的类型组成、空间格局及其与生态学过程相互作用的综合性学科。强调空间格局、生态学过程与尺度之间的相互作用是景观生态学研究的核心。

景观生态学的理论基础是整体论（holism）和系统论（system theory），但当前对景观生态学理论体系的认识却并不完全一致。一般说来，景观生态学的基本理论至少包含以下几个方面：时空尺度理论、等级理论、耗散结构与自组织理论、空间异质性与景观格局、缀块-廊道-基底理论、岛屿生物地理学理论、边缘效应与生态交错带、复合种群理论、景观连接度与渗透理论等。

时空尺度理论：尺度一般是指对某一研究对象或现象在空间上或时间上的量度，分别称为空间尺度和时间尺度。在景观生态学中，引入了时空尺度理论。此外，组织尺度（organizational scale）的概念，即由生态学组织层次（如个体、种群、群落、生态系统、景观）组成的等级系统也广为使用。河道生物修复应加强各学科之间的合作与交流，同时也需要在措施实施后进行长期监测，以及进行大尺度（遥感和地理信息系统）上的定量研究。

缀块-廊道-基底理论：常见景观组成的结构单元有缀块、廊道和基底 3 种。

缀块泛指与周围环境在外貌或性质上不同，但又具有一定内部均质性的空间部分。所谓的内部均质性，是相对于其周围环境而言的。具体来说，缀块包括植物群落、湖泊、草原、农田、居民区等，因而大小、类型、形状、边界以及内部均质程度都会显现出很大的不同。

廊道是指景观中与相邻两边环境不同的线性或带状结构。常见的廊道包括农田间的防风林带、河流、道路、峡谷和输电线路等。廊道类型的多样性导致其结构和功能的多样化，重要结构特征包括：宽度、组成内容、内部环境、形状、连续性以及与周围缀块或基底的作用关系。廊道常常相互交叉形成网络，使廊道与缀块和基底的相互作用复杂化。

基底是指景观中分布最广、连续性也最大的背景结构，常见的有森林基底、草原基底、农田基底、城市用地基底等。在许多景观中，其总体动态常常受基底所支配。

缀块-廊道-基底理论有助于全面理解河道生态建设。河道作为基底景观中的廊道，功能（如水体自净能力）的发挥常常受基底（如农田肥料输入）的影响，而河岸植物的水土保持和净化功能的发挥也会因岸边缀块类型的差异而变化。

(3) 生态工程学

生态工程学（ecological engineering）是从系统思想出发，按照生态学、经济学和工程学的原理，将现代科学技术成果、现代管理手段和专业技术经验组装起来，以期获得较高的经济、社会、生态效益的工程学科。

生态工程的方法首先在河流、湖泊、池塘、湿地、浅滩等水域的净化技术中得到应用，故可认为生态工程学是以生态系统为基础，以食物链为纽带，为从低等生物的藻类、细菌到原生动物及微小后生动物，以及鱼类、鸟类在水域、陆域、湿地等环境的生态场所提供有机性的连接功能，并用工程学的方法予以控制。在提高生物的生产、分解、吸收、净化等机能的同时，还要提高其工作效率，从而实现对环境的保护及修复。

生态工程是以生态学，特别是生态控制论为基础，应用多种自然科学、技术科学、社会科学，并与之相互交叉渗透的一门学科。在技术方面，大多数生态工程不是高新技术，而主要是一些常规、适用技术，包括农、林、牧、副、渔、工等多种技术。在河道生态修复工程中应用的生态工程学原理包括但不限于：限制因子定律、生态系统的平衡性和自组织性以及时空特征、生物多样性、生态交错区（过渡带）等。

(4) 生态水利工程学

生态水利工程学（eco-hydraulic engineering）简称生态水工学，是在水利工程学科基础上，在生态保护的大背景下产生和发展起来的新兴交叉学科，是研究水利工程在满足人类社会需求的同时，兼顾水域生态系统健康与可持续性需求的原理及技术方法的工程学。基于国内外对生态水利工程概念与内涵的认识，生态水利工程是指在充分考虑水资源水生态约束、维护河湖生态系统自我恢复和良性循环的前提下，为经济社会可持续发展提供防洪、供水、灌溉、发电、生态等方面的服务功能，并注重水文化传承的水利工程。

科学辩证地看待水利工程已经成为国际社会的普遍共识。一方面，水利工程仍然是许多国家、地区兴水利除水害必不可少的手段，是保证经济社会发展的重要基础；另一方面，水利工程技术进一步的长足发展，也大幅增加了人类开发和改造自然的广度和强度。当前，愈演愈烈的水资源短缺、水生态损害、水环境恶化等问题，在不断敦促我们加深对河流自然演变规律的认识。西方发达国家生态水利工程建设的发展历程，清晰地反映了人们对水循环机理，生态系统中物种共生与物质循环再生原理，以及水与经济社会、生物、生态环境关系的认识的不断深化和升华。

生态水利工程建设理念正是源于降低或消除水利工程的负面影响，要求坚持人与自然和谐共生原则，以保护、修复或改善流域或区域的自然生态环境为主要目标，在保障水资源开发利用必要需求的前提下，平衡水资源合理开发与生态保护之间的关系，使河湖生态系统维持自然和社会再生产能力，注重生态健康与可持续发展，实现经济、社会、生态效益相统一。生态水利工程建设自 20 世纪 90 年代驶入快车道，目前仍处于快速蓬勃发展阶段。

生态水利工程相关理论研究与实践探索良性互动频繁，推动着水利工程逐渐从控制、征服自然转向开发利用与改善水质、修复生境的统筹兼顾，直至追求水利工程与生态环境的完美融合，符合生态优先、保护自然的本质要求。

3.6 城市河道的生物修复

城市河道是指地处城市地区，或流经城市地区的河流或河段，也包括一些历史上虽属人工开挖，但经过多年的演化已经具有自然河流特点的运河、大型渠道或水系。

按照河道城市化程度，城市河道又可分为城区全覆盖河道、城区半覆盖河道与城区少覆盖河道。城市河道从经济、文化、社会和生态等多方面影响着城市的运行和发展，是城市最宝贵的空间资源。与一般河流的不同之处在于，城市河道是根据城市运行或发展的需求而被人为改造过的河流，也是受当地文化深刻影响过的河流，但仍属自然河流中的一种重要类型，也就是说仍然必须把城市河流看成是一类自然河流，这一认识十分关键，否则，城市河道的保护与修复就会出现理念上的误区，出现“破坏式治污”的环境形象工程，破坏河流的自然功能，加速生态退化。因此，对城市河道的改造与整治应当遵照自然规律，既要保留河流的自然特征，同时适应地区的社会经济文化需求，兼顾环境、社会与经济效益。

3.6.1 城市河道的主要环境问题

我国幅员辽阔，城市河流众多，地域性差异明显，水环境问题也繁杂多样、各不相同。归纳起来，城市河道的主要环境问题主要表现为以下四大方面。

(1) 复合型污染问题普遍

城市河道的复合型污染问题主要反映出两个方面，一方面是多种环境指标的污染，如不少城市水体不仅表现为耗氧性有机物超标，同时营养盐超标严重，甚至存在有毒有害物质（重金属或持久性、难降解有机污染物等）的污染问题；另一方面是城市河道中同时存在水质污染、底泥污染和水生态退化等问题（水华、生物多样性丧失等），这是当前不少城市河流污染的一个典型特征。在采取生态修复方案时，应针对河流的水质、底泥和生态环境进行全方位的调查，方案的制订也应涵盖多个方面的目标与措施。

(2) 城市河道呈现缺水窘态，水危机显现

河流水量问题本身就是河流生态健康的最重要内涵之一，既是环境问题，也是生态问题。对于城市河流而言，北方干旱或半干旱地区水量型缺水伴随着水质污染问题；南方城市河流水量充足却伴随着严重的水质型缺水。在生态修复设计中应当重视“水量”的概念，进行水量平衡计算，明确提出确保河流的基径流量问题，估算河流满足生态环境需求的优化生态水位或优化水量。

(3) 城市河道整治渠道化，河流之间水力联系被阻断

城市河道渠道化是传统河流整治的一种流行做法，包括平面布置上的河流形态直线化、河道横断面几何规则化和河床材料的硬质化等，虽然改善了航运条件、提高了滞洪泄洪能力，起到了很好的防洪作用，但同时也带来诸多弊病。河流渠道化改变了河流蜿蜒型的基本形态，急流、缓流、弯道及浅滩相间的格局消失，而横断面上的几何规则化，也改变了深潭、浅滩交错的形势，河流之间的水力联系也被各种水工构筑物阻断，生境异质性降低，水域生态系统结构与功能随之发生变化，特别是生物群落多样性随之降低，可能引起淡水生态系统退化。

在空间结构的简化和改造过程中，从水生到陆生环境的过渡被阻断，一些动植物及微生物失去相应的生存环境，城市河道所涵养的生物种类越来越少，物种之间的平衡机制遭到破坏，最终导致河流生态环境变得脆弱。

(4) 生态管理缺少导致河流服务功能退化，河长制应运而生

在我国水污染进程中，传统的管理上，一般多聚焦于水利防洪与安全上，这就使城市河流首当其冲，多数已形成水质高度污染、生态系统脆弱和堤岸渠道化的河流生境态势，河流的服务功能退化。2017 年 6 月新修改的《中华人民共和国水污染防治法》首次纳入“河长制”，从法律层面明确各级政府的水环境治理责任，是解决我国复杂水问题、维护河湖健康的有效举措，是完善水治理体系、保障国家水安全的制度创新。

3.6.2　城市河道的生态环境调查与诊断

在开展河流的生物修复和生态修复之前，首先应对城市河流的生态环境现状、社会经济条件和水污染特征进行系统的调查研究，辨明水环境中的主要污染物，以及由此产生的主要环境问题，进而有针对性地提出城市河道的生态修复措施。

对城市河道进行生态环境调查是河道生态治理工程的先决条件。城市河道的生态环境调查包括对河道的水文、水质、底质和生态因素进行的调查。

(1) 水文调查

城市河道的水文调查应按照现行行业标准《水文调查规范》(SL 196—2015) 规定的方法进行。一般分丰水期、枯水期和平水期三季对城市河道水文状况进行调查，每公里城市河道调查样点不应少于 1 个，同时对城市河道的引配水资料进行调查。根据水文条件的不同，可将城市河道分为硬质驳岸河道、土质坡岸河道、有配水河道、无配水河道、连通型河道和断头河道。生物修复和治理中应根据不同的河道类型选择相应的生态治理模式。

(2) 水质调查与诊断

城市河道的水质调查，应符合《地表水和污水监测技术规范》(HJ/T 91) 的要求，对城市河道水质进行采样调查。监测指标主要包括：溶解氧、pH 值、氧化还原电位、透明度、水温、总氮、总磷、氨氮、COD_{Mn}、石油类和重金属等。其中溶解氧、透明度、氨氮和氧化还原电位为城市黑臭水体的主要判断指标。城市河道的主要污染状况一般根据这些指标的检测和分析进行识别。

这些水质指标是我国城市河道治理和多数地方水污染防治中的主要控制指标，在各个不同的城市河道中主要污染指标区域差异性明显，除上述指标外，有些城市河流由于历史上的工业废水排放，也会造成重金属元素和难降解有机污染物的污染问题。在实际的生态修复中应具体问题具体分析，针对主要污染物采取合适的生物修复措施。

城市河道问题的诊断应根据城市河道水质调查的结果确定，并符合现行国家标准如《地表水环境质量标准》(GB 3838) 或地方标准的规定。可采用单因子法等方法对城市河道水质进行定级，同时对照标准确定城市河道具体的超标污染物，以期在后续的生态治理工程中采取针对性的治理手段。同时根据先前收集和调查走访获得的外源污染源资料和底泥污染物浓度，把握影响河道水质的主要污染物和来源，研究其时间和空间变化特征，从而对河道的水质状况进行诊断分析。

(3) 底质调查

对城市河道底质的调查，可采用资料收集、现场勘查、实地采样、实验室检测相结合的方法进行。调查的内容要包括城市河道底质的类型和理化性质，其中理化性质需要测定的指标包括但不限于氨氮、总磷、总有机碳、重金属等。

(4) 生态调查与诊断

城市河道生态调查的对象包括河岸带植被、大型水生植物、鱼类、底栖动物和浮游生物等。河岸带植被、大型水生植物和鱼类的调查时间应选在植被和鱼类生长最迅速的季节；大型水生植物调查宜安排在生长旺盛期或接近成熟期，此时大部分植物种类均处于生物量最高的时期，便于进行生物多样性及量的观测；底栖动物和浮游生物的调查点位和频次应与河道水质调查一致。

3.6.3 城市黑臭水体的生物修复技术

3.6.3.1 城市黑臭水体和分类

城市黑臭水体，即城市范围内、呈现令人不悦的颜色和（或）散发令人不适气味的水体的统称。引起水体黑臭的物质有腐殖质、硫化铁胶体和悬浮颗粒等。从致黑物质的元素形态组成方面，主要指 Fe、S 及其化合物 FeS；水体发臭主要为含硫、氮等有机物分解时逸出的 H_2S 和 NH_3 等所致，有机物在分解过程中还产生低碳脂肪酸及胺类等。水体不黑不臭仅是城市水环境质量提升的第一步，彻底截污，完成河道生态修复，恢复生态基流，实现水体的“自愈”功能，需要一个过程。

在河道资料调查和生态环境调查的基础上，根据河道的水质状况、水文信息、引配水信息、河道所属区域、河道周边建设用地类型参数，对需要治理的河道进行分类，对不同类型的河道采取不同的生态治理技术手段。

根据城市河道的水体污染状况和水体功能，可采用水质标识指数评价体系进行分类。可将城市河道分为黑臭治理型、水质改善型、生态功能恢复型和景观美化型。水质标识指数分为单项指标水质标识指数和综合指标水质标识指数，其中单项指标水质标识指数 P_i 由一位整数和小数点后两位有效数字组成，其中，整数部分代表水质指标的水质类别，小数部分代表监测数据在此类水质变化区间中所处的位置。单项指标水质标识指数公式表示如下：

$$P_i = K_i + \frac{\rho_i - \rho_{iK下}}{\rho_{iK上} - \rho_{iK下}}$$

式中，K_i 表示第 i 项水质指标所处的水质类别，可以通过与《地表水环境质量标准》（GB 3838）的比较确定，取值为 1、2、3、4、5、6；ρ_i 为第 i 项指标的实测质量浓度，$\rho_{iK下} \leqslant \rho_i \leqslant \rho_{iK上}$；$\rho_{iK下}$ 为第 i 项水质指标第 K_i 类水区间质量浓度的下限值；$\rho_{iK上}$ 为第 i 项水质指标第 K_i 类水区间质量浓度的上限值。在《地表水环境质量标准》（GB 3838）所列的水质指标中，只有 DO 为递减性指标，其水质指标按以下公式计算：

$$P_{DO} = K_{DO} + \frac{\rho_{DO,K上} - \rho_{DO}}{\rho_{DO,K上} - \rho_{DO,K下}}$$

当水质劣于Ⅴ类时，递增性水质指标和溶解氧指标的水质标识指数分别用以下两个公式计算。

$$P_i = 6 + \frac{\rho_i - \rho_{i5下}}{\rho_{i5上}}$$

$$P_{DO} = 6 + \frac{\rho_{DO,5下} - \rho_{DO}}{\rho_{DO,K下}}$$

综合水质标识指数 C 由单项指标水质标识指数的平均值和最大值两部分构成，用公式表示如下：

$$C = \frac{1}{2} P_0 + \frac{1}{2} P_{MAX}$$

$$P_0 = \frac{1}{n} \sum_{i=1}^{n} P_i$$

P_{MAX} 是 n 项单项指标水质标识指数中的最大值；P_0 是 n 项单项指标水质标识指数中

的平均值。

通过综合水质标识指数，可以判断水体的水质级别和污染程度：1.0≤C≤2.0，水质为Ⅰ级；2.0＜C≤3.0，水质为Ⅱ级；3.0＜C≤4.0，水质为Ⅲ级；4.0＜C≤5.0，水质为Ⅳ级；5.0＜C≤6.0，水质为Ⅴ级；6.0＜C≤7.0，水质为劣Ⅴ，不黑臭级；C＞7.0，水质为劣Ⅴ，黑臭级。

根据上述综合水质标识指数的计算结果，划定C＞6.0的劣Ⅴ不黑臭和劣Ⅴ黑臭河道的主要治理诉求为黑臭治理；5.0＜C≤6.0的Ⅴ级河道，主要治理诉求为水质改善；4.0＜C≤5.0的Ⅳ级河道，主要治理诉求为生态功能恢复；Ⅲ级及以上质量的河道，主要治理诉求为生态功能恢复和景观美化。当然，由于在生态治理过程中，河道水质存在提档升级的过程，在过程的不同阶段，治理诉求会发生变化，因此还需要一整套综合整治的技术整合。

以黑臭治理为主要需求的城市河道（黑臭水体），是城市河道中污染最为严重的一个类群。中心城区的黑臭河道往往是由城市发展历史过程中管网配套跟不上导致生活污水直接排入河道引起的。对于这类河道，截污工作是一切的前提。在截污完成后，这种类型河道的主要污染源是底泥内源和降雨面源。城乡接合部的黑臭河道主要问题是来自于周边居民区的雨污混接和农业面源污染。由于现实条件的限制，可能无法做到完全截污，因此对于外部污染的控制是城郊结合河道生态治理的重点。

除了水质因素外，城市河道的水动力条件、底质条件和岸带条件等也会对生态修复工作造成不同程度的影响，这些都需要在生态治理工程的具体应用中加以分类，并引起足够的重视。主要有以下几种分类。

① 从城市河道岸带角度。根据城市河道的岸带条件不同，一般可分为硬质驳岸河道和土质坡岸河道。

② 从城市河道来水情况。根据城市河道配水情况的不同，可分为有配水河道和无配水河道。

③ 从城市河道连通情况。根据城市河道的连通性，将城市河道分为连通型河道和断头河道。

3.6.3.2　城市黑臭水体整治原则和技术选择

城市黑臭水体整治技术的选择应遵循“适用性、综合性、经济性、长效性和安全性”等原则。

① 适用性。地域特征及水体的环境条件将直接影响黑臭水体治理的难度和工程量，需要根据水体黑臭程度、污染原因和整治阶段目标的不同，有针对性地选择适用的技术方法及组合。

② 综合性。城市黑臭水体通常具有成因复杂、影响因素众多的特点，其整治技术也应具有综合性、全面性。需系统考虑不同技术措施的组合，多措并举、多管齐下，实现黑臭水体的整治。

③ 经济性。对拟选择的整治方案进行技术经济比选，确保技术的可行性和合理性。

④ 长效性。黑臭水体通常具有季节性、易复发等特点，因此整治方案既要满足近期消除黑臭的目标，也要兼顾远期水质进一步改善和水质稳定达标。

⑤ 安全性。审慎采取投加化学药剂和生物制剂等治理技术，强化技术安全性评估，避免对水环境和水生态造成不利影响和二次污染；采用曝气增氧等措施要防范气溶胶所引发的

公众健康风险和噪声扰民等问题。

《城市黑臭水体治理攻坚战实施方案》明确了“控源截污、内源治理、生态修复、活水保质”的技术路线和治理工程要求。黑臭水体的形成源于有机污染物含量过高，形成缺氧和厌氧环境，加速有机物腐败和分解，产生恶臭物质。所以，黑臭水体治理要精准判定其污染性质，通过截断污染源，清除和固化内源污染物等方式进行综合整治。同时，内外源污染物控制只是黑臭水体治理的方式，彻底根除污染仍要从恢复水体自净能力和水环境生态功能方向着手。治水的目的也在于保水，保水的最好方式就是修复，我国普遍采用的高效技术就是生物修复技术，生物修复技术高效益、低成本、操作灵活，更有利于水生态恢复。水生态修复可以从生境重构、生境调养以及生态监控三方面下手，保障黑臭水体治理的科学性和长久性。

3.6.3.3 城市黑臭水体曝气增氧技术

曝气增氧（increase oxygen aeration），是指采用水力增氧和机械曝气增氧等技术，提高水体的溶解氧，氧化水体污染物，并兼具造流、景观、底泥修复和抑藻作用。

曝气增氧一般用于水体流动较缓，水质较差的河道，特别适用于水体发黑发臭的河道。城市河道的曝气形式可分为鼓风曝气、射流曝气、喷水式曝气等形式。主要设备包括推流式增氧机、射流式增氧机、喷水式增氧机、叶轮式增氧机、水车式增氧机、鼓风曝气机和太阳能增氧循环机等。曝气增氧的常见形式主要包括：

① 将叶轮式增氧机、微泡增氧机等设置在河道内原位增氧；

② 利用水泵以喷泉形式或者跌水坝溢流增氧；

③ 在岸边设置鼓风曝气机，将空气通过管道输送至河道进行微气泡增氧；

④ 太阳能增氧循环机，利用太阳能将河道低溶解氧水体提升至水面，表层溶解氧含量高的水体补充至水底，既能增加水底溶解氧，消除水体水质分层现象，又能抑制藻类生长，并抑制底泥中磷的释放，有效净化水质。

在污染严重的水体中，单靠自然复氧作用，河水的自净过程非常缓慢。故需要采用曝气增氧技术弥补自然复氧的不足。河道曝气增氧技术作为一种投资少、见效快、无二次污染的河流污染治理技术在很多场合被优先采用。河道曝气增氧技术能在较短的时间内提高水体的溶解氧水平，增强水体的净化功能，消除黑臭，减少水体污染负荷，促进河流生态系统的恢复。另外，河道曝气技术因地制宜，占地面积相对较小，投资省、运行成本低，对周围环境无不良影响，如果与综合利用相结合，还可实现环境效益与经济效益的统一，有利于工程的长效管理。但是要真正发挥河道曝气增氧技术的实际效益，还必须制订应用该技术的具体方案，得出可行的增氧量、曝气方式、季节最优化组合，并充分考虑城市景观和经济性原则。城市河道常用的曝气增氧设备的特性见表 3-11。

表 3-11 城市河道常用曝气增氧设备特性表

曝气设备类型	组成	优点	缺点	适用范围
鼓风机-微孔布气管曝气系统	鼓风机、微孔曝气管系统	氧转移率较高（水深 5m 时为 25%～50%）	布气管安装工程量大，维修困难，对航运有一定影响；鼓风机房占地面积大，投资大，运行噪声大，影响居民生活	郊区不通航城市河道

续表

曝气设备类型	组成	优点	缺点	适用范围
汽提式-微孔布气管推流曝气器	鼓风机、微孔曝气管系统	可将河道底部 2～3m 的水提到表层，并形成定向水流；最大推水量 4000m^3/h；充氧动力效率高，最大为 6.3kg/(kW·h)；安装方便，漂浮在水面，不受水位影响	对航运有一定影响	不通航城市河道
纯氧-微孔布气管曝气系统	氧源、微孔曝气管系统	不需建造专门构筑物，占地面积小；系统无动力装置，运行费用小，可靠，无噪声；安装方便，不易堵塞；氧转移率高	对航运有一定影响	不通航城市河道
纯氧-混流增氧系统	氧源、水泵、混流器、喷射器	氧转移率高(3.5m 水深时即可达到 70%左右)；可安装在河床和近岸处，对航运影响较小	—	既可用于固定式充氧站，也可用于移动式水上充氧平台
叶轮吸气推流式曝气器	电动机传动轴进气通道、叶轮	安装方便，调整灵活；漂浮在水面，受水位影响小；基本不占地；维修简单方便	叶轮易被堵塞缠绕；影响航运；会在水面形成泡沫，影响美观	不通航城市河道
水下射流曝气设备	潜水泵、水射器	安装方便；充氧动力效率一般为 1.0～1.2kg/(kW·h)；基本不占地	维修比较麻烦	不通航城市河道
叶轮式增氧机	叶轮、浮筒、电机	安装方便；充氧动力效率一般为 1.4kg/(kW·h)；基本不占地	产生噪声，外表不美观	多用于渔业水体，尤其适用于较浅水体

根据工程特点及治理目标，针对现场实际情况，可利用生态悬床技术、微生物技术、生物控制技术等其他的辅助技术加速恢复生态系统及改善水质。例如，将微生物介质与推流曝气功能耦合为一体化设备，能够快速提高水体溶解氧含量，特异性增加微生物数量及活性，提升水体自净能力，尤其适宜于封闭和半封闭性城市河道、湖泊、池塘、断头河等缓流水体。

3.6.3.4　生物膜技术

生物膜技术是人们长期以来根据自然界中水体自净的现象和农田灌溉时土壤对污染物的净化作用以及有机物的腐败过程，总结、模拟而发展起来的一种水处理技术。它以天然材料（如卵石、砾石及天然河床等）或人工合成接触材料（如塑料、纤维等）为载体，使微生物群体呈膜状附着于载体表面上，通过与污水接触，生物膜上的微生物摄取水中的有机物作为营养并加以同化，从而使污水得到净化。由于载体比表面积大，可附着大量微生物，因此对污染物的降解能力很强。通过填充填料来净化地表水体，实质是对地表水体自净能力的一种强化，即利用填料比表面积大，附着微生物种类多、数量大的特点，人为加大河流中可降解污染物的微生物的种类和数量，从而使河流的自净能力成倍增长。

附着在填料上生物膜降解污染物的过程一般可分为 4 个阶段。

① 污染物向生物膜表面扩散；

② 污染物在生物膜内部扩散；

③ 微生物分泌的酵素与催化剂发生化学反应；

④ 代谢生成物排出生物膜。

生物膜法的修复机理如图 3-19 所示。生物膜由于固着在填料上，因此世代时间较长的微生物，如硝化菌等能在其中生长。另外，在生物膜上还可能大量出现丝状菌、轮虫、线虫等，使生物膜净化能力增强的同时还有脱氮除磷的作用。这种方法由于没有引入外来菌种，所以没有改变地表水体原有的生态系统，有利于污染水体的自我恢复。

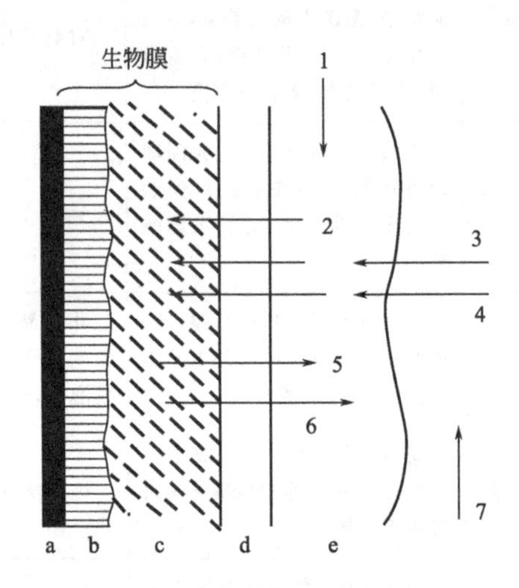

图 3-19　生物膜法的修复机理

a—填料表面；b—缺氧层；c—好氧层；d—结合水层；e—水相

1—受污染水；2—有机物、氨氮等；3—O^2；4—CO_2、N^2；5—无机物；6—有机酸等；7—空气

用于城市河道等水体修复的生物膜技术是近年来国内外为解决水域污染而研究开发的重点技术，许多发达国家如日本、韩国等已经将其用于工程实践，我国虽然起步晚，但发展较快。用于河道处理的生物膜技术主要有砾间接触氧化法、人工强化生物膜、薄层流法和伏流净化法等。下面进行简单介绍。

(1) 砾间接触氧化法

砾间接触氧化法是根据河床生物膜净化河水的原理设计而成，通过人工填充的砾石，使水与生物膜的接触面积增大数十倍，甚至上百倍。水中污染物在砾间流动过程中与砾石上附着的生物膜接触、沉淀，进而被生物膜作为营养物质而吸附、氧化分解，从而使水质得到改善。例如以直径为 5cm 的砾石填充河床面积为 $1m^2$、高为 1m 的河流，这时河床的生物膜面积就变成了原来的 100 倍，河流的净化能力也就增强了 100 倍。这种方法一般使用天然材料为接触材料，花费少，净化效果好，因此得到了广泛的应用。例如日本野川的砾间接触氧化净化场，设立在野川一侧的河滩地带，为地下构造式。运行 6 年以来，效果良好，出水 BOD 和 SS 的平均值为 5.2mg/L 和 3.3mg/L，去除率分别为 59.1%和 63.3%。

(2) 人工强化生物膜

人工强化生物膜技术以人工载体材料为微生物生长的基质，通过微生物的附着生长繁殖来削减水中的污染物。从原理上来说，人工强化生物膜技术是模拟了水生生态系统中微生物这一重要组成部分的功能，通过载体材料选择、菌种筛选和培养条件控制等手段加以人工强化。

人工强化生物膜上的人工载体一般采用多孔、比表面积大、具有立体结构的高分子材料，藻类、细菌和原生动物等附着在载体表面，形成生物膜，通过吸收、吸附、硝化和反硝化等过程去除水中的污染物，同时具有拦截悬浮颗粒物、提高水体透明度的功能。人工载体表面形成的生物膜可释放化感物质，抑制水华的形成。目前常见的生物膜载体材料包括阿科曼（aquamats）生态基、碳素纤维、柔性填料和组合填料等。

可选用单体面积为 1～3m^2、高 1～1.5m 的材料作为生物膜载体，使用配重固定于城市河道底部。两块生物膜的间隙不应小于生物膜的高度，若全城市河道布置，或城市河道长度较长，则间距可以适当加大，设置为 3～5m。在有配水的城市河道中，人工强化生物膜可分段集中布设在城市河道不同区域。一般可在城市河道的上游和中游分别集中布设 10～50m 不等的生物膜材料，布设区生物膜的间隔为 1～2m。在断头河中，人工强化生物膜应在水中均匀布置，考虑水体的透光性，不应布置太密。

(3) 薄层流法

河流自净主要通过附着在河床及水生植物上的生物膜以达到净化有机污染物的目的。薄层流法着眼于此，采用增大生物膜的附着面积，以减少单位生物膜的处理水量而提高河床的自净能力。具体方法是增加河面的宽度使水深变浅，增大河水与河床的接触面积，工程建设可使河流的净化能力增强数倍到数 10 倍。例如，河宽为原河流的 2 倍，水深为原河流的 1/2，河流的净化能力就为原来的 2 倍；如河宽为原河流的 4 倍，水深为原河流的 1/4，河流的净化能力就变成原来的 4 倍。

(4) 伏流净化法

伏流净化法主要是利用河床向地下的渗透作用和伏流水的稀释作用来净化河流。所谓伏流即从河床向地下渗入沿地下水脉冲流动的地下水流。经泥沙过滤后的伏流水相对水质良好。伏流净化法是将伏流水用水泵抽出并送回河流，以降低地下水位来促使地下水加速渗透，这种方法可被看作是一种缓速过滤法（微生物膜过滤），整个河床是一个大的过滤池，由河床上附着的生物膜构成缓速过滤池的过滤膜，污染的河水经过滤膜的过滤作用缓慢地向地下扩散，成为清洁的地下水。用于稀释的伏流水是渗入地下的清洁水，人为用泵提升到地面来稀释河流，使河流的自净作用进一步增强。

3.6.3.5 生态浮床技术

生态浮床，又称人工浮床、生态浮岛等，日本、德国和美国等发达国家对该技术的研究与应用较多，日本在该技术领域占据主要地位，先后在霞浦湖、琵琶湖等成功进行试验研究，效果明显。我国从 20 世纪 90 年代开始引入这项技术，从农作物水上生产逐步应用到湖泊、水库、城市河道等不同水体的治理中。

生态浮床技术以水生植物为主体，运用无土栽培技术原理，以高分子材料等为载体和基质，应用物种间共生关系，充分利用水体空间生态位和营养生态位，从而建立高效人工生态系统，来削减水体中的污染负荷。生态浮床通常用于修复城市和农村水体污染或建设城市湿地景区等。

生态浮床依据功能可分为消浪型、水质净化型和提供栖息地型三类，浮床的外观形状有正方形、三角形、长方形、圆形等多种。依据与水接触与否分为干式和湿式两种。

干式浮床因植物与水不接触，可以栽培大型的木本、园艺植物，通过不同木本植物组合，构成良好的鸟类生息场所，同时也美化了景观，但这种浮床对水质没有太大的净化作用。一般大型的干式浮岛是用混凝土或是用发泡聚苯乙烯做的。

湿式浮床分有框架和无框架两种。有框架的湿式浮床，框架一般可以用纤维强化塑料、不锈钢加发泡聚苯乙烯、特殊发泡聚苯乙烯加特殊合成树脂、盐化乙烯合成树脂、混凝土等材料制作。约70%的湿式浮床为有框架型。无框架浮床一般是用椰子纤维编织而成，对景观来说较为柔和，又不怕相互间的撞击，耐久性也较好；也有用合成纤维作植物的基盘，然后用合成树脂包起来的做法。常见材质有竹木、泡沫、海绵、塑料、橡胶、藤草编制、苇席编制等，根据材质不同，结构和价格以及制作工序都各不相同。典型的湿式有框浮床包括4个部分：浮床框体、床体、基质和植物，如图3-20所示。

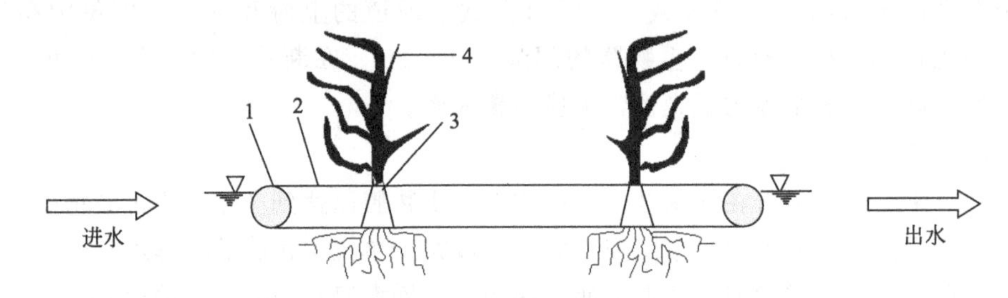

图 3-20　常见生态浮床结构示意图

1—浮床框体；2—浮床床体；3—浮床基质；4—浮床植物

浮床床体是植物栽种的支撑物，同时是整个浮床浮力的主要提供者。浮床植物的选择是浮床技术中最关键的环节，浮床所栽种的植物必须满足以下3个条件：能够适应当地的气候环境、能够耐受病虫害和较少依赖人工维护。此外，维护当地的生态安全也是选择植物的一个重要考量，若造成生物入侵的不良效果则得不偿失。由于大部分的浮床植物都或多或少会改变原来的生态环境，所以对浮床植物进行驯化必不可少。为降低驯化难度，植物一定要是喜水或耐水的，这样驯化的成功率才会提高。

本土植物是浮床植物的首选，能带来事半功倍的效果。目前经常使用的浮床植物有美人蕉、芦苇、凤眼莲（水葫芦）、空心菜（蕹菜）、灯心草、香蒲、菖蒲等。综合考虑植物之间的协同作用可以增强浮床的净化能力。构建浮床植被时应考虑增加生物多样性，如构建多植物-微生物体系等。

生态浮床的技术原理如图3-21所示，包括截留、吸附、沉降、吸收等多种机制，主要归纳为以下5个方面的污染物去除和生态效应机理。

(1) 物理作用及化学沉淀

浮床上种植的水生植物根系发达，利用表面积很大的植物根系在水中形成浓密的网，与水体接触面积大，可以截留水体中的大颗粒污染物质，在其表面进行吸附、沉降等。当水流经过时，不溶性胶体就会被根系吸附而沉淀下来。同时，附着于根系的菌体在内源呼吸阶段发生凝集，凝集的菌胶团可以将悬浮性的有机物和新陈代谢产物沉降下来。

(2) 植物的吸收作用

植物在生长过程中需要大量营养元素，而污染水体中含有的过量氮和磷可以满足植物生

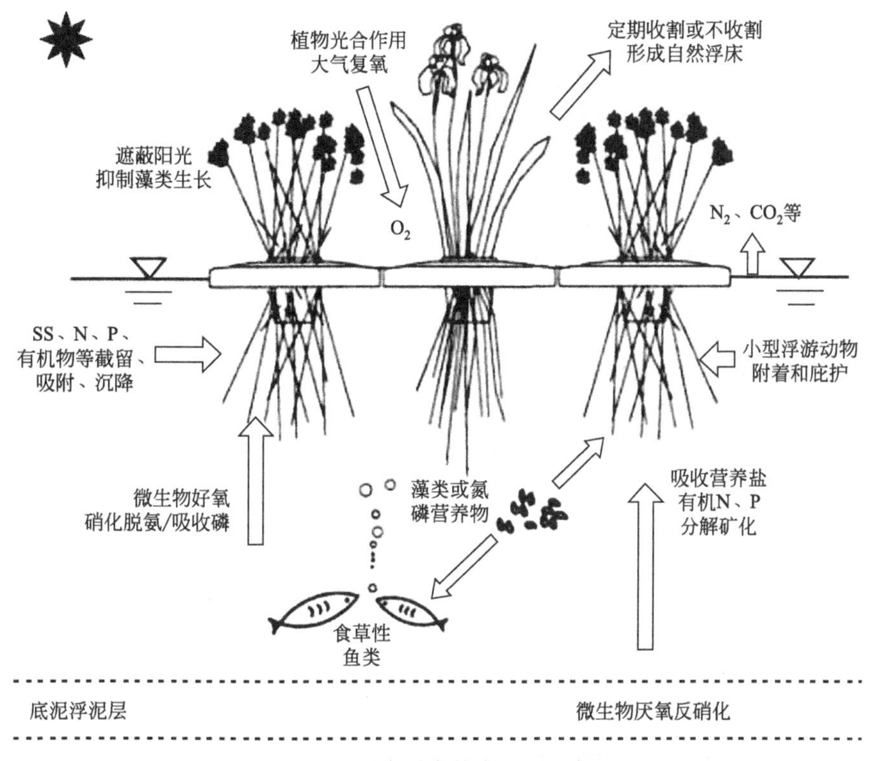

图 3-21　生态浮床技术原理示意图

长的需要，最终通过收获植物体的方式将营养物质移出水体。植物对营养物质的摄取和存储是暂时的，若不及时收割，植物体内的营养物质会重新释放到水体中，造成二次污染。

（3）氧气的传输作用

植物能通过枝条和根系的气体传输和释放作用，将通过光合作用产生的氧气或大气中的氧气输送至根系，一部分供植物进行内源呼吸，另一部分通过浓度差扩散到根系周围缺氧的环境中，在根际区形成氧化态的微环境，加强了根区好氧微生物的生长繁殖，并有助于硝化菌的生长，通过微生物对有机污染物、营养盐进一步分解。

（4）藻类的抑制作用

水生植物和浮游藻类都要利用光能、CO_2、营养盐等来维持生长，两者相互竞争。通常植物的个体大，吸收营养物质的能力强，能很好地抑制藻类的生长；浮岛还可通过遮挡阳光抑制藻类的光合作用，减少浮游藻类生长量；水生植物在旺盛生长时会向湖水中分泌某些化感物质，可以抑制藻类的生长繁殖；下部植物根系形成鱼类和水生昆虫生息环境，栖生一些以藻类为食的小型动物，形成捕食抑制。

（5）植物与微生物协同降解作用

高等植物根系为微生物及微型动物提供了附着基质和栖息的场所。光合作用产生的氧气和根系释放的氧气一方面促进根系周围的沉淀物氧化分解；另一方面使水体底部和基质形成许多好氧和厌氧区域，为微生物的活动提供了条件。同时根系表面的生物膜增加了微生物的数量和分解代谢面积，使根部污染物被微生物分解利用或经生物代谢作用去除。

生态浮床一般可用于以下水体修复中。

① 中心城区及郊区城镇区、新城新镇和大型居住区范围内水深较深、当地条件无法种

植或成活水生植物的河道，采用生态浮床净化水质，并利用浮床的遮阴作用，抑制水体藻类产生；

② 水质较差的河道，生态浮床宜作为先锋技术逐步改善水体水质，不建议长期使用；

③ 水位变动较大、透明度较低、不适合种植水生植物的河道；

④ 需要景观点缀的河道，科学配置具有一定净化功能的不同观叶、观花植物，净化水质的同时改善景观。

生态浮床在应用中的缺点也逐渐凸显，应在生态浮岛构建中加以重视。这些问题主要表现在如下4个方面。

① 浮体的结构稳定性及耐久性；

② 浮床植物的配置合理性；

③ 浮床的固定需考虑受风浪及河道流速的影响；

④ 浮床的管理维护，特别是冬季浮床的管理等。

3.6.3.6 微生物菌剂

微生物菌剂是指由不同的微生物种群组成的微生物制剂，利用所投加的功能性微生物，强化污染物质的降解，以实现特定污染物质的去除。这些微生物菌剂通常都由多种微生物组成，包括芽孢杆菌、硝化细菌、反硝化细菌、乳酸菌、蓝细菌、发硫菌、光合细菌、酵母菌、放线菌等，它们投入污水或水体后，能够迅速适应环境而生长，使水中污染物得到降解并去除。

城市河道中微生物菌剂多以降解沉积物或造成水体黑臭的有机质和氨氮的光合细菌为主，主要适用于城市河道流速较慢，尤其是城市断头河道的生态治理。对于配水型城市河道，由于水体交换较为频繁，流速快，菌剂容易流失，使用微生物菌剂成本较高。城市河道的沉积物污染较重，在水较深的河床不适合生态疏浚时，可采用微生物菌剂进行修复，但不可过量投加。由于不同品牌的微生物菌剂浓度和生物活性不同，具体的投加量要根据城市河道水质和沉积物情况，同时结合菌剂的说明文件进行计算后确定。

3.7 河流的生态修复工程

3.7.1 河流生态修复的产生和发展

德国早在20世纪30年代就开始关注河流开发利用工程建设的负面影响，并于20世纪50年代创立了“近自然河道治理工程学”；1962年Odum等首次提出“Ecological Engineering”的概念并赋予定义，正式诞生了生态工程，奠定了“近自然河道修复技术”的理论基础。20世纪80年代，德国、瑞士等国家提出了“重新自然化”概念，将河流修复到接近自然的程度，而英国在修复河流时强调“近自然化”，同时优先考虑水流的生态功能。这些生态工程理念的发展为20世纪80至90年代莱茵河、伊萨尔河等治理修复提供了理论指导，也为2000年欧盟水框架指令的出台奠定了理论基础。其中，伊萨尔河自然化修复是德国实施的一项世界级生态水利工程案例。目前欧洲发达国家已普及了“近自然河道修复技术”，以实现再生“自然与人的和谐共处”的河道生态系统。近年逐渐推广应用到世界各国。

20 世纪 90 年代以来，日本开展了丰富多样的多自然型河流整治，即多自然型建设工法。例如，在太田川所有 18 处拦河设施上加设鱼道，恢复河流连续性；在千曲川、多摩川采取开挖河道、改造裁弯取直的旧河道、人造河床水坑等措施，营造生物生存新空间；在本明川灾后重建中，采用圆松木、石块等天然材料，建造梢捆、木沉排、半空砌石等生态护岸，在河床放置巨石减缓流速以保护河床等。

20 世纪 80 年代我国水利工程实践中开始出现生态水利的概念。1999 年时任水利部部长汪恕诚提出了由工程水利向资源水利转变的大思路。2003 年董哲仁教授首先提出生态水工学的理论框架，倡导生态水工学的科学研究与工程实践。2009 年时任水利部部长陈雷撰文明确从传统水利向现代水利转变，特别强调了水文化建设的重要性。当前生态水利工程已成为生态文明建设的重要组成部分。无论是资源水利、生态水利、现代水利，都包含着水质改善和生态健康的内涵。

3.7.2　河流生态修复的基本思路和原则

河流生态修复工程的基本思路主要有以下几个方面的内容。

① 师法自然。通过对自然的观察、研究，寻求生态修复的方法，参照自然的变化过程，对河流生态进行干预，引导自然向人们希望的方向演化。

② 由易到难的修复过程。寻找条件最适宜、研究最透彻、难度最小的点作为修复的入手点，取得经验，逐步展开。

③ 因地制宜。生态修复有很强的地域性，几乎不存在通用的手段或法则，必须对工程当地作深入研究才能找到适宜的方法，而且对于场地现有条件的利用，也应成为工程的必要条件。

④ 严格控制工程手段。生态修复的目的是以人为工程恢复自然生态系统的自身功能，因而在人为工程手段的生态关联性研究不够充分的状况下要严格控制工程量、人工材料和其他人工手段使用的量和频度，以减少建设性破坏。

⑤ 严格界定工程目标。几乎所有的修复工程都有明确的工程目标，但少有明确的生态目标，这一方面是因为这类工程大多以水利立项，也因为生态目标量化的困难性，所以在工程展开前，应界定合理的生态目标，并寻求生态目标与其他目标的关联与平衡。同时也应注意不宜过分夸大项目的工程目标，应在对宏观体系分析的基础上对工程目标做出严格界定。

3.7.3　河道整治工程常见的问题及生态修复基本方法

横断面和纵断面由于行洪、排涝、航运等整治建设要求，一般均采用几何形态规则化的梯形、矩形等断面形式。自然河流呈现出的蜿蜒形态以及急流、缓流、浅滩相间的格局，在河道或航道整治工程中往往被忽视，河道纵、横断面的几何规则化改变了河道深潭、浅滩交错的形态，导致河道生境的异质性降低，水域生态系统的结构与功能随之发生变化，特别是生物群落多样性将随之降低，生态系统走向退化。这是常见河道整治工程中存在的主要问题。

自然河道与河道整治的平面形态比较示意见图 3-22，纵、横断面形态比较示意见图 3-23。

河道生态修复，应从时空的角度全面认识。根据河流生态系统的空间结构，河道生态修复的基本方法可分为以下几个方面。

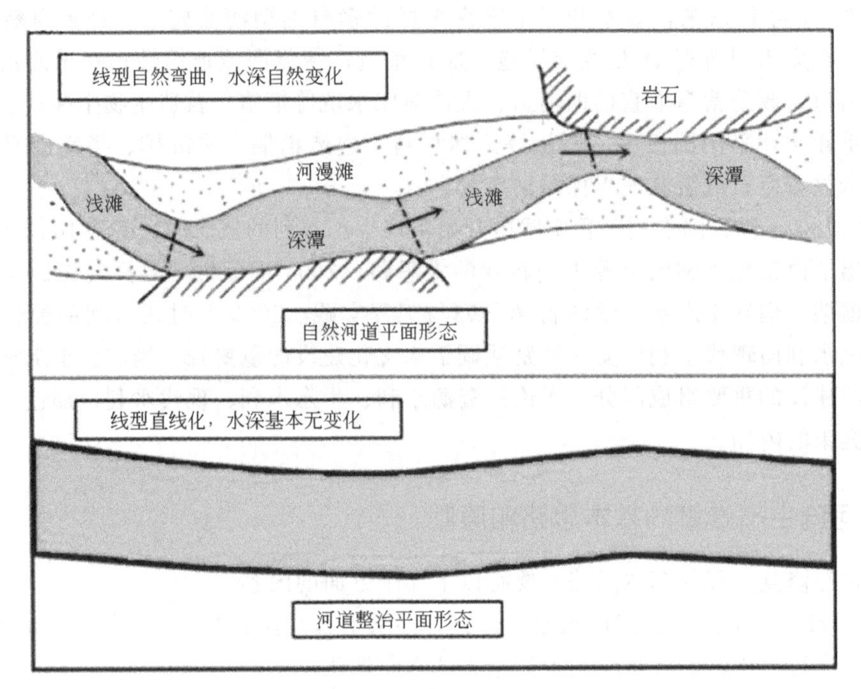

图 3-22 河道平面形态示意图

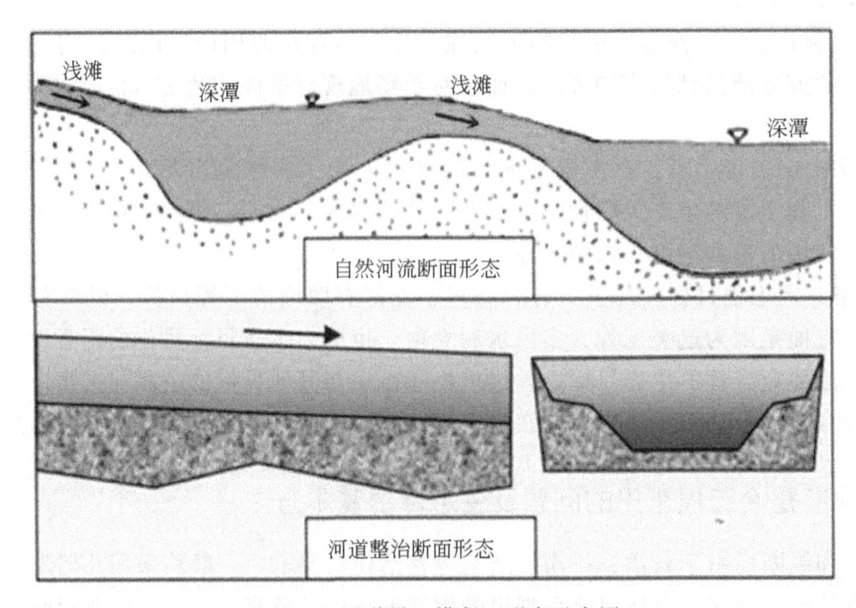

图 3-23 河道纵、横断面形态示意图

(1) 河流的水源修复

河流水源修复包括水源地生态恢复、河流水源再造两大类。水源地生态恢复，主要是通过对水源地产业、用地调整以及水系植被的修复全部或部分地恢复其水源功能。水源再造则是在原水源地水源功能完全丧失的情况下，开辟新水源的做法，常见有利用中水、雨水或杂排水，经湿地净化处理为形成河道新水源的方法，从邻近流域引水补给的方法，以及多水源渠道综合调配的方法。

(2) 河道干流自然形态的恢复

河道自然弯曲的形态本身，即具有强大的生态功能，这种形态形成了河流与场地微妙的关系，创造了丰富的生物栖息地，加强了河流的生态效应，因而自然形态的恢复是河流生态修复中重要的一环。在干支流各明渠段恢复河岸带植被，充分发挥河岸带植被的缓冲带功能和护坡效应，尽可能恢复和重建退化的河岸带生态系统，保护和提高生物多样性。重新营造出接近自然的流路和有着不同流速带的水流，即修复河流浅滩和深塘，有利于形成水的紊流，造就水体流动多样性，以有利于维护生物的多样性。

(3) 河道基底修复

河道基底总体主要从河道纵、横断面形态上满足河道形态保持工程的总体要求。此外，当河道底泥内源负荷和污染风险较大时，宜通过环保疏浚和底泥资源化利用的方法，有效清除河道底泥中的各种污染物，如营养盐、重金属、有毒有害物等，并对疏浚的底泥进行安全处置，改善河道基底环境。

(4) 堤防水工建筑物的生态化处理

人工堤防，即以人工手段，利用自然材料结合植物形成的堤防，是水工建筑物的生态化处理手段。修复河床断面主要是改造水泥和混凝土硬化河床，修复河床的多孔质化，同时改造护岸，建设生态河堤，为水生生物重建生息地环境。将现有僵硬、沉闷、单调的灰色混凝土护岸改造为草皮或地衣植被覆盖的柔性护坡。部分河段可拆除以前在河床上铺设的硬质材料，修复河床自然泥沙状态；部分河段采用复式断面，可以种草、爬藤类植物或栽植低矮乔木，平时作为河道立体绿化的一部分；慎重考虑河道覆盖与侵占河道；改造原有河道护坡和护岸结构，修建生态型护岸。

(5) 水质净化与保障

河道水质净化是河道生态修复的前提条件，应在流域实施污染源控制措施与对策的基础上，实施河道的水质净化与保障工程。

3.7.4　不同类型河道生态治理设计重点

河道生态治理一般是在对区域生态、水质、底质等历史及现状资料收集调查的基础上，通过分析诊断现状河道存在的问题，针对性地提出生态治理措施。不同类型河道设计重点如下。

(1) 中心城区和郊区城镇区河道

中心城区和郊区城镇区河道形态基本固定且周边区域用地限制较大，河道形态调整难度较大，宜遵循河道现有的形态布局，生态治理重点放在河道内部的微地形改造、护岸改造、水质净化及生态绿化方面。

① 河道微地形改造可采用小型结构物、河床抛石、鱼巢等微地形改造手段来实施，一般宜优先选用块石、石笼、木头等天然材料。

② 护岸改造可设置种植槽和种植平台等形式进行柔化或绿化。

③ 水质净化可采用浮床、增氧、生物膜等辅助技术。

④ 生态绿化需对河道两侧现有的绿化进行补充完善。

河底微地形改造一般在河道平面及断面确定的基础上进行针对性的设计。在不影响断面过流前提下，形成深浅交替的浅滩和深潭，产生急流、缓流等多种水流条件，形成多样化的生境。河道直线段一般不超过 1km，宜配置一对深潭与浅滩；每对深潭、浅滩可按河宽的 3～10 倍距离来交替布置。小型结构物可包括导流装置、生态潜坝等，可以在河道内部形成多样性流况，改变流向。河床抛石区面积不超过河底面积的 1%～3%，河床抛石区宜根据河道形态呈斑块状分散，不宜过分集中；石块直径不小于 0.3m，每处抛石区石块间距至少是石块直径的 2～3 倍。人工鱼巢主要是为产黏性鱼卵的鱼提供繁殖的场所，使鱼卵受精后可以黏附其上，便于孵化。鱼巢可采用植物根茎、木材、石材、多孔性混凝土及其他人工材料等制成。鱼巢宜优先考虑与亲水平台结合。人工鱼巢宜根据河道鱼类调查资料进行布设。

(2) 新城新镇和大型居住区河道

新城新镇和大型居住区河道用地较为宽裕，景观要求较高，河道生态治理的重点宜放在河道生境多样性的营造、水质净化、水生动植物的恢复及生态景观营造上。

① 河道生境多样性的营造宜充分考虑河道形态地貌及河道内微地形改造两方面的因素，营造多样的河道生境系统；适当增加河道的蜿蜒性，断面形式宜多采用复式断面，并因地制宜创造湿地、人工岛；河道护岸材料宜采用生态亲和性较高的材料。

② 水质净化可采用浮床、增氧、生物膜等辅助技术。

③ 水生动植物的恢复宜通过适度人工干预手段，加速恢复进程。

④ 生态景观营造宜在现有绿化基础上，合理配置乔灌草，提高河道的生态景观效果。

值得注意的是，在河道生态治理中，通过河道蜿蜒性的恢复可以形成多样化的生境。河道弯曲模式具有很大的可变性，较大的蜿蜒模式内还会存在一些小的蜿蜒模式。在满足相关规划的情况下，平面形态设计宜依据河道走向的现状，充分体现河道的蜿蜒性，同时充分考虑现有地形特点，尽量避免高挖低填，减少土方工程量。河道平面形态设计可采用以下方法。

① 复制法。参考附近未受干扰河段的蜿蜒模式，采用卫片或者测绘资料等手段对某一特定区域的蜿蜒模式进行调查，并在此基础上建立河道蜿蜒参数与流域水文和地貌特征的关系，作为河道形态设计的重要依据。

② 经验关系法。当资料不具备时，可利用河道蜿蜒性与其他水文或地貌数据之间的经验关系式进行推算，如图 3-24。

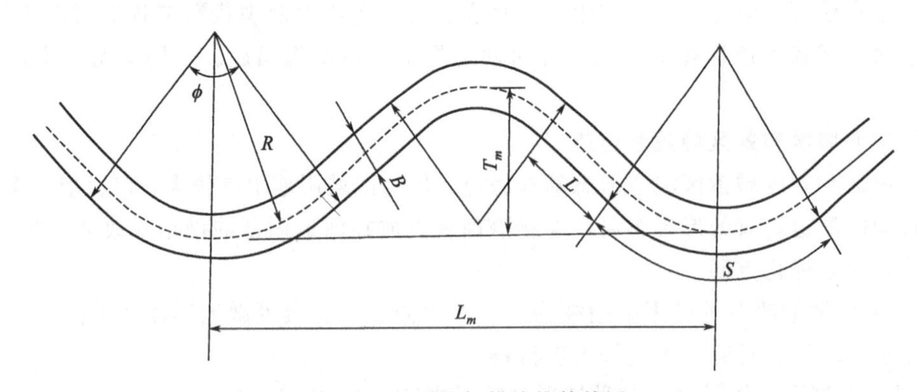

图 3-24　河道蜿蜒模式推算简图

弯曲半径 $R=K_RB$；弯曲波长 $L_m=K_LB$；弯曲幅度 $T_m=K_TB$；过渡段长度 $L=KB$。

上述公式中，B 为河道断面宽度；K_R、K_L、K_T、K 为经验系数，一般而言 $K_R=2\sim3$，$K_L=10\sim14$，$K_T=4\sim5$，$K=1\sim5$。

平面形态布置时，在用地较为宽裕的地方，可结合地形现状，因地制宜地布置浅滩湿地、沚洲湿地或者生态岛，构建多样性的生境。

在满足规划断面的基础上，充分考虑河道的水位变化、流速及流量等，结合水生动植物生境构建的基本要求，确定设计断面形式。河道断面形式的多样化可在河道规划断面的基础上，根据水流特性进行适度调整，使河道具有不对称的几何特征。河道断面的不对称性可从两侧坡比的不对称、平台高度及宽度不对称等方面进行设计，形成多样化的断面形式。

(3) 农村地区河道

农村河道用地较为宽裕，景观要求较低，河道生态治理重点宜放在生境多样性的保护及营造、水生动植物的恢复和生态绿化上。

① 河道生境多样性的保护宜尽量维持河道的原有地貌和自然形态，尽量保留自然条件较好的河段及湿地。

② 河道生境多样性的营造宜充分考虑河道形态地貌及河道内微地形改造两方面的因素，适当增加河道的蜿蜒性，断面形式宜采用斜坡或复式，并因地制宜创造湿地、人工岛等；河道护岸材料优先采用天然材料，减少人工材料的使用。

③ 水生动植物的恢复宜通过适度人工干预手段，加速恢复进程。

④ 河道生态绿化宜在现有绿化基础上，合理配置乔灌草，发挥水土保持及面源拦截等功能。

3.7.5　生态护岸与岸坡带植被修复工程

从河道治理及生态修复的角度，将河道结构划分为河道基底、河道岸坡带及河道缓冲带三部分，范围区分如图 3-25 所示。

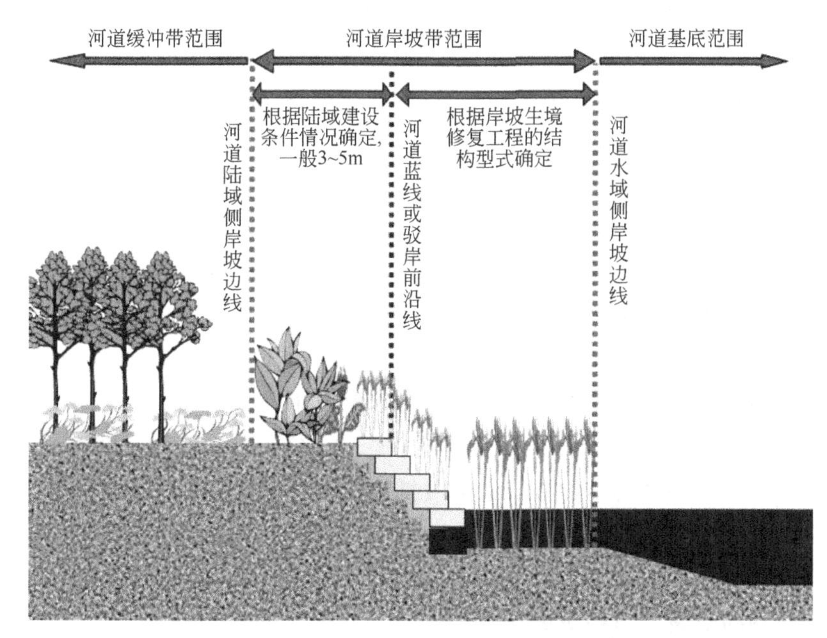

图 3-25　河道基底、岸坡带及缓冲带范围区分示意图

生态护岸和生态护坡工程是一项建立在可靠的土壤工程基础上的生物工程，是实现稳定边坡、减少水土流失和改善栖息地生态等功能的集成工程技术，目的是为了重建受破坏的河

岸生态系统，恢复固坡、截污等生态功能。生态护岸是指在具备岸坡防护基本功能的基础上，具有河水与土壤相互渗透、一定的植物生长条件和生态恢复功能以及一定程度上增强河道自净能力和自然景观效果的护岸结构形式。

岸坡是河流水陆交错带的主要组成部分，岸坡应充分发挥以下两个功能。①生物生息环境的功能，包括移动路径、生息、生育及繁殖空间和避难场所。②良好的河流景观。岸坡区域应在满足安全防护功能前提下，从生态环境改善角度构建良好的生物生息环境。

河道岸坡总体设计应充分考虑河岸现状、设计标准、总体布置等内容，总体设计一般要求如下。

① 应对河岸现状及其护岸特征进行充分调查，分析现状岸坡的存在问题。

② 具有水利、航运等基本功能的河道，岸坡设计标准应满足相应的行业规范及标准规定。

③ 岸坡的平面总体布置应根据河道断面、水深、地质、地形及周边环境等条件的变化进行分段布置。一般情况下，河道面宽条件较好的河段，可选用斜坡式；河道较狭窄的区段，可采用直立式；介于两者之间的河段，可采用复合式。并应根据河道水深、工程地质、岸线资源等综合因素，选用不同的组合型式。

④ 生态护岸结构形式应根据自然条件、材料来源、使用要求和施工条件等因素，作技术经济比较之后确定。结构形式从构造上可分为直立式、斜坡式、下直上斜式、阶梯式、复合式、综合式等；从结构上可分为护坡式、重力式、悬臂式、高桩承台式、墙体式等。

⑤ 岸坡带植被修复总体设计应主要考虑种类选择、布置、种植及景观等，应充分考虑工程河段的场所特性，因地制宜地进行布置。植被配置应符合原有的生态结构，充分利用乡土植物和当地优势物种，择优选取维持效果及生态效果好的植被，减少人工维护需求。

岸坡植被系统能够降低土壤孔隙压力，吸收土壤水分。同时，植物根系能提高土体的抗剪强度，增强土体的黏结力，从而使土体结构趋于坚固和稳定。植被系统具有固土护岸、降低流速和减轻冲刷的功能，同时为鱼类、水禽和昆虫等动物提供栖息地。自然生长的芦苇一般生活在纵坡较缓和流速较低的河道部位。河道行洪时，芦苇卧倒覆盖河岸，茎叶随水漂曳，有降低流速和护岸的功能。通航河道岸边芦苇有降低航行波的功能。岸坡恢复芦苇时，种植芦苇的边坡缓于1∶3，水深30cm左右，距地下水40cm为宜。种植地的表土为含细沙约80%的土质，芦苇易于成活生长。

典型的护岸结构构造形式及设计技术理念可参照以下几个要求。

(1) 仿自然护坡的斜坡式或阶梯式结构形式

一般可采用木桩和特制的植物机床组成可抵挡水流、波浪冲刷的及含有植物生存空间的结构，基本保持原有河道岸坡形态，保持相对稳定的原河道生态环境，并满足岸坡防护的要求。

(2) 抛石防护的斜坡式结构形式

一般利用自然的卵石或块石，自然抛置成具有防护效果的结构层，抛石结构层可以直接在岸坡上形成，亦可在岸坡和其之间形成一定宽度的水域。利用抛石的自然缝隙保持水体与土体的相互涵养，并为生物提供生存的空间，同时满足岸坡防护要求。

(3) 植草砌块、生态混凝土、石笼基床等阶梯式结构形式

利用植草空心砌块、生态混凝土（球、块、砖）、石笼基床等作为护面材料，错缝砌筑，形成斜坡或阶梯状，利用结构体抵抗水流或船行波对岸坡的冲刷，利用结构体本身及空心筒内的土壤为生物提供友好的生存空间，并满足水土相互涵养的需求，优化传统重力式护岸墙壁隔绝水土相互涵养的硬质界面。

(4) 直立堤岸生态化改造形式

一般情况下，生态护岸不宜采用直立式结构。当不可避免时，宜根据河道特征条件，在直立式墙壁前构造有利于水生植物生长的基础。通过采用袋装生态复合土、生态石笼、植物基床等，在岸边营造小型的抬升式、水沟式或悬挂式断面，创造局部适合水生植物生长的物理基础，恢复沿岸挺水植物，优化直立式护岸的岸边生态环境。此外，对于不可避免采用直立式结构的护岸，可从护岸结构材料类型上采用新型砌块结构，提高护岸墙身的透空率和植物根系的生长空间。

(5) 复合式结构形式

一般可分为下直上斜式、斜直斜式。在河道宽度受到限制的情况下，宜利用圆木桩、钢板桩或板式墙体等形成下部直立的防护结构，并可设置供水土相互交换和涵养的空隙，上部斜坡区域则采用仿自然护坡结构。当有条件改善直立式挡墙的高度，宜考虑斜直斜式结构，并宜通过开孔透水提升直立挡墙段的透水性，提供生态环境价值。

(6) 综合式结构形式

综合式护岸结构主体一般由三部分组成：防护带、生态湿地（或水槽）带、仿自然岸坡带（图 3-26）。防护带结构设计宜采用利于生物栖息的小型抛石堤、连排木桩等，结构顶高程一般在常水位以上 30cm 左右，尚应根据河道实际水位变幅进行综合分析确定。生态湿地（或水槽）带须适应挺水植物、浮水植物、亲水湿生植物的生长演替，提供生物栖息和繁殖的空间。仿自然岸坡带可由植物形成具有一定防护作用的自然型岸坡，营造水域到陆域的斜坡过渡环境，且满足水陆生态系统的自然衔接要求。

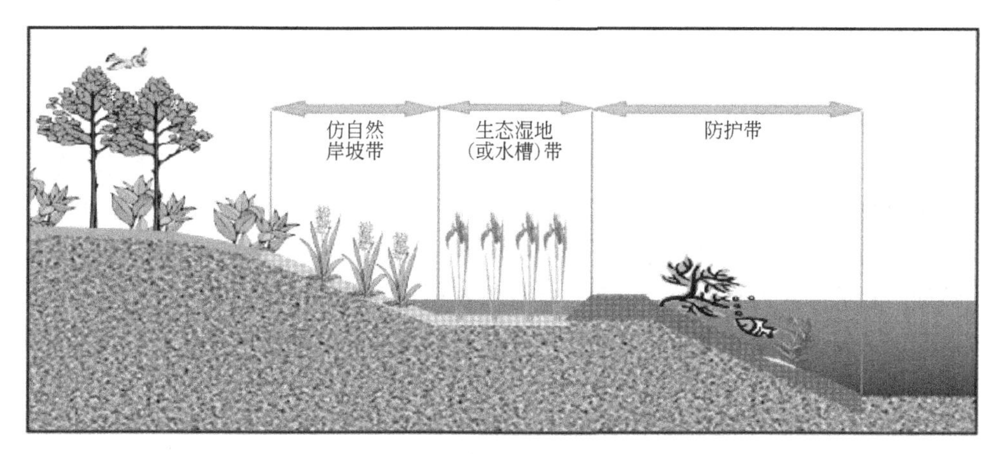

图 3-26　综合式护岸结构示意图

生态护岸材料首先要保证其结构的安全、稳定和耐久性等相关要求，同时能较好地为河道生境的连续性提供基础条件，生态护岸材料可分为天然材质护岸及人工材质护岸，目前常见的护岸类型有土坡护岸、石材护岸及人工材料护岸等几种。各种护岸材料的特性见表 3-12。

表 3-12　护岸材料特性统计表

护岸材料类型	适用条件	适用范围	优点	缺点
石笼	河道流速一般不大于 4m/s	挡墙、护坡	抗冲刷、透水性强、施工简便、生物易于栖息	水生植物恢复较慢
生态袋	河道流速一般不大于 2m/s	挡墙、护坡	生态环保、地基处理要求低、施工和养护简单、绿化效果好	耐久性、稳定性相对较差，常水位以下绿化较差
生态混凝土块	河道流速一般不大于 3m/s	挡墙、护坡	抗冲刷、透水性较强	生物恢复较慢
开孔式混凝土砌块	河道流速一般不大于 3m/s，坡比在 1∶2 及更缓时适用	护坡	整体性、抗冲刷性、透水性好，施工和养护简单	生物恢复较慢
叠石	对坡比及流速一般没有特别要求，适用于冲蚀严重的河道	挡墙	施工简单、生物易于栖息	水生植物恢复较慢
干砌块石	对坡比及流速一般没有特别要求，可适用于高流速、岸坡渗水较多的河道	护坡	抗冲刷、透水性强、施工简便	生物恢复较慢
网垫植被类	坡比在 1∶2 及更缓时适用，河道流速一般不大于 2m/s	护坡	生态亲和性较佳	材料耐久性一般，存在植物网的回收及降解和二次污染问题
植生土坡	坡比在 1∶2.5 及更缓时使用，河道流速一般不大于 1.0m/s	护坡	生态亲和性佳	不耐冲刷、不耐水淹
抛石	坡比在 1∶2.5 及更缓时使用	护坡	抗冲刷、透水性强、施工简便	植物在石缝中生长，覆盖度不高

3.7.6　河道水生态系统恢复设计

河道生态治理过程中的水生态系统生物要素的恢复设计是发挥其水质改善净化功能的关键环节。挺水植物和浮叶植物的巧妙配置可以营造怡人的水域景观。河道水生态系统恢复设计主要包括水生植物配置和水生动物配置，配置时还需注意提供适宜的生境，合适的种养时机以及科学的管理维护等。

(1) 水生植物的配置

水生植物不同生态类群的配置原则一般是从河道沿岸向水体深处依次为挺水植物、浮叶植物和沉水植物。漂浮植物的配置不受水体深度的影响。水生植物种植设计应根据河道水深、水质、透明度、流速、风浪等实际状况，结合水生植物生长习性、生物节律，尽可能构建近自然的、存活期长的稳定植物群落，体现挺水植物、浮叶植物、漂浮植物和沉水植物多种生态类型的交替变化过程，以提高水系净化系统的稳定性和群落的多样性。水生植物不同生态类群配置的主要原则如下。

① 挺水植物配置在河道沿岸带浅水处（水深约 0.2m），可以起到截地表径流、营造水景观、为水禽提供繁殖和栖息场所等功能。设计种植区域要注意前景、背景植物的种类搭配，前景挺水植物选择低矮植株，背景可以选择高植株进行配置。在沿岸带设计时还要注意水体通透性，不能因挺水植物过多而遮挡水面视线。挺水植物优选土著种，慎用外来种，可适当配置景观物种或归化种，农村河道生态治理尽量采用土著种。

② 浮叶植物通常可以在水深 0.5～1.5m 的静水水域进行配置。避免在受风浪影响较大

的河道、敞水区以及流速较大的河道进行配置，适合在亲水平台、桥梁两侧等区域进行配置。浮叶植物选择景观效果好的物种进行配置，慎重选用容易蔓延的种类。一些浮叶植物如菱、荇菜等，设计时一定要考虑其容易蔓延的特性。

③ 漂浮植物通常只在污染较为严重的水域生态治理时使用。漂浮植物在河道生态治理中适宜配置在静水水域，不宜采用圈养和浮岛等控制性设计，以防止其在水域恣意漂浮蔓延。

④ 沉水植物是河道水质改善直接起重要功能的生物要素。沉水植物的种植区域水深在0.5～2.0m，具体深度根据相应河道的水体透明度而异，河道水质状况也会影响沉水植物的存活和生长。在公共河道水域仅能选用土著种沉水植物，杜绝外来种。

不同种植方式、特定水域水文和水力条件会影响水生植物生长水深要求。通常来说，在河道生态治理过程中，挺水植物栽植水深以0.2m以浅为宜，芦苇、香蒲等能适应较深的水深，最深可超1.0m；浮叶植物在2.0m以浅水域均能存活；沉水植物以0.6～1.5m为宜。种植适宜水深根据特定水域的水质状况、透明度以及水文条件等实际情况发生变化。

河道岸坡带修复范围宜为设计高、低水位之间的岸边水域。设计高水位之上至河水影响完全消失为止的地带应进行适宜的植物修复，一般宜保证有3～5m的宽度范围。河道有通航、行洪排涝的要求时，一般不宜在河道岸坡带修复中使用沉水植物和浮叶植物。岸坡带水生植物选择主要面向挺水植物和湿生植物。

水生植物的栽种水深一般宜满足下列要求：

① 水深>110cm时，除部分荷花品种外，不适宜其他挺水植物布置；

② 水深80～110cm时，适宜布置的植物有荷花等；

③ 水深50～80cm时，适宜布置的植物有芦苇、香蒲、水葱等；

④ 水深20～50cm时，适宜布置的植物有芦苇、香蒲、水葱、黄菖蒲、旱伞草、梭鱼草等；

⑤ 水深<20cm时，适宜生长的植物较多，除上述植物外还有千屈菜、长根草、薏苡等。

栽种水深要求示意见图3-27。

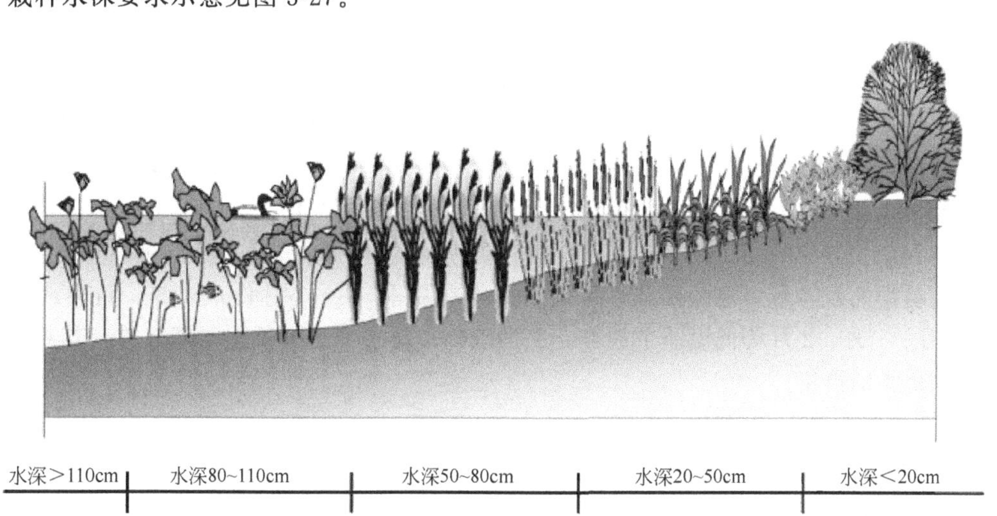

图3-27　河道岸坡带植物栽种水深要求示意图

岸坡带水生、湿生植物宜选择项目所在地区的适宜品种。一般情况下，岸坡带水深变化范围在0～60cm，可选择芦苇、千屈菜、黄菖蒲、水葱、香蒲等植物。陆域植物主要为乔木、灌木，可根据河道所在地区的盐碱情况、土壤、地下水及项目建设要求，首先选择当地成熟品种，并考虑植物的耐水湿性，如杉科、杨柳科等物种。岸坡带的野生植被也可达到良好的护坡和生态效果，宜进行利用和自然恢复，维持野生植被的自然演替状态。

根据河道特定环境条件以及水域景观展现需要，需设计一定的水生植物种植方式。水生植物通常涉水种植，属塘植范畴。

挺水植物在水深较深不能满足种植要求的区域，可设计种植平台进行种植。种植平台可用木桩、仿木桩、砖砌、石砌、卵石等围护。容易蔓延的挺水植物如芦苇、香蒲也可用种植平台、种植槽、种植盆等进行根控种植。挺水植物的种植方式根据地形可以按条状、块状或丛状进行设计。挺水植物适合在春季（3～5月）进行种苗移植，或在6～9月进行营养植株移植，或在冬季（12月～翌年2月）进行根茎等营养繁殖体移植。为了尽快获得成形效果和保证存活率，4～5月份以成形的种苗移植为佳。

沉水植物的种植以数个优势种为主的群落设计为主，种植方式有营养植株移栽、种子撒播、营养繁殖体（根茎、块茎、球茎、冬芽、石芽等）播种。沉水植物种植根据种植方式不同，选择不同的时间。苦草、黑藻、金鱼藻、眼子菜等植物的营养植株移栽可在5～9月份进行；沉水植物的芽孢、根茎、石芽等宜在11月～翌年2月进行，不同种类的播植时间不同。

浮叶植物、挺水植物也可设计浮床或浮岛进行水质改善和景观营建。浮叶植物（睡莲）主要用根茎和块茎进行种植，宜在4～9月移植。

(2) 水生动物的配置

在河道生态整治工程中，水生动物的配置和放养应遵循生物学和生态学规律，不可盲目地进行放养。水生动物的食性不同，在生态系统中的营养地位不同，对水环境的影响也不同。河道生态治理设计中要选择对水质改善起到重要作用的功能性种类。选用滤食性为主的鱼类和底栖动物，适当考虑一些肉食性鱼类。在人为种植沉水植物的河道，禁止设计投放草食性鱼类。值得注意的是，外来鱼类的引入会改变河道水系原有的鱼类区系组成，土著鱼类在种类和数量上的优势地位被外来鱼类所取代，土著鱼类资源逐渐衰竭。此外，观赏鱼进入自然河道成为入侵生物，不但会引起水域生态系统的破坏，也会对人类生命财产产生危害。

不是所有河道都适合利用水生动物来协助水质改善。不同水生动物对水质有一定的要求。用于改善水质作用的水生动物，尽量挑选广氧性（指动物能够耐受较大氧气浓度范围）的土著鱼类；在水体溶氧低于5.0mg/L时，不宜投放鱼苗，鲫鱼对水体溶氧要求低，可以在溶氧量为0.5～1.0mg/L的水体生活。鱼类正常生长存活的溶氧量>3.0mg/L，不然不宜投放鱼类。

水生动物的放养有一定的季节性。鱼苗通常在夏季（6～7月份）放养，鱼种或成鱼通常在12月、1月、2月等低温季节放养。底栖动物也尽可能选择低温时期放养，其对温度的要求不如鱼类的严格。

3.7.7 河滨缓冲带构建技术

河滨缓冲带（riparian buffer strips）是陆地生态系统与水生生态系统的过渡带，是河道周边生态系统中各陆生物的重要栖息地，也是河道中物质和能量的重要来源，直接影响整个河道的水质以及流域的生态景观价值。与宽阔的河漫滩不同，缓冲带是沿河道的狭窄条带。因为直接涉及河流的水质问题，所以人们更注重对缓冲带的管理和改善。

河滨缓冲带的结构一般为岸边草地与乔木、灌木相结合的形式。河滨缓冲带的主要功能分为。

① 生态功能。增加物种的多样性；增加相邻地区之间物质和能量的交换；为陆地动植物提供栖息地及迁徙通道，为水生生物提供能量及食物，改善生存环境。

② 防护功能。过滤径流，吸收养分，改善河流水质；调节河流流量，降低洪、旱灾害概率；保护河岸，稳定河势。

③ 社会功能。草木丛生的河道缓冲带与周围的景观结合，在河岸、滨水地带构建出一片绿色的风景，可为人类提供休闲和户外活动的场所。

④ 经济功能。河道缓冲带处于水、陆交接处，水分充足，一些木质优良的树种，如云杉、冷杉、柏等，具有可观的经济价值。

河滨缓冲带修复工程的总体设计应充分考虑缓冲带位置、植物种类、结构、布局及宽度等因素，以充分发挥其功能，一般要求如下。

① 应根据流域的水文、地形和环境特点选择合适的位置。缓冲带宜设置在下坡位置，与地表径流的方向垂直。对于长坡，可以沿等高线设置多道缓冲带以削减水流的能量。在溪流和沟谷边缘，宜全部设置缓冲带。

② 宜从缓冲带的净污效果，受纳水体的水质保护要求，非点源污染有效控制以及环境、经济和社会等角度对缓冲带的适宜宽度进行综合研究，科学界定缓冲带的宽度。

③ 应根据实际情况进行乔、灌、草的合理搭配，宜采用以灌、草为主的植物在农田附近阻沙、滤污，宜布置根系发达的乔、灌木保护岸坡和滞水消能。

④ 缓冲带的结构和布局应综合考虑去污效果、吸附能力、系统稳定性及流域的生物多样性。

河滨缓冲带植物群落恢复设计，从物种配置、群落结构层面上应体现出生态合理性，最终体现其生态服务功能。陆域植物群落恢复设计根据河道类型的不同生态服务功能的侧重点有所不同。城区河道陆域植物群落恢复宜体现缓冲带、小气候改善功能；新城镇河道陆域植物群落宜体现生物栖息地、小气候改善功能；农村地区河道陆域植物群落宜体现缓冲带、水土保持功能。

植被重建是河滨缓冲带生态修复的一项重要内容。以下介绍河滨带植物选择的一些原则。

(1) 植被重建要遵循自然化原则

河滨缓冲带植被重建应优先选择乡土植物，形成近自然景观。河滨带的主体功能就是护岸固堤、水土保持、过滤净化水体、遮阴及提高景观美学价值。因此要优先选择具有这些功能的植物。

柳树具有耐水、喜水和成活率高的特点，发达的根系固土作用显著，还为鱼类产卵、避难提供条件，因此自古就是我国河流岸坡广泛种植的植物，其中利用柳树活枝条固堤护岸也是我国传统防洪技术。柳树品种繁多，适合在河流不同高程和不同部位生存，至于柳树婀娜多姿的形态更是河流自然景观的象征，河边柳树成为诗词歌赋经久不衰的吟唱主题。“杨柳岸晓风残月”就体现了柳树高度的美学价值。柳树适宜河流缓流河段以及凹岸等不易受冲刷的部位。地表高出平均水位 0.3～2.0m 为宜，3.0m 左右是高度上限。常年泡水会使根部腐烂。土壤需有透气性，有利于根部生长。适宜土壤包括细沙、粗沙、砾石等混合土壤，但不同柳树品种也会有区别。

针对不同恶劣环境，选择抗逆性强的植物，有利于植物成活和成长。如平原河道，汛期退水缓慢，植物淹没时间较长，需要选择耐水淹的植物，如水杉、池杉等；山地丘陵区溪流水位暴涨暴落，土层薄且贫瘠，需选择耐贫瘠植物，如构树、盐肤木等；沿海地区河滨土壤含盐量高，需选择耐盐性强的植物，如木麻黄、海滨木槿等；在北方风沙大的河滨带，可选择能够防风固沙的沙棘、紫穗槐、白蜡树等；在常水位以上的部位易受干旱影响的河滨带，可选择耐旱植物，如合欢、野桐等。

（2）河滨带植物的选择应适应河道的主体功能

不同流域和地区的河流都具有多种功能，但是一般都有起主导作用的主体功能。因此在选择植物的时候，要优先选择适应河道主体功能的物种。

行洪排涝河道对植物的要求是不阻碍河道泄洪，抗冲击性强。这种河道汛期水流湍急，应防止植物阻流，造成植物连根拔起，导致岸坡坍塌、滑坡等。因此，应选择抗冲击性强的中小型植物，而且植物茎秆、枝条应具有一定的柔韧性，如低矮柳树、木芙蓉等。

航运河道会产生频繁的船行波，岸坡受到淘刷会引起坍塌。在通航河道岸坡常水位以下，宜选择耐湿树种和水生草本植物，如池杉、水松、香蒲、菖蒲等，利用植物消浪作用减少船行波对岸坡的直接冲击。

灌溉供水河道对水质要求较高，河滨带植物应选择去除污染物能力强的植物，如水葱、池杉、芦竹、薏苡等。

生态景观河道，在满足固土护坡和污染物去除等基本要求的前提下，可以选择观赏性强的植物，如木槿、乌柏、蓝果树、白杜、美人蕉等。其他植物，如黄菖蒲、睡莲和荇菜等，可选择用于构建优美水景。

（3）依据不同水位高程选择岸坡植物

河滨缓冲带土壤含水率随水位变化呈现规律性变化。从堤顶（岸坡顶部）往下共划分 3 个高程区间：堤顶到设计洪水位、设计洪水位到常水位、常水位以下区间。各区间植物类型分别为中生植物、湿生植物和水生植物（图 3-28）。

堤顶到设计洪水位区间，是营造河道景观的重点。这个区间土壤含水率较低，存在干旱威胁。配置植物以中生植物为主，树种以当地能够自然形成片林景观的物种为主。选择的植物应既具景观效果又有一定耐寒能力，如樟树、栾树、冬青等，保证物种类型丰富多样，四季色彩变化多姿。

设计洪水位到常水位区间，是固土护岸的重点部位。汛期岸坡受洪水侵蚀和冲刷，枯水季岸坡裸露，因此应选择根系发达、抗冲击能力强的物种，如低矮柳树、枫杨、荻、假俭草等。需要根据当地条件和气候特点设计植物群落。立地条件较好的地段可采用乔灌草结合的方式，土壤条件较差的地段采用灌草结合的方式。接近常水位线的部位以耐水湿生植物为主，上部选择中生植物但能短时间耐水淹。这一区间以多年生草本、灌木和中小型乔木为主。需要注意的是，为满足行洪要求，设计洪水位以下应避免种植阻碍行洪的高大乔木。有挡土墙的河岸，挡土墙附近不宜种植侧根粗大的乔木，以免破坏土体和结构物。

常水位以下区间主要配置水生植物，也可以适当种植耐淹的乔木，如池杉、水松等，这个区间是发挥植物净化水体功能的重点部位。沿河道常水位向河道内方向，依次配置挺水植

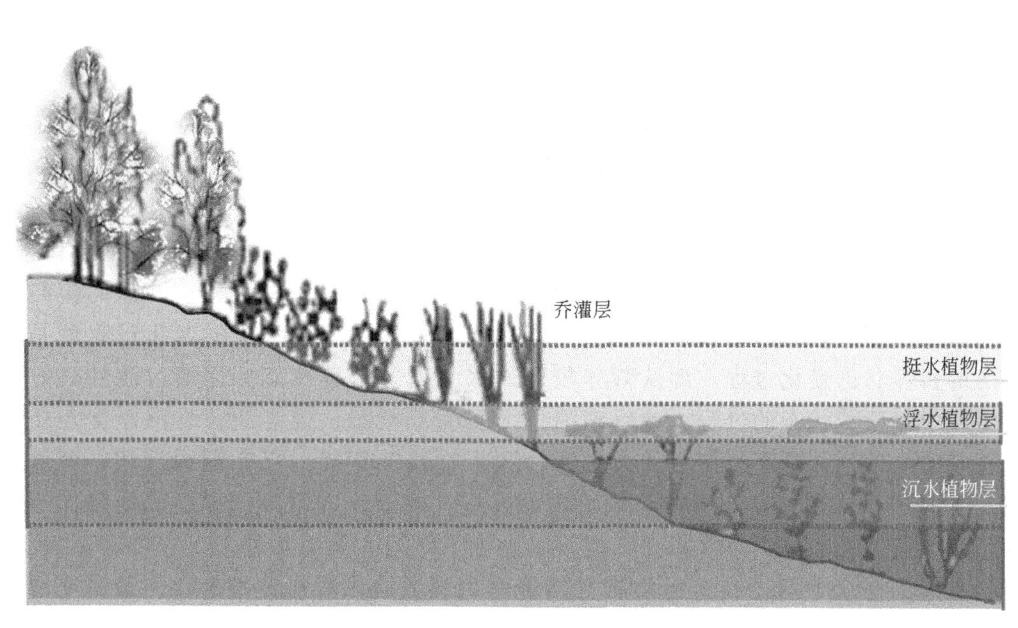

图 3-28　河滨带不同高程的植物类型

物、浮叶植物、沉水植物。常水位以下，土壤含水率长期处于饱和状态，因此，宜选择具有良好净化功能的挺水植物。挺水植物种类的株高需形成梯次，以营造良好的景观效果。有景观建设要求的河道，可以种植观叶、观花植物。

另外，已经用混凝土硬化处理的岸坡和堤防迎水坡，在不能拆除的情况下，为减轻对景观的负面影响，可采用覆盖、隐蔽手法，如在岸坡顶部或堤顶种植中华常春藤、云南黄馨、紫藤等物种。这种方法对隐蔽垂直挡土墙护岸结构效果更为明显。

“依山傍水”是人们理想的居住环境。在河道生态治理和修复中，必须特别注意水面、地面、人三者的协调关系，根据自然条件和人居生活的需要，营造亲水环境。亲水性设施包括亲水平台、傍水的人行道、景观平台及钓鱼平台等，其主要作用是满足人们生活、休闲、嬉水的需要，构建有利于人们在河边安全活动的空间。

3.8　富营养化湖泊的生物-生态修复

湖泊是自然界不可或缺的重要成员，是全球水资源的重要组成部分。我国湖泊数量虽然很多，但在地区分布上很不均匀。总的来说，东部季风区，特别是长江中下游地区，分布着中国最大的淡水湖群；西部以青藏高原湖泊较为集中，多为内陆咸水湖。湖泊不仅具有淡水资源储备、洪涝调蓄、生物多样性繁衍、水产养殖、景观旅游的功能，还具有调节区域气候、维持区域生态系统平衡的特殊功能。湖泊被喻为“地球晶莹的眼”。然而，全球气候变暖和人类活动的加剧，造成湖泊面积缩小、污染加剧、可利用水量减少、生态与环境日趋恶化、灾害频发、经济损失增加，湖泊已经成为区域自然环境变化和人与自然相互作用最为敏感、影响最为深刻、治理难度最大的地理单元，尤其是富营养化及其诱发的水华问题，已成为世界性的难题之一。

3.8.1 湖泊的起源与演替

湖泊是湖盆及其承纳的水体，其中湖盆是地表相对封闭可蓄水的天然洼池。研究湖泊的科学是湖沼学，湖沼学家常根据湖盆形成过程来对湖泊和湖盆进行分类。湖泊按成因可分为构造湖、火山口湖、冰川湖、堰塞湖、喀斯特湖、河成湖、风成湖、海成湖和人工湖（水库）等。

无论何种成因形成的湖泊都会随着时间的推移经历一个演替过程。湖泊的演替可以理解为湖泊从年轻阶段向老龄阶段过渡的老化过程。实际上，湖泊的老化过程就是湖泊所经历的营养状态变化过程，即从营养较低的水平或贫营养状态，逐渐过渡到具有中等生产力或中等营养状态的过程，此后湖泊进入富营养状态，最终演替为沼泽甚至被树木草丛覆盖的陆地。入湖河流携带的大量泥沙和生物残骸年复一年在湖内沉积，湖盆逐渐淤浅，变成陆地，或随着沿岸带水生植物的发展，逐渐变成沼泽。干燥气候条件下的内陆湖由于气候变化，冰雪融水减少，地下水水位下降等，补给水量不足以补偿蒸发损耗，往往引起湖面退缩干涸，或盐类物质在湖盆内积聚浓缩，湖水日益盐化，最终变成干盐湖，某些湖泊因出口下切，湖水流出而干涸。此外，由于地壳升降运动、气候变迁和形成湖泊的其他因素的变化，湖泊会经历缩小和扩大的反复过程，不论湖泊的自然演变通过哪种方式进行，结果终将消亡。

3.8.2 湖泊富营养化概述

湖泊生态系统是一个复杂的综合体系，它是盆地和流域及其水体、沉积物、各种有机和无机物质之间相互作用、迁移、转化的综合反映，湖泊生态系统的演化，有其自然过程和人类活动干扰与干预的过程。湖泊生态系统因污染而退化是我国湖泊面临的长期性问题。湖泊生态系统退化是指湖泊生态系统在自然或者人为因素作用下的一种逆向演变或者异常演变过程，包括富营养化、湖滨带退化和生物多样性功能丧失。其中，湖泊富营养化是我国湖泊生态系统退化的主要形式之一。

富营养化（eutrophication）过程是自养型生物（浮游藻类）在水体中建立优势的过程。水体富营养化是指在自然因素和（或）人类活动影响下，因氮、磷等营养物质含量过多，造成水体从低营养状态向高营养状态过渡的一种现象或趋势。湖泊富营养是一个状态，而富营养化指的是一个过程。水体富营养化本来是一个自然过程，然而，随着人为作用的不断加强，大量营养物质通过各种途径进入水体，引起浮游植物和水生植物生产力增加、水质下降等一系列变化，进而对水环境功能构成威胁，即人为富营养化。

富营养化是自然演变过程，但不能忽视人类活动对富营养化的促进作用。湖泊富营养化是人类社会活动对湖泊的影响导致的湖泊自然演变过程的浓缩。人为富营养化已经成为全球淡水和海洋生态系统所面临主要的环境问题之一，也是当今许多国家和地区面临的十分严峻的水污染挑战。自20世纪50年代以来，我国湖泊在自然和人为活动双重胁迫的共同作用下，其功能发生了剧烈的变化，总体趋势是湖泊在大面积萎缩乃至消失，贮水量相应骤减，湖泊水质恶化，湖泊生态系统退化，给区域经济和社会可持续发展带来严重威胁。表3-13是我国不同时期的富营养化湖泊情况。

表 3-13　我国不同时期的富营养化湖泊

时期	富营养化湖泊	时期	富营养化湖泊
1980 年前	城市周围湖泊	2000～2012 年	大多数中型湖泊
1980～1990 年	城市周围湖泊和部分大、中型湖泊	2012 年～现在	相当数量的湖泊出现富营养化
1990～1999 年	部分大中型湖泊		

与水体富营养化相伴而生的一个最主要的后果就是水华（water bloom），又称藻华(algal bloom)，自 1980 年以来全球湖泊水华态势愈演愈烈。水华通常是指个别浮游藻类大量繁殖，生物量显著高于一般水体的平均值，并在水体表面大量聚集，形成肉眼可见的藻类聚集体。淡水藻类大部分类群都可形成水华，包括常见的蓝藻，及属于真核生物的绿藻、甲藻、硅藻等。有害藻类水华不仅影响水体景观，藻类产生的毒素及异味物质还会给自来水处理及饮用水安全构成严重威胁。

3.8.3　湖泊富营养化的生物和生态控制策略

湖泊富营养化的污染物根据污染来源可分为外源性污染和内源性污染；根据污染的排放形式可以分为点源性污染和面源性污染。湖泊富营养化治理是一项系统性的工程，如何改良水质控制有害藻类的繁殖是治理的重点。造成水体富营养化的原因复杂多变，对湖泊富营养化修复时要考虑所有因素，从根本上解决富营养化问题。

富营养化的发生和发展使水体整个环境系统出现失衡，导致某种浮游植物大量生长繁殖进而诱发水华暴发。在 20 世纪 60 年代以前，我国长江中下游地区大多数湖泊的湖湾区和沿岸的浅水湖区，都生长有数量较多的沉水植物、浮水植物和挺水植物，形成结构较为稳定的水生植被群落，湖体内其他水生动物、底栖生物的种类繁多，生物量大，生物资源十分丰富。进入水体的营养物质大都被水生植物吸收利用，水草等水生植物可作为鱼类等水生动物的饵料，捕捞的鱼产品将部分营养物带出湖外，水体溶解氧充足，水色明亮，水质清澈，呈现出良性循环的相对稳定的生态系统。近 30 年来，由于湖区工业发展和城镇人口数量增加，大量耗氧物质、营养物质和有毒物质排入湖泊，使水体富营养化，湖水的自净能力下降，导致湖体内溶解氧不断下降，透明度降低，水色发暗，原有的水生植被群落因缺氧和得不到光照而死亡，水体中其他水生动物、底栖生物的种类也随之减少，生物量降低，取而代之的是浮游藻类。浮游藻类因吸收丰富的营养物质而大量生长，形成以藻类为主体的富营养型的生态系统。

蓝藻水华受到广泛关注的重要原因之一就是蓝藻能产生各种各样的天然毒素，主要是环肽、生物碱和脂多糖内毒素，致毒类型包括肝毒性、神经毒性、细胞毒性、遗传毒性、皮炎毒性等，其中以具有肝毒性的微囊藻毒素（microcystin）危害最大，受到的关注最多。蓝藻毒素与许多人工合成的有机污染物不同，只要水体中有产毒蓝藻存在，它就可以源源不断地产生并被大量释放到水体中，危害生态安全和人类健康。铜绿微囊藻（*Microcystis aeruginosa*），就是最为典型的一种水华蓝藻（图 3-29）。在我国，大部分湖泊暴发的藻类水华都是蓝藻水华，而铜绿微囊藻作为蓝藻水华的优势种，在数量和发生频率上均占优势。铜绿微囊藻属于蓝藻门微囊藻属，单细胞原核生物，细胞内无叶绿体、细胞核等细胞器。群体呈球形团块状，橄榄绿色或乌绿色，幼时球形、椭圆形、中实，成熟后为中空囊状体。其形体小，细胞呈球形、近球形，边缘高度水化，个体直径大约为 3～7μm。铜绿微囊藻细胞

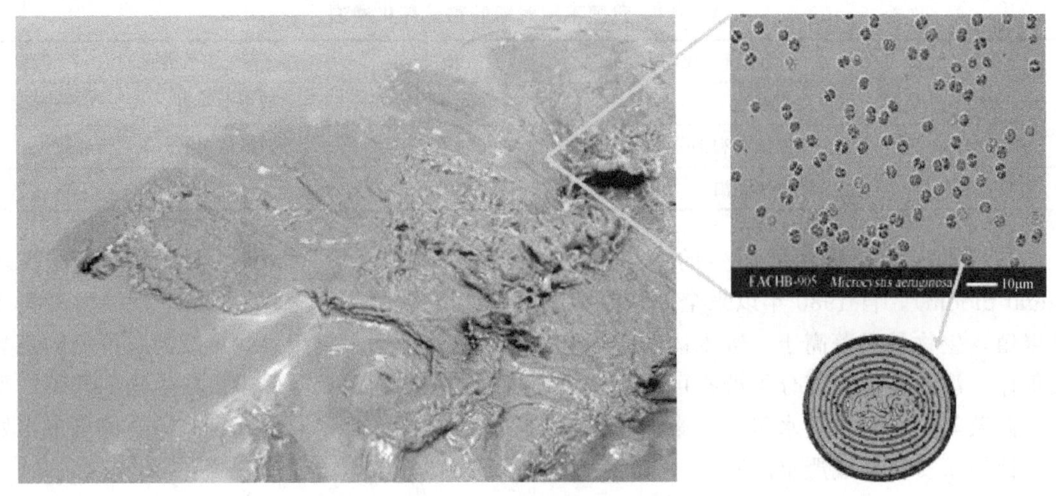

图 3-29　铜绿微囊藻及其水华

内具有泡沫形的假空泡，主要作用是调节藻细胞的浮力，从而使微囊藻细胞能够在水体中垂直迁移。

诸多研究表明，藻类发生异常繁殖及引起水华的主要环境因素可归结为以下 3 个方面：

① 氮、磷等营养盐相对比较充足，铁、硅等含量适度；

② 缓慢的水流流态，水体更新周期长；

③ 适宜的温度、光照和溶解氧含量等。

另外，其他水生植物与浮游植物在营养盐和光照方面的竞争生长、浮游动物和鱼类的捕食也会对浮游植物生长繁殖产生重要影响。

为防止或抑制蓝藻水华，国内外已制订了一些防治策略，包括减少营养负荷、水动力变化以及化学和生物控制等方面（图 3-30）。每种策略至少在某些湖泊取得了成功，但是不能保证普遍适用于所有湖泊。

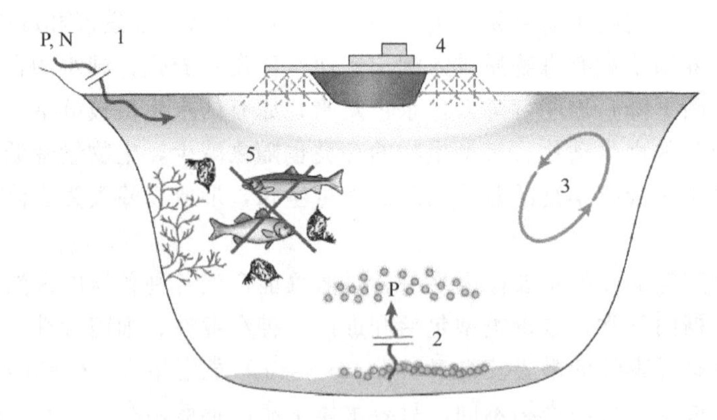

图 3-30　蓝藻水华的防治策略

1—外源营养盐（N 和 P）控制；2—内源负荷削减，如采用磷酸盐结合矿物覆盖沉积物控制内源 P 释放；3—增强水动力作用；4—应急情况下的化学控制；5—生物操纵：控制食浮游生物和鱼类的数量，增加捕食蓝藻的浮游动物种群

(1) 外源和内源营养盐控制

采取营养盐控制措施，削减外源性营养盐负荷是解决问题的根源。由于严重的内源和面

源污染，控制营养盐并不能达到理想的效果。如芬兰 Vesijarvi 湖在外源磷负荷削减了93%、水体磷浓度由0.15mg/L降至0.05mg/L之后，蓝藻水华依然肆虐了十年。富营养化水体水华控制措施中，营养盐的削减将是一项长期的投资，且大水体中营养盐削减对蓝藻水华的抑制效果会受到沉积物营养盐再循环和长的水力停留时间的影响。一些湖泊采用磷酸盐结合矿物覆盖沉积物控制内源性磷的释放，取得了较好的效果，但是，当在腐殖质或含氧酸盐存在的情况下，磷结合黏土的效果较差。同时控制内源和外源的氮和磷，需要花费巨大的代价，采取恰当的营养盐控制策略显得极为重要。

(2) 应急情况下的化学控制措施

化学处理可以迅速消除蓝藻水华，但一般作为特殊条件下的应急措施，不考虑作为长期解决方案。由于存在对环境的抑制性和对其他水生生物的毒性作用，硫酸铜、敌草隆和其他类似的除藻剂不推荐使用。因为蓝藻对过氧化氢比真核浮游植物更敏感，低浓度过氧化氢能够选择性地消除蓝藻水华，是一种应急情况下比较有效的方法。过氧化氢在几天内就会降解为水和氧，因此在环境中不会留下长期的化学痕迹。然而，在过氧化氢消失后，可能重新暴发水华。

(3) 水动力控制策略

随着全球气候变化的加剧，干旱状况频现，一些水体流速减缓，水力停留时间增加，一定程度上为有害藻类生长和增殖提供了优越的条件。随着大量水电项目的开发，诸多河流演变成水库，水动力条件减弱，水动力条件发生巨大变化后水体的富营养化态势及对水华暴发的影响也逐渐成为社会和学术界关注的焦点问题。人工增加湖泊的水动力作用是一种相对昂贵但非常有效的防止蓝藻的水华暴发的方法。如果垂直混合的速率超过蓝藻细胞的上浮速度，蓝藻不再受益于假空泡所提供的浮力，将倾向于被硅藻和绿藻取代。例如，在荷兰的 Nieuwe Meer 湖，经计算得到微囊藻的临界紊动扩散系数为$3.4m^2/s^3$，并在进行了人工搅拌使得紊动扩散系数大于临界值后的1993年和1994年，微囊藻水华得到了抑制。由于蓝藻水华的暴发需要时间，通过增加水体流动来缩短停留时间，也可为缓流河流和湖库提供一种有前途的水华控制方案。

面对日益严峻的水体富营养化趋势，我国各级政府投入大量的人力、物力和财力用于水体富营养化治理，提出了“让不堪重负的江河湖海休养生息”的战略举措。基于湖泊保护和生态修复的特殊性，我国在2018年底前全面建立了湖长制，制定“一湖一策”方案，是加强湖泊管理保护、改善湖泊生态环境、维护湖泊健康生命、实现湖泊功能永续利用的重要制度保障。但是，由于水体富营养化问题的复杂性，我国对湖泊等水体富营养化及水华的机理研究和治理工作面临着许多亟待解决的关键问题。

随着全球水体富营养化问题的加剧，各国为控制富营养化进行了大量的研究与实践。湖泊富营养化防治走过了从营养盐控制、直接除藻，到生物调控、生态修复等艰难历程。在对经验的总结和教训的反思过程中，人们逐渐认识到水体富营养化问题可谓冰冻三尺非一日之寒，富营养化控制将是一项长期的系统工程，不可一蹴而就。湖泊退化本身就是一个复杂的生态问题，也不是靠一种单一的修复技术可以根治好的，因此要将不同修复技术进行优化组合、取长补短，充分发挥各种技术的优势，提高湖泊污染治理的效果。

对富营养化河湖水体进行治理修复，是社会经济发展、城市景观、生态环境建设的迫切需要，具有经济和环境双重效益。以下对一些常见的生物和生态控制技术进行介绍。

3.8.4 生物控藻技术

水体中影响浮游植物生长的主要生物因素包括水生植物和水生动物。水生植物主要有沉水植物、挺水植物、漂浮植物和附着植物等，主要通过和浮游植物竞争营养盐、光照等生长因子来影响浮游植物的生长和繁殖，如浅水湖泊生态系统中的多稳态现象（alternative stable states），揭示了湖泊存在水体清澈的草型清水状态（clear state）和易暴发水华的藻型浊水状态（turbid state），这两种类型都是相对稳定的，符合生态系统抵抗变化和保持平衡状态的“稳态”特性。

一般认为两种状态变化的关键是外源负荷达到了一定的临界水平，大型植物的存在能够有效抑制浮游植物的生长。在淡水生态系统中，营养盐的富集将会有利于生长速度快的藻类的繁殖，导致从沉水植物占优势的清水状态向浮游植物占优势的浊水状态转变，特别是在浅水湖泊中。而这种灾变性的稳态转化将会使生态系统的功能与服务受损，对人类的生存带来严重的负面影响。沉水植物群落是浅水湖泊中的初级生产者，在清水生态系统的维持中扮演着重要的角色，在一定的营养水平下，沉水植物的有无决定稳态类型。这种现象可以用图 3-31 的形式直观描述。当清水稳态向浊水稳态转换时，营养盐浓度由低增高，到临界浓度点时，水中浊度增加，沉水植物迅速减少，该临界点为“灾变点”。当浊水稳态向清水稳态转换时，营养盐浓度由高降低，到临界浓度点时，浮游植物浓度降低，沉水植物开始增加，该临界点为“恢复点”。

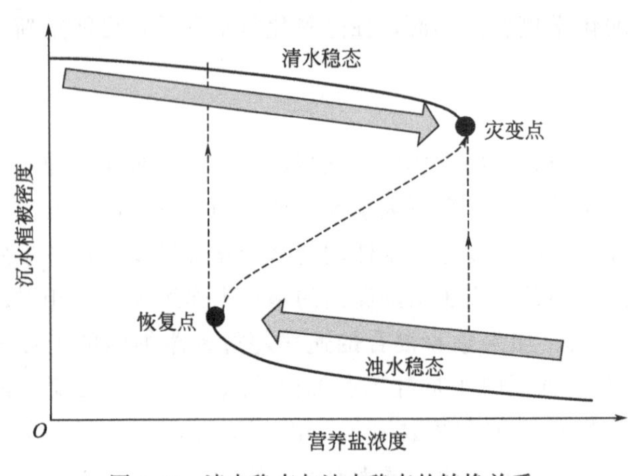

图 3-31　清水稳态与浊水稳态的转换关系

当外界干扰强度大于其稳态阈值时，系统会在其不同稳态之间发生跃迁。比如当湖泊中的磷元素含量超过某一阈值时，湖泊就会从清澈状态转变为混浊状态，而且由于生态系统内部非线性地存在这种转变，这种转变往往是突发性的。因为水生植物直接影响水文及沉积动态，通过各种正向作用创造出更适宜的环境，譬如，繁茂的水草能为大型浮游动物提供结构复杂的生态位，能与藻类竞争营养。此外，它能减少沉积物再悬浮，释放化感物质等。浊水稳态与清水稳态恢复力的影响因素如图 3-32 所示。

水生动物则包括浮游动物、无脊椎动物和鱼类等，主要通过食物链、食物网等关系，限制或者促进浮游植物的生长。在水生态系统中，原生动物、轮虫、甲壳动物（包括枝角类和桡足类）都能以藻类为食物，对浮游植物形成摄食压力，也有研究者认为水华期间诱发藻类群体形成的重要原因是藻类应对变化的浮游动物摄食压力形成的一种有效的防御策略。对于鱼类而言，尽管一些研究者认为在水体中投放鲢、鳙等鱼类可以直接摄食藻类，缓解水华压力，但是在一般水体中，直接摄食藻类的鱼类相对较少，多数鱼类更喜欢摄食浮游动物，且鱼类通过分泌和排泄对水体营养盐的贡献非常显著，因此从一定程度上来说鱼类也可能是促进浮游植物生长的重要因素之一。

生物控藻法主要就是利用种间竞争和捕食关系，对水体中有害藻类进行摄食、转化、降解以及转移，从而达到控制有害藻华的目的，使水生生态系统逐渐得到恢复。生物控藻法中，研究和应用比较多的是生物操纵技术和水生植物控藻技术，而微生物控藻技术用得相对较少。

(1) 生物操纵

生物操纵技术是通过浮游动物、鱼类、底栖动物等水生动物对有害藻类的摄食行为来控制有害藻华的一种技术，例如在湖泊管理中，通过放养凶猛鱼类来控制食浮游动物鱼类，减少对食藻动物的牧食压力，增大对浮游藻类的牧食压力，从而控制藻类的异常繁殖，改善富营养化状况（图 3-33）。

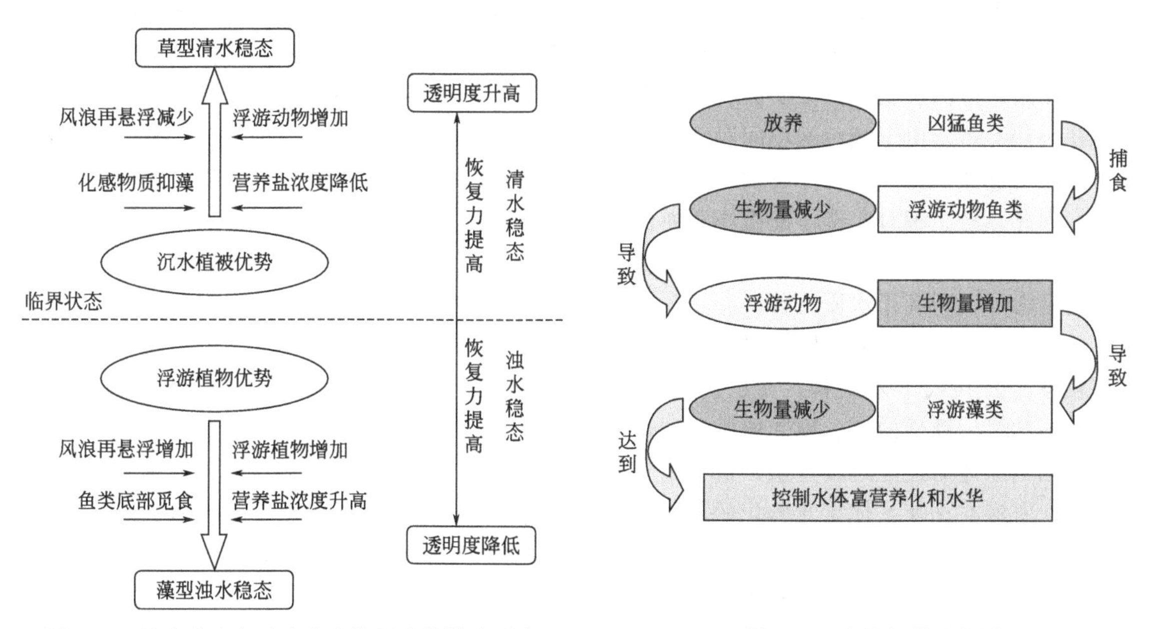

图 3-32　浊水稳态与清水稳态恢复力的影响因素

图 3-33　生物操纵示意图

生物操纵包括经典生物操纵（traditional biomanipulation）技术和非经典生物操纵（non-traditional biomanipulation）技术。

1975 年，Shapiro 等首先提出生物操纵的概念，主要内容是以改善水质为目的的有机体自然种群的水生生物群落控制管理，后发展为经典的生物操纵理论。经典的生物操纵理论认为可以通过添加食鱼性鱼类或人为捕杀食浮游动物鱼类来实现抑制浮游藻类生长，即通过放养肉食性鱼类等方法去除以浮游动物为食的鱼类，保护和发展大型牧食性浮游动物，使其生物量增加和体型增大，提高其对浮游藻类的摄食效率，从而降低浮游藻类数量，控制其过量繁殖。这种方法多用于营养盐削减后对湖库水质的改善。

诸多研究和应用实践表明，经典的生物操纵技术在控制湖泊水体浮游藻类总量方面具有一定效果，但许多的不足也逐渐显现，例如，浮游动物只能控制小型藻类，本身难以直接利用微囊藻、颤藻和束丝藻等大型蓝藻群体。同时，伴随着大量大型肉食性浮游动物的出现，水中植食性浮游动物如轮虫、小型枝角类等会遭受到高强度攻击，数量显著下降，反而会减小对浮游藻类的捕食能力，浮游藻类可能出现反弹性大量增长的现象。另外，对我国大型浅水湖泊而言，浮游动物对浮游藻类摄食能力一般不大，因此，还难以见到成功单独应用经典生物操纵技术的例子。

随着人们对经典生物操纵技术在蓝藻水华控制方面的不足和对鲢、鳙等滤食性鱼类在控藻效率上的认识逐步深入，目前以投放鲢、鳙等滤食性鱼类来控制蓝藻的非经典生物操纵技术已受到广泛研究和应用。我国学者提出了通过控制食鱼性鱼类并放养滤食性鱼类（鲢鱼、鳙鱼等）来控制蓝藻水华的非经典生物操纵理论和技术，尽管对于一些水体蓝藻水华形成的抑制作用证据明确，但鲢、鳙对一定时期内水体营养盐变化的影响存在很大的不确定性，实施效果与水文条件和集水区状况等也有密切关联。

早在 1975 年，波兰的 Warniak 湖中就开展了放养鲢鱼的控藻实验，结果发现可大大减少浮游植物总生物量和蓝藻比例。在国内，非经典生物操纵技术的研究和应用则是 20 世纪 80 年代中后期从探索武汉东湖水华消失之谜开始逐渐发展起来的。许多研究发现，在特定实验条件下，当鲢、鳙等滤食性鱼类达到阈值密度时，对蓝藻等大型藻类或群体确有较好的控制作用。但同时也有许多实验发现，该技术在其他浮游藻类的控制和水体营养盐循环方面存在一些不足。由于鲢鱼鳃耙间距为 20～25μm，一般滤食 30μm 以上的大型、小型浮游植物和藻类群体以及一部分浮游动物；而鳙鱼则主要滤食大型轮虫、枝角类、桡足类等浮游生物，因此，鲢、鳙对非群体的微小浮游藻类不但无法滤食，反而会因为减少了大型藻类的竞争和浮游动物的摄食而促进小型藻类的生长，致使水体浮游藻类总生物量难以减少，有的甚至还会增加，不利于水质改善。

另外，尽管鲢、鳙能够通过摄食方式有效摄食蓝藻，但由于多数组成水华的蓝藻细胞具有较厚的公共或个体衣鞘，鲢、鳙对水华蓝藻（微囊藻）的消化利用率很低，一般只有 25%～30%。浮性的鲢、鳙粪便中往往还存在着大量未消化的具有生命力的蓝藻，这些蓝藻细胞回到水体后还能继续繁殖，甚至由于超补偿生长，其光合及生长活性在短期恢复并显著增强，有潜在加速水体富营养化的可能。除此之外，滤食性鱼类还可能存在“鱼类富营养化（ichthyoeutrophication）”现象，加速系统中营养物的再生，加之小型藻类较大型藻类更易吸收水体中的营养物质而使其生物量激增。

从浅水湖泊的多稳态理论来看，浅水湖泊最终生态恢复目标主要是通过高等水生动植物的恢复来实现整个水体的清水型生态系统构建（图 3-34），是以完整的食物网链为基础，即从初级生产者到最高消费者，充分利用食物链和种群间相生相克的特性，构建健康的生物群落结构，从而维持生态系统平衡，使水体水质长久持续较好的状态。

（2）微生物和水生植物控藻

除了生物操纵技术外，微生物和水生植物控藻技术也是目前得到广泛研究并有重要应用前景的一种生物控藻方法。它是利用生态平衡的原理，通过微生物和水生植物等来抑制有害浮游藻类的生长和繁殖，达到控制浮游藻类数量的目的。目前微生物和水生植物控藻技术主要利用藻类病原菌（细菌、真菌）、病毒、植物释放化感活性物质等抑制藻类生长。例如，许多研究发现，溶藻细菌（algicidal bacteria）能够通过释放特异性或非特异性的胞外物质，或直接攻击藻细胞，抑制藻类生长或杀死藻细胞，有效缓解蓝藻、硅藻等水华暴发；非弧菌真菌对蓝藻具有拮抗作用，多个菌株均能够溶解蓝藻细胞，它们分别属于枝顶孢属（*Acremonium*）、翅孢壳属（*Emericellopsis*）和轮枝孢属（*Verticillium*）；蓝藻病毒（又称蓝细菌噬菌体）具有代时短和能够迅速出现抗宿主突变体的优点，可作为控制蓝藻的一种潜在微生物。

1969 年，Fitzgerald 发现了水生植物的代谢产物（一种化感物质）可以抑制浮游藻类生长的现象，引起了研究者的广泛兴趣。目前，国内外报道的具有控制浮游藻类生长的具有化

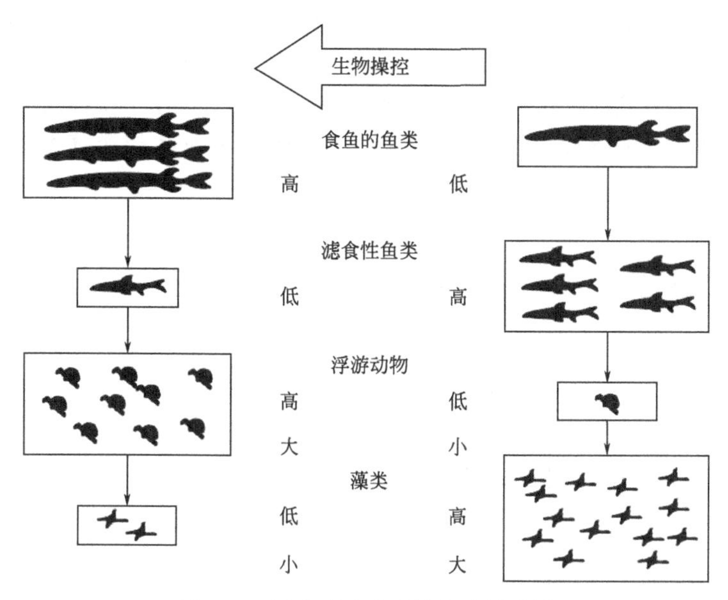

图 3-34　清水型生态系统构建原理图

感活性的水生植物已超过三四十种，按照活性能力一般分为以下 3 类。

① 高活性，如穗花狐尾藻、金鱼藻、水剑叶、水盾草等；

② 中等活性，如伊乐藻、草茨藻、轮叶狐尾藻等；

③ 低活性，如水浮莲、球状轮藻、菹草等。

水生植物释放化感物质的过程受营养盐、光照和温度等环境条件的影响，且只有当具有化感活性的水生植物在数量上占优势，它们对浮游藻类的抑制作用才能体现出来。化感活性物质的抑制作用主要通过释放有机酸、水解多酚、芳香族化合物等破坏浮游藻类的叶绿素和细胞膜的完整性，或者对酶活性造成影响，关于这类物质对浮游藻类的抑制机制仍需更多的实验证据。浮游藻类对化感作用具有选择性，一般认为，蓝藻、硅藻比绿藻更为敏感，多种化感物质的联合作用可能是水体生态系统中水生植物抑制蓝藻生长的一个重要机制。

将大麦秸秆直接投放水中抑制藻类是目前为止最为成功的植物化感作用控制藻类的应用实例，美国、英国、澳大利亚、加拿大、南非、瑞典等也都有用大麦秸秆成功抑制丝状藻、蓝藻和硅藻水华的报道，一般认为是麦秆中存在的化感活性物质而不是麦秆腐败产生的新物质抑制了浮游藻类的生长繁殖。我国研究者亦有发现水稻秸秆等能够有效抑制藻类的生长。目前国外已有商业性的大麦秆出售，即把切碎的大麦秆蓬松地装在网兜里，适当根据情况置于水体即可。

3.8.5　水动力生态控藻技术

富营养化最主要的过程就是氮、磷等营养物的过量输入促进浮游藻类的大量增长，进而导致水体透明度下降、水质恶化和水体生态系统的整体退化。这里涉及的关键生物类群——浮游藻类在水里是悬浮状态，很容易受到水流的影响。对藻类个体而言，每种生命体对其生存的流场环境都有特定的要求，当条件改变时，生命体都会表现出自由、逃离和失控三种状态。因此，浮游藻类的生长和群落发展状况在很大程度上取决于水体的动力学条件。

水动力对浮游藻类的生长繁殖存在直接和间接的影响。图 3-35 反映了水动力因素对浮游藻类生物量的影响。水动力对浮游藻类的直接影响主要是通过冲刷和紊动影响浮游植物的生理生态特性，如垂直迁移、沉降速率、细胞大小、细胞生长速率及种间关系等；间接影响则是通过改变水体的光照条件、营养盐形态及其再分配，进而对浮游藻类生长及其群落产生影响。

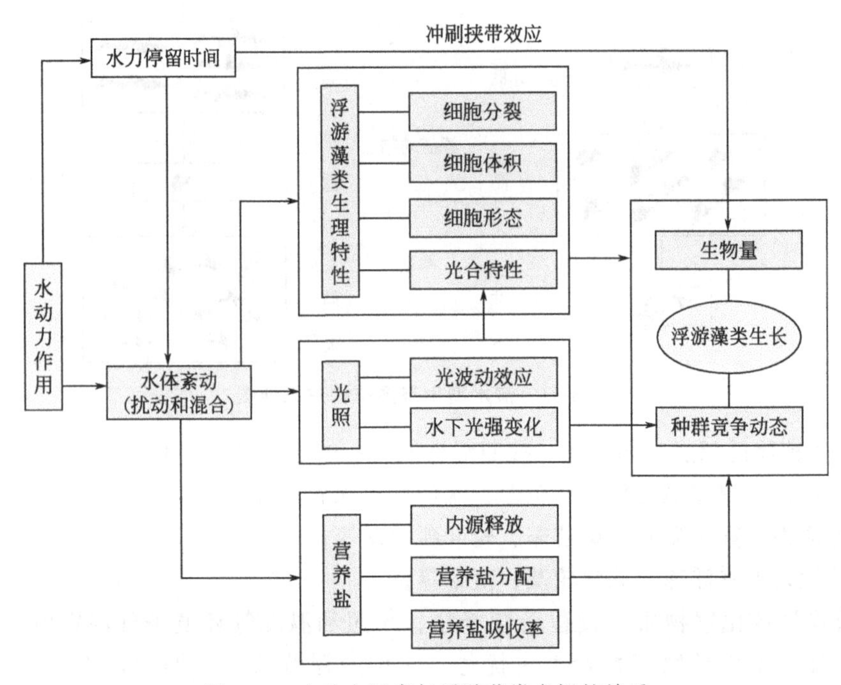

图 3-35　水动力因素与浮游藻类之间的关系

调水引流是河流水系水质调控的重要手段，是指充分利用外部清水资源，通过闸坝等工程设施的合理调度，改善水体水动力条件，提高水体自净能力，增加水体环境容量，从而改善水体质量的一种水资源利用方式。最早通过水资源调度改善水质的工作始于日本，1964 年，东京为改善隅田川的水质，从利根川和荒川引入流量为 16.6m^3/s（相当于隅田川原流量的 3 倍之多）的清洁水进行冲污，水质大有改善，随后，日本继续开展河流间的调度工程，先后净化了中川、新町川、和歌川等 10 余条河流。类似调水引流改善水环境的方法在许多国家也开始广泛应用，如美国环境保护署（EPA）利用 Columbia 河水每天置换 Moses 湖 10%～20%的水量，湖水水质得到明显改善，美国引 Mississippi 河入 Pontchartrain 湖的引水工程、荷兰 Veluwemeetr 湖的引水工程等，都出现了一定的效果。

自 20 世纪 80 年代中期以来，我国利用水利工程进行引清调度的实践逐步开展。自 2009 年至今，我国水利部门一直在深入探讨河湖水系连通的战略思想，旨在保护生态环境的前提下，构建引得进、蓄得住、排得出、可调控的河湖水网体系。在我国南方地区，采用水资源调度改善水质的实践越来越多，在河湖水环境模型、水量水质联合调度、水资源优化配置、调水效果评估等方面取得了一定的成果，如上海苏州河水质改善工程、引江济太工程、西湖引水工程、平原河网的水力调度工程等。由于大量的基础研究工作未跟上，以往的工作大多是从实践的角度出发，缺乏系统理论和关键技术的研究，科学依据相对不充分，一些问题无法解决和部分实际工作无法正常开展。

稀释和冲刷作为引清调水改善水环境的理论已经成为共识，然而引清调水的作用是以水治水，不只是增大水量和稀释脏水，更重要的则体现在其动力作用上。有研究认为，调水引流增加了水体流动，大大提高了水体的富氧能力，增加了水体的自净能力，从而使水质得到改善。调水的动力作用还体现在针对防治水体水华暴发的生态水力调度技术，即以限制水华暴发的临界水动力条件（流量、流速、水位等）为依据，提出限制河流和湖泊水华暴发的生态水力调度方案。目前国内外的相关研究相对较少。国际上以澳大利亚河流水华的综合整治技术最有代表性，该技术通过对影响水华的临界流速、流量等的观测和模拟研究，利用水力调度等综合技术控藻，取得了良好的效果。

水动力除了对藻类产生直接影响之外，还通过与生态系统之间的复合作用，即改变藻类的生态位，进而对藻类产生影响。水动力条件在环境中也不能作为一个孤立条件进行研究，应该综合考虑营养盐、光或温度等的协同作用。针对某一优势种藻类，综合考虑时空地域特点，在考虑营养盐、光照、水温等因子的基础上，建立一套综合反映富营养化发生、发展的临界判别体系尤为必要。

3.8.6　湖泊水生植被恢复重建技术

湖泊水生植被重建的主要理论依据包括多稳态理论、营养盐限制理论和生物操纵理论。水生植被面积、类型和分布格局取决于湖盆形态、底质条件、水文条件、水质、动物牧食和人类需求等因素。例如，水中氨氮和有机物浓度过高，毒害植物；透明度低导致水下光照不足，湿生和漂浮植物虽然容易恢复，但沉水植物很难恢复。人类需求是决定水生植被类型、面积和分布格局的主导因素，根据不同的湖泊功能，水生植被修复的重点也不一样。

① 调蓄型湖泊。以蓄洪、泄洪、灌溉为主要功能，吞吐量大，要求水流通畅。修复重点：忌讳淤积，不易大规模发展水生植被。

② 水源型湖泊。以城镇供水为主要功能，保护水质是恢复水生植被的主要目标。修复重点：应该尽可能地扩大水生植被的面积，并以沉水植物为主。

③ 运动娱乐型湖泊。以水上运动、娱乐为主要功能，水生植被主要起美化环境的点缀作用。修复重点：水生植被恢复主要在沿岸带，应以观赏性湿生植物和挺水植物为主，辅以少量浮叶植物。

④ 观光游览型湖泊。以观光游览为主要功能，要求湖水清澈，自然景色优美。修复重点：水生植被选择既应满足水质保持的需求，也应考虑植物的景观效果。

恢复重建水生植被工程的一般步骤如下。

① 调查和制订方案。对目标水域的水质、底泥、污染源、水生生物等情况做调查，收集相关历史和现实资料，根据其现状，制订恢复和重建水生植被的技术路线和详细方案，如是否需要清淤、是否需要改良底质、选种什么植物、植物种植区域的大小和位置等。做到因地制宜，可操作性强，尊重自然规律，经济有效。

② 污染源控制。水生植被的恢复必须以控制营养负荷为前提。一切生态修复工程的前提是截污，包括点源和面源。受污染水体的水质和底质往往较差，不能满足水生植物定植成活的要求，如透明度低、底质厌氧、氨氮浓度高等，因此在植物种植前，需对水质和底质进行改善。对于较大水域，在初期可不全水域实施恢复/重建工程，可选择水质和底质较好的区域优先实施，一旦先锋植物群落建立，就能很快扩张，从而达到预定目标。

③ 鱼类控制。在重建水生植被时，要尽可能地去除鱼类。尤其要捕获草食性鱼，尽量

减少其存量，待植被完全恢复、生物量足够大时，可以放养一定的草食性鱼用于控制植物的过量生长。

④ 先锋植物定植与先锋群落的形成。先锋植物是指在水体修复过程中，最先在水里种植的植物。要根据水质和底质情况，选择合适的先锋植物和合适的种植时机。要选择水位较低、透明度相对高的时机（冬、春季）进行种植。中小型湖海中恢复沉水植物前，一般要控制草食性鱼类的数量，以使种植的沉水植物能迅速定居，并扩大种群规模。目前恢复沉水植物时，通常选用易存活、生长快、繁殖能力强的种类作为先锋植物。

⑤ 通过人工调控实现种群替代与群落结构的优化。先锋植物定植和扩展后，需要丰富和优化植被结构。一般而言，刚重建的水生植被结构较简单、物种少、稳定性差，需要尽快增加物种，优化结构，增强系统的稳定性和抗逆性。机械收割是调控沉水植物的有效措施之一。沉水植物过度生长也会产生一些较为严重的后果，如影响景观和通航、溶解氧降低等。因此，应进行合理调控，即在先锋物种初步恢复、形成一定规模并改善水体环境后，采取适当调控措施抑制或削减先锋种的生长和扩散，促进后来种的生长与繁殖，改善群落结构，增加物种多样性。

⑥ 健康系统形成和维持。通过调整渔业结构，即放养适当的草食性鱼来控制水生植物的过度生长是一个有效的手段。根据水域功能的定位与沉水植物的恢复情况，引入草食性动物，最终使水体成为一个以生物调控为主，能基本自我维持平衡的生态系统。

湖泊水生植被恢复重建工程中群落配置是重点。通过设计将欲恢复重建的水生植物群落，根据环境条件和群落特性按一定的比例在空间分布、时间分布方面进行安排。一般来说，配置应以湖泊历史上存在过的某营养水平阶段下的植物群落的结构为模板，适当引入外来物种。空间分布包括水平和垂直空间配置。

水平空间配置结合修复目标综合考虑，包括生态型植物群落和经济型植物群落。生态型群落，以水体污染治理、促进生态系统恢复为目标，建群物种一般为耐污、生长快、繁殖能力强、环境效益好的物种。经济型群落，以推动流域经济发展，顺应地方需求为目的。建群物种一般为经济价值较高、具一定社会经济效益的物种。配置时，污染严重湖区应以生态恢复为目标，污染较轻湖区应同时考虑经济效益。

垂直空间配置应考虑不同生活型植物群落与不同沉水植物群落对水深的要求。群落配置时从湖岸边至湖心，随水深的加深，分别选用不同生活型或同一生活型不同生长型的水生植物，分别占据不同的生态空间。沉水植物对水深和光照条件的要求高，是水生植被恢复的重点和难点。在沉水植被几乎绝迹、光效应差的次生裸地上，应选择光补偿点低、耐污的种类建立先锋群落；在光效应较好的水域，可选择具中等耐污和较高光补偿点的种类为先锋种。沉水植物恢复时，应从水浅的岸边开始，并在低水位季节进行。

3.9 污染底泥的生物-生态修复

底泥通常是黏土、泥沙、有机质及各种矿物的混合物，经过长时间物理、化学及生物等作用和水体传输而沉积于水体底部所形成。通过大气干湿沉降、地表径流以及污水直接排放等途径进入城市水体的重金属和持久性有机污染物等，绝大部分最终都转移到底泥中，表现出明显的富集规律。底泥不仅是进入到环境中重金属污染物的“汇”，更有可能在一系列物理、化学和生物扰动下发生再悬浮从而成为水体重金属污染物的“源”。

3.9.1　底泥的形成特征和污染

底泥的形成一般是多种因素影响下的结果，例如，早期工业生产以及城市迅速发展，大量的工业废水以及生活污水排入河道带入的污染物质沉积；河道水力冲刷造成边坡土壤的坍塌；矿区矿渣尤其是废弃矿区矿渣在经过风化、侵蚀后转化为较小的颗粒物，这些颗粒物经过裹挟进入水体；一些自然因素如自然降尘与雨水冲刷，亦间接通过河道的运输作用裹挟大量污染物进入河流，在更新水体的过程中也带来大量污染底泥。

根据泥层深度由浅及深可将底泥依次划分为三层，分别为混合层、富集层和自然泥层。其中，混合层和富集层的特点是：含水率高、可压缩性大、机械强度低，与水体进行物质交换频繁，更容易受到污染和发生污染物截留、沉积，是污染物的主要富集区域，同时具有明显的恶臭气味；并且这两层以浮泥和粉砂为主，黏粒和有机物含量高，渗透性能差、排水固结缓慢，为底栖动植物、微生物生长活动提供了场所。自然泥层一般以岩石、砂砾为主，有机质含量低，污染程度轻，生物量较少。因此，底泥的污染物一般集中于混合层和富集层，这两个层段的底泥经常被学者和科研工作者重点关注。也因为混合层的泥层深度较浅，与水体接触，物质交换现象经常会发生于水体（液相）和底泥（固相）之间。

河道底泥中含有多种污染物，化学成分较为复杂。依据治理工程的需要，底泥中的污染物主要分为营养元素、有机污染物和重金属污染物三大类。一般而言，市内河道或航运河道的水体流动较为缓慢，水体更新周期基本较长，一旦营养元素含量超标，没有及时被水生动植物代谢和利用的一部分氮、磷元素就会借机浸入或污泥内部附着于底泥表面，并且穿过底泥-水体界面，通过沉积、沉降作用深入底泥内部并被底泥吸附，最终导致底泥中营养盐含量超标。

河道底泥有机污染物主要分为两种：一般有机污染物和持久性有机污染物。其中，一般有机污染物在上覆水中含量较高，并且容易被水生生物或微生物代谢分解；持久性有机污染物主要有 PAHs、PCBs、硝基苯、农药等，在自然环境中长期残留、难以降解，具有较高生态毒性。重金属以可溶解形态（如离子态）在水相中迁移扩散，通过吸附、水解和共沉淀等作用，小部分重金属进入水体，其余大部分溶解态重金属逐步向固相迁移，最终沉积在底泥之中。底泥与水相保持一定的动态平衡，一旦失衡，沉积态重金属可通过缝隙水再次溶出成为溶解态，进入水体，造成上覆水的二次污染。

3.9.2　底泥处理和处置技术

底泥处理和处置的过程一般可分为三个步骤：减量化、无害化、资源化。减量化，即通过脱水、烘干、风干等方式使得处理成本和被污染底泥的量下降；无害化处理是将底泥中的有毒有害物质通过一定的技术手段去除，或阻止其重金属、难降解有机物等物质的释放，达到底泥无害化与卫生化的要求，避免二次污染。底泥资源化，是指将河道底泥作为原料来直接使用或者对河道底泥进行一定处理后再利用。按照底泥的污染水平、组成成分，可针对性地进行河道底泥的处理和处置。从方法分类来看，河道底泥的处置与利用的研究主要是基于物理、化学及生物方法进行。

物理修复主要措施包括传统的疏浚、水力冲刷和掩蔽等。如掩蔽法，是用一层或多层覆盖物覆盖在受污染的底泥上，从而使被污染的底泥和水得到分离，此方法能够阻止底泥中的污染物（挥发性和半挥发性有机物、农药类污染物、多氯联苯以及重金属等）向水体迁移。选用的覆盖物大多数为人造地基材料、砾石以及清洁的底泥等。美国大湖修复的主要措施之一就是掩蔽技术。目前，华盛顿 Eagle 港、哈密尔顿海港以及安大略湖等均比较成功地使用了掩蔽技术。但是缺点是工程量大，并且需要耗费巨大的人力、物力和财力。

化学修复主要是将化学修复剂加入受污染底泥中，使其与污染物发生反应，从而降解或降低污染物的毒性，但是这种修复方法对生态环境的破坏较大，一般的河道生态治理不建议使用。

生物修复处理底泥是作为传统的生物处理方法的延伸，可分为原位、异位以及联合生物修复。主要是通过微生物来降解污染物，从而将底泥中污染物去除或使之减少。其中，堆肥技术就是通过生物反应将底泥中的污染物降解为无害物质的过程。底泥在堆肥过程中一般需加入膨胀剂，如稻草、木屑、碎木片、树皮等来提供生物生长所需要的碳源以及吸收水分；有时还需要补充水、氧气或营养物质，从而使堆肥顺利进行。常见的堆肥技术主要有通气静态垛式系统、条垛式和封闭发酵仓式。

3.9.3 污染底泥的环保疏浚

环保疏浚是采取人工、机械的措施适当去除水体中的污染底泥以降低底泥中污染物的释放通量和生态风险，并对疏浚后的污染底泥进行安全处理和处置的技术，是河流、湖泊（水库）水污染治理的重要技术之一。环保疏浚可以有效地清除污染底泥、降低内源污染负荷及其释放风险，因此在水环境治理中得到了广泛的应用。通过底泥疏浚，可以清除湖泊、河流污染底泥，改善河流、湖泊（水库）底质环境，清除泥-水界面聚集的藻种，修复水生植物的基底条件，改善工程区水质并控制水华发生，有助于底栖生物的自我恢复和群落多样性的发展。然而，底泥环保疏浚耗资巨大，如滇池一期、二期工程共计投资 4.275×10^8 元，还存在可能由于疏浚方案制订不当或疏浚条件不成熟导致疏浚效果不显著、甚至出现严重生态问题的风险。因此，国际上对河流、湖泊（水库）底泥环保疏浚工程，尤其在疏浚方案的制订方面多持慎重态度。

环保疏浚的对象为底泥中污染物含量较高且底泥厚度大于 10cm 的水域，如污染河流入湖口、城市污水排放下游水体、矿山废渣排放区、人工水产养殖区、影响饮用水源的地区以及其他原因引起的河流、湖泊（水库）水体底泥污染区等。污染底泥的一般特征为水体黑臭，底泥中氮、磷、重金属或有毒有害有机物等污染物含量较高，水-底泥界面处于缺氧或兼氧状态，水生生物种类极少或以耐污种为主。

环保疏浚的应用必须满足一定的条件：

① 实施的基础和前提条件是湖泊和河流外源必须得到有效控制和治理，否则无法保证疏浚效果的持续，也就无法达到改善水质与水生态的疏浚目的。

② 环保疏浚的重要原则之一是局部区域重点疏挖，即优先在水源地取水口、重点风景旅游区等对湖泊生态系统较大的区域或底泥污染重、释放量大的河段与湖区开展底泥环保疏浚。

③ 环保疏浚需与生态重建有机结合才能达到良好的效果。

疏浚可转移湖底表面有机碎屑，但无法去除水体中悬浮的有机碎屑，故不能一次性完全消除内源污染。疏浚施工时，绞刀的切削和定位桩的移动，会造成底泥扰动，导致局部区域底泥中污染物的释放和扩散，其中底泥中氮、磷、重金属等污染物的释放速率较静止状态提高数倍，加速污染物向水体中释放，造成水体的二次污染。疏浚过程中部分表层污染物在施工搅动扩散中会对周边水体产生不利影响。由于底泥疏浚方式和疏浚深度确定不合理也可能导致底泥疏浚效果不明显。疏浚深度确定不合理的环保疏浚工程也可能对水生植物和底栖生物产生危害，具体表现为种类、丰富度与生物量的减少，群落结构发生变化，多样性降低等。如太湖胥口湾草型湖区的底泥疏浚破坏了原先良好的水生植物群落，造成湖区整体水质下降，主要生物群落的恢复相对缓慢。

环保疏浚技术作为湖泊、河流水污染综合治理技术体系的重要组成部分，是生态环境工程技术之一，也是湖泊、河流水污染治理的重要手段之一。环保疏浚方案的制订应以湖泊、河流水质和生态系统改善为目的，从流域高度出发，将控制外源、生态修复与生境改善（包括环保疏浚）、流域管理三者紧密结合，重视方案的二次污染防治与生态理念的设计，强调环保疏浚与湖滨带生态修复、沉水植物恢复以及生态堤岸建设等工程相结合。主要体现在两个方面：

① 疏浚布局与水生态系统恢复相结合。在确定疏浚范围和深度时，综合考虑水生植物生长的水深、光照、基底要求与立地条件，为沉水植物群落重建与水体生物多样性恢复创造适宜的生境。

② 疏浚后底泥的处置与生态建设相结合。底泥环保疏浚工程作为河湖生态环境综合治理工程的有机组成部分，在方案设计时应尽量结合河湖及其流域规划开展相关生态环境保护工程，将疏浚后重金属和有毒有害有机物含量较低的底泥用于滨水岸带生态修复、缓冲区的生态林和绿地建设，尽量做到取之流域、还之流域。与生态恢复相结合的环保疏浚，既能清除河湖污染物，同时又为生态恢复创造条件，通过二者的紧密配合，实现区域水环境的改善。

3.9.4　原位利用底泥建设生态护岸技术

疏浚泥的传统处置方法主要有以下几种：抛泥处理、堆存回填、物理脱水和焚烧。这些处置方法成本高、环境影响大，因此疏浚泥的处置成为河道整治的主要难点。

解决底泥的二次污染，将疏浚底泥进行资源化利用，开发底泥资源，变废为宝，已经成为环保领域的重要课题。2019 年第 22 届世界疏浚大会推进了疏浚可持续发展上海共识，提出疏浚及疏浚泥利用应该遵循“与自然共建”“生态价值最优化”的原则，持续改善对全球基础设施的可持续服务。基于对自然、社会、经济，以及为改善基础设施所需可持续服务的综合关系的系统性认识，在疏浚工程中更应关注以下几个原则。

①“与自然共建”原则。运用大自然的过程来改进规划，与自然协作，而不是违背自然，以实现生态系统更加可持续的发展。

②“资源效率”原则。要求最小化和最优化能源和资源的使用，以降低项目的总生命周期成本。

③“循环设计”原则。通过将废弃物作为资源再利用从而实现循环的生产链。比如用疏浚土资源化再利用可以使疏浚工程整体更经济，减少生产和运输中的新材料的使用。

④“增加价值”原则。以最佳方式促使工程项目实现多元功能。通过较小的设计改动，来增加额外价值，从而实现项目的额外收益。

⑤“灵活设计”原则。意味着工程设计应更适宜地适应新的环境和需求，通过灵活设计，可以更经济地对项目进行优化以在未来创造更大的利益。

⑥“社会设计”原则。鼓励疏浚共同体在项目的任务范围内采用不同的社会和工程措施，从而在更大程度上实现项目的目标。

根据“有用勿弃，变废为宝”的理念原则，可将需要疏浚的底泥进行资源化利用，如进行生态环境的修复和建设等。中交天津港航勘察设计研究院用吹填法将污染底泥吹填到巢湖大堤外侧，在加固大堤加宽湖滨大道的同时，将吹填区建成了生态林带，并进行了物理基底修复，减少了直立堤岸对生态的破坏，实现了湖滨带生态修复的功能。美国新泽西州的坎伯兰县利用疏浚底泥修复湿地，改善了地面沉降、海平面上升和海岸侵蚀等对湿地造成的破坏，不仅提高了堤防，还为动物提供了新的栖息地，稳定了海岸线。用疏浚底泥修复和创建栖息地（人工岛礁和浅滩、牡蛎礁、潮间带湿地和滩涂、野生动物岛屿等）也曾在纽约市尝试过，取得了很好的成效。荷兰的风车岛就是利用疏浚底泥堆积而建成的成功案例。

此外，由于河道底泥中含有大量有机质以及植物所需的营养成分，具有腐殖质胶体，能够使土壤形成团粒结构，保持养分，适合制作堆肥和复合肥料，施用于农田、林地、草场、鱼塘、育苗基质、花卉等取得了良好效果。在城市绿化中，底泥能够作为土壤改良剂或对园林绿化中客土进行置换，为植物提供良好的生长环境，并且可以减少土壤置换导致的采土地区水土流失。

但是，由于疏浚底泥成分复杂和底泥重金属残留等问题，在土地利用时，底泥的投放过多将会对植物的生长不利，因此只能使用无污染或者污染较轻的底泥。

随着技术的发展，底泥作为一种资源的概念愈发得到重视。经过固化/稳定化技术处理过的底泥具有环境安全性，并且能够达到一定的物理和化学化性能指标，从而可以运用于填方、建筑材料等领域，甚至可以作为污水净化材料以及环境修复材料回到环境中，达到“以废治废”、废物再利用的效果。

基于上述原理，我国上海于 2015 年提出并实施了原位河道生态修复技术（简称 ISER），即原位利用河道疏浚泥，添加固化材料均匀拌和，用于建设满足结构安全稳定，防止侵袭淘刷，实现水陆横向连通，增强河道自净能力的护岸的一种技术，在上海崇明等地区已有较多工程案例。这种技术充分利用河道疏浚底泥，建设多孔和固化底泥生态护岸，代替传统的水泥制品和传统木桩，使原为废弃物的疏浚泥资源化再利用，减少护岸工程的环境影响，从而实现疏浚泥综合利用与河道治理的统一，同时，还能够稳定护岸结构，显著提升边坡水土保持能力，明显改善水体水质和提升生态功能。

利用底泥原位资源化技术，2018 年底上海宝山区朱家沟河道护岸和生态河道修复工程施工后，不仅污染底泥得到了资源化利用，水质也更加清澈，生态恢复效果良好，如图 3-36 所示。

图 3-36　原位利用疏浚泥建设的河道生态护坡

3.10　流域生态修复

流域是生态学最重要的空间单元之一，不少水生生物物种、种群常以流域或子流域划分。水生态修复规划属于水资源保护专业规划，应服从流域综合规划的基本原则和要求。一般来说，在规划阶段，水生态修复工程的规划范围应为流域或子流域，即在流域或子流域的范围内，根据修复目标，统筹兼顾，通盘考虑，合理布置水生态修复项目，包括水土保持项目，清洁小流域项目，重点修复河段、湖泊和湿地，河湖水系连通项目，濒危和珍稀洄游鱼类恢复项目等。

3.10.1　流域生态系统中常用的基本概念

流域（watershed）或集水区（catchment）是指由地形确定的河流某一排泄断面以上的积水面积的总称。流域是一个有边界线的水文单元，也可看作是一个生态系统单元和社会-经济-政治单元，一个可以对自然资源进行综合管理的单元（图 3-37）。作为水资源，流域是最地方化的管理单元。流域级别的管理要求管理者和生态工程师在保护水质时要考虑超出化学污染的因素，这些因素包括：栖息地破坏、地貌的改变和土地利用的改变。

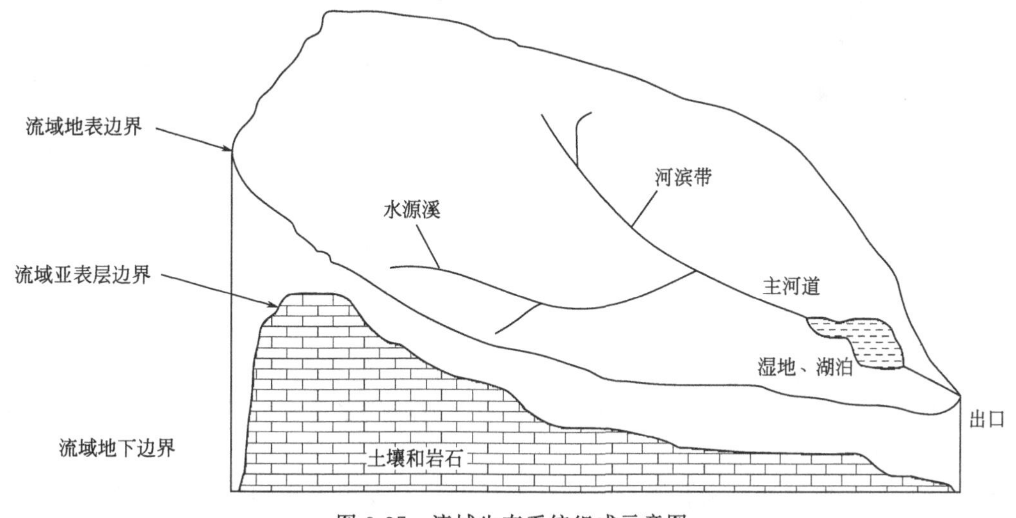

图 3-37　流域生态系统组成示意图

流域组成包括流域边界、河流径流、土壤与母质基岩、动植物、微生物以及人类社会经济成分。流域的物理边界通常由上边界的地形（地形及人为排水系统）和下边界的地下水文地质条件决定。流域生态系统过程是指流域系统中非生物、生物及人类社会经济的功能过程，包括水循环、能量流动、养分循环、碳循环在内的生物、物理和化学过程，以及人类活动对这些过程的影响，其中流域水循环起主导作用。

流域有闭合流域和非闭合流域之分。地面分水线与地下分水线重合的流域称为闭合流域，不重合的流域称为非闭合流域。闭合流域与周围区域不存在水流联系。尽管一个流域在降水-地表径流过程上是相对封闭的，但流域与周围其他流域通过地下水或大气与外界还是有能量流动和物质交换的，人类活动更不会局限于在一个流域的物理边界内进行。

流域特征包括：流域面积、河网密度、流域形状、流域高度、流域方向或干流方向。

流域面积是流域地面分水线和出口断面所包围的面积，在水文上又称集水面积，单位是km^2。流域面积是河流的重要特征之一，其大小直接影响河流和水量大小及径流的形成过程。流域面积可大可小。较大的大江大河流域（basin），如长江和黄河流域是由无数个小的流域组成的。

一个流域按照流域内的自然分水线可以划分为若干个子流域，每个子流域按照其内部的自然分水线又可划分成一些更小的子流域，这样不断划分下去，最后得到的不可再划分的部分就是流域的基本单元，即集水区。大中小流域的划分目前尚无统一的标准，一般面积不超过50km^2的集水单元为小流域，100～1000km^2为中等流域，1000～10000km^2为大流域，大于10000km^2的称为特大流域。

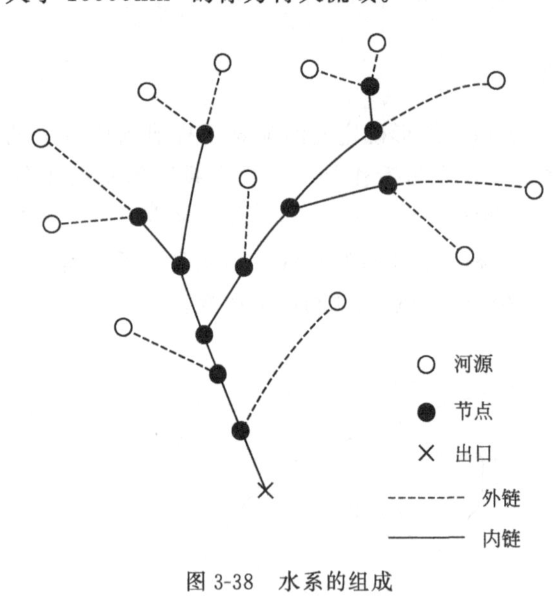

图 3-38　水系的组成

流域内所有河流、湖泊等各种水体组成的树枝状或网状结构，称作水系。人工开挖形成的平原水系可为网状结构。大量观测资料表明，自然形成的水系多为一般属于二分叉树的形状或称为树状结构（图 3-38）。“树根”为水系的出口，且只有 1 个；“树枝”的端点为河源，简称源，是水系的发源地。源的总数是水系量级即规模的量度，源越多，水系的量级越大，反之，水系的量级就越小。两条河流的交汇点称为节点。相邻节点、出口与相邻节点，以及源与相邻节点之间的河段称为链，其中前两种链称为内链，最后一种链称为外链。一个量级为 n 的二分叉水系，必有 n 个源，n 条外链和 $n-1$ 条内链，链的总数必为 $2n-1$ 条。

流域中干支流总长度和流域面积之比即河网密度，单位一般是km/km^2，河网密度的大小说明水系发育的疏密程度，受气候、植被、地貌特征、岩石土壤等因素的控制。流域中水系以外的部分称为坡面。除平原水网地区外，一个流域的水系水面面积约占全流域面积的10%左右，其余90%均为坡面。

流域形状对河流水量变化有明显影响。流域海拔高度主要影响降水形式和流域内的气温，进而影响流域的水量变化。流域方向或干流方向对冰雪消融时间有一定的影响。流域自然特征对流域生态系统过程影响很大。

3.10.2　流域生态恢复技术

流域生态系统中的生态环境问题多种多样，有些问题之间的关联性很强。例如，河岸植被带被砍伐后，不仅影响水的温度与水质，而且影响河水中能量的输入。针对不同的生态环境问题，应采取不同的生态恢复技术或措施。从流域生态系统的角度来讲，流域生态环境修复技术可分为 4 个类别：系统联通、坡面恢复、河岸及河岸带植物恢复和河湖修复。下面对这 4 个类别进行简单介绍。

(1) 流域系统联通

流域系统联通是指为了确保鱼类等生物洄游的需要而将系统内由人为设置的结构所造成的障碍移掉或做出适当的调整。例如，白暨豚和江豚都是生活在长江里的珍稀动物，它们面临的威胁主要都来自人类活动的影响。长江干流高密度、繁忙的航运船只的噪声和螺旋桨成为江豚的最大威胁，豚类是完全依赖声通信和声呐生存的动物，航船的噪声极大干扰了江豚声波的发射，常常发生江豚被螺旋桨劈伤的惨剧。沿江修建的水利设施，甚至是水泥或石头护岸等亦对白暨豚的生存和繁衍有不利影响，这种影响一方面表现为改变了水下声反射环境，另一方面是破坏和减少了鱼类的栖息和繁殖场所。

随着长江大保护的推进，当我国对白暨豚、江豚和其他水生动物采取了保护措施后，它们的数量便有所回升，在长江的江面上有时会出现数十只，逆流而上，在滔滔的江水中戏水玩耍，时而跃出水面，时而潜入江水之中，起起伏伏，转体灵活，情景颇为壮观。一个河流即使生态环境很好，但水生生物，尤其是鱼类，由于各种障碍而不能生存，再好的河流环境也无济于事。而一旦将障碍物排除，便有“排除一点，解放一片”的意义，充分说明了系统联通对流域生态恢复的重要性。

(2) 陆地坡面生态恢复技术

陆地坡面的水土流失或泥石流往往是造成河道中泥沙淤积、河道形态改变及栖息环境退化的源头。因此，陆地坡面生态恢复的目的是控制坡面上的水土流失及泥石流、塌方的形成。具体的生态恢复技术应针对道路和被干扰的坡面两个方面。为了砍伐森林或采用其他方式利用土地，道路修筑是必需的，特别是采伐与搬运木材都离不开机械作业区。坡面上的道路通常改变水文的路径，具有汇流作用，而汇流常产生大量的冲刷与泥沙。这些泥沙及道路路面本身裸露产生的泥沙就使道路常成为河流中泥沙的主要来源。治理由道路产生的水土流失与泥沙问题的最好措施就是切断道路，封山育林。其他措施包括在路边小沟内设置一系列拦截泥沙的栅栏或泥沙塘。

坡面上的水土流失控制主要是根据水土流失的程度来决定。在水土流失较轻的情况下，加快植被恢复是最有效的措施。对于水土流失比较严重的坡面，则需要考虑工程与植被恢复相结合的技术，通过在坡面采用等高浅沟的技术截留坡面上的养分与水分来培植植被，从而达到控制水土流失的目的。另外，在一些坡度较大、坡面不稳定及土壤质地较细或疏松的情况下，防治坡面塌方或泥石流的形成则是恢复重点。这方面的措施包括分散冲刷能量，使用繁殖快、生长快的植物进行生物护坡，清除林地上的倒木（倒木有时会诱发倒木流）等。

我国在1998年长江流域的大洪水灾害之后，认识到了保护森林的重要性，并决定在长江与黄河的源头流域实施禁止森林采伐活动，同时在全国范围内开展植树造林活动，重大的森林恢复项目（例如，天保工程、三北防护林建设、退耕还林和封山育林等）不断实施。为保护长江一江清水，充分利用长江水利资源优势，国家配套实施了长江上游防护林和生态公益林建设工程以及退耕还林政策措施。这些工程和措施实施以来，长江沿线森林覆盖率得到了提高，土壤侵蚀量显著降低，各地区新营造或更新了大片河（海）岸、平原绿化、农田林网绿化等基干林带，宜林荒山变为森林。

(3) 河岸及河滨植被带的恢复

河滨植被带是陆地系统与水体系统之间的界面或生态群落交错区，是河流系统免受陆地系统干扰影响的最后一道防线（图3-39）。我们知道河滨植被带是陆地与水体系统之间的交

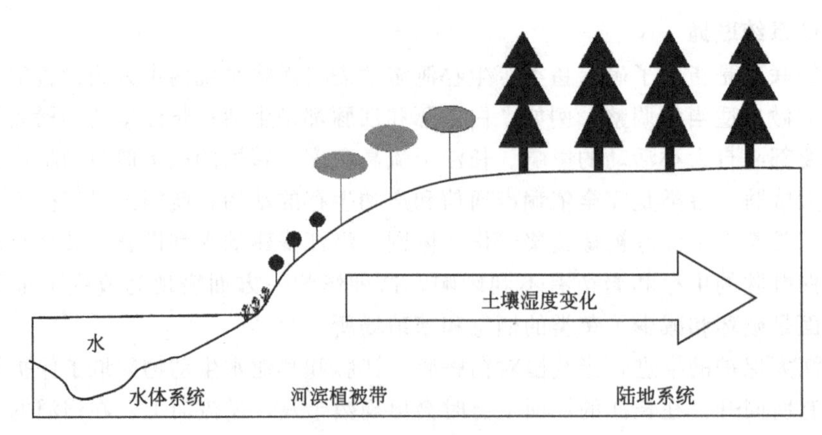

图 3-39　河滨植被带的构成

错带，那么它有没有一个清楚可辨的边界线呢？答案一定是：没有。因为在一个环境变化的连续体中，要想清楚划分出一个可以辨别的边界线是十分困难的，最终只能是人为的。正因为河滨植被带缺少一个准确的边界线，往往造成定义上的不一致和管理上的争论。尽管河滨植被带有不同的定义，但它在一个流域内（尤其是较大的流域）或景观上所占的面积比例通常较小（一般小于1%）。然而，由于河滨植被带具有较陡的环境梯度，高的异质性，高的边缘与面积比等，其具有重要而独特的生态功能。

河滨植被带的状况直接关系到水生生态系统（河流、湿地或湖泊）的完整性。正是由于其重要性，一些国家和地区都建立法律法规来保护河滨植被带。尽管如此，河滨植被带的结构与功能由于受人类或自然的不断干扰而退化严重，相当多的河流特别是人口密度较大的地方已基本或完全丧失河滨植被带的保护。如何重建河滨植被带恢复其结构与功能是流域生态系统修复的一项重要策略之一。

河滨植被带修复技术的选择应根据河流中的生态问题或拟达到的目标而定。河滨植被带的植物多样性一般应高于陆地坡面，这种高植物多样性产生的结构与功能的多样性是其最重要的特点，也是选择河滨植被带恢复措施时必须考虑的。如果河流中高泥沙含量是最主要的问题，选择单一或混合的快速生长的本土植物（草本、灌木或杨柳等）可起到明显的效果。如果河流中缺少溪流倒木，或与之有关的河流栖息地的质量退化是最主要的问题，则最初选择快速生长的阔叶树种，并逐渐引入生长较慢的针叶树种是一种较好的恢复策略，因为这种策略有利于为河流提供不断的溪流倒木及其他有机物质。

在河滨植被带缺乏或不完整的情况下，河岸常处于不稳定状态，且河岸的冲刷产生大量的泥沙进入河流系统。如何维持河岸的稳定，特别是对一些城市或开发程度较高的河流来讲，尤为必要。这方面的修复技术很多，尤其包括广泛采用的生物修复技术。

(4) 河道的生态恢复措施

一般来讲，河流结构复杂（溪流倒木、弯曲度高、浅滩与深潭结构多等）意味着栖息地的多样性高，河流就表现得更自然、更健康。在明显被人为破坏或工程化的河道中，河道结构单一，形态也比较通直，缺少变化。因此，河道生态恢复的技术是如何增加一些结构，以增加河道的复杂度。除了恢复结构以外，还可以通过人工施肥来增加水生生物的生产力，而水生生物生产力的提高又可为水生生态系统的食物链提供初始能量。

3.10.3　湖泊流域的生态修复与保护

对大多数湖泊来说，生态修复的首要任务是降低来自流域的外部营养负荷，只有当营养负荷削减到既定的目标值时，才能创造出控制富营养化的前提条件。在此基础上，再针对湖泊富营养化症状，在湖泊内采取物理、化学、生物等技术措施，同时，修复湖滨带，实现生态重建。通过这一系列的治理措施，促使湖泊转变到长期良好的生态状态。

3.10.3.1　湖泊流域的问题

自“九五”规划以来，国家对污染严重的太湖、巢湖、滇池（即“三湖”）开展了大规模的治理工作，初步遏制了“三湖”水质恶化的趋势。然而，随着湖泊流域人口增长和经济发展，特别是近年来湖泊流域种养殖业、旅游业、采矿业以及沿湖工业和城镇化的不断发展，保护“一湖清水”压力越来越大。

湖泊流域问题主要表现为：

① 湖泊流域城乡人口增长和沿湖区域城市化，加大了沿岸生活污染防治和湖滨带生态保护压力，个别城镇生活污染物处理基础设施建设滞后。

② 湖泊流域大量农业面源、农村生活污水直接入湖，尤其是网箱养殖等造成氮、磷等污染负荷不断加大，富营养化趋势上升，控源减排的任务十分艰巨。

流域内人类的社会经济活动是影响水质较好湖泊生态环境状况的关键所在。流域经济、社会的快速发展增加了流域污染排放，是湖泊生态环境变化的直接驱动力和压力。湖泊流域的生态环境保护项目主要可包括湖泊生态安全调查与评估、饮用水水源地保护、流域污染源治理、生态修复与保护、环境监管能力建设、产业结构调整和其他等类型。

在湖泊及流域概况调查中，应着重于以下几个方面。

(1) 自然环境概况

包括湖泊及其流域的地理位置，湖泊面积和水量，流域面积及涉及行政区划，流域气候、植被覆盖、地形地貌等自然属性状况，湖泊流域水系分布及水文水动力特点，湖泊的主要服务功能（如饮用水水源地或其他重要生态功能等）。

(2) 流域社会经济发展及水土资源开发情况

湖泊涉及流域的人口结构、经济发展水平和产业结构等经济社会发展状况；湖泊水资源现状及供水、用水特征，水系闸、坝等阻隔构筑物等水利工程设施建设及调度情况，反映湖泊与入湖河流及湿地的联通情况，绘制区域水系图；湖泊流域土地开发情况、土壤背景值情况、磷矿分布情况等，掌握湖泊流域主要土地利用类型，绘制区域土地利用现状图。

(3) 流域生态环境现状

监测点位布设情况，在湖泊水系图中标明水环境现状监测断面，分析流域水质现状。分析内容包括流域水质类别，主要水质指标（包括高锰酸盐指数、化学需氧量、总氮、总磷、氨氮、叶绿素 a 及其他特征污染物的浓度以及透明度等），底质（总氮、总磷、有机质和特征污染物浓度），富营养化程度，水生态系统（浮游动植物、底栖动物、水生植物和鱼类、两栖爬行动物，有无珍稀濒危物种、特有物种、狭域物种、极小种群，以及食物网和功能群的复杂性与完整性等）以及湖滨带、消落带、水源涵养区及湖泊周边湿地系统的完整性及植被覆盖情况现状和近年内的历史变化情况。分析水生生物物种多样性、水生态系统的生物群落结构、水产种质资源保护区等敏感目标分布情况及保护情况、珍稀濒危及土著鱼类的分布情况、生态需水满足程度等的现状情况等。

(4) 流域污染源排放与污染负荷现状

污染源排放现状分析包括点源、面源及内源污染负荷，根据湖泊生态安全调查与评估的结果，从主要污染负荷的来源、种类、排放特征、排放量、入河量和入湖量角度解析不同污染源（点源、面源和内源）对入湖污染负荷的贡献。调查项目和调查内容见表 3-14。

表 3-14　湖泊流域污染源调查

分类	调查项目	调查内容
点源	工业废水 生活污水	排放方式、处理现状、SS、COD、TN、TP、pH 值、DO、BOD_5
面源	地表径流	径流水质、污染排放量及评价
	种植业	种植规模、作物类型、化肥用量、处理现状
	养殖业	养殖规模及方式、粪尿处理方式
	干湿沉降	沉降量
内源	沉积物	TP、TN、有机质、pH 值、氧化还原电位
	藻类	种类、生物量、叶绿素 a
	水生植物	类型、生物量、覆盖率、衰亡规律
	水生动物	类型、生物量、死亡规律
	湖内养殖	养殖类型与规模类型、投饵情况
	旅游与船舶	规模、船内污染物收集与处理设施

通过对上述流域问题的调查，根据湖泊生态系统受损不同程度，研究湖泊生态保护的物理、化学、生物综合调控技术策略，对水源涵养林、入湖河流、湖滨缓冲带与湖荡湿地采取必要的生态修复和保育措施，汇总形成湖泊流域生态系统保育方案。

3.10.3.2 湖泊流域生态修复与保护的思路

湖泊流域生态修复与保护应以湖泊生态系统结构完整和生态系统健康为核心。例如在太湖流域，通过流域生态环境综合调查研究，提出了包括“水源涵养林-湖荡湿地-河流水网-湖滨缓冲带-太湖湖体”在内的“一湖四圈”流域生态圈层“生境改善与生态修复”理念，着力改善流域生态环境，提高水体自净能力，通过长期持续生态改善与生态修复，可使流域生态系统逐步达到健康状态。

考虑到各湖泊面临的环境问题不同，可根据技术的适用性和使用原则等实际情况，选择适宜的方案。湖泊流域生态修复与保护应着重从以下思路进行生态修复。

① 生态自我恢复为主，人工干预为辅。

② 对于人类活动影响较轻的湖泊，当去除或减轻人类活动造成的胁迫因子，通过湖泊生态系统本身的恢复力，辅助采取污染控制、水文条件的改善等措施以后，可靠自然演替实现生态系统的自我恢复。

③ 对于受人类活动干扰较大的湖泊生态系统，在去除胁迫因子或“卸荷”后，还需要辅助以人工措施创造生境条件，进而发挥自然修复功能，实现某种程度的修复。

④ 湖泊生态调控存在一定的不确定性。

a. 每个湖泊的特点不同，适应这个湖泊的方法，对于另一个湖泊不一定有效；

b. 人工调控下的生态系统演进方向存在不确定性，可能会向良性方向发展，也可能会持平，极少数还会出现退化的现象；

c. 造成的恶性后果是缓慢发生的，存在潜在的生态风险。

⑤ 对原湖泊自然生态位进行维系和改善。

具体方案的编制思路可参考图 3-40。

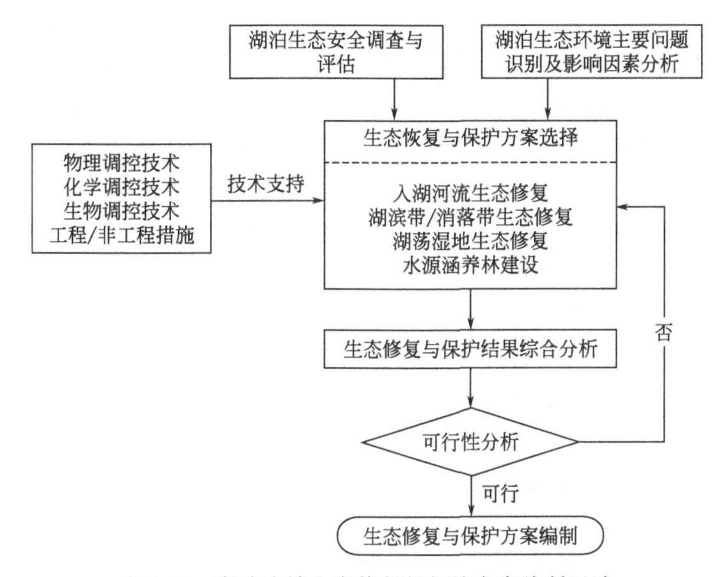

图 3-40　湖泊流域生态修复与保护方案编制思路

3.10.3.3　湖泊流域生态环境保护方案要点

湖泊流域生态环境保护主要应考虑以下 4 个方面的内容。

（1）湖滨缓冲区修复与保护

湖滨缓冲区生态系统恢复和保护的总体目标是通过湖滨生境的改善及物种的恢复和保护，逐步恢复湖滨缓冲区的结构和功能，实现生态系统的自我维持和良性循环。国外从 20 世纪 70 年代就开始了大量受损湖滨带修复工作，近几年，我国也进行了一些湖滨带恢复的理论研究和工程实践。湖滨带修复技术大体上可分为生境修复、生物群落结构恢复、系统功能综合性修复以及生态护岸 4 个方面。

① 湖滨带生境修复。稳定的生态系统是湖滨带生物群落恢复的前提，因此生境修复的首要目的是修复湖滨带的生态系统。可以分为湖滨带底质清理改良、水质的改善、滨岸带土壤改良和沿岸景观带修建等部分，它们之间相互影响，关系密切。在生境修复过程中，需结合具体湖泊特征和湖滨带具体情况进行综合考察分析。

② 生物群落结构恢复。生物群落的恢复是一个循序渐进的过程，只有对湖滨带形态、底质、气候和水文条件等因素对水生植物的生长和分布的影响进行充分的研究分析之后，才能决定生物种类及其种群大小和群落结构配置，最后应结合优势种的季节变动性，保证水生植物具有周年连续性。优先选用本地物种对湖滨生态敏感区及湖荡湿地实施生态修复，包括水生植物、湖滨植被的修复等，逐步恢复湖滨缓冲区的结构和功能，恢复湖荡湿地的拦截净化功能及生物栖息地功能。

③ 生态系统功能的恢复。生态系统修复是一项综合性的工程，分为系统结构的重建和

改良、生态系统稳定化管理技术、水岸景观带修建以及建立生态监测指标体系等几部分。

④ 生态护岸（生态护坡）。生态护岸可以稳固强化湖泊沿岸、防风固沙、扩大动植物的生存环境，并且施工简单、建设成本低、适应性强、具有一定的观赏性。具体可参见 3.5.3 河道整治相关生态护岸建设的内容。

(2) 流域水源涵养林生态保育

采取有效措施加强水源涵养林建设对于入湖径流的水质净化与水源的涵养具有重要的作用。在流域水源涵养区实施水土保持、植树造林等工程，在符合土地利用总体规划并确保耕地和基本农田保护目标的前提下实施退耕还林等工程，提高水源涵养能力，从源头上提供清洁、充足的水源。同时考虑湖滨带公益林等森林系统作为水陆生态系统重要结合带，突出生物多样性保护作用，应尤其注重保护湖滨带公益林、防护林等森林系统，提高其对湖泊及其岸带生物多样性的保护能力。

(3) 入湖河流生态保育

入湖河流水质的好坏直接影响相应湖泊的生态环境状态，根据其环境功能的不同，有些入湖河流还兼具航运、防洪等功能，这增加了河流的生态环境保护和保育的难度。因此湖泊入湖河流生态保育方案的制订，需要综合考虑入湖河流生态环境现状、流域污染负荷状况、水文水动力特点和环境功能等，根据实际需要科学确定保育目标，系统开展工程措施。具体内容可包括：

① 河滨缓冲带建设工程与保育管理；

② 生态堤岸建设；

③ 近河口强化净化生态系统建设工程与管理；

④ 河口自然湿地保护工程；

⑤ 入湖河流底泥环保疏浚工程。

(4) 生物多样性保护

湖泊生物多样性可使生态系统循环更加完整和复杂，生态系统的自我调节能力增强，稳定性提高。湖泊生物多样性保护可通过划定各种水生生物、湿地类型自然保护区、水产种质资源保护区、湿地公园等形式，保护濒危水生野生动植物，保护珍稀鱼类、两栖爬行动物栖息地、鱼类产卵场和洄游通道，同时加强外来物种管理，建立外来物种监控和预警机制，以维持湖泊生态系统的健康和稳定。适当采用生物调控的方式进行湖泊水体的生态修复方案，例如通过水生植被恢复和投放鱼苗的方式，控制湖泊水体中藻类的生长，维持生态系统的健康稳定等。

目前关于湖泊生物多样性的研究有很多，但针对湖泊生物多样性恢复的研究却很少。生物多样性的恢复和保护可从食物网生态修复技术和生态廊道技术两个方面考虑。

① 关键食物网生态修复技术。食物网是指生态群落内物种间错综复杂的网状食物关系。关键食物网强调，食物网中的物种是能形成主要能量传递路径的物种。湖泊物种筛选应遵循 3 项原则：第一，筛选物种为现存物种；第二，筛选物种能适应生态修复区域环境；第三，筛选物种为常见物种。关键物种的筛选应该有初级生产者、植食性和肉食性动物。通过分析所选择物种之间的营养关系，可构建出一个湖泊关键食物网。可以通过 Ecopath 模型和湖泊健康指数分别从生态系统成熟度和生态系统健康两方面进行预测修复效果。

② 生态廊道（ecological corridor）。生态廊道是一种廊道类型，具有维持保护生物多样性、作为缓冲带过滤污染物、防止水土流失、防洪固沙等生态服务功能。湖泊生态廊道是以

湖泊包括与其相连的河流为主体，主要功能是净化水质和物种保护。生态廊道也存在一些问题。如以小尺度建设为主，缺少区域的生态廊道建设；生态廊道建设未能形成体系；生态廊道功能单一，过分强调满足人的需求，削弱了廊道的生态价值；规划建设不当。

总之，在湖泊流域污染源控制及生态修复的同时，应加强全流域环境监管与综合管理，工程与非工程措施相结合，强化湖泊流域生态环境监测、监察和环境污染事故应急处理能力建设，完善湖泊流域环境管理制度建设，以加强对湖泊生态环境的保护。

思考题

1. 水环境修复与传统环境工程水处理的主要区别是什么？
2. 什么是水体自净？简述水体自净过程中的微生态变化。
3. 稳定塘工艺处理的类型有哪些？
4. 简述天然湿地和人工湿地的区别和联系。
5. 湿地保护修复与重建的基本原则有哪些？
6. 湿地公园的概念是什么？简述湿地公园营造时需要注意的生物因素。
7. 简述自我设计和人为设计理论的区别。
8. 何为中度干扰理论？在湿地生态环境修复中的意义是什么？
9. 人工湿地的概念是什么？人工湿地处理技术的类型有哪些？简述不同人工湿地处理技术设计的要点。
10. 简述河道的形态特征及其在河道生物修复和生态修复工程中的意义。
11. 何为缀块-廊道-基底理论？在河道生态设计中的意义是什么？
12. 试分析我国城市河流黑臭及淤积原因，论述黑臭水体及整治的思路。
13. 何为生态水利？如何科学辩证地看待水利工程？
14. 简述曝气增氧技术对河道生态修复的意义。
15. 生物膜法的修复机理是什么？举例说明生物膜法在河道生物修复工程中的应用。
16. 什么是生态浮床？利用生态浮床进行河道水质改善的机理是什么？
17. 当前我国河道整治工程常见的问题以及生态修复基本方法分别有哪些？
18. 进行新城新镇和大型居住区河道生态设计时有哪些区别？
19. 简述河道水生态系统恢复设计时水生植物和水生动物的配置要点。
20. 什么是河滨缓冲带？缓冲带对河道生境修复的意义是什么？
21. 何为富营养化？湖库富营养化治理的基本策略有哪些？
22. 简述浅水湖泊生态系统中的多稳态现象。
23. 什么是生物操纵技术？简述经典生物操纵和非经典生物操纵的区别和联系。
24. 什么是化感作用？简述化感作用的生态学意义。
25. 试述湖泊水生植被恢复重建的技术要点。
26. 什么是环保疏浚？环保疏浚应用的条件有哪些？
27. 举例说明疏浚泥利用应遵循的原则。
28. 简述流域生态环境修复技术的类别及其要点。
29. 试述湖泊流域生态修复与保护的思路及流域生态环境保护方案编制要点。

第4章　土壤和地下水生物修复

土壤与地下水是一个互为依存的统一综合体，两者间存在直接而密切的物质和能量传输转移。我国土壤与地下水环境污染形势较为严峻。我国土壤环境状况总体不是很乐观，无论是建设用地还是农业用地，都呈现“局部污染严重，总体态势可控”的状态，工业企业用地的污染物浓度要大大高于农用地的污染物浓度，农用地区域也主要集中在工矿企业周边。根据《全国城市饮用水安全保障规划（2006—2020）》提供的数据，全国近 20%的城市集中式地下水水源水质劣于Ⅲ类。部分城市饮用水水源水质超标因子除常规化学指标外，甚至有出现致癌、致畸、致突变污染指标的风险。近年来国家对土壤和地下水污染防治工作的重视程度大大提高，相关的政策法规不断完善，一系列机构调整、法律建设工作表明我国逐步将地下水污染防治工作纳入土壤污染防治体系，建立土壤与地下水污染协同防治的管理新格局。

4.1　土壤和地下水修复概述

4.1.1　土壤与土壤污染

土壤是位于地球陆地表面和浅水域底部具有生命力、生产力的疏松而不均匀的聚积层，是地球系统的组成部分和调控环境质量的中心要素。土壤处于生态系统的核心，除了孕育植物等陆地生物之外，更能分解落叶及动物遗体，维持元素正常的生物地质化学循环。土壤与大气、水并列为构成环境的要素成分。土壤圈（pedosphere）是岩石圈、水圈、生物圈及大气圈在地表或地表附近相互作用的产物，具有显著的区域差异性。

土壤是一个“三相”共存的体系，将构成土壤的黏土矿物等称为固相，水分称为液相，空气称为气相，此三者的容积比就是“土壤三相”，是显示土壤物理性的重要指标。土壤三相的比例（图 4-1）对土壤的硬度、透水性与保水性有着极大的影响。一般认为，最适合作物生长的比例，是固相占 45%～55%，液相和气相各占 20%～30%。根据土地利用方式的不同，土壤三相的差异也很大。在旱田中气相率较高，在水田则较低。

4.1.1.1　土壤生态系统的结构和功能

土壤生态系统是陆地生态系统的一个亚系统，结构组成包括：①生产者，包括高等植物

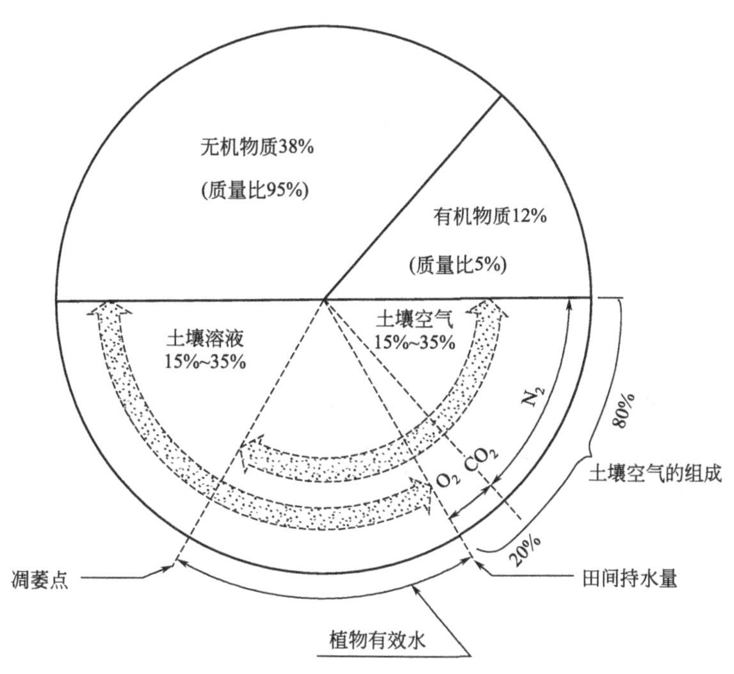

图 4-1　典型农用地土壤的三相比例（容积率）

（主要是其根系）、藻类和化能营养细菌；②消费者，主要是土壤中的草食动物和肉食动物；③分解者，包括细菌、真菌、放线菌和食腐动物等；④参与物质循环的无机物质和有机物质；⑤土壤内部水、气、固体物质等环境因子。土壤生态系统的结构主要取决于构成系统的生物组成分及其数量、生物组成分在系统中的时空分布和相互之间的营养关系，以及非生物组成分的数量及其时空分布。

土壤生态系统的稳定性会直接影响人类的生存和发展，尤其是土壤的生物性要素，包括有机物的分解能力、氮固定能力、对于病虫害的缓冲能力，以及是否能提供对可分解有害化学物质的微生物友善的环境。稳定优质的土壤生态系统如图 4-2 所示。

土壤生态系统的功能是土壤生物与土壤环境相互作用的结果。生态学家从生物地球化学观点出发，认为土壤是地球表层系统中，生物多样性最丰富且生物地球化学的能量交换、物质循环（转化）最活跃的生命层。环境科学家认为土壤是重要的环境因素，是环境污染物的缓冲带和过滤器。农业科学工作者和广大农民认为土壤是植物生长的介质，更关心影响植物生长的土壤条件，土壤肥力供给、培肥及持续性。土壤学家和农学家则更多地关注发育于地球陆地表面能生长绿色植物的疏松多孔结构表层。

4.1.1.2　土壤污染

人类活动对土壤环境产生了极大的负面影响，主要包括：土壤侵蚀、荒漠化、酸化、营养贫瘠、污染等。从广义上讲，土壤环境问题包括土壤荒漠化、盐渍化、侵蚀等退化过程和土壤污染。土壤污染，是指因人为因素导致某种物质进入陆地表层土壤，引起土壤化学、物理、生物等方面特性的改变，影响土壤功能和有效利用，危害公众健康或者破坏生态环境的现象。

土壤污染源有自然污染和人为污染两大类。自然界中，在某些自然矿床中元素和化合物富集中心周围往往形成自然扩散圈，使附近土壤中某些元素的含量超出一般土壤含

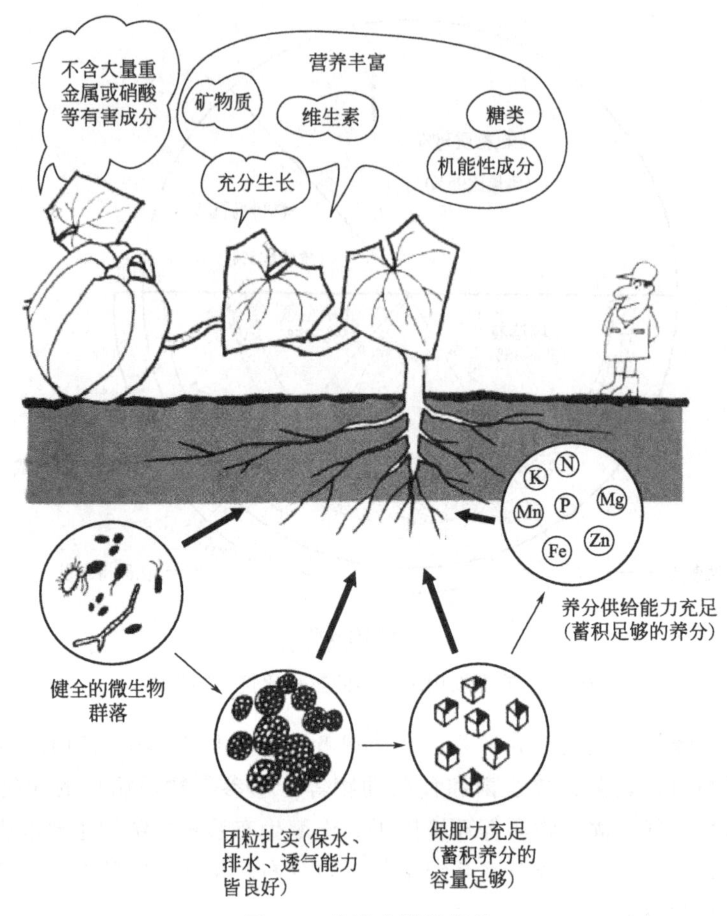

图 4-2　优质土壤的条件

量，这类污染称为自然污染。而工业、农业、生活和交通等人类活动所产生的污染物，通过水、气、固等多种形式进入土壤，统称为人为污染。人为污染源是土壤环境污染研究的主要对象。

我国的土壤污染是在经济社会发展过程中长期累积形成的，主要原因包括：

① 工矿企业生产经营活动中排放的废气、废水、废渣是造成其周边土壤污染的主要原因。尾矿渣、危险废物等各类固体废物堆放等，导致其周边土壤污染。汽车尾气排放导致交通干线两侧土壤铅、锌等重金属和多环芳烃污染。

② 农业生产活动是造成耕地土壤污染的重要原因。污水灌溉，化肥、农药、农膜等农业投入品的不合理使用和畜禽养殖等，导致耕地土壤污染。

③ 生活垃圾、废旧家用电器、废旧电池、废旧灯管等随意丢弃，以及日常生活污水排放，造成土壤污染。

④ 自然背景值高是一些区域和流域土壤重金属超标的原因。

土壤是环境污染物的“汇”和“源”。土壤污染具有以下特点：

① 隐蔽性或潜伏性。污染物在土壤中长期积累，要通过长期摄食由污染土壤生产的植物产品的人和动物的健康状况才能反映出来，不像大气和水污染那样容易为人们察觉，如 20 世纪 60 年代发生在日本的公害事件“富山骨痛病”，经过十到二十年后才知道是由炼锌厂排放的含镉废水通过污水灌溉进入稻田，当地居民食用了富集镉的“镉米”引起的。

② 不可逆性和长期性。重金属污染物进入土壤环境后，与复杂的土壤组成物质发生一系列迁移转化作用，不可逆的部分最终形成难溶化合物沉积在土壤环境中，因此土壤一旦遭受污染极难恢复，如某污灌区发生镉污染造成大面积的土壤毒化、水稻矮化、稻米异味等，经过十余年的艰苦努力，包括采用客土、深翻、清洗、选择品种等各种措施，才逐渐恢复部分土壤生产力。

③ 后果的严重性。土壤污染物进入土壤环境后必然通过食物链的迁移转化，影响植物产品和动物产品的质量与食品安全，最终会影响到人类的健康和安全。

④ 污染持久性强。许多有机磷或有机氯农药在自然土壤环境中具有持久性。《斯德哥尔摩公约》公认的22种POPs中就有13种是农业上使用的杀虫剂，包括艾氏剂、氯丹、滴滴涕、狄氏剂、异狄氏剂、七氯、灭蚁灵、毒杀芬、α-六氯环己烷、β-六氯环己烷、十氯酮、林丹和硫丹等。虽然目前已经禁止生产和使用，但以往长期、大量地使用，使这些污染物在土壤和水里残存了几十年，还会在很长的一段时间内继续影响土壤质量。

4.1.1.3　土壤污染防治国家政策

土壤环境质量，直接关系到人居生活质量及民众的生命健康。我国十分重视土壤污染防治问题，近年先后出台了一系列相关政策、法规及标准等规范性文件，在完善政策法规、建立管理体制、明确责任主体等方面取得了可喜的进展，我国土壤污染防治领域目前已经初步建立起一套完整的法规标准体系。

《中华人民共和国土壤污染防治法》明确要求：土壤污染防治应当坚持预防为主、保护优先、分类管理、风险管控、污染担责、公众参与的原则。《土壤污染防治行动计划》(简称“土十条”）是为了切实加强土壤污染防治，逐步改善土壤环境质量而制定的法规。规定工作目标是到2020年，全国土壤污染加重趋势得到初步遏制，土壤环境质量总体保持稳定，农用地和建设用地土壤环境安全得到基本保障，土壤环境风险得到基本管控。到2030年，全国土壤环境质量稳中向好，农用地和建设用地土壤环境安全得到有效保障，土壤环境风险得到全面管控。到本世纪中叶，土壤环境质量全面改善，生态系统实现良性循环。此外，为加强工矿用地土壤和地下水环境保护监督管理，防治工矿用地土壤和地下水污染，生态环境部颁布实施《工矿用地土壤环境管理办法（试行)》。《污染地块土壤环境管理办法》实施的主要目的是要求污染地块责任人应制定风险管控方案，移除或者清理污染源，防止污染扩散；对需要开发利用的地块应开展治理与修复，防止对地块及周边环境造成二次污染。

国务院生态环境主管部门根据土壤污染状况、公众健康风险、生态风险和科学技术水平，并按照土地用途，制定国家土壤污染风险管控标准，加强土壤污染防治标准体系建设。为保护农用地土壤环境，管控农用地土壤污染风险，保障农产品质量安全、农作物正常生长和土壤生态环境，我国制定了《土壤环境质量　农用地土壤污染风险管控标准（试行)》(GB 15618—2018)，规定了农用地土壤污染风险筛选值和管制值，以及监测、实施与监督要求；为加强建设用地土壤环境监管，管控污染地块对人体健康的风险，保障人居环境安全，制定了《土壤环境质量　建设用地土壤污染风险管控标准（试行)》(GB 36600—2018)，规定了保护人体健康的建设用地土壤污染风险筛选值和管制值，以及监测、实施与监督要求。

我国土壤环境质量标准值中，农用地土壤污染风险的必测基本项目包括Cd、Hg、As、Pb、Cr、Cu、Ni和Zn等重金属以及六六六、滴滴涕和苯并芘三种农药中常见的有机污染物；对于建设用地，必测的基本项目还包括四氯化碳、氯仿、甲苯等27种挥发性有机物，硝基苯、苯胺等11种半挥发性有机污染物；根据土地之前的利用情况与周边环境，考虑的其他增测项目还有石油烃类、有机农药类（如阿特拉津、敌敌畏等）、多氯联苯、多溴联苯和二噁英类等。

4.1.2 污染土壤修复技术简介

污染土壤修复是指通过各种技术手段促使受污染的土壤恢复或部分恢复其基本功能和重建生产力，降低土壤环境风险、削减土壤环境中污染物危害程度的过程。对污染土壤实施修复，对于阻断污染物进入食物链，防治污染物对人体健康造成损害，促进土地资源的保护与可持续发展具有重要现实意义。

我国土壤污染风险管控和修复，包括土壤污染状况调查和土壤污染风险评估、风险管控、修复、风险管控效果评估、修复效果评估、后期管理等活动。

土壤污染风险管控标准是强制性标准。在特定土地利用方式下，建设用地土壤中污染物含量超过建设用地土壤污染风险管制值的，对人体健康通常存在不可接受风险，应当采取风险管控或修复措施。农用地土壤中污染物含量超过农用地土壤污染风险管制值的，食用农产品不符合质量安全标准的农用地土壤污染风险高，原则上应当采取严格管控措施。实施风险管控、修复活动，应当因地制宜、科学合理，提高针对性和有效性。

我国土壤修复按污染类型分为农田修复、污染场地修复和矿山环境修复等。

污染土壤修复方法的种类颇多，从修复的原理来考虑大致可分为物理方法、化学方法以及生物方法三大类。物理修复是指以物理手段为主体的移除、覆盖、稀释、热挥发等污染治理技术。化学修复是指利用外来的，或土壤自身物质之间的，或环境条件变化引起的化学反应来进行污染治理的技术。

土壤修复是一项系统工程，需要综合考虑各方面因素，选择系统化解决方案，采用的技术将可能涉及环境科学/工程、水文地质学、物理、化学、化工、生态学、生物学、材料学等多个领域和学科，具有技术复合型的特点。

4.1.3 地下水与地下水污染现状

地下水作为地球上重要的水体，与人类社会有着密切的关系。地下水的贮存犹如在地下形成一个巨大的水库，以其稳定的供水条件、良好的水质，而成为农业灌溉、工矿企业以及城市生活用水的重要水源，成为人类社会必不可少的重要水资源，尤其是在地表缺水的干旱、半干旱地区，地下水常常成为当地的主要供水水源。

（一）地下水改善

地下水是指赋存于地面以下岩石空隙中的水，狭义上是指地面以下饱和含水层中的重力水。在国家标准《水文地质术语》(GB/T 14157—93）中，地下水是指埋藏在地表以下各种形式的重力水。主要包括三个方面，一是指与地表水有显著区别的所有埋藏在地下的水，特指含水层中饱水带的那部分水；二是向下流动或渗透，使土壤和岩石饱和，并补给泉和井的水；三是在地下的岩石空洞里、在组成地壳物质的空隙中储存的水。

地下水的存在形式主要有①气态水：以水蒸气状态存在于未饱和岩石空隙中的水；②液态水：据水分子是否被岩石固体颗粒表面吸引，又可分结合水（强结合水，$2000kg/m^3$；弱结合水，$1300\sim1774kg/m^3$）和重力水（饱和、非饱和带中毛细水也属于重力水）(图 4-3)；③固态水（冻结区和季节冻结区）；④矿物结合水：存在于矿物内部的水。

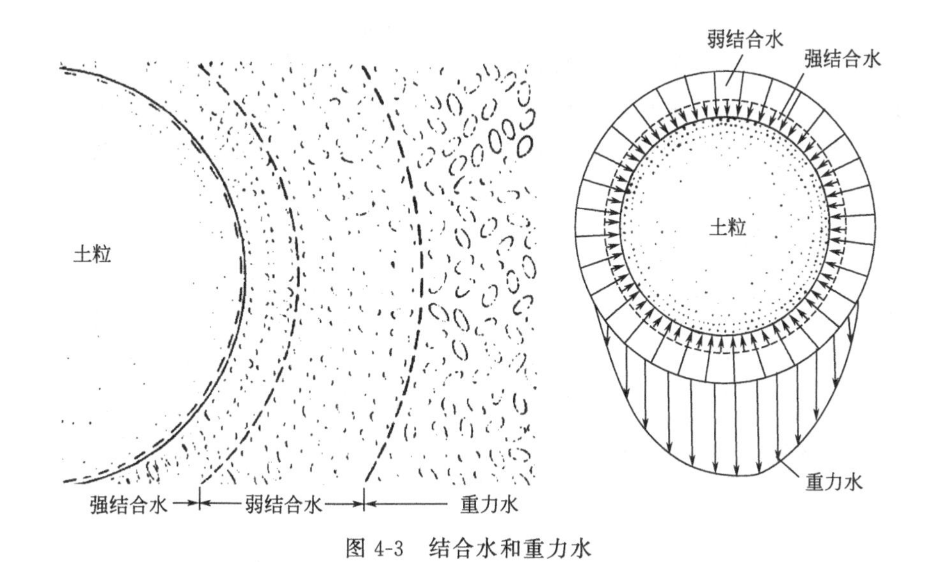

图 4-3　结合水和重力水

地下水虽然埋藏于地下，难以用肉眼观察，但它像地表上河流湖泊一样，存在集水区域，在一定的水文地质条件下，汇集于某一排泄区的全部水流，自成一个相对独立的地下水流系统。处于同一水流系统的地下水，往往具有相同的补给来源，相互之间存在密切的水力联系，形成相对统一的整体；而属于不同地下水流系统的地下水，则指向不同的排泄区，相互之间没有或只有极微弱的水力联系。

绝大多数地下水的运动属层流运动。在宽大的空隙中，如水流速度高，则易呈紊流运动。地下水体系作用势是指单位质量的水从位势为零的点，移到另一点所需的功，是衡量地下水能量的指标。根据 Richards 的测定，发现势能（Φ）是随距离（L）呈递减趋势，并证明势能梯度（$-\mathrm{d}\Phi/\mathrm{d}L$）是地下水在岩土中运动的驱动力。地下水总是由势能较高的部位向势能较低的方向移动。

（二）地下水污染物和污染特征

我国地下水水质污染物比较复杂，包括重金属、化合物、天然污染物等。随着我国工业化进程加快，人工合成的各种化合物投入施用，地下水中各种化学组分正在发生变化。《地下水质量标准》(GB/T 14848—2017) 将地下水质量指标划分为常规指标和非常规指标，并根据物理化学性质做了进一步细分，所确定的分类限值充分考虑了人体健康基准和风险。其中，常规指标包括：

① 感官性状及一般化学指标 20 项，分别为色（铂钴色度单位）、嗅和味、浑浊度（NTU）、肉眼可见物、pH、总硬度（以 $CaCO_3$ 计）、溶解性总固体、硫酸盐、氯化物、铁、锰、铜、锌、铝、挥发性酚类（以苯酚计）、阴离子表面活性剂、耗氧量、氨氮、硫化物和钠；

② 微生物指标为总大肠菌群和菌落总数 2 项；

③ 毒理学指标 15 项，分别为亚硝酸盐、硝酸盐、氰化物、氟化物、碘化物、汞、砷、硒、镉、六价铬、铅、三氯甲烷、四氯化碳、苯和甲苯。

④ 放射性指标为总 α 放射性和总 β 放射性 2 项。

凡是在人类活动的影响下，地下水水质变化朝着水质恶化方向发展的现象，统称为“地下水污染”。不管此种现象是否使水质恶化达到影响其使用的程度，只要这种现象一发生，就应称为污染。至于在天然地质环境中所产生的地下水某些组分相对富集及贫化而使水质不合格的现象，不应视为污染，而应称为“地质成因异常”。所以，判别地下水是否污染必须具备两个条件：第一，水质朝着恶化的方面发展；第二，这种变化是人类活动引起的。

进入地下水的污染物有来自人类活动的，有来自自然过程的。地下水污染的人为原因主要有：工业废水向地下直接排放，受污染的地表水侵入到地下含水层中，人畜粪便或因过量使用农药而受污染的水渗入地下等。污染的结果是使地下水中的有害成分如酚、铬、汞、砷、放射性物质、细菌、有机物等的含量增高。污染的地下水对人体健康和工农业生产都有危害。

地下水污染途径是多种多样的，大致可归为四类。①间歇入渗型。大气降水或其他灌溉水使污染物随水通过非饱水带，周期性地渗入含水层，主要是污染潜水。固体废物淋滤引起的污染，即属此类。②连续入渗型。污染物随水不断地渗入含水层，主要也是污染潜水。废水聚集地段（如废水渠、废水池、废水渗井等）和受污染的地表水体连续渗漏造成地下水污染，即属此类。③越流型。污染物是通过越流的方式从已受污染的含水层（或天然咸水层）转移到未受污染的含水层（或天然淡水层）。污染物或是通过整个层间，或是通过地层尖灭的天窗，或是通过破损的井管，污染潜水和承压水。地下水的开采改变了越流方向，使已受污染的潜水进入未受污染的承压水，即属此类。④径流型。污染物通过地下径流进入含水层，污染潜水或承压水。污染物通过地下岩溶孔道进入含水层，即属此类。

地表以下地层复杂，地下水流动极其缓慢，因此，地下水污染具有过程缓慢、不易被发现和难以治理的特点。地下水一旦受到污染，即使彻底消除其污染源，也得十几年，甚至几十年才能使水质复原。

地下水污染与地表水污染有一些明显的不同：由于污染物进入含水层，以及在含水层中运动比较缓慢，污染往往是逐渐发生的，若不进行专门监测，很难及时发觉；发现地下水污染后，确定污染源也不像地表水那么容易。更重要的是地下水污染不易消除。排除污染源之后，地表水可以在较短时期内达到净化；而地下水，即便排除了污染源，已经进入含水层的污染物仍将长期产生不良影响。

地下水与土壤污染互为因果（图 4-4）。一方面，土壤是地下水污染的重要媒介，工业企业、垃圾填埋场、矿山开采等污染源产生的污染物可通过地表污水从土壤入渗进入地下，污染物或被污染的土壤可在大气降水或灌溉水的入渗淋滤下污染地下水；另一方面，地下水中的污染物也可通过地下水水位的波动或毛细作用进入土壤。因此，一旦污染发生，通常引

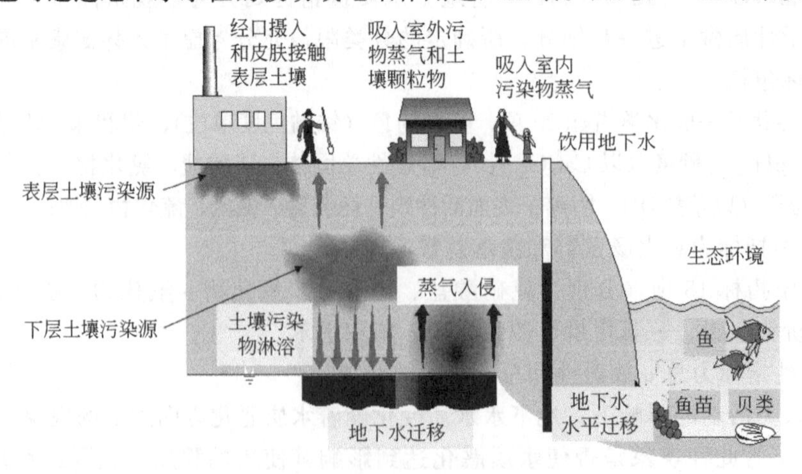

图 4-4 土壤与地下水污染途径

发土壤和地下水双重污染。土壤污染是浅层地下水污染的一个重要来源，土壤中的一些污染物容易淋溶或随渗水进入地下水，日积月累造成浅层地下水水质变差，最终导致污染。

与地表水相比，地下水污染隐蔽性强、延时性突出，还具有不可逆转性。这些特点决定了地下水污染治理比较困难，污染物难以清理，特别是重金属污染物无法短期内实现降解。地下水污染防治和修复并非一蹴而就，复杂性和长期性并存，当前最重要的任务就是要避免地下水污染的继续扩大，需要从源头上对风险源和污染源进行控制，遏制地下水水质恶化。

4.1.4 污染地下水修复简介

地下水修复指的是采用物理、化学或生物的方法，降解、吸附、转移或阻隔地块地下水中的污染物，将有毒有害的污染物转化为无害物质，或使其浓度降低到可接受水平，或阻断其暴露途径，满足相应的地下水环境功能或使用功能的过程。修复目标是由地块环境调查或风险评估确定的目标污染物对人体健康和生态受体不产生直接或潜在危害，或不具有环境风险的地下水修复终点。污染地下水的修复应兼顾土壤、地下水、地表水和大气，统筹地下水修复和风险管控，采用程序化、系统化方式规范地下水修复和风险管控过程，保证地下水修复和风险管控过程的科学性和客观性。

地下水污染防治与土壤污染防治具有一致性。地下水和土壤污染通常均具有持久性、隐蔽性、复杂性和难修复等特点，一般无法依赖自净过程完成对污染物的消除。因此，土壤和地下水的污染防治思路均以风险管、防、控为主。同时，当采取主动的治理措施应对土壤和地下水污染时，针对两者的修复治理过程又密不可分。从整体系统的角度，打通地上地下，推进土壤污染和地下水污染的协同防治，有助于实现生态系统综合管理，有效处理二者存在密切关联的复杂问题；有助于进一步理顺关系，解决职能交叉问题，有效形成土壤与地下水污染防治的合力。

此外，污染物还能够在水土之间、地表和地下之间转移。地表水、地下水和土壤是自然循环的三个部分，物质和能量之间是相互转化的关系，三者在生态系统、功能、环境等方面也是有内在联系的。因此，地表水、地下水、土壤三者的协同共治是必要的。基于此，地下水治理和修复必须要着眼于大格局，在水资源保护和水土生态系统维持的基础上，加大三者的协同治理力度。

4.2 退化土壤的生物修复

土壤退化是指在各种自然，特别是人为因素影响下所发生的土壤数量、质量及其可持续性下降，主要表现为土壤物理、化学及生物学性能的降低，包括土壤的荒漠化、侵蚀、板结、盐渍化、酸化等。退化过程对环境质量的影响直接关系到人类生存环境和可持续发展。目前人为导致的土壤退化问题已严重威胁到全球农业发展的可持续性。联合国2015年发布《世界土壤资源状况》指出，侵蚀每年导致250亿～400亿吨表土流失，导致作物产量、土壤的碳储存和碳循环能力降低。侵蚀还造成养分和水分明显减少，谷物年产量损失约760万吨，如果不采取行动减少侵蚀，预计到2050年谷物总损失量将超过2.53亿吨。而土壤的盐渍化也能导致作物减产甚至颗粒无收，现在人为因素引起的盐渍化影响了全球大约76万平方公里的土地。

土壤的再生能力极低，约300年才能形成1cm的新土。因此人为提高土壤的质量成为最实际的手段。通过人工措施重新构建生物群落，可有效改善土壤质量，保持“地力常新”。

4.2.1 生物对土壤物理、化学及生物学性质的影响

(1) 生物对土壤物理性质的影响

土壤物理性质的退化主要表现为其结构稳定性、通气性或持水性的降低，对植物、农作物的根系发展与生长产生极大的负面作用。植物群落的建立对土壤物理性质的作用有：

① 增加地表覆盖率，减少降雨影响，能极大改变地表的覆盖情况，减少较细小的颗粒（黏粒）的淋溶现象，使得土壤颗粒的级配更为合理；

② 植物根系一方面具有固土的作用，另一方面可以增加土壤中大孔的比例，有利于水分的渗透；

③ 生物在新陈代谢过程中会增加土壤的有机质，提高土壤的保肥、保水的性能。

(2) 生物对土壤化学性质的影响

生物可以优化土壤的养分组成以及酸碱平衡。通常生物在土壤上的活动以及生物群落的构建和演替，可以提升土壤营养元素的含量，提高养分的生物有效性。通过生物自身生命活动将大气中游离态的氮转变为植物可利用的化合态的氮，即生物固氮，是最典型的增加土壤肥力的方式。生物固氮主要可分为两种：具有固氮酶的细菌和蓝藻可以单独将大气中的N_2变为NH_4^+，这种方式称为“非共生固氮”；另外，许多豆科植物与根瘤菌可以“共生固氮”。据估算，来自非共生固氮的氮输入量大约为10～25kg/(hm^2·a)，而来自共生固氮的可达60～600kg/(hm^2·a)，相当于全球每年约有1.4×10^8t的氮是生物过程合成的，是人工氮肥产量的3.5倍。

此外，生物体中P、Ca、Mg等其他大量营养元素亦会随着生物的死亡，被微生物分解、矿化后进入土壤，成为土壤养分的重要补充来源。微生物活动在这个过程中起着至关重要的作用，微生物的活性可以提升土壤养分的有效性。有研究表明90%以上的C、N的矿化和固定是由土壤微生物来完成的。植物根系、土壤动物及微生物所产生并分泌的酶也可以促进矿化过程。

土壤酸碱性失衡一般表现为土壤的盐渍化或酸化。植被对盐渍土的改良主要是通过减少水分蒸发，降低地下水位从而阻碍土壤溶液及其中的盐分向上迁移。部分耐盐碱植物也可以吸收一定量的盐分，减少表层土壤中盐类的总量。同理，种植耐酸植物，也能降低土壤的酸化程度。此外，生物死亡后所产生的有机质中的功能团可以吸附酸性土壤中的Al^{3+}，降低其溶解度，降低附近流域的生态风险。

(3) 生物对土壤生物学性质的影响

土壤微生物是土壤物质循环的重要调节者，也是控制生态系统中C和N以及其他营养成分循环的关键。此外，土壤酶是土壤中另一种生物活性物质，主要参与动植物残体的分解转化、腐殖质的合成与分解以及某些无机物质的氧化与还原，对土壤有机质的形成以及营养元素的矿化有着重要的作用。由于土壤微生物和土壤酶状况决定了土壤持续供给有效物质和能量的能力，因此这两者是重要的土壤生物性质。

土壤微生物和植物有着互相依赖、互相促进的关系。植被的状况对土壤微生物数量、种类组成和多样性有着重要作用。植被的存在和种群的优化会极大改变地表水热条件，改善土壤局部微环境，同时植物产生的凋落物增加了微生物营养物质的来源。此外，动植物的多样

性增加和枯枝落叶层的形成，会增加群落的空间层次，使得更多种类的微生物能找到适合生存的微环境。因此随着生物群落的建立和优化，物种多样性会得到很大提高。

土壤酶是由植物根系以及土壤动物和微生物在生命活动过程中分泌到土壤中的具有生物活性的催化物质。通常生物多样性的增加会提高土壤酶的多样性，而提高生物生命活动强度则能有效提高土壤酶活性。研究发现表层土壤的土壤酶活性远远大于深层土壤，特别是在植物根际区，说明植物根系以及表层土、水、肥、气、热的条件有利于微生物生长。植物根部所产生的根系分泌物对土壤的生物学性能影响深远，主要有两种途径：

① 为微生物生长繁殖提供营养源，根系所释放的有机化合物可促进根际微生物生长；

② 根系可释放一系列次生代谢物质，通过直接（产生毒素、化感物质）或者间接（改变土壤化学、微生物特征和营养吸收、营养级联关系）等方式，与土壤其他生物形成复杂且强烈的地下化学通信与交流（种间作用，化感效应，病虫害抗性，根系识别，病原菌抑制，根瘤菌、根际促生菌、菌根真菌共生关联），这在很大程度上调控了植物与有机生命体的相互关系，并对生态系统结构和功能（如物种共存、群落演替等）产生重要的影响（图 4-5）。

图 4-5　植物与其他有机体之间地下生物化学交流

1—植物分泌酚类物质抑制邻近植物的萌发（化感作用）；2—根系释放含硫化合物诱发昆虫幼虫取食植物根系；3—根系分泌物影响根际细菌的定植及根瘤菌结瘤因子的形成；4—根系分泌物诱导囊肿线虫孵化并吸引根系周围的线虫幼虫；5—根系最顶端的根冠是释放化学物质最活跃的区域；6—根系分泌物中的独脚金内酯诱导丛枝菌根真菌的分枝；7—寄主植物释放独脚金内酯诱导寄生植物的萌发

（图片来源：Van Dam and Bouwmeester，Trends in plant science，2016）

由此可见，退化土壤常常在物理、化学以及生物性质的某一方面甚至多个方面有极大的缺失。人工恢复生物群落，建立和优化健康的生态系统，可以使内部环境得到改善，修复土壤环境。

4.2.2 生物对水土流失的防治作用

水土流失是土壤及其母质在降水和径流的作用下，发生破坏、迁移和沉积的过程。严重的水土流失会导致生态环境的退化，土地生产力大大降低甚至丧失，甚至可能造成泥石流、河道淤积等生态灾害。对水土流失的防治措施最广泛使用的有工程措施、农业技术措施以及生物措施。其中利用生物手段是最为根本，也是最为有效的措施。生物通过减小降水以及地表径流对地表的作用力，从而减小水土流失的外界驱动力。同时，生物可以改变土壤结构，加强土壤自身抵抗侵蚀的能力。

(1) 生物对土壤水分的涵养作用

生物群落对土壤水分的涵养功能主要是通过生物群落对降水进行截流和再分配，促进水分下渗，同时建立一个较为稳定的土壤水库和生物水库。许多研究和实践发现，植被被破坏后，会影响土壤的物理、化学以及生物性质，从而影响到土壤的蓄水和保水能力。首先，降水过程中，通过地表植物群落的作用，可以使得很大一部分水分被截留，从而在一定程度上避免或减少了地表径流的产生。其次，植被影响着土壤的渗水能力，植被被破坏后，根系活动降低，加之凋落物层减少、土壤孔隙度降低，使土壤的渗水能力降低。此外，植被变化会影响土壤孔隙分布以及孔隙率。当植被被破坏，土壤大孔隙比例增加，孔隙率下降，持水能力下降，导致蓄水量减少。

(2) 植物群落对地表径流的调节作用

植物群落对地表径流的流量和时间尺度上的分配有着重要影响，特别是森林系统对降雨径流有较强的调节、转换和再分配的功能。良好的植物群落能减少地表径流的总流量，增加地下径流的流量和停留在土壤中的水量。

良好的生态系统尤其是森林生态系统在丰水期能像海绵一样大量吸取水分，建立一个水分“缓冲库”存在系统内，在枯水期将会补充地表径流，以维持径流的平衡。植被覆盖良好的生态系统地表径流常年较为稳定，洪枯比（最大流量与最小流量的比值）较低（表 4-1）。反之，当植被被破坏后，流域会出现丰水期洪峰径流增加，枯水期径流量减少甚至断流，地表径流洪枯比增大的现象。如我国岷江上游的森林经过 1950—1978 年的砍伐后，森林覆盖率下降了 15%，导致洪枯比增加了 1.4 倍。

表 4-1 多林区和少林区的河流洪枯比

林区	多林区				少林区		
河流名	亚马逊河	松花江	多瑙河	印度河	黄河	辽河	永定河
洪枯比	3	3.6	10	49	5600	9000	40000
含沙量/(kg/m^3)	0.06	0.16	0.14	2.08	37	6.86	60.8

(3) 植物根系的固土作用

植物通过根系在土体中穿插、缠绕、固结，使土体抵抗风化吹蚀、流水冲刷和重力侵蚀的能力增强，从而有效地提高土壤的抗侵蚀性能。根系能将土壤的单粒粘结起来，同时也能将板结密实的土体分散，并通过根系自身的腐解和转化合成腐殖质，使土壤有良好团粒结构和孔隙状况，从而提高了土壤的抗蚀性。此外，根系在土体内生长时，根道周围土壤相对密度、内聚力、剪胀力和摩擦力增加；根面凹凸不平增加根-土之间的接触面积，使摩擦力增加；根系分泌物有利于土壤颗粒间的胶结。这些作用大大提高含根土体的抗剪强度，从而提高抗冲力。例如，直径为0.6mm的节节草根抗剪强度可达22.32MPa，为Ⅰ级钢筋抗拉强度的十分之一，对土体产生显著的根系“加筋作用”。

不同植物种类对于固土作用的贡献大小不同，贡献大小与根系特征，即根量及根系深度有着密切关系。云杉能固持30～50cm的土层，山毛榉固持的土层能达到1.5～2m。某些草本植物如紫花苜蓿的根系能穿透很深的土层，但绝大多数草本植物的生根深度不超过20～30cm。对植物根系加固边坡作用规律进行模拟分析后发现，随着根的长度增加，边坡稳定性安全系数也逐渐提高。在一定范围内，根的数量越多，边坡稳定性和安全系数也越高。

(4) 生物群落对土壤抗蚀、抗冲能力的影响

降雨具有的溅激力是导致水土流失发生的外界驱动力之一。生物群落可以有效地降低降雨的动能，减少雨滴对土壤的溅激力。植物林冠具有截流缓冲降雨的功能，一个具有良好群落结构的森林植物群落可以截流65%以上的降雨，大大减少了直接落到地表的降雨量，从而达到了固土保土的作用。一个植物群落可简单分成三层：最高的乔木层、灌木草本层以及地面的枯枝落叶层。降雨到达乔木层时分成两部分：一是林冠截流，沿着树干成为径流到达土壤；二是被林冠缓冲后，动能减少后滴至地面。根据估算，黄土高原森林植被的林冠截流量占大气降雨量的15%～35%，树干径流量占2%～5%。因林冠截流作用和树干径流所削减的降雨功能占降雨总功能的17%～40%。同理，灌木草本层对降雨功能的影响也可以分为两部分：一为截流降雨所减少的降雨动能，其数量大约为大气降雨功能的2%～15%；二是通过该层滴向地表土壤的部分，由于灌木草本层距地面较近，穿过该层的降雨功能被显著削减。枯枝落叶层可以截流7.5%～20.9%的大气降雨，由于其直接覆盖在地表，透过该层的降雨已经失去动能。

枯枝落叶层还具有提高表土抗冲能力的作用。研究结果显示，在相同条件下，土壤冲失量随枯枝落叶层厚度增加而减少。无植被的农田土覆盖1cm的枯枝落叶层后，其冲失量可以减少80%以上，覆盖2cm后，可以减少90%以上；刺槐林地土壤覆盖1cm枯枝落叶层时，冲失量比无枯枝落叶层减少了47.1%；沙棘林地土壤加盖1cm枯枝落叶层后，土壤冲失量可减少56.9%。由此可见，地表的枯枝落叶对表土的保护和固定有着重要作用。

4.2.3　生物对荒漠化土壤的改良作用

土地荒漠化指包括气候变异和人类活动在内的各种因素造成的干旱、半干旱和干旱亚湿润区的土地退化。对于沙尘暴的生物防治来说，采用较多的方法就是构建防护林。营造防护林一方面能增加林业生产，另一方面能改善水分循环、防治风沙、防旱、防霜、防碱、改良农田、保障水利。

林带可以对当地的小气候带来显著变化，主要包括以下四个方面。

① 对光照的作用。植物对其生存的小气候的光照强度具有改良作用。太阳光能照射在防护林上，通过防护林对光的截留、反射和吸收作用，只有少数光能直接到达地面，造成林下较荫蔽的小环境。

② 对温度的作用。由于林带的遮阴作用和太阳辐射能被蒸腾作用大量削减，防护林间

与空旷地的温度差异较大。

③ 对湿度的作用。由于防护林能减小风速和乱流交换作用，土壤与植物蒸发出来的水汽更容易得以保持。因此林间带的空气湿度通常高于空旷地。而对土壤湿度而言，由于植物根系吸收了大量的水分，林间带的土壤表层湿度高，而土壤深层含水量却低于空旷地（表 4-2）。

表 4-2 林带内外土壤含水率比较

观测点	土层深度/cm		
	0～5	10～20	20～40
林内含水率/%	1.49	2.52	2.78
空地含水率/%	0.84	3.28	4.31

④ 林带对于小气候最显著的影响是使风速和乱流交换减弱。当风吹向林带时，气流受到林带的阻挡，一部分从林带间隙透过，气流结构被改变，强度降低。另一部分则从林带上空越过，也因树冠摩擦而减弱。随着离背风林缘距离的增加，风速又逐渐增大，在林高的 25～30 倍处，恢复到原来的风速水平。

我国先后实施的三北防护林工程、防沙治沙工程、水土流失综合治理工程等一系列重大生态工程建设，使得沙化土地得到一定程度的治理。其中三北防护林工程是世界上最大的生态工程，从 1978 年开工到 2013 年，工程区森林覆盖率从 5.05%上升至 12.4%，累计治理沙化土地 27.8 万平方公里，已在局部地区减缓了沙化扩展，改善了当地土壤环境。

4.2.4 生物对盐渍化土壤的改良作用

盐土、碱土及各种盐化、碱化土壤一般统称为盐渍土，主要分布于旱区和半干旱区域。全世界盐渍土面积约 897.0 万平方公里，约占陆地总面积的 6.5%。我国盐渍土分布广泛，西北、华北、东北及沿海是盐渍土的主要集中分布地区，耕地中也有大量盐渍化土壤分布。盐渍土中的盐分积累是地表地球化学过程的结果。在气候干旱、地下水位高且排水不畅的地区，表土蒸发量大，土壤水垂直运动强烈，将下部盐分带至土壤表层聚积，导致表层土壤盐渍化。盐渍土中聚积的盐类一般由 Na^+、Ca^{2+}、Mg^{2+} 三种阳离子和 Cl^-、SO_4^{2-}、HCO_3^-、CO_3^{2-} 四种阴离子组成，其中对土壤肥力影响大且危害植物最明显的是可溶性盐，包括 $NaCl$、Na_2SO_4、Na_2CO_3 和 $NaHCO_3$ 等。

盐生植物是指在盐渍生境（含有至少 3.3×10^5 Pa 渗透压盐水的生境）中，能生长的自然植物区系。据统计，全世界盐生植物的种类已超过 1560 种，而中国现有的盐生维管植物共 423 种，分属 66 科，199 属。常见的有碱蓬属（*Suaeda*）植物、滨藜属（*Atriplex*）植物、盐穗木属（*Halostachys*）植物、白花丹科的补血草属（*Limonium*）植物、柽柳科的柽柳属（*Tamarix*）植物、禾本科的獐茅属（*Aeluropus*）植物、马鞭草科的海榄雌属（*Avicennia*）植物等。

在盐渍土上种植盐生植物，通过植物根系-土壤系统可以改善土壤的理化性质，如增加有机质、提高土壤肥力、改善土壤结构等。还可以回收盐渍土中一定的盐分，减少土壤蒸发，阻止耕作层盐分累积。对于盐碱地有研究结果显示在草甸盐土上种植碱茅，可以降低土壤的 pH，增加孔隙率和团粒结构。研究者对河口滨海盐碱地进行生物修复时发现，种植了盐生植物盐地碱蓬后，根系土壤的可溶性盐分有明显下降，微生物的数量也明显增加，其中细菌、放线菌和真菌分别增加了 2.3 倍、4.3 倍和 71 倍。

4.2.5　生物对营养匮乏土壤的改良作用

生物在退化土壤上的定居、活动以及生物群落的构建和演替，会对土壤盐分状况产生很大的影响，这包括了土壤营养元素含量和养分有效性以及各种养分之间的平衡和协调。生命活动增加了土壤营养元素的来源，主要表现在生命活动可以固定大气中的 N 和 C，经过转化进入到土壤中，生命过程中产生的富含营养物质的生物遗体也为土壤提供了一个养分的重要来源。

种植人工林是广泛使用的改善土壤肥力的措施，这种方法能迅速、有效地改善土壤肥力的状况。表 4-3 是我国部分地区加上人工植被后，退化土地土壤肥力的变化情况。可见，不同植被对土壤有机质、氮、磷等营养元素虽然效果不同，但均有显著提高。

表 4-3　不同植被措施对部分土壤营养元素含量的影响

地点	植被措施	有机质/(g/kg)	全氮/(g/kg)	速效氮/(mg/kg)	速效磷/(mg/kg)
广东电白	裸地	4.5	0.28	—	—
	桉树林	10.6	0.5	—	—
	豆科混交林	18.2	0.99	—	—
	次生裸地	2.7	0.15	20.2	0.9
福建长汀	杨梅林	11.6	0.44	58.6	1.5
	混交林	11.5	0.39	50.6	2.1
	退化地	8.1	0.33	72.4	9.39
云南牟定	云南松林	15.4	0.56	127.6	15.62
	桉树林	12.3	0.52	101.7	14.73
	豆科混交林	12.8	0.84	127.1	12.89

可见，生物对土壤的物理、化学以及生物性质具有直接作用。以植被为代表的生物群体对小气候的形成具有决定性的作用，构建防风林是减少风蚀的重要手段；植物对包括盐渍土、风沙土在内的多种易于侵蚀的土壤具有重要的固定和改良作用；植物与微生物的共同作用还可以增加贫瘠土壤中的营养成分。选择合适的生物类群充分发挥这些作用，是进行环境生物修复的关键所在。总之，采取生物措施改善退化土壤是一种行之有效的方法。

4.3　污染土壤的生物修复

土壤生物修复是指利用土壤中天然的微生物资源或人为投加目的菌株，甚至用构建的特异降解功能菌投加到污染土壤中，将滞留的污染物快速降解和转化，使土壤恢复其天然功能。

污染土壤生物修复的种类很多，根据利用的生物种类可分为微生物修复、植物修复、动物修复以及联合修复。图 4-6 为植物对土壤中重金属与有机污染物的修复途径示意图。根据污染物的种类分为有机污染的生物修复、重金属污染的生物修复和放射性物质的生物修复等。

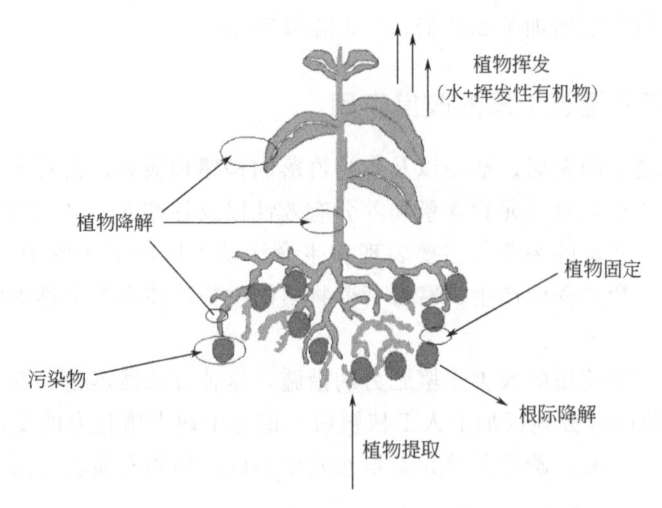

图 4-6　植物对重金属以及有机物污染土壤的修复途径

本章主要对土壤中重金属、农药以及石油等典型污染物的生物修复方法进行介绍。

4.3.1　重金属污染土壤的微生物修复

4.3.1.1　微生物对重金属的稳定化

重金属是指密度大于 5.0g/cm^3 的金属元素，在环境科学中人们通常关注的有汞(Hg)、镉(Cd)、铅(Pb)、铜(Cu)、锌(Zn)、镍(Ni)、钼(Mo)、钴(Co)等。砷(As)、硒(Se)是类金属元素，但其化学性质与环境行为与重金属有众多相似之处。此外随着工农业、生物医学等快速发展，锑(Sb)以及镧系元素、钪、钇等稀土元素亦被认为可能引起新的环境问题。由于重金属毒性差别很大，如铁、锰等毒性低且在土壤中本底值很高，近年来环境科学界、土壤学以及地球化学界对"重金属"这一术语有众多质疑，建议用有毒微/痕量元素(toxic trace elements)。但鉴于"重金属"说法应用广泛，本书依旧沿用这一术语。

微生物活动对重金属的稳定化过程包括微生物对重金属的胞外络合作用、细胞内累积、生物成矿(胞外沉淀作用)，以及氧化还原过程导致重金属沉淀/吸附增强。

(1) 微生物对重金属的吸附和吸收

大多数微生物细胞壁都有结合污染物的能力，这与细胞壁的化学成分和结构有关。例如芽孢杆菌属的菌都具有固定大量金属的能力。研究发现，从芽孢杆菌上分离下来的细胞壁可以从溶液中络合大量的金属元素，当将细胞壁放入含氯化金的水溶液中时，可在细胞壁上通过聚合作用形成微小晶体。这是因为其细胞壁有一层很厚的网状肽聚糖结构，在细胞壁表面存在的磷壁酸和糖醛酸磷壁酸连接到网状的肽聚糖上。磷壁酸的羧基使细胞壁带负电荷，能够与金属阳离子结合。此外，一些微生物如动胶菌、蓝细菌、硫酸还原菌以及某些藻类，能够产生胞外聚合物如多糖、糖蛋白等具有大量阴离子的基团，与重金属离子形成络合物。有研究采用定量结构-活性相关模型(如 Langmuir 模型)研究了酿酒酵母(*Saccharomyces cerevisiae*)对不同金属离子的最大吸附能力，结果为 Pb^{2+}(0.413mmol/g)，Ag^{+}(0.385mmol/g)，Cr^{3+}(0.247mmol/g)，Cu^{2+}(0.161mmol/g)，Zn^{2+}(0.148mmol/g)，Cd^{2+}(0.137mmol/g)，Co^{2+}(0.128mmol/g)，Sr^{2+}(0.114mmol/g)，Ni^{2+}(0.108mmol/g)，Cs^{+}(0.092mmol/g)。除细胞壁外，微生物的荚膜、黏液层等结构对重金属的吸附作用也很强。

此外，微生物也可通过改变重金属的氧化还原状态，使重金属化合价发生变化，重金属的稳定性也相应地变化。研究表明，硫酸盐还原细菌可将硫酸盐还原成硫化物，进而使土壤环境中的重金属产生沉淀而钝化。从被污染的土壤中所分离出的菌种能够将硒酸盐和亚硒酸盐还原为胶体态 Se，将 Pb^{2+} 转化为 Pb，使其毒性减小稳定性增加。由于 As^{3+} 的氧化往往可以降低环境中 As 的迁移性，因此近年来也有研究将 α-变形菌 NT-26 菌株用于 As 的氧化。

(2) 微生物对重金属的胞内累积

有些微生物具有一套有效的解毒机制，能够在细胞内累积高浓度的重金属。重金属进入细胞后，可通过“区域化作用”被分布在细胞内的不同部位，或被转化成毒性较小的化合物。在许多真核微生物，如藻类、酵母和真菌中能够把重金属离子累积于细胞内的某些特殊细胞器中，在这些微生物中，累积的大部分重金属离子存在于小气泡中，它们以离子形态存在或结合在低分子量的聚磷酸上。许多微生物可以合成具有结合重金属能力的胞内蛋白质，这些蛋白质可以催化胞内的重金属离子解毒作用，并可以起到储存和调节胞内金属离子浓度的作用。例如聚球藻属（*Synechococcus*）能够产生硫蛋白（metallothionein，MT），这类蛋白质是富含半胱氨酸的低分子质量含硫蛋白，可通过 Cys 残基上的巯基与金属离子结合形成无毒或低毒的络合物。微生物的重金属抗性与 MT 积累呈正相关，这使细菌质粒可能有抗重金属的基因，如丁香假单胞菌和大肠杆菌含抗 Cu 的基因，芽孢杆菌和葡萄球菌含抗 Cd 和 Zn 的基因，产碱菌含抗 Cd、Ni 及 Co 的基因，革兰氏阳性和革兰氏阴性菌种含抗 As 和 Sb 的基因。

(3) 微生物矿化固结重金属

生物矿化作用是指生物的特定部位，在有机物质的控制或影响下，将离子态重金属沉淀为固相矿物的过程。生物矿化作用是自然界广泛发生的一种作用，与地质上的矿化作用不同的是无机相的结晶严格受生物分泌的有机质控制。生物矿化的独特之处在于高分子膜表面的有序基团引发无机离子的定向结晶，可对晶体在三维空间的生长情况和反应动力学等方面进行调控。根据沉淀所生成的化合物类别，微生物的矿化作用可以分为以下几类：

① 产生硫化物沉淀。某些硫细菌能产生 H_2S 与金属反应，生存在不溶于水的硫化物沉淀中，使可溶性的金属从液相分离出来。如产气克雷伯氏杆菌（*Klebsiella aerogenes*）的抗金属菌株能够沉淀 Pb、Hg 和 Cd，使这些重金属生成不溶性的硫化物颗粒。小球藻（*Chlorella*）的菌种能够使 Fe、Cu、Ni、Al 和 Cd 生成不溶性的金属硫化物。

② 产生磷酸盐沉淀。革兰氏阴性细菌柠檬酸杆菌（*Citrobacter*）在磷酸酶作用下分泌大量磷酸氢根离子，在细菌表面与重金属（特别是 Pb、Mn 等）形成矿物。而柠檬酸杆菌（*Citrobacter*）的抗重金属菌株生长在 3-磷酸甘油中可以诱导合成一种磷酸酶，磷酸酶可以催化 Cd、Pb、Cu，形成不溶性的磷酸盐沉淀物。

③ 产生碳酸盐沉淀。尿素酶可以沉淀 $SrCl_2$ 和 $BaCl_2$ 溶液中的重金属离子，得到 $SrCO_3$ 和 $BaCO_3$。在反应初期，沉淀形成均匀的纳米级球状颗粒，而在后期，这些球形颗粒转变为棒状聚集的碱式矿物。此外，利用土壤菌碳酸盐矿化菌在底物诱导下产生的酶化作用，分解产生 CO_3^{2-}，能矿化固结土壤中的包括 Cd^{2+} 在内的有效态重金属，沉淀为稳定态的碳酸盐。这样的矿化作用可使得有效态重金属去除率达到 50%以上。

④ 另有能够产生草酸的真菌，如卧孔属的茯苓（*Poria cocos*）、青霉、曲霉和轮枝孢属（*Verticillium*）等。所生成的草酸能够与重金属起反应，生成不溶性的草酸盐。

4.3.1.2 微生物对重金属毒性的改变

微生物对重金属毒性的改变可从两个方面理解，一是促进重金属的微生物吸收、减少植物摄取，从而降低重金属的生物毒性；二是通过改变重金属离子在环境中的形态，从而改变它们的毒性。

(1) 降低植物对重金属的吸收

在众多的土壤微生物中，菌根真菌对土壤-植物系统中重金属（如 As、Cr、Cd、Cu、Zn 等）的迁移转化产生重要影响。一方面，一些菌根能有效络合金属元素，并在表面吸附或富集。当土壤中重金属含量过高时，菌根可增强植物对这些金属离子的耐性，从而减轻植物遭受重金属污染的程度。真菌细胞壁分泌的黏液和真菌组织中的聚磷酸和有机酸等均能络合重金属，降低生物有效性，从而减少重金属向植株地上部的运输量。另一方面菌根可以通过改善植物矿质营养促进植物生长而增强植物对重金属的耐受性。例如，菌根真菌能影响植物对砷的吸收和耐性，在相同土壤砷污染水平下，菌根植物生物量与非菌根植物相比通常显著增加。通常情况下，这主要是因为菌根真菌能促进植物对磷的吸收，进而促进植物生长，降低了植物体内的砷浓度，即对砷产生“生长稀释效应”。菌根还会导致植物体内的砷向地上部的分配比例降低，因而对植物地上部产生保护效应。另外，杜鹃花科菌根真菌能够通过向外释放自身的 As^{3+}，从而降低植物体内砷浓度，提高其对砷的耐受能力。近年来，研究者应用同步辐射 X 射线荧光技术研究发现，铬可以被赋存在菌根植物的维管系统中，表明丛枝菌根促进了植物对铬的区隔化作用，大大降低了植物对铬的吸收和累积。

(2) 改变重金属的化学形态降低毒性

微生物可以通过改变根际土壤中重金属化学形态来降低重金属的毒性。在长期受某种重金属污染的土壤上，生存有很大数量的能够适应重金属污染环境并能氧化或还原重金属的微生物类群，它们对有毒金属离子具有抗性，可以使金属离子发生转化。对微生物自身而言，这是一种很好的解毒作用。Hg、Pb、Sn、Se、As 等金属或类金属离子都能够在微生物作用下通过氧化、还原、甲基化或去甲基化等作用而降低毒性，从而减轻有毒金属对植物根部造成的危害。土壤中进行着多种由微生物驱动或参与的氧化还原反应，这些反应可以直接或间接地影响到土壤中重金属的毒性。如无色杆菌、假单胞菌能使亚砷酸盐氧化为砷酸盐，从而降低 As 的毒性。某些细菌产生的特殊酶能还原重金属，如大肠杆菌能将高毒性的 Cr^{6+} 还原为 Cr^{3+}。有研究认为，抗汞细菌如假单胞菌、大肠杆菌体内存在特殊的 MMR 酶系，能将土壤中的甲基汞、乙基汞、硝基汞还原为元素汞而解毒。日本有研究利用此原理将富汞细菌收集起来，经蒸发、活性炭吸附等方法除去 Hg。

4.3.1.3 微生物挥发

一些微生物可对重金属进行生物转化，改变其形态，并将它从土壤中挥发出去。利用抗汞细菌将甲基汞和离子态汞转化成毒性较小且可挥发的元素汞，已被认为是一种降低土壤汞污染的有效途径之一。如大肠杆菌和荧光假单胞菌等微生物可通过 MerA 和 MerB 两种酶来解除汞的毒害，MerA 把 Hg^{2+} 还原为 Hg^0，后者可挥发进入大气环境。此外，微生物中 MerA 和 MerB 基因已经被成功转入植物，转基因的植物可以将土壤中的无机或甲基汞吸收，再转化为 Hg^0 挥发到大气中，从而达到修复污染土壤的作用。美国有研究以硒的生物甲基化作为基础进行原位生物修复，通过耕作、优化管理、施加添加剂等来加速喜硒的原位生物甲基化，使其挥发来降低加利福尼亚 Resterson 水库里硒类沉积物的毒性，这种生物技术已应用于消除美国西部灌溉农业中的硒污染。

4.3.2 重金属污染土壤的植物修复

植物稳定技术较适用于矿区或者核电站废弃地的污染修复。可以通过大面积种植超累积植物来降低污染物的扩散和危害，或以这些植物作为矿区废弃区植被恢复的先锋种。现被认为最有应用前景的是固化土壤中的铅和铬。需要指出的是植物稳定技术并没有从根本上清除污染物，当环境条件改变时被固化的重金属可能被活化，仍有扩散、渗滤的风险。因此，还需对修复后的土壤环境做全面详实的风险评估与预测。

相较而言，工业废水污水灌溉造成土壤污染的地区重金属基本上累积在土壤表层，处于植物根系可吸收范围内，重金属浓度较低，一般适合于植物修复。而污染土层较深，重金属浓度极高（如某些尾矿污染）的地块则不适合植物修复。

土壤重金属的植物修复主要是利用植物提取方式，技术的关键问题即寻找适当的超累积植物或耐金属植物。超累积植物修复重金属污染土壤时将重金属富集在植物的可收割部分，收割富集重金属的植物部位，经过热处理、微生物、物理或化学处理，即可去除土壤污染。超累积植物是植物提取修复的核心，即能够超量吸收重金属并将其运移到地上部的植物。

目前筛选超累积植物的方法主要有两种：一是从自然界中筛选。在长期处于高污染的环境中寻找耐受型植物，是从自然界中筛选超累积植物的一个常用方法。利用该方法筛选到具有超富集能力的本地植物的可能性较大，也是大量筛选工作的兴趣所在。目前的超累积植物均为在野外矿山开采区或冶炼区发现的，这些区域土壤中的重金属含量一般较高。二是利用突变体技术培育新的植物品种，此方法是将不同植物的不同优良超累积特性集中于同一植物上，其针对性更强，目标也比较明确，研究周期相对较短。但该方法是建立在从自然界筛选工作的基础之上，需要大量的相关植物信息作为目标特性的来源。

超累积植物可同时富集两种或两种以上重金属，对于解决土壤复合污染的问题有着至关重要的作用，同时其复杂的富集机制也成为国内外科研工作者关注的难点和重点。

2001年以蜈蚣草修复As污染土壤的成套技术应用于我国砷污染农田修复。在田间种植条件下，蜈蚣草叶片含砷量高达0.8%。每年的As修复率可达8%以上。研究结果发现，经过3～5年后，土壤As浓度由40～50mg/kg下降至30mg/kg。有力证明了蜈蚣草在砷污染土壤的治理方面具有极大的应用潜力。

2005年，因尾矿坝垮塌导致某矿区污染，污染区土壤As、Cd、Cu、Pb和Zn含量严重偏高，其中As含量最大值可达251mg/kg。当年，在该地开展重金属污染土地的植物修复示范工程，种植蜈蚣草、苎麻和蚕桑等植物，并建立超累积植物与桑树、甘蔗等收获经济作物多种间作修复模式。经过3年的修复后，已经修复污染农田约6.7hm^2，修复后土壤pH由修复前的2～3上升至5～6。并且，修复过程中每亩农田的纯收入达1000～2000元。

如果所富集的元素具有回收价值，还可以进行植物采矿。在蛇纹岩形成的富Ni土壤上种植Ni超富集植物 *Streptanthus polygaloides*（该植物含Ni可达14800mg/kg），施氮、磷和钾肥后可使植物生物量增长5倍，通过焚烧植物回收Ni并利用其热能，收益可以达到甚至超过种植小麦的收益。

虽然植物修复有极大的优势，但在实际工程中也有明显的劣势：①植物生长需要适宜的气候，在温度过低、季节不适宜或一些寒冷地区会受到限制；②修复植物生长周期一般较长，难以满足快速修复污染地块的需求；③污染地块往往是多污染物、多介质的复合体，一般的修复植物主体较难满足修复的要求。

此外，利用植物提取技术时，超累积植物的种类虽多，但在已发现的超累积植物中，可富集性很高、污染严重的 Cd 的较少，大约只有 5 种。而且超累积植物的生物量普遍较小、生长周期长、植株收割后处理难度大；而且土壤中重金属的生物有效性通常较低，能被提取吸收的量有限。

因此总体来说，利用单一植物修复重金属污染土壤有局限性。在实际工程中，更推荐采用联合修复法，如化学-生物联合修复、植物-微生物联合修复等。

4.3.3 重金属污染土壤的植物-微生物联合修复

为增强植物修复的效果，可采用微生物联合植物修复。主要分为以下两类：细菌联合植物修复和菌根真菌联合植物修复。细菌分泌的植物生长调节剂、螯合剂、抗生素等物质能够增强植物的环境适应能力，并且能够有效缓解土壤中重金属的毒性和供给植物营养物质，从而提高植物的修复效率。重金属污染土壤的植物-微生物联合修复作为一种强化植物修复技术逐渐成为国内外研究的热点。

植物和微生物在土壤微生态系统中同时存在并相互影响。这种修复方法利用土壤-微生物-植物的共存关系，充分发挥植物与微生物修复技术各自优势，弥补不足，进而提高土壤中污染物的植物修复效率，最终达到彻底修复重金属污染土壤的目的。

总的来说，植物-微生物联合修复技术是利用了在污染条件下的植物，可以能动地改变根际环境的理化性质来获得在污染环境中生存和生长的机会这一特性。由于根际微生物的种类和数量取决于植物根分泌物的种类和数量，污染条件下根际环境的亚生态关系也相应地重新建立和调整，改变了根际的微环境，反过来影响植物的生长和根系的分泌，直到再创造一个新的、更有利于生存和发展的环境，达到新的平衡。

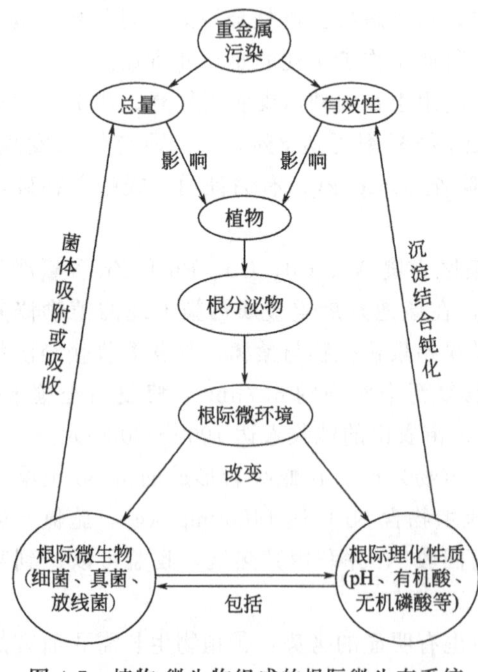

图 4-7 植物-微生物组成的根际微生态系统在固定重金属中的作用

总的来说，根分泌物作用于周围环境形成根际，产生根际效应，而根际微生物对根分泌物也会起到修复作用。根分泌物与根际微生物之间的作用是相互的，通过根分泌物，植物与其根际微生物之间达成了互惠互利的关系：植物为微生物提供能量与营养物质，根际微生物的存在改善了根际的理化条件，有利于植物的生长。在逆境条件下，它们的这种互利关系还突出表现在协同抗性上。首先，根际微生物菌体对金属污染物的吸收、富集和转化作用，减轻了金属对植物造成的压力，减少了植物对重金属的吸收。因此可以说根际微生物的存在加强了根际对金属污染物的屏蔽作用。其次，根分泌物对污染物的结合钝化作用同样减轻了污染物给微生物造成的伤害。在植物根和根际微生物组成的微生态系统中，植物和微生物间的联合增强了彼此在逆境中的存活机会，实现了植物和微生物间的协同抗性作用。图 4-7 以生物稳定化重金属为例展示了植物-微生物组成的根际微生态系统在重金属土壤修复中的作用。

根瘤菌与超累积植物共生被认为是很有应用前景的植物-微生物联合修复方法。根瘤菌可以促进根对重金属的吸收。这是由于菌根表面菌丝体向土壤中的延伸，极大地增加了植物根系吸收的表面积，有的甚至可使根表面积增加几十倍，这种作用增强了植物的吸收能力，也包括对根际圈内污染物质的吸收能力，在污染土壤修复中起着重要作用。近年来研究者经过长期的分离筛选工作，获得了具有丰富多样性的重金属抗性根瘤菌，通过全基因组测序等技术确定了菌株具有重金属抗性，并证明这类具有促植物生长能力的根际微生物对污染环境生物修复具有积极作用。此外，真菌侵染植物根系后改变根系分泌物的数量和组成，进而影响根际圈内重金属的氧化状态，同时也能使根系生物量、根长等发生变化，从而影响重金属的吸收和转移。这是内生菌根真菌对重金属污染土壤修复的间接作用。

4.3.4　重金属污染土壤的动物修复

污染土壤的动物修复指通过土壤动物群的直接或间接作用而修复土壤污染的过程，目前主要用于修复污染土壤的动物是蚯蚓，科研人员集中研究蚯蚓修复重金属污染的土壤。

以往人们更多地利用蚯蚓对污染物的敏感性来为环境保护服务，而忽略了蚯蚓对污染物的耐性。目前，关于蚯蚓对污染物耐性的研究也主要集中在蚯蚓对重金属耐性的研究上。通过对蚯蚓的耐性的研究来探索蚯蚓对重金属的修复。

土壤动物蚯蚓可以通过改善土壤理化性质、增强微生物活性、改变污染物的活性等强化污染土壤的生物修复过程。首先，污染区土壤通常具有恶劣的物理、化学性质，而蚯蚓是改善土壤物理结构、改善土壤通气性和透水性、增强土壤肥力的能手。如果将蚯蚓引入土壤中，将有利于退化的污染土壤生态系统的恢复。并且，污染土壤中的微生物数量减少，活性降低，由于蚯蚓体内能携带各种微生物，如果将蚯蚓引入污染土壤，则随同蚯蚓一起向土壤中引入了各种微生物。由于微生物在降解重金属等污染物中起着举足轻重的作用，所以向污染土壤中引入蚯蚓将有助于重金属等污染物的降解。

根际土壤中动物和微生物之间复杂的交互作用对植物生长和重金属吸收有很大的影响。土壤动物、微生物、植物之间的交互作用，对植物修复技术的进一步发展有重大意义。关于蚯蚓在促进植物生长方面起的积极作用已被大量研究证明。例如，蚯蚓能通过取食、排泄等生命活动影响土壤-植物系统中重金属的化学行为。同时，蚯蚓还能影响土壤微生物存在的种类、数量、活性，而微生物与重金属之间也存在着复杂的相互作用关系，影响着重金属存在的种类和有效性，这进一步表明蚯蚓有可能通过取食、消化和排泄等生命活动以及与微生物的相互作用提高土壤中重金属的生物有效性。

4.3.5　有机物污染土壤的微生物修复

生物抵抗有机物污染可借助于分解和代谢转化作用，改变污染物原有的化学结构，降低污染物的生理活性；或是将亲脂的外源性污染物转变为亲水物质，以加速有机污染物排出。分解与转化的类型包括氧化还原反应、水解反应、烷基化反应以及脱卤、脱烃、羟基化、异构化等反应。生物对有机污染物的分解转化作用涉及许多代谢作用，是许多步反应的综合结果，详见本书第 2 章。

(1) 微生物对土壤中有机农药的降解

土壤中存在大量的微生物，能够对各种污染物进行有效降解，既有一般的毒性降解，也可以对许多有机农药进行完全降解和矿化，生成 CO_2 和 H_2O。可以说，进入土壤中的有机农药主要靠微生物来降解和转化，从而降低农药在土壤中的残留量，达到土壤修复的目的。

改善土壤环境以强化土著微生物的降解效率，筛选对有机农药有降解作用的优势土著微生物并回接到土壤，接种基因工程菌等技术都可以实现对农药污染土壤的微生物修复。

① 改善土壤环境。施用N、P等营养物质、提高土壤通气性、保持适合的土壤含水量等措施是提高土著微生物对有机农药降解效率的有效手段。

② 筛选并优化土著微生物。从污染土壤选育优势菌种，经过扩大培养后接种到污染土壤中的方法较容易实施且收效快、效果好，是一种值得推荐的技术思路。

③ 接种基因工程菌。用质粒育种或通过基因工程手段构建工程菌并接种到污染土壤的方法在环境安全性方面受到较多争议。而且工程菌在实际应用中往往受到土著微生物的排斥而难以发挥其降解功能，甚至不能够在新的环境中存活。

(2) 微生物对土壤中持久性有机污染物的降解

利用细菌降解有机污染物的研究很多，有的在实践应用中已形成了十分成熟的技术，如用于污染土壤修复的堆肥法等。为提高这些方法的处理效率，常常需要采用一些辅助措施，如投入氮素肥料等。根际圈内也存在着大量可降解有机污染物的细菌，除了直接利用自身的代谢活动降解有机污染物外，还能以根分泌物和根际圈内有机质为主要营养元，对大多数有机污染物进行降解。其中，对于低分子量或低环有机物，如二环或三环的多环芳烃，通常将有机物作为唯一的碳源和能源进行矿化；而对于高分子量和多环的有机污染物，如三环以上的多环芳烃、氯代芳香化合物（氯酚类物质、多氯联苯、二噁英）及部分石油烃等，则采取共代谢的方式降解，这些污染物有时可被一种细菌降解，但多数情况下是由多种细菌共同参与联合降解。

外生菌根真菌在促进根对有机污染物吸收的同时，也对根际圈内大多数有机污染物尤其是持久性有机污染物（POPs）起到不同程度的降解和矿化作用，其降解的程度取决于真菌的种类、有机污染物类型、根际圈物理和化学环境条件以及微生物区系间的相互作用。许多外生菌根真菌对PCBs可以部分降解，如表4-4所示，供试的11种外生菌根真菌中，有6种可以降解供试10种PCBs中3种及以上的PCBs，其中高腹菌属真菌的降解能力更强一些。另外，如表4-5所示，在供试的31种外生菌根真菌中，有26种真菌可以不同程度地降解供试10中POPs中1种及以上的POPs。其中，黏盖牛肝菌属的真菌 *Suillus vanegatus* 对所有参试的POPs都有降解能力，其余12种真菌对供试的PAHs（菲、蒽、荧蒽、芘）都能部分降解。从表4-4和表4-5对比来看，PCBs更难降解，因而它们的降解需要更为强烈的降解机制。

根际圈内除上述菌根真菌和细菌外，腐生真菌及一些土壤动物对土壤中污染物质也有一定的修复作用。白腐真菌（white rot fungi）能产生一套氧化木质素和腐殖酸的降解酶，这些酶包括木质素过氧化物酶、锰过氧化物酶和漆酶，这些酶除了能降解一些POPs外，其催化的反应扩散到土壤中的产物也能束缚一部分POPs，从而减轻对植物的毒害。蚯蚓也能部分吸收土壤环境中的重金属，以减少对植物的毒害作用。因此，在土壤环境中增施有机肥除了能直接固定和降解污染物质外（物理化学作用），也可以通过促进根际圈内微生物及土壤动物的活动来间接地起到修复作用。

表 4-4　外生菌根真菌对部分 PCBs 的降解能力

真菌	化合物									
	PCBa	PCBb	PCBc	PCBd	PCBe	PCBf	PCBg	PCBh	PCBi	PCBj
土生空团菌 *Cenococcum geophilum*	—	—	—	—	—	—	—	—	—	—
高腹菌属 *Gautieria caudate*	—	—	—	—	—	—	—	—	—	—
裂皮腹菌属 *G. crispa*	+	+	+	+	—	+	—	—	—	—
裂皮腹菌属 *G. othii*	+	+	+	—	—	+	—	—	—	—
大毒黏滑菇 *Hebelom crustlini forme*	+		—	—	—	+	+			
纵裂腹菌属 *Hysterangium gardneri*	+	+	—	—	—	+	+	—	—	—
彩色豆马勃 *Pisolithus tinctorius*		—	—	—	—	—	—	—	—	—
有根灰包菌属 *Radiigera atrogleba*		+	+	+	—	—	+	+	+	+
须腹菌属 *Rhizopogon vinicolor*		—	—	—	—	—	—	—	—	—
须腹菌属 *R. vulgaris*		—	—	—	—	—	—	—	—	—
黏盖牛肝菌属 *Suillus granulatus*		+		+	—	—	+	+	—	—

注：据 Meharg 和 Cairney（2000）整理修改。“+”表示该化合物可被不同程度地降解，“—”表示不能被降解。PCBa 表示 PCB-2,3；PCBb 表示 PCB-2,2；PCBc 表示 PCB-2,4；PCBd 表示 PCB-4,4；PCBe 表示 PCB-2,4,4；PCBf 表示 PCB-2,5,2；PCBg 表示 PCB-2,5,4；PCBh 表示 PCB-2,4,2,4；PCBi 表示 PCB-2,5,2,5；PCBj 表示 PCB-2,4,6,2,4。

表 4-5　外生菌根真菌对部分 POPs 的降解能力

真菌	化合物								
	PHE	AN	FLU	PY	PER	PFB	TNT	DCP	Chl
玫瑰色腹菌 *R. roseolus*									+
红菇属 *Russula aeruginea*	—	—	—	—	—				
红菇属 *R. foetens*	—	+	—	—	—				
黏盖牛肝菌属 *Suillus bellini*									+
黏盖牛肝菌 *S. bovines*									—
点柄黏盖牛肝菌 *S. granulatus*	+	+	+	+	+	—			—
褐环黏盖牛肝菌 *S. luteus*						—			—

续表

真菌	化合物								
	PHE	AN	FLU	PY	PER	PFB	TNT	DCP	Chl
黏盖牛肝菌属 *S. vanegatus*	+	+	+	+	+	+	+	+	+
革菌属 *Thelephora terrestris*						+			
白蘑属 *Tricholoma lascivum*	+	+	+	+	+				
白蘑属 *T. terreum*	+	+	+	+	+				
蛤蟆菌 *Amanita muscaria*	+	+	+	+	—				—
赭盖鹅膏菌 *A. rubescens*	—	+	+	+	—				+
块鳞灰毒鹅膏菌 *A. spissa*	+	+	+	+	+				
牛肝菌属 *Boletus grevellei*									—
大毒黏滑菇 *Hebelom crustlini forme*	+	+	+	+	+				
滑锈伞菌属 *H. cylindrosporum*									+
滑锈伞菌属 *H. hiemale*	+	+	+	+	+				+
滑锈伞菌属 *H. sarcophyllium*									+
滑锈伞菌属 *H. sinapizans*	+	+	+	+	+				—
蜡蘑属 *Laccaria amethystine*	—	+	+	+	+				
松乳菇 *Lactarius deliciosus*	+	+	+	+	+				
乳菇属 *L. deterrimus*	—	+	+	+	—				
乳菇属 *L. rufus*	—	+	+	+	+				
毛头乳菇 *L. torminosus*	—	+	+	+	—				
尖顶羊肚菌 *Morchella conica*	+	+	+	+	+				
羊肚菌属 *M. elata*	+	+	+	+	+				
羊肚菌 *M. esculenta*	+	+	+	+	+				
卷边桩菇 *Paxillus involutus*	+	+	+	+	+	—	+	+	
彩色豆马勃 *Pisolithus tinctorius*							+		—
须腹菌属 *Rhizopogon luteolus*									—

注：据 Meharg 和 Cairney（2000）整理修改。“+”表示该化合物可被不同程度地降解，“—”表示不能被降解。PHE 表示菲（phenanthrene）；AN 表示蒽（anthracene）；FLU 表示荧蒽（fluranthene）；PY 表示芘（pyrene）；PER 表示二萘嵌苯（perylene）；PFB 表示 4-氟联苯（4-fluorobiphenyl）；TNT 表示三硝基甲苯（trinitroluene）；DCP 表示 2,4-二氯酚（2,4-dichlorophenol）；Chl 表示氯苯胺灵（chlorpropham）。

(3) 微生物对石油污染土壤的修复

在石油工业发展过程中，尤其是勘探、开采、运输、加工和销售等阶段，会导致大量的石油产品进入土壤环境。石油是一类物质的总称，主要是碳链长度不等的烃类物质。石油烃是常见的有机污染物，是由各种烷烃、环烷烃、芳香烃等组分构成的混合烃类物质，其主要构成元素是 C 和 H，此外还含有 Fe、Mg、Zn、K 等多种元素。石油烃类化合物可分为沥青、树脂、芳香烃和饱和烃四种类型。这些化合物中杂环烃、芳香烃等对人类具有毒性、诱变性和致癌性，是一种危险的环境污染物。由于石油烃的粘连性、疏水性和亲脂性，生命体很难直接利用或代谢。石油渗漏污染已经是一个世界性问题。壳牌石油公司对设在英国的 1100 个加油站进行了调查，发现这些加油站中 1/3 已对当地土壤和地下水造成了污染。类似情形，在捷克、匈牙利以及南美洲的一些国家都有发生。据中国科学院调查发现，当前我国城市地下水中也存在石化产品类污染物。

烃类是天然产物，所以许多细菌都有降解石油的能力，在石油烃污染土壤的微生物修复系统中，微生物，尤其是石油烃降解菌，可以通过生物氧化、生物代谢等生物化学过程，将石油烃污染物转化或降解。降解石油烃化合物的最大问题是复杂分子极易吸附在含水层介质上。迄今为止，生物降解方法最常见的应用是净化石油烃。这些烃类中的单环和脂肪族成分通过有氧反应矿化（$C_6H_6 + 15/2O_2 \longrightarrow 6CO_2 + 3H_2O$）。

到目前为止，已知能降解石油中各种烃类的微生物大约有 100 余属 200 多种，分别属于细菌、霉菌、放线菌、酵母以及藻类。在土壤和水中普遍存在降解烃的微生物，降解烃的微生物通常仅占微生物群落总数的 1%或更少，在有石油污染物存在时，降解菌的比例可提高到 10%。土壤石油生物降解最基础的微生物是细菌和真菌，有些放线菌也表现出对烃的降解能力，但是放线菌很难在污染土壤微生物菌落中取得竞争优势。最常见的降解菌有无色杆菌属、黄杆菌属、不动杆菌属、弧菌属、芽孢杆菌属、节杆菌属、诺卡氏菌属、棒杆菌属和微球菌属。

一般情况下微生物对石油烃降解的难易程度为：高分子量芳烃类＞多环烷烃＞低分子量芳烃类＞支链烷烃＞饱和烷烃，其中高分子量芳烃类对微生物的作用最不敏感，只有少数的菌株能利用降解它，支链烷烃和饱和烷烃较易分解。研究表明，利用筛选出来的特定细菌对石油类物质的共代谢作用，可有效去除某些难降解有机物，包括高分子量芳香烃。其他可以处理的有机化合物有卤代脂肪族化合物，其中包括氯苯、PCBs 和五氯苯酚，这些化合物有一个或多个含卤苯环。由于它们量多而且移动性强，其处理方法属于研究热点。高浓度的氯代污染物（如 PCE），虽然对好氧微生物有抗性，但可以通过厌氧菌进行降解。因此，许多传统的石油泄漏物处理方法对于该类化合物失效。卤代水平下降时，微生物在有氧条件下降解卤代脂肪族化合物能力就会提高。一般通过培养混合菌就可以完成降解，细菌通常在氧化甲烷条件下生长并协同代谢卤代脂肪族化合物。

此外，当为微生物提供适宜的生长环境时，可以提高其对石油烃的降解率。影响微生物活动的因素包括土壤温度、土壤 pH 值、土壤含水量、土壤氧气含量以及土壤营养物质和微量元素等。微生物降解石油类物质的最适宜条件一般为 pH 6～8、表层土壤温度 15～30℃、空气相对湿度 70%～80%，营养物质比例 C∶N∶P＝25∶1∶0.5。解决高寒、高热等特殊地区石油污染的生物修复问题，可以利用现代生物技术以获取适应极端条件的优良菌株，也可以采用基因工程技术把降解污染物酶的基因转到土著微生物中，以构建适应性更强的超级工程菌。

4.3.6 有机物污染土壤的植物修复

利用修复植物的转化和降解作用修复污染土壤是去除土壤中有机污染物质的另一种方式。在植物修复有机污染物时，可以通过植物降解、植物挥发、植物萃取和根际降解等不同的途径将其去除（图 4-8）。有机污染物被植物吸收后，一些低分子的有机污染物经过根系向上转运，在蒸腾过程中通过叶片释放到大气中，从土壤环境中去除（植物挥发）；一些非挥发性物质通过木质化过程被隔离在植物体内（植物萃取）；也可以经过代谢或矿化成低毒性的中间代谢物或 H_2O 和 CO_2（植物降解），稳定存在于植物体内的污染物可以伴随着植物生物量的隔离或焚烧而去除。如植物体内的硝基还原酶和树胶氧化酶可以将弹药废物如 TNT 分解，并把断掉的环形结构加入新的植物组织或有机物碎片中，成为沉积有机物质的组成部分；植物根分泌物质也能直接降解根际圈内的有机污染物（根际降解），如漆酶对 TNT 的降解，脱卤酶对含氯溶剂（如 TCE）的降解等。

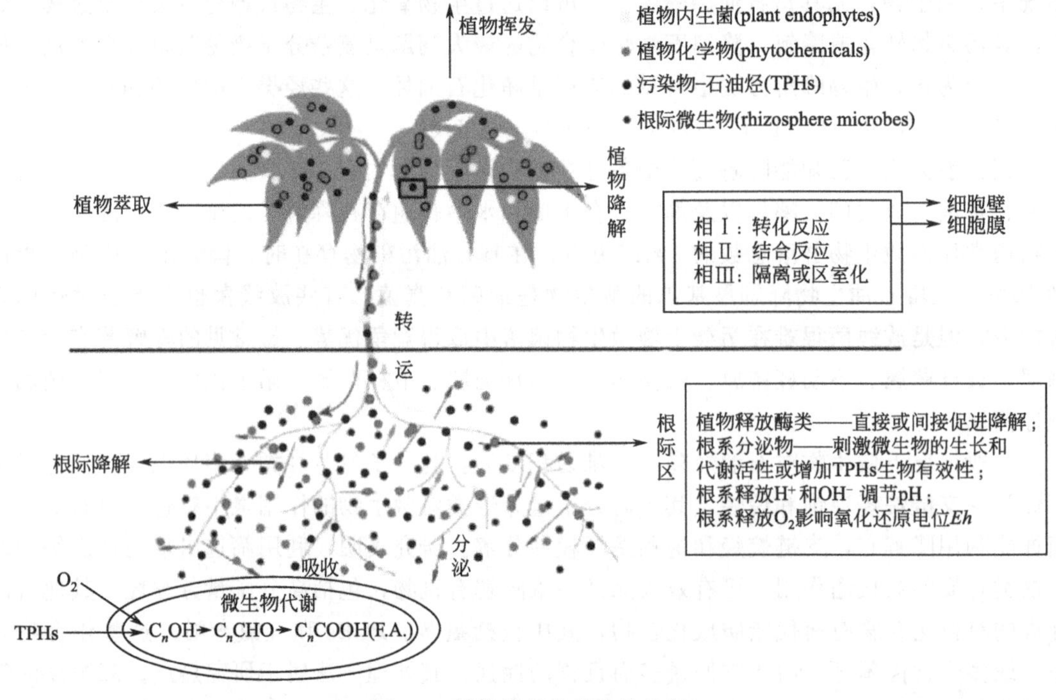

图 4-8 植物修复有机物的机制

(1) 植物对土壤中有机农药的吸附、降解和转化

由于有机物在植物体内的形态较难分析，形成的中间代谢产物也较复杂，很难观察它们在植物体内的转化，因此，研究植物去除有机物比较困难。事实上，植物对农药等有机物的分解转化能力很强，可以把进入体内的许多有机物如酚、氰等分解为无毒的化合物，也可进一步降解为 CO_2 和 H_2O。有研究表明，植物的存在明显促进了蒽和芘在土壤环境中的去除。中科院沈阳应用生态研究所的大量研究表明：水稻根系吸收土壤中苯并芘后，能够在转移过程中将其大部分代谢为其他产物。

植物主要通过三种机制去除环境中的有机农药，即植物吸收、植物根分泌物使其转化、植物刺激根区微生物活动使农药降解。

① 植物对土壤中有机农药的直接吸收和降解

土壤中的有机农药可以被植物体吸收，进入植物体内后可以转化、分解，从而从土壤中去除。植物从土壤中直接吸收有机农药，然后将没有毒性的代谢中间体储存在植物组织中，这是植物去除环境中亲水性有机污染物的一个重要机制。化合物被吸收到植物体后，植物可将其分解，并通过木质化作用使其成为植物体的组成成分，也可通过挥发、代谢或矿化作用使其转化成 CO_2 和 H_2O，或转化成为无毒性作用的中间代谢物，如木质素，储存在植物细胞中，达到去除环境中有机污染物的作用。环境中大多数苯系物（BTEX）、含氯溶剂和短链的脂肪族化合物都是通过这一途径去除的。研究发现植物可直接吸收环境中微量除草剂阿特拉津。

植物对有机农药的吸收受三个因素的影响，即有机农药的化学特性、环境条件和植物种类。因此，为了提高植物对环境中有机农药的去除率，应从这三方面进行深入研究，增强植物对污染物的吸收。通过遗传工程增加植物本身的降解能力，把细菌中降解除草剂的基因转移到植物中，可产生抗除草剂的植物。

② 植物根分泌的酶促进土壤中有机农药的降解

植物根分泌物不仅在土壤重金属污染修复中起作用，而且有助于土壤有机农药的降解和转化，其核心是根分泌物中的酶能够直接降解土壤中的有机农药，从而降低土壤中有机农药的浓度。

③ 植物促进根区微生物对农药的转化

植物可促进根区微生物的转化作用已被很多研究所证实。根分泌物中的有机酸等有机物能够促进根际微生物的生长和繁殖，从而促进微生物对土壤中有机农药的降解，大大提高土壤生物的修复效率。另外，根系的穿插使得土壤能够获得更多的氧气，这也是植物促进根区微生物降解农药的机制之一。

（2）石油污染土壤的植物修复

植物对石油烃的直接降解主要经过 3 个生物化学过程，分别为相Ⅰ代谢（转化反应），相Ⅱ代谢（结合反应）和相Ⅲ代谢（隔离或区室化）。在相Ⅰ代谢过程中，通过酶的修饰作用增加有机污染物的极性，主要是通过对芳香烃/脂肪烃的羟基化、环氧化、过氧化等反应过程实现污染物的转化，而植物体内最常见起作用的酶是 CYP450；在相Ⅱ代谢过程中，有机污染物或相Ⅰ代谢物与植物化学物质，如糖类、谷胱甘肽和氨基酸等，发生结合反应，进一步增加其极性；在相Ⅲ代谢过程中，相Ⅱ代谢物被隔离到液泡中，或绑定到细胞壁上，或被分泌到体外，不干扰细胞其他生命活动，从而降低其生物毒性。植物降解一般对某些结构比较简单的有机污染物质去除效率很高，这可能与降解植物能够针对某一种污染物质分泌专性降解酶有关，但对结构复杂得多的污染物质来说则无能为力。

植物不仅可以通过根系吸收石油烃，直接参与修复过程。还可以通过释放一些根系分泌物和酶类，促进土壤石油烃的去除，或改变石油烃的吸附特性，从而提高生物对它的转运和吸收能力。脂肪酸在强化石油烃修复过程中也起到重要作用。研究者在蕉草内环境中筛选出枯草杆菌（*Bacillus subtilis*），能够产生生物表面活性物质，强化土壤中柴油的去除。此外，根际分泌物也可以作为根际诱导剂，促进根际微生物对石油烃的代谢活性。另外，一些大分子根际蛋白在植物修复中也起到重要作用。

4.3.7　有机物污染土壤的植物-微生物联合修复

土壤遭受污染的情况十分复杂，几乎所有的污染都是几种污染物参与的复合污染，单一有机体一般并不具备降解复合污染物的一整套系统，它们常常组成根际圈联合修复体系一起将污染物质降解。目前植物-微生物集成修复技术已有现场可应用的实例。在植物根和根际微生物组成的微生态系统中，植物和微生物间的联合增强了彼此在逆境中的存活机会，实现了植物和微生物间的协同抗性作用。其中，植物为根际圈的菌根真菌、专性或非专性细菌等微生物提供水分和养料，并通过根分泌物为其他非共存微生物体系提供营养物质，对根际圈降解微生物起到活化的作用，此外，根分泌的一些有机物质也是细菌通过共代谢降解有机污染物质的原料。

在植物-微生物联合降解有机物污染的过程中，微生物起主导作用。以修复石油烃污染土壤为例，石油烃主要是在微生物的作用下被降解的，然而由于土壤石油烃的高生物毒性、低生物降解性等特点，单一的修复技术对污染地块修复的优势不明显。

实践证明，根际圈生物降解有机污染物质的效率明显高于单一利用微生物降解有机污染物质的效率，这是因为植物能为根际圈微生物持续提供营养物质和为其生长创造良好的环境。据研究发现，在对土壤的含水率、pH 值、营养水平等参数进行优化调节后，选择紫花苜蓿、披碱草和高羊茅为修复植物，同时添加富集的土著功能微生物，考察植物-微生物联合作用下土壤石油烃的降解效率。经过约 100 天的修复，各含油处理单元中的土壤油含量均有所下降，三种植物-微生物联合修复单元的土壤石油烃去除速率明显高于非根际土壤以及无植物单元土壤，其中高羊茅的去除效率最高，98d 土壤石油去除率达 33.7%，而无植物单元 98d 土壤石油去除率仅为 3.6%。在对铺地黍、牛筋草和高羊茅 3 种草对石油污染土壤修复根际效应的研究中，发现植物根际环境的诱导和石油污染物的胁迫改变了土壤微生物种类的分布和活动，植物根际微生物的数量平均高出非根际 3 个数量级，并且根际土壤中石油烃的降解率比未种的高 22.1%～30.3%。另有研究发现，欧洲赤松（*Pinus sylvestris*）和黏盖牛肝菌（*Suillus bovines*）或卷边桩菇（*Paxillus involutus*）形成的菌根，在外部菌丝表面形成了一层细菌生物膜，这些细菌生物膜带有烃降解基因，利于石油烃的降解。

此外，根分泌物中低分子有机酸在烃降解过程既可以作为微生物易于利用的碳源和能源，也可以提高污染物的生物有效性。

利用植物修复成本低、便于推广和微生物适用于长期的大面积土壤功能恢复的特点，根际圈生物修复已成为原位生物修复有机污染物的一个新热点。这种联合修复方法还同时兼顾了修复成本、景观功能和生物副产品等效益，是具有广阔发展前景的污染地块修复技术之一。开发出综合以上优点的是有机污染土壤植物-微生物联合修复模式，这对我国油田区大面积的石油污染土壤来说具有很高的实用价值和推广前景。但将植物修复与微生物修复联合应用，应考虑修复周期和场地功能等的影响和制约，综合选择合适的修复技术体系。

4.4 污染地下水的生物修复

4.4.1 地下水污染物的分类

地下水污染物种类繁多，按其性质主要分为三类，即重金属污染、放射性污染物、有机污染物和生物污染物。

(1) 重金属和类金属污染

重金属汞、镉、铬、铅和类金属砷等是地下水中最常见的无机污染物。根据毒性发作的情况，此类污染物可分两种：一种是毒性作用快，易为人们所注意的污染物；另一种则是通过在人体内逐渐富集，在达到一定浓度后才显示出症状，不易为人们及时发现的污染物，其危害一旦形成，后果可能十分严重，例如在日本所发现的水俣病和骨痛病。其中，砷是常见污染物之一，也是对人体毒性作用比较严重的无机有毒物质之一。三价砷的毒性大大高于五价砷，对人体来说，亚砷酸盐的毒性作用比砷酸盐大 60 倍。因为亚砷酸盐能够与蛋白质中的巯基反应，而三甲基砷的毒性比亚砷酸盐更大。砷也是累积性中毒的毒物，当饮用水中砷含量大于 0.05mg/L 时，就会导致累积。

从毒性和对生物体的危害方面来看，地下水重金属污染物的特点有以下几点。

① 在天然水中只要有微量浓度即可产生毒性效应，一般重金属产生毒性的浓度范围大致在 1～10mg/L，毒性较强的重金属如汞、镉等，产生毒性的浓度范围在 0.01～0.001mg/L 以下。

② 微生物不仅不能降解重金属，相反某些重金属还可能在微生物作用下转化为金属有机化合物，产生更大的毒性。汞在厌氧微生物作用下的甲基化就是这方面的典型例子。

③ 生物体从环境中摄取重金属，经过食物链的生物放大作用，逐级地在较高级的生物体内成千百倍地富集起来。这样，重金属能够通过多种途径（食物、饮水、呼吸）进入人体，甚至遗传和母乳也是重金属侵入人体的途径。

④ 重金属进入人体后能够与生理高分子物质如蛋白质和酶等发生强烈的相互作用而使它们失去活性，也可能累积在人体的某些器官中，造成慢性累积性中毒，最终造成危害，这种累积性危害有时需要一二十年才显示出来。

(2) 放射性污染

地下水中的放射性核素有许多种。美国归类了 19 种放射性核素，包括 ^{226}Ra、^{238}U、^{60}Co、^{90}Sr 等，这类污染物只在局部地方发现。表 4-6 是地下水中的 6 种放射性核素的一些物理及健康数据，除 ^{226}Ra 主要是天然来源外，其余都是商业或生活污染源排放的。

表 4-6　某些放射性核素的物理及健康数据

放射性核素	半衰期/a	MPC① /(Pci/mL)	标准器官②	主要放射物	生物半衰期
^{3}H	12.26	3	全身	β 粒子	12d
^{90}Sr	28.1	3	骨骼	β 粒子	50a
^{129}I	1.7	6	甲状腺	β 粒子 γ 射线	138d
^{137}Cs	30.2	2	全身	β 粒子 γ 射线	70d
^{226}Ra	1600	3	骨骼	α 粒子 γ 射线	45a
^{289}Pu	24400	5	骨骼	α 粒子	200a

① 为 Maximum Permissible Concentration 的英文缩写，即最大允许浓度；

② 是接受来自放射性核素的最高放射性剂量的人体部位。

(3) 有机污染物

目前，地下水中已发现有机污染物 180 多种，主要包括芳香烃类、卤代烃类、有机农药类、多环芳烃类与邻苯二甲酸酯类等（表 4-7），且数量和种类仍在迅速增加，甚至还发现了一些没有注册使用的农药。这些有机污染物虽然含量甚微，一般在纳克每升级，但其对人类身体健康却造成了严重的威胁。因而，地下水有机污染问题越来越受到关注。

表 4-7 地下水已发现的主要有机化合物

<table>
<tr><th colspan="2">化合物族</th><th>化合物实例</th></tr>
<tr><td rowspan="5">烃类及其衍生物</td><td>燃料</td><td>苯、甲苯、邻二甲苯、丁烷、苯酚</td></tr>
<tr><td>PAHs</td><td>蒽、菲</td></tr>
<tr><td>醇</td><td>甲醇、甘油</td></tr>
<tr><td>杂酚</td><td>间甲酚、邻甲酚</td></tr>
<tr><td>酮</td><td>丙酮</td></tr>
<tr><td colspan="2">卤代脂肪族化合物</td><td>四氯乙烯、三氯乙烯、二氯甲烷</td></tr>
<tr><td colspan="2">卤代芳香族化合物</td><td>氯苯、二氯苯</td></tr>
<tr><td colspan="2">多氯联苯类</td><td>2,4′-PCB,4,4′-PCB</td></tr>
</table>

人们常常根据有机污染物是否易于被微生物分解而将其进一步分为生物易降解有机污染物和生物难降解有机污染物两类。微生物对污染物的生物降解能力与污染物的物理化学特征有关。有机物由于结构不同而具有不同的稳定性，因而它们被微生物降解的难易程度也不同。研究表明，相较而言不同结构的有机物被降解的难易程度：直链烷烃和支链烷烃最易被降解，正构烷烃比异构烷烃易氧化，链烃比环烃易氧化，小分子的芳香烃化合物次之，而环烷烃最难降解。饱和烷烃的降解速率远高于芳香族化合物和极性化合物。

本章中生物修复处理主要针对的是生物难降解的有机污染物，这一类污染物性质均比较稳定，不易为微生物所分解，能够在各种环境介质（大气、水、生物体、土壤和沉积物等）中长期存在。一部分生物难降解有机污染物能在生物体内累积富集，通过食物链对高营养等级生物造成危害性影响，可经过长距离迁移至遥远的偏僻地区和极地地区，在相应的环境浓度下可能对接触该化学物质的生物造成有害或有毒效应，如 POPs 等。

POPs 一般具有较强的毒性，包括致癌、致畸、致突变、神经毒性、生殖毒性、内分泌干扰特性、致免疫功能减退特性等，严重危害生物体的健康与安全。主要有杀虫剂和杀菌剂、多氯联苯、化学品副产物还有环境内分泌干扰物等。

(4) 生物污染物

地下水中生物污染物可分为三类：细菌、病毒和寄生虫。在人和动物的粪便中有 400 多种细菌，已鉴定出的病毒有 100 多种。在未经消毒的污水中含有大量的细菌和病毒，它们有可能进入含水层污染地下水。而污染的可能性与细菌和病毒的存活时间、地下水流速、地层结构、pH 等多种因素有关。地下水中曾发现并引起水媒病传染的致病菌有：霍乱弧菌（霍乱病）、志贺氏菌、沙门氏菌、产肠毒素性大肠杆菌、胎儿弧菌、小肠结肠炎耶氏菌等，后五种病菌都会引起不同特征的肠胃病。

病毒比细菌小得多，存活时间长，比细菌更易进入含水层。在地下水中曾发现的病毒主要是肠道病毒，如脊髓灰质炎病毒、人肠道弧病毒、柯萨奇病毒、新肠道病毒、甲型肝炎病毒、胃病毒、呼吸道病毒、腺病毒等，而且每种病毒又有多种类型，对人体健康危害较大。

寄生虫包括原生动物、蠕虫等。在寄生虫中值得注意的有：梨形鞭毛虫、痢疾阿米巴和人蛔虫。

4.4.2　有机物污染地下水的微生物修复

(1) 地下水微生物修复的原理

地下水中含有各种各样的微生物，主要分为细菌、放线菌、真菌、藻类和原生动物5种，其中以细菌最为重要。好氧微生物一般分布在土壤表层、浅层及地下水中，厌氧微生物主要分布在土壤深层和地下水中，而自养细菌可分布在不同的深度，其类型变化多样。

好氧微生物以有机物或铵为电子供体，以 O_2 为电子受体进行生物化学反应，以 CO_2、NO_3^- 或 SO_4^{2-} 等为电子受体对有机物进行分解。浅层地下水中的有机物通过好氧微生物作用降解，深层地下水中则主要是厌氧发酵分解。此外，自养细菌可以 Fe^{2+} 和硫化物为电子供体，进行生命活动，去除地下水中的污染物。

在污染物生物降解过程中，需要电子受体以不断接受污染物分子降解所产生的活性电子，维持反应的进行。最常见的电子受体是分子氧，其接受电子后还原为水。污染物分子放出电子最终转化成为二氧化碳。当氧气耗尽以后，微生物转入厌氧状态，此时电子受体依次是硝酸根离子、亚硝酸根离子、氧化锰、三价铁离子、硫酸根离子和二氧化碳等，该类电子受体接受电子后依次被还原为氮气、二价锰离子、亚铁离子、硫化氢和甲烷等。

根据人为干预程度，地下水的微生物降解修复可以分为固有生物法，即不需要工程手段激活某微生物种群，以及与之相对的人为加强本土微生物活性的修复方法。

(2) 固有生物法

原位降解、净化污染物或阻止其迁移越来越依赖于生物和化学过程。在生物降解的作用过程中，细菌将有机污染物作为能量来源来进行矿化或转化。在有利条件下，生物降解可以将复杂的有机分子变成无害的化合物，如水和 CO_2。固有生物修复法依靠的是影响污染物降解的天然系统，不需要工程手段激活天然的微生物种群。这是监测自然衰减技术中重要的一部分。这种方法特别适合对场地外敏感受体影响不大的污染地块。作为一种新生替代方案，固有生物修复法反映了在污染物未经处理的情况下，水文地质系统就可以通过生物法降解污染物的天然能力。这种方法所面临的挑战是需要证明净化目标可以实现，因此需满足下列条件：

① 通过调查，证明自然系统有能力消除特定污染物；

② 通过详细分析，证明不会出现重大健康风险或附近的设施或含水层不会受到影响；

③ 通过长期监测，证明正在出现所期望的净化效果。

现有的使用固有生物修复法的案例主要用于清除石油溢出物。在对石油烃类生物降解趋势已经认识透彻的前提下，许多污染地块的案例研究都已经证明了自然系统降解污染物的能力。美国明尼苏达州管道破裂场地的调查就是一个很好的例子。原油污染了浅层潜水含水层，通过监测，发现溶解化合物已初期迁移了200m左右，不过从1987年以来，污染羽再也没有扩大。通过对污染羽化学成分进行详细分析，提供了固有生物修复作用辅助证据。

另有数据表明氯化脂肪烃可以在某些自然条件下进行生物降解。研究者们针对美国密歇根州圣约瑟夫附近的含水砂层溶剂污染进行了研究，结果表明在含水层中存在了十几年的三氯乙烯（TCE）已经降解成了顺式-1,2-二氯乙烯（c-DCE）、氯乙烯（VC）和乙烯（图 4-9）。这些化合物的分布主要与硫酸盐和甲烷浓度有关。TCE 到 DCE 的转化取决于硫酸还原期，而 VC 和乙烷的还原又取决于甲烷生成期。假设反应速率较慢，还原脱氯反应不完全，那么采用固有生物修复方案来解决氯化溶剂问题是不可靠的。不过，这些研究也确实为固有生物修复解决溶剂污染问题带来了希望。

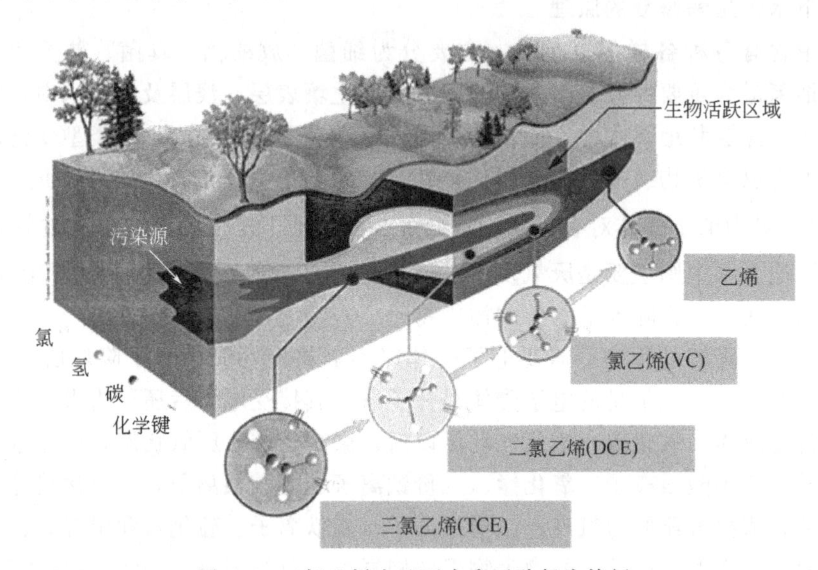

图 4-9　三氯乙烯在地下水中迁移行为特征

(3) 土著微生物强化修复法

其他生物修复方法也非常有效，它们的目的就是通过添加营养物质（如氮和磷）和电子受体（如好氧菌需要的氧）来提高现有微生物的繁殖能力。通过引入特殊工程菌来代谢难以处理的污染物（如氯代溶剂）也已经开展了令人鼓舞的工作。

采用原位生物修复法修复地下含水层中的有机物污染，常常通过强化本土微生物的活动来完成。大部分原位生物修复都是在有氧环境下进行的，并向地下水污染羽中添加无机营养物和补充氧气以加强微生物活动。该技术典型流程包括抽取地下水，并向水中补充氧气和无机营养物，通过注水井或渗水廊道将富含营养的地下水回灌。

天然地下水的氧气浓度很低，即使是达到溶解饱和状态，20℃时地下水中溶解氧浓度也仅在 9mg/L 左右。纯氧饱和状态下的水中溶解氧浓度大概高出 5 倍，约为 45mg/L。在大多数案例中，空气或氧气溶解度达到饱和的地下水并不能满足生物降解污染羽中有机污染物的需氧量。因此，在原位生物修复中通常采用过氧化氢作为供氧氧源，添加过氧化氢可以提供高达 500mg/L 的氧。过氧化氢的浓度可以继续提高，但对微生物来说，地下水环境可能会变成有毒性的，因此，需控制过氧化氢添加量。

地下水赋存介质中本身存在一部分微生物活性营养物。但是，出现外来有机污染物时，为了生物修复需求，常常需要额外添加营养物成分。营养物对于微生物生长的促进作用主要通过可提供微生物所需 N、P 总量来评估。建议 C∶N∶P 物质的量之比为 120∶10∶1。

4.4.3　重金属/放射性污染地下水的微生物修复

由于地下水中的重金属和放射性物质不能被微生物降解，因此微生物修复技术使用较少。现有的研究主要分为两个方面：一是使用微生物将毒性较高的重金属形态转化为毒性较低的形态。如污染地块土壤和地下水中往往分布着产碱菌属（*Alcaligenes*）、芽孢杆菌属等多种可以使铬酸盐和重铬酸盐还原的微生物，可将高毒性的Cr^{6+}转化为低毒性的Cr^{3+}；二是利用微生物将重金属稳定化或沉淀，降低其迁移性与生物可利用性。如对于含重金属的酸性矿井废水，利用自然界硫循环原理进行厌氧生物处理和原位修复技术，具备无二次污染、处理效率高等优势，其中利用硫酸盐还原菌（SRB）进行修复备受关注。硫酸盐还原菌能把硫酸盐、亚硫酸盐等硫氧化物以及元素硫还原成硫化氢。这种菌降解重金属主要有4条途径：

① 厌氧条件下，SRB将SO_4^{2-}异化还原为H_2S，重金属离子与H_2S结合生成金属硫化物沉淀；

② SO_4^{2-}转化为S^{2-}的同时pH升高，进而利于重金属离子生成氢氧化物沉淀；

③ SRB产生的胞外聚合物吸附废水中的重金属离子；

④ SRB分解有机物生成CO_2，部分重金属和CO_3^{2-}反应生成不溶性的碳酸盐沉淀。

除SRB外，研究人员对比SRB和硒酸盐还原菌（selenate-reducing bacteria，SeRB）去除硒酸盐，以醋酸作为电子供体，发现降解途径为SRB将硒酸盐还原为硫化硒沉淀，SeRB将硒酸盐还原为硒单质，两者均能有效地将硒酸盐污染物去除。

此外，将微生物作用与化学沉淀法相结合也可以降低重金属的迁移性和有效性。由于地下水中的微生物还可分泌有机络合剂，将周围固态的金属离子转化为溶解性的形态，以提高可利用的溶解性金属离子浓度，以利于通过化学沉淀作用去除。以金属铁为例，在表层地下水，氧气可能与溶解性的亚铁离子反应，氧化为三价铁离子，三价铁离子不稳定，容易形成$Fe(OH)_3$沉淀。在浅层地下水，当被生物过程或化学过程消耗后，地下水处于还原状态，此时微生物开始以Fe^{3+}或SO_4^{2-}为电子受体，六价硫被还原为负二价硫，最后可形成硫化亚铁沉淀。在深层地下水，DO浓度很低且还原条件较强，溶解性的Fe^{2+}浓度可能因$FeCO_3$沉淀反应而降低。

利用趋磁细菌去除重金属污染也取得良好的效果，趋磁细菌能够吸收外界环境中的铁元素，并在体内形成具有磁性的铁化合物，在外界磁场的作用下，该菌能沿着磁力线的方向作定向移动，将趋磁细菌加入废水中，吸附完成后在磁场分离器中将其分离。研究结果表明该方法可将含Fe^{2+}废水、含Cr^{3+}废水以及含Ni^{2+}废水中的重金属离子去除95%以上。

国内外学者在应用微生物净化放射性污染水体方面开展了很多工作。例如，美国斯坦福大学和橡树岭国家实验室等在美国能源部田纳西州橡树岭综合试验基地，开展了铀污染原位微生物修复试验，利用微生物以乙醇为电子供体还原地下水和沉积物中的六价铀为不溶解的四价铀，使之原位固定化。通过预处理和长期间隔注入乙醇溶液，地下水中铀浓度从40～60mg/L降至0.03mg/L以下，达到了EPA饮用水的标准。在试验过程中，采用分子生物学方法检测了微生物种群的变化及与铀氧化还原反应有关的功能微生物，发现与六价铀还原有关的微生物，包括脱硫化弧菌属（*Desulfovibrio*）、脱硫化孢弯菌属（*Desulfosporosinus*）、厌氧黏细菌属（*Anaeromyxobacter*）和土杆菌（*Geobacter*）。与硝酸盐将四价铀氧化成六价铀有关的微生物有土杆菌和 *Amaeromyxobacter* spp.，亚铁氧化菌（*Thiobacillus* spp.）也能利用硫酸盐氧化四价铀。另有研究者通过细菌将^{90}Sr共沉淀在方解石矿物中，修复被^{90}Sr污染的地下水。

2005年的一项研究发现，胞外呼吸菌 *Geobacter sulfurreducens* DL1 的菌毛具有导电性，并将这种生长在细胞周边的聚合蛋白微丝命名为“微生物纳米导线”（microbial nanowires)，由此引发了关于微生物纳米导线的研究热潮。之后研究发现 *Shewanella oneidensis* MR-1、*Synechocystis* PCC6803、*Pelotomaculum thermopropionicum* 也有类似的长十几微米的生物导线。在污染修复领域，*Geobacter* 和 *Shewanella* 金属还原菌利用纳米导线电子传递机制，可远距离传输电子，使菌体摆脱了需要直接接触电子受体才能进行电子传递的空间限制，提高了电子传递效率。如 *Geobacter* 可通过菌毛将电子从细胞内传递到胞外，将六价铀还原成不溶性的四价铀，并将四价铀吸附在菌毛周围，形成不溶性的纳米粒。

4.4.4 地下水生物修复的适用性

表4-8为我国生态环境部发布的《污染地块地下水修复和风险管控技术导则》(HJ 25.6—2019) 中生物修复技术的适用性要求。其中可渗透反应墙技术可使用含微生物填料（图4-10)，应用时，将混合介质（依据实际情况添加不同的填料）以一定的深度和厚度填到地下水水位以下含水层，形成多孔墙体，墙体与地下水流垂直，污染物随地下水流经反应墙时经生物作用而去除。

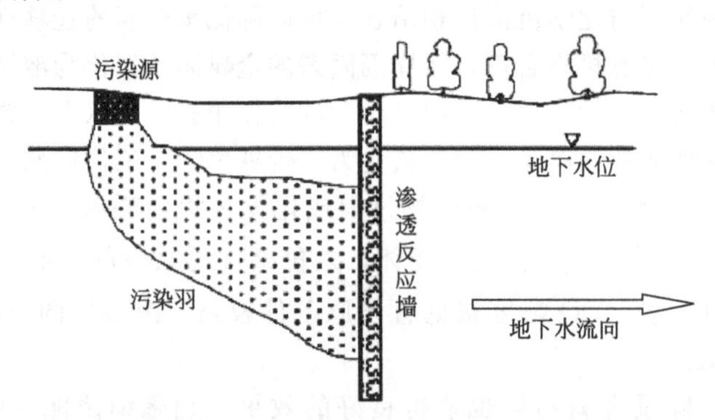

图4-10 渗透反应墙技术修复局部地下水

尽管地下水污染生物修复技术取得了长足的发展，但由于受生物特性的限制，地下水污染生物修复技术仍存在许多局限性：微生物不能降解污染环境中种类繁多的污染物；在实施生物修复系统时，要求对地点状况进行详尽的考察，要确定地下水的水质参数，如溶解氧、营养物、碱度以及水温是否适合运用生物修复技术，工程前期考察费时、费钱；特定的微生物只能降解特定的化合物类型，化合物形态一旦变化就难以被降解；微生物活性受温度和其他环境因素影响较为明显；生物修复是一种科技含量较高的处理方法，它的运作对土壤状况有严格的要求；在有些情况下，当污染物浓度太低不足以维持一定数量的降解菌时，生物修复不能将污染物全部去除。

但地下水污染生物修复技术作为一类低耗、高效和环境安全的修复技术自广泛使用以来，已经取得不少成效，显示出了极大的发展潜力，将在地下水污染修复中将发挥举足轻重的作用。

表 4-8　地下水修复和风险管控技术适用性

技术分类	技术名称	优点	缺点	适用的目标污染物	地块适用性	技术成熟度	效率	成本	时间	环境风险
原位修复	微生物修复技术	对环境影响较小	部分地下水环境不适宜微生物生长	适用于易生物降解的有机物	适用于孔隙、裂隙、岩溶含水层	国外已有广泛的应用，国内已有工程应用	中	低	周期较长，需要数年到数十年	中
原位修复	植物修复技术	施工方便，对环境影响较小	效果受地下水埋深、污染物性质和浓度影响较大；需要考虑植物的后续处理	适用于重金属和特定的有机物	适用于地下水埋深较浅的污染地块	实际工程应用较少	低	中	周期较长，需要数年到数十年	低
原位修复	监测自然衰减技术	费用低，对环境影响较小	需要较长监测时间	适用于易降解的有机物	适用于污染程度较低且污染物自然衰减能较强的孔隙、裂隙和岩溶含水层	国外已广泛使用	低	低	周期较长，需要数年或更长时间	低
风险管控	可渗透反应墙技术	反应介质消耗较慢，具备几年甚至几十年的处理能力	可渗透反应墙填料需要适时更换；需要对地下水的 pH 等进行控制；可能存在二次污染	适用于石油烃、氯代烃和重金属等	适用于渗透性较好的孔隙、裂隙和岩溶含水层	国外已广泛使用，国内已有工程应用	中	中	周期较长，需要数年或更长时间	中

4.5 污染地块生物修复技术

4.5.1 污染地块简介

随着我国产业结构调整的进一步深化、城市化进程的进一步加快，特别是“退二进三”政策的实施，大量位于城区的工业企业将面临关、停、并、转，其搬迁后的土地将进行再次开发利用，根据国家的相关要求，遗留的污染地块将进行修复治理，目前污染地块的修复与再开发已经开始成为我国城市发展中面临的问题。从事过有色金属冶炼、石油加工、化工、焦化、电镀、制革等行业生产经营活动，以及从事过危险废物贮存、利用、处置活动的用地，称为疑似污染地块。按照国家技术规范确认超过有关土壤环境标准的疑似污染地块，称为污染地块（或污染场地）。

污染地块也被称为棕地（brownfield site)。美国的“棕地”最早、最权威的概念界定，是由 1980 年《环境应对、赔偿和责任综合法》作出的，指因为现实或潜在的有害和危险物的污染而影响到其扩展、振兴和重新利用的不动产。从用地性质上看，棕地以工业用地居多，可以是废弃的，也可以是还在利用中的旧工业区，规模不等、可大可小，但与其他用地的区别主要是都存在一定程度的污染或环境问题。20 世纪末各国开始对这一类型的城市土地展开大量研究，以期找到最佳方法对其加以改造利用。

污染地块的修复，需根据地块的具体情况，按照确定的修复模式，筛选实用的土壤修复技术，开展必要的实验室小试和现场中试，或对土壤修复技术应用案例进行分析，从适用条件、对本地块土壤修复效果、成本和环境安全性等方面进行评估。由于许多污染地块具有污染物成分多样、地块特征复杂、非均质性强等特点，单一的修复技术并不能完全满足场地修复的要求。因此，对修复技术进行集成可能更便于现场的应用，针对地块特征与污染物特点的组合修复技术可能具有更大的竞争力和潜力。

对地块进行修复的总体思路，包括原地修复、异地修复、异地处置、自然修复、污染阻隔、居民防护和制度控制等，又称修复模式或修复策略。地块土壤修复方案编制应遵循科学性、可行性和安全性的原则，分为选择修复模式、筛选修复技术和制订修复方案三个阶段(图 4-11)。

污染地块的修复目标是由土壤污染状况调查和风险评估确定的目标污染物（target contaminant）对人体健康和生态受体不产生直接或潜在危害，或不具有环境风险的污染修复终点。目标污染物即在地块环境中其数量或浓度已达到对生态系统和人体健康具有实际或潜在不利影响的，需要进行修复的关注污染物。

污染地块的生物修复可以分为原位或异位修复技术，原位修复即通过原地强化未扰动土壤或地下水中的土著微生物活动来降解有机污染物。对于地块中的土壤生物修复来说，现阶段异位修复比原位更成熟、应用也更多。原位修复较异位修复更为经济有效。对污染物就地处理，使之得以降解和减毒，不需要建设昂贵的地面环境工程基础设施和运输，操作维护起来比较简单。此外，原位修复对深层污染的土壤修复也更有效。然而，与原位修复相比，异位修复技术的环境风险较低，系统处理得预测性要高于原位修复。原位修复、风险防控、绿色可持续修复等是污染地块修复的一个发展趋势。

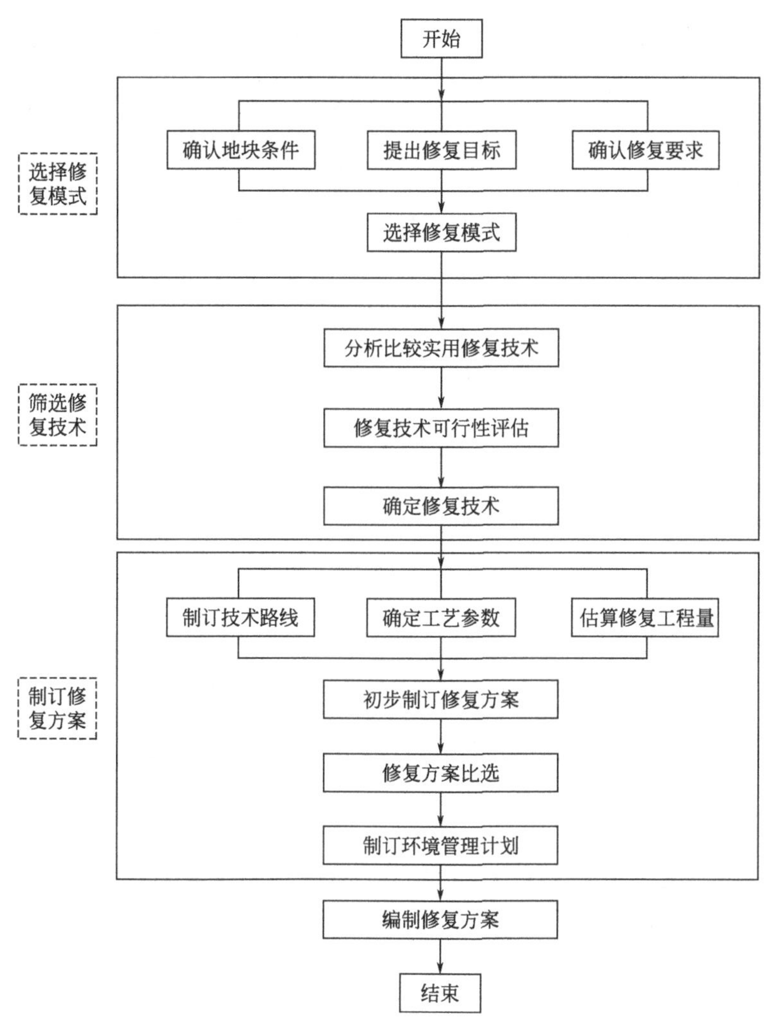

图 4-11　地块土壤修复方案编制程序

4.5.2　污染地块原位生物修复技术

原位修复技术指在不破坏土壤或地下水基本结构的情况下，通过向污染土壤中补充氧气、营养物或接种微生物对污染物就地进行处理，以达到污染去除效果的生物修复工艺（图4-12）。当不宜挖取污染土壤或采用泵处理工艺进行异位处理时，可采用原位微生物修复方法对污染地块进行修复。这类修复一般多采用土著微生物进行处理，有时也加入经过驯化和培养的微生物，以加速修复的过程。原位修复的优势在于：成本低、不破坏植物生长需要的土壤环境且操作相对简单、污染物转化后不存在二次污染问题。原位修复不仅需要明确能够降解污染物的微生物是否存在，还要了解处理对象的特性、污染物的性质、氧浓度、pH值、营养盐的可利用性、还原条件等。有效的原位生物修复处理效率可达99%以上。

(1) 原位生物修复的方法

原位生物修复主要有以下八种方法。

① 投菌法（bioaugmentation）

直接向遭受污染的土壤接入外源的污染物降解菌，同时提供这些微生物生长所需的营

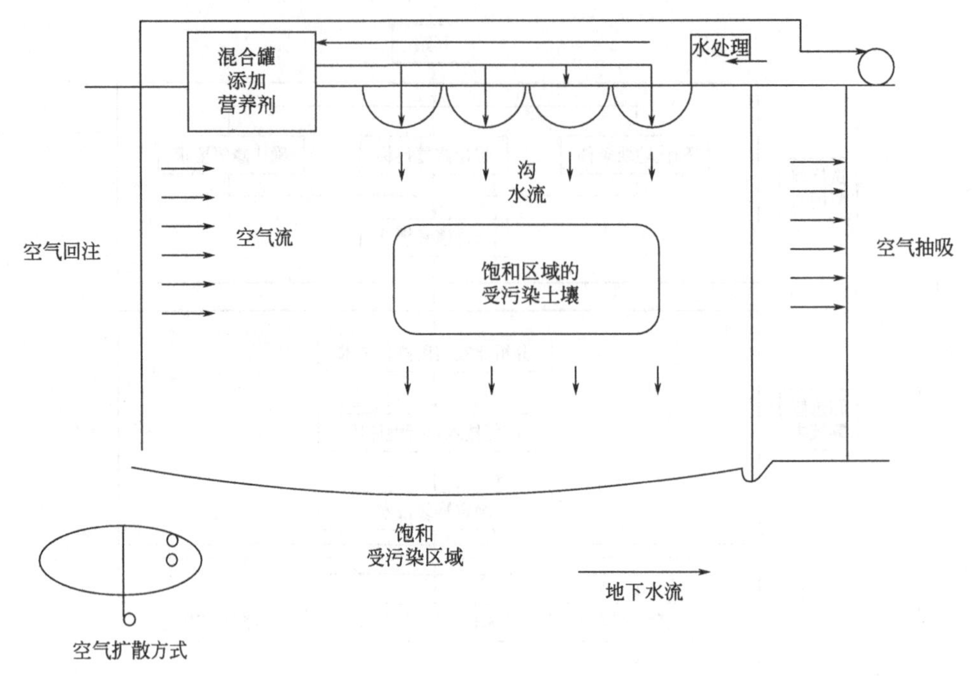

图 4-12　原位生物修复过程的示意图

养，包括常量营养元素和微量营养物质。通过微生物对污染物的降解和代谢达到去除污染物的目的。

② 生物培养法（bioculture）

定期向受污染土壤中加入营养物质和氧气（或其他作为微生物氧化反应的电子受体），以满足污染环境中已经存在的降解菌的需要，提高土著微生物的代谢活性，将污染物彻底转化为 CO_2 和 H_2O。

③ 生物通气法（bioventing）

生物通气法是一种强迫氧化的生物降解方法。生物通气工艺是一种强化污染物生物降解的修复技术。一般是在受污染的土壤中至少打两口井，安装鼓风机和真空泵，将新鲜空气强行通入土壤中，然后再抽出。在此空气一进一出的过程中，土壤中的挥发性毒物随之从土壤中去除。为了给土壤中的降解菌提供氮素营养，有时在通入的空气中加入一定量的氨气，或将营养物质与水分分批供给，从而达到强化污染物降解的目的。某些地区由于受有机物的污染，土壤中的氧气降低、二氧化碳浓度增高，从而抑制了污染物的进一步生物降解。在这种情况下，为了提高土壤中污染物的去除效果，需要抽出土壤中的二氧化碳而补充氧气。生物通风系统就是为改变土壤中气体成分而设计的，它有助于通过真空或加压进行土壤曝气，使土壤中的气体成分发生变化。原位生物通气技术严格限制在不饱和层土壤。

④ 生物注射法（biosparging）

生物注射法亦称为空气注射法（airsparging），即将空气加压后注射到污染地下水的下部，气流可加速地下水和土壤中有机物的挥发和降解。生物注射法是在传统气提技术的基础上加以改进形成的新技术。这种补给氧气的方法扩大了生物降解的面积，使饱和带和不饱和带的土著菌发挥作用。

生物注射法是在已广泛应用的土壤气抽法基础上发展起来的。以前的生物修复利用封闭式地下水循环系统往往氧气供应不足，生物注射法将土壤气抽法中单纯抽提改为抽提通气并用，通过增加氧气及延长停留时间以促进生物降解，提高修复效率。地下水曝气-土壤气体抽提（AS/SVE）技术示意图如图 4-13 所示。工程师利用这一方法对污染地下水进行了修复，结果表明，生物注射法注射大量空气，有利于将溶解于地下水中的污染物吸附于气相中，从而加速其挥发和降解。欧洲从 20 世纪 80 年代中期开始使用这一技术，并取得了相当成功的效果。

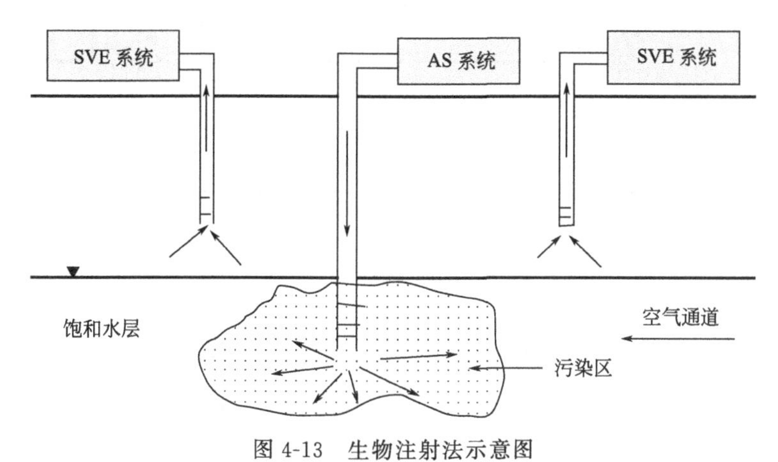

图 4-13　生物注射法示意图

然而这项技术的使用会受到场所的限制，它只适用于土壤气提技术可行的场所，同时生物注射法的效果亦受到岩相学和土层学的影响，空气在进入非饱和带之前应尽可能远离粗孔层，避免影响污染区域。另外它在处理黏土层方面效果不理想。

在此基础上，弗吉尼亚综合技术学院的研究人员发现了一种新的方法，它可集中地将氧气和营养物送往生物有机体，从而有效地将厌氧环境转变为好氧环境。这种方法被称为微泡法（microbubble），它实际上是含有 125mg/L 的表面活性剂的气泡，直径只有 55μm，看起来很像乳状油脂。据研究，将这种微泡注入污染环境后，可以为细菌提供充足的氧气，二甲苯可被降解到检测水平以下。研究人员同时发现该法将比普通的生物注射法更有利于含铁化合物的沉淀。因此这被认为是一种效率高、经济适用的方法。

⑤ 生物冲淋法（bioflooding）

生物冲淋法亦称液体供给系统（liquid delivery system），将含氧气和营养物的水补充到亚表层，促进土壤和地下水中的污染物的生物降解。生物冲淋法大多在各种石油烃类污染的治理中使用。改进后也能用于处理氯代脂肪烃溶剂，如加入甲烷和氧促进甲烷营养菌降解三氯乙烯和少量的氯乙烯。

⑥ 土地耕作法（land farming）

对污染土壤进行耕作处理，在处理过程中结合施肥、灌溉等农业措施，尽可能为微生物提供一个良好的生存环境，使其有充分的营养、适宜的水分和 pH 值，从而使微生物的代谢活性增强。土地耕作法应保证污染物的降解在土壤的各个层次上都能发生，适用于不饱和层土壤的处理，不适用于地下水处理。

⑦ 有机黏土法

有机黏土法是近年来发展起来的一种新的原位处理污染地下水的方法，是一种化学和生物相结合的方法，即利用人工合成的有机土可有效去除污染物。有机黏土法生物修复过程如

图 4-14 所示。带正电的有机修饰物、阳离子表面活性剂通过化学键键合到带负电荷的黏土表面上，合成有机黏土，有机黏土可以扩大土壤和含水层的吸附容量，黏土上的表面活性剂可以将有毒有机物吸附到黏土上富集，有利于微生物对污染物的原位降解。目前又发展了一种新的原位处理污染地下水的方法，利用人工合成的有机黏土有效去除有毒化合物。

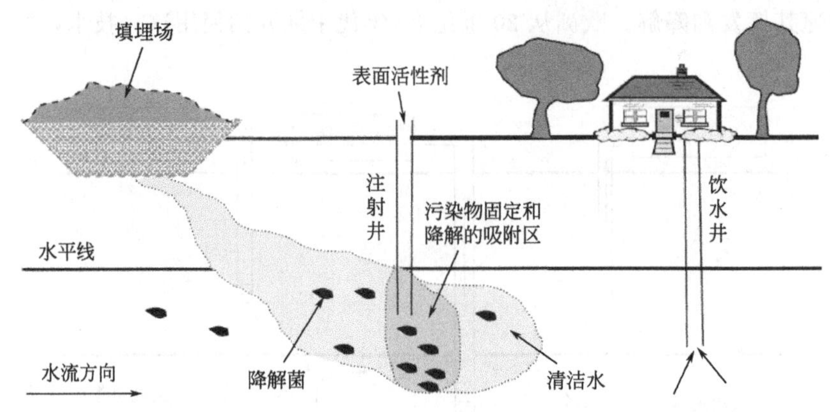

图 4-14　有机黏土法生物修复示意图

美国密歇根州立大学的研究人员专门从事了这一方面的研究，并认为有机黏土可以扩大土壤和含水层的吸附容量，从而加强原位生物降解。

⑧ 原位微生物植物联合修复

在污染地块土壤上种植对污染物吸收力高、耐受性强的植物，利用植物的生长吸收以及根区的微生物修复作用，从土壤中去除污染物。

上述不同的原位修复技术的差异性主要表现在供给氧的途径上，一般来说，土地耕作法和生物通气法适于不饱和带的生物修复，生物冲淋法和生物注射法适合用于饱和带和不饱和带的污染场地生物修复。

（2）生物通气法和生物吸吮法对燃油污染地块的修复

生物修复通过促进天然细菌的繁殖，可快速将有机污染物转化为毒性较低的化合物。与其他净化技术不同，生物降解可以将污染物降低到很低水平。比如，通过泵吸净化汽油泄漏点时，大量泄漏物还会残留，这部分汽油会以残留饱和状态存在于孔隙中，这种残留的污染会成为溶解性污染源。

已有的许多方法是利用天然细菌来消除污染物，其中生物通气法和生物吸吮法已被证明对于清除燃油泄漏非常有效，它们可以促进有氧条件下已有细菌的繁殖。另外，还有一些研究涉及厌氧或共代谢系统，以用于消除 PCE 和 TCE 之类的氯化溶剂。

生物通气法和生物吸吮法主要用于净化非饱和带和地下水位附近的燃油。它们利用空气提供生物降解所需的氧气。在某些方面，生物通气法与土壤气抽法类似，后者是通过真空抽吸井让空气流过泄漏点。不过与土壤气抽系统要求低分子量化合物尽可能得到挥发不同，生物通气法的目的是尽可能使化合物原位生物降解。换言之，土壤气抽系统靠的是挥发和少量的生物降解，而生物通气法则靠的是生物降解和少量的挥发。原位生物通气系统与土壤气抽系统主要的不同点在于气流速率。对于土壤气抽系统来说，为了使污染物的相分配最大化，气流速率较高。而对于生物通气法来说，系统需要将氧气供给污染区的细菌，所以气流速率低得多。一般而言，细菌的氧气利用速率相对较低，所以气流速率需慢一些。

生物通气法的目的是在地下消除污染物。所以抽吸井抽吸的空气所含污染物蒸气相浓度应该较低，不一定需要在地面进行处理。对于大型项目来说，降低长期处理的成本将极大地影响总经费的开支。

由于生物通气主要依靠的是细菌的破坏作用，因此可以用于净化挥发性相对很低的燃料，如相对汽油而言挥发性化合物所占份额较少的中间石油馏分（如柴油）。土壤气抽系统处理它们的效率相对较低。而这些化合物一般可以进行生物降解，故适合用生物通气法来降解。图4-15即为利用生物通气法处理三氯乙烯污染土壤的基本流程。

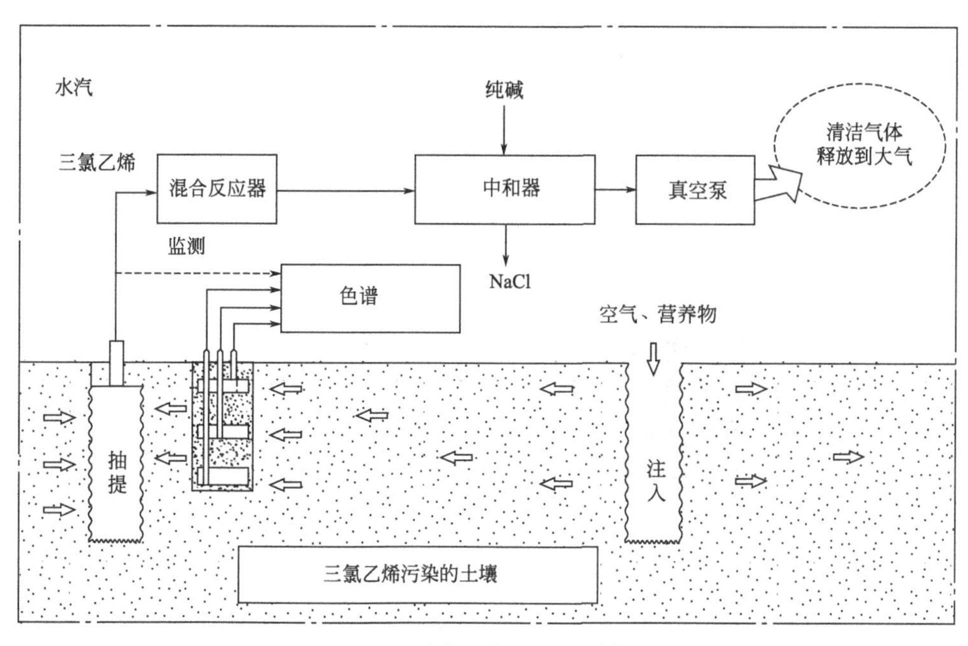

图4-15　生物通气法流程示意图

生物通气工艺通常用于处理被地下储油罐泄漏污染的土壤，这些土壤可先进行生物修复，然后再用生物通气工艺处理生物修复后所产生的少量土壤。美国犹他州的一个空军基地，曾采用生物通气法处理被喷气燃油污染的5000m^3的土壤，其石油烃含量高达10000mg/kg。处理历经24个月，处理后土壤石油烃的含量降低到6mg/kg，总费用约60万美元。由于生物通气法在军事基地的成功应用，美国空军将生物通气法列为处理受喷气机燃料污染土壤的一种基本方法。

生物吸吮法由两项修复技术组成：游离态油品回收和生物通气。游离相轻非亲水相污染物（LNAPLs）可以通过真空增强泵回收。真空系统也可在非饱和带用于生物通气。生物吸吮井由外套管和穿过地下水位的滤网组成（图4-16）。使用时应将直径为2.54cm（1英寸）的PVC滴管通过真空密封伸入井中并伸至地下水位与油品接触面。井中若有游离态油品时，真空系统就可以将其去除掉。不过，系统的大多数时间在泵气。地面上的设备将水与游离态油品分离开，并在气流中处理污染物。

有氧生物通气法成功应用的前提是能够将足够量的含氧空气注入地下，介质的空气渗透性主要取决于地质介质的类型和裂隙发育程度，土壤湿度也是影响空气渗透性的重要变量，土壤湿度较高时由于多相效应会明显降低介质的空气渗透性。研究对103个试验点的生物通气效果进行了分析，结果发现有三个试验点不适合采用生物通气法，因为它们地下水位较高、湿度较高，而且土壤质地细密。

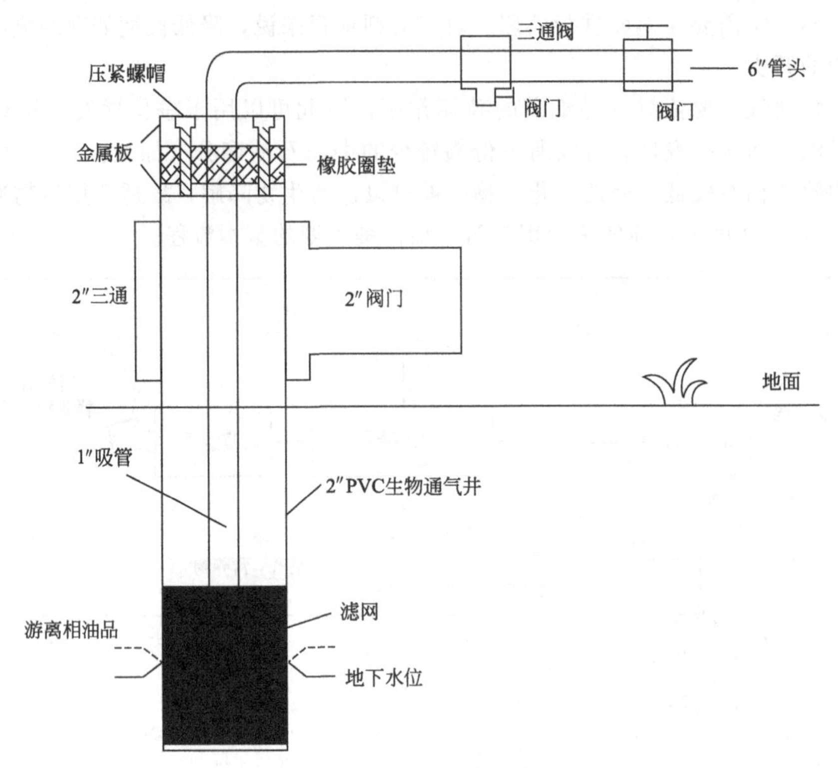

图 4-16　生物吸吮井示意图

生物通气要求必须具备能够降解有机污染物的微生物群落。有些已知污染物一般比较容易降解（如汽油），但有些未知的污染物必须经过室内可处理性试验和现场试验，才能确定其是否可以降解。关于现场可处理性试验，研究者认为土壤 pH、养分水平和温度也是影响生物降解率的重要因素，其中温度是最重要的。低温区域的生物降解率比温暖区域低，不过，即便是在低温区域（3℃），生物活性也是可以检测到的。通常情况下根据 van't Hoff-Arrhenius 公式，温度每升高 10℃，生物活性就会增加一倍。养分水平也很重要，不过根据初步的野外实验结果，增加养分并不能起到明显效果。

(3) 原位生物修复设计的工程问题

原位生物修复设计的工程问题主要有以下几个方面。

① 水力控制方式

原位生物修复首先需选择隔离和控制污染带，即控制地下水流提高或降低水位以及隔离污染羽流等，其中采用水力控制或隔离污染羽流是最常用的方法。一般的设计采用按地下水流方向，在污染带顶端设置注入井，在污染带末端设置回收井，或采用中间排水四周注水技术，将含有营养盐、基质和电子受体的水流通过注入井输入，污染水从回收井中提取出来，送入地面装置进一步处理。由于污染控制往往不可能达到理想效果，在水力控制过程中，应特别注意不要将污染物推向非污染区域。水力控制设计前需要了解现场的水文地质。含水层反应试验、示踪试验、水力模型是比较常用的手段。

一般注入速率会影响降解速率，流速影响溶质和气体的传输速率、接触时间，最佳注入速率一般用水力模型难以预测，必须依靠现场监测。理想的半封闭水文干预和典型生物修复注入-回收系统如图 4-17 所示。

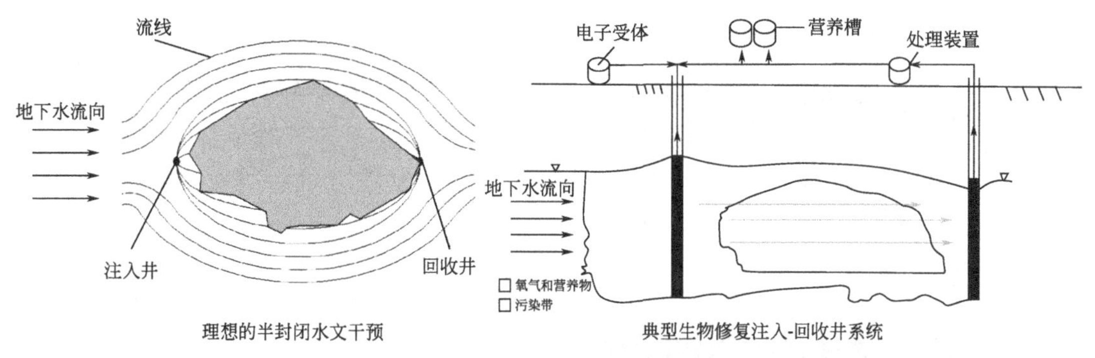

图 4-17 理想的半封闭水文干预和典型生物修复注入-回收系统

② 亚表层供给系统和回收系统的设计

原位生物修复的基质（生物修复控制剂）供给系统法分两类，即重力法和强制法。重力法中包括淹灌、塘灌、表面喷灌、渗滤沟、渗滤床。强制法包括水泵注入、空气真空、空气注入。

地表重力供给系统法适合于浅层废物沉积、高渗透性场所和局部污染，即对渗流带的效果较好，在饱和带重力法充分混合较难，要充分考察后使用。因此，寒冷天气是一个限制因素。设计重力供给系统应该考虑的主要问题有电子受体和营养盐的供应速率、渗入速率，污染概况（地点、深度、污染带），场地特征（水力传导特性、降水量、孔隙度）和含水层厚度。其中电子受体、营养盐以及基质的需要量应根据污染物的质量或呼吸试验计算得到。如果重力法供应的物质速率可满足有机物降解速率，则可采用重力法；如果达不到要求，则需用强制法。在重力供应系统中，受电子受体供应速率的限制，修复速率很慢。虽然平均投入的人力物力很少，但耗时长，最后总费用可能会超过其他供给系统。

重力法渗透供给系统与修复项目密切相关。首先要考虑污染物是在渗流带还是在饱和带，重力法在渗流带、饱和带和两者均可用。其次要考虑电子受体如何携带。如果水仅携带营养，则要另外注入气体，那么不饱和带就要保持较高的透气率。如果电子受体由水携带，那么就要以最快的速度下渗。

强制注入在过程控制中较为灵活。但浅水注入点限制注入系统的水头和注入井影响的区域。注入井，回收井壁一般要考虑作密封处理，防止气体或水向上渗透。生物修复的影响带经常是根据携带氧浓度所确立的（>1mg/L），氧影响带决定了强制注入井的间隔以及井的投资（井的材质、深度）。理想的注入井和回收井之间的距离，应是能使营养液在注入后6周内达到污染区，但要注意营养液在此期间的损耗。化学品迁移时间和反应速率可以根据可处理性研究和泵试验估算，但必须经现场监测证实。

回收技术也分重力法（包括沟渠、埋管）和强制法（包括井点、土壤渗滤仪和深井泵）。典型的沟渠和井点设计如图4-18所示。

③ 泵处理工艺

泵处理工艺主要应用于修复受污染的地下水和土壤。首先在受污染的区域开钻注入井和抽水井，注入井用来将接种的微生物、水、营养物和电子受体（如过氧化氢）等注入土壤中；抽水井通过将地下水抽到地面造成地下水在地层中的流动，促进微生物的分布和营养物质的运输，保持氧气供应。通常需要的设备主要是水泵和空压机，在必要的情况下应建有活性污泥法等生物处理装置，将抽取的地下水处理后再回注地下。该工艺是较为简单的处理方法，费用较省。但由于采用的工程强化措施较少，需要较长的处理时间，污染物可能会进一

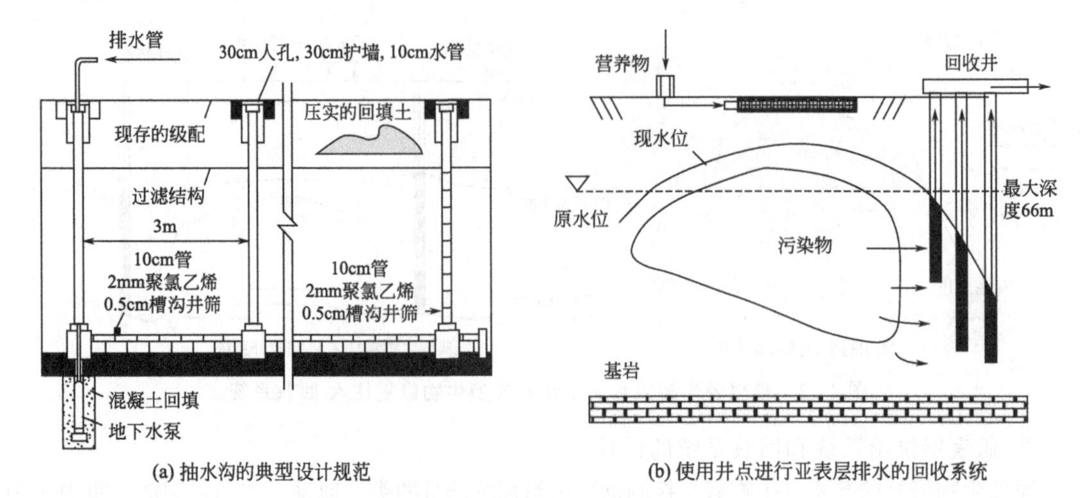

(a) 抽水沟的典型设计规范　　(b) 使用井点进行亚表层排水的回收系统

图 4-18　典型的沟渠和井点设计

步扩散到土壤深层和地下水中，因此它主要适用于处理污染时间较长、状况已基本稳定的地区，或者受污染面积较大的地区。

地下水抽出-处理（P&T）技术是最早出现的地下水污染修复技术，也是地下水异位修复的代表性技术。自 20 世纪 80 年代开展地下水污染修复至今，地下水污染治理仍以 P&T 技术为主。这种技术对重金属造成的地下水污染具有较好的修复效果。

P&T 技术系统包括水力隔离和净化处理两个基本部分，其运行的基本原理是布置一个或多个抽水井，以足以使污染水体被全部抽出的流量进行抽水，并满足流到截获带之外，接着利用净化系统对通过水泵抽取提升至地上的地下水进行处理，达标后再进行回灌或者用于其他用途。具体概念模型见图 4-19。

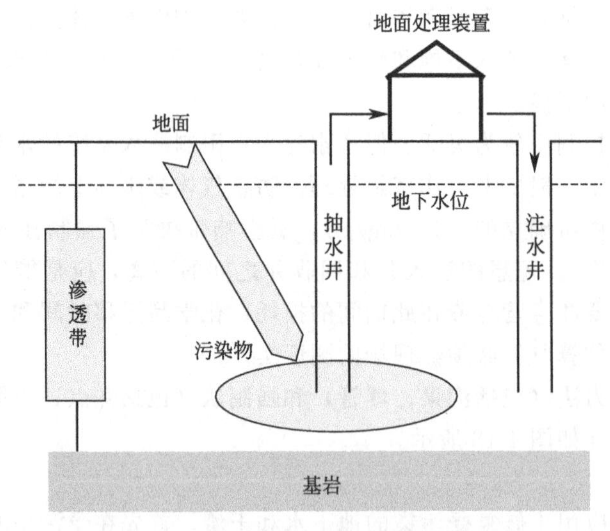

图 4-19　抽出-处理技术示意图

P&T 技术适用范围广，对于污染范围大、污染晕埋藏深的污染地块也适用。经过优化后的抽出-处理技术，既可以有效地清除污染物和控制污染羽扩散，达到水力控制的要求，又可以节约很大部分的资金和时间。对非水溶性的污染物质，由于毛细张力而滞留的非水相溶液几乎不太可能通过泵抽的办法清除处理，因此处理该类物质使用 P&T 技术效果极差。

使用 P&T 技术时对泵放置的位置要求较高，处理不好可能造成污染的进一步恶化，使原来未受污染的水体受到污染。泵的位置过高，污染物不能完全被抽取出来；位置过低，可能使底层未污染的水也被抽出来，增加了处理的量，同时泵出速率对污染物的治理也有很大的影响。此外，P&T 技术运行成本较高，开挖处理工程费用昂贵，而且涉及地下水的抽提或回灌，对修复区干扰大。且如果不封闭污染源，当停止抽水时，拖尾和反弹现象严重，需要持续的能量供给，以确保地下水的抽出和水处理系统的运行，同时还要对系统进行定期的维护与监测。

4.5.3　污染地块的异位生物修复技术

4.5.3.1　污染土壤的异位生物修复技术

污染土壤的异位生物修复有两种途径：一是先挖出土壤暂时堆埋在某一个地方，待原地工程化准备后再将污染土壤运回处理；二是从污染地挖出土壤运到一个经过工程化准备（包括底部构筑和设置通气管道）的地方堆埋，经生物处理后的土壤运回原地。常见的异位生物修复技术形式有：堆肥法、特制床技术、生物反应器技术、厌氧处理。

(1) 堆肥法

堆肥法是将污染土壤与一些自身易分解的有机物（土壤改良剂），如秸秆、稻草、木屑、树皮、杂草和粪肥等混合堆放，这些改良材料的混入，可提高土壤的通气保水能力，为微生物生长促进其对石油类污染物降解提供丰富的营养物质和能量。

堆肥处理过程自身产热使系统保温，即使降解过程在冬季仍能正常进行。必要时，可用机械翻动或压力系统充氧，或加入石灰来调节最适 pH 值，以提高微生物的降解活性。如使用好氧微生物修复，则土堆中埋有穿孔管作为空气输送的管道。为了加快反应并控制排放，通常会将土堆遮盖起来。如图 4-20 所示，该法适于对高挥发、高浓度石油污染土层的处理和修复。

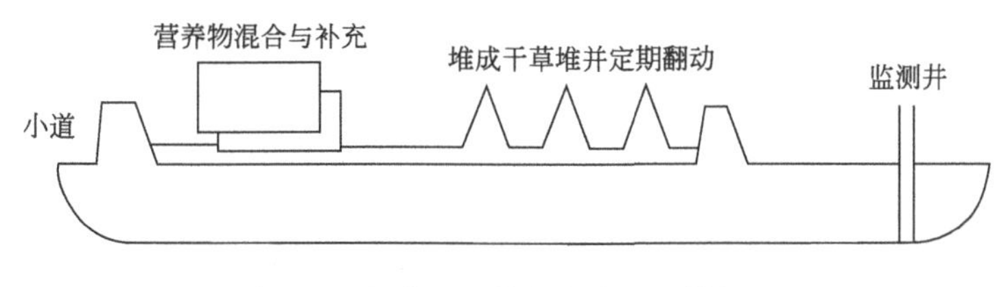

图 4-20　异位生物修复技术——堆肥法

(2) 特制床技术

特制床法是在无泄漏的平台上，铺上石子和沙子，将受污染的土壤以 15～30cm 的厚度平铺其上，并加入营养物和水，必要时也可加一些表面活性剂，定期翻动土壤补充氧气，以满足土壤中微生物生长的需要。特制床生物反应器（prepared bed bioreactor）为衬有防渗层和渗滤液收集管的一个平台，配有供排水、曝气、营养物喷淋等系统。该生物反应器具有防止污染物或代谢产物渗入地下、渗滤液可收集、有害气体不扩散等特点。主要用于多环芳烃、苯系物（BTEX）或它们的混合物的处理。

(3) 生物反应器技术

生物反应器技术比较常用的有土壤浆化反应器、固定化膜和固定化细胞反应器、好氧厌氧集成处理工艺等。此外，蚯蚓生物反应器也在开发实践中。生物反应器修复的主要特征是：

① 通常以水相为处理介质，污染物内微生物、溶解氧和营养物分布均匀，可最大限度满足微生物对污染物降解所需的条件，传质速度快、处理效果好；

② 可根据目标污染物处理的需要，设计出不同构型的生物反应器，并实现对其过程有效的控制；

③ 可避免复杂不利的自然环境变化，以及避免有害气体排入环境。

异位修复生物反应器的主要缺点是前后处理工序要求严格、工程复杂、处理费用高，同时还要注意防止污染物由土壤转移到地下水体中，异位修复生物反应器处理方式示意如图4-21所示。

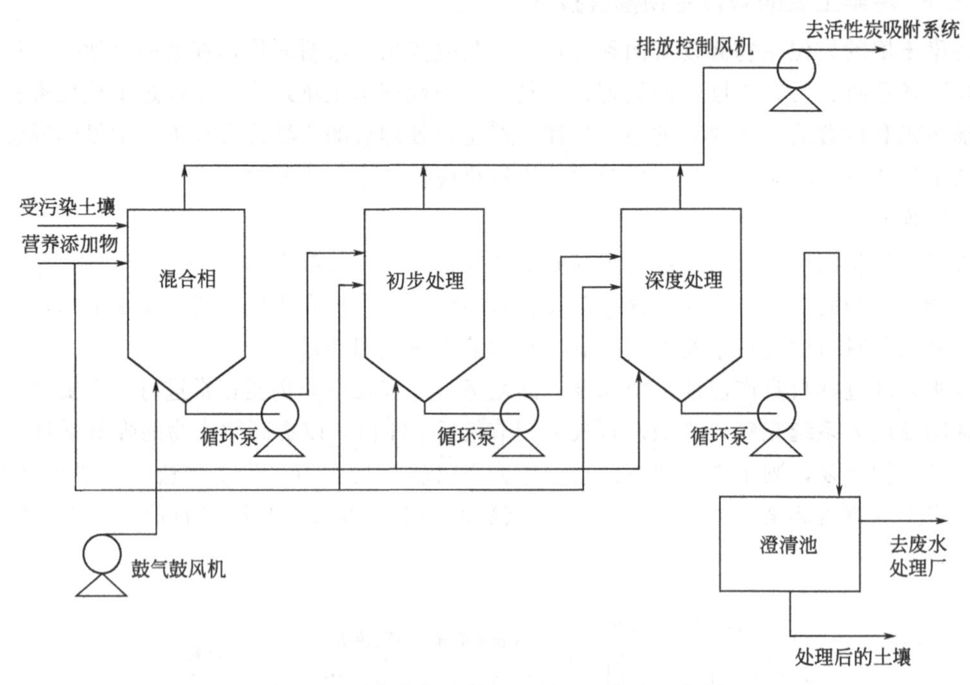

图 4-21　异位修复生物反应器处理方式示意图

① 土壤浆化反应器

土壤浆化反应器结构简单，可以是一个筑有衬底的水塘，也可以是比较精细的反应器[图 4-22(a)、(b)]。操作过程十分简单，将污染的土壤污泥或沉积物倒入反应器中，将受污染的土壤与 2～5 倍的水混合，使其成为泥浆，同时加入营养物或接种物，在供氧条件下剧烈搅拌，进行处理。由于营养物电子受体和其他添加物等的作用，可获得较高的降解效率。

② 固定化膜与固定化细胞反应器

固定化微生物（细胞）膜反应器将土壤颗粒在水力夹带下进入一种装有纤维丝的填料层，土壤被固定在填料表面形成固定微生物膜的反应器，如图 4-23。土壤微生物从反应器内水中获得足够的营养物质、氧和碳源，将土壤污染物降解，而微生物在土壤颗粒上生长，含污染物的溶液通过生物膜时，使得土壤泥浆的五氯酚（pentachlorophenol，PCP）等污染物降解。

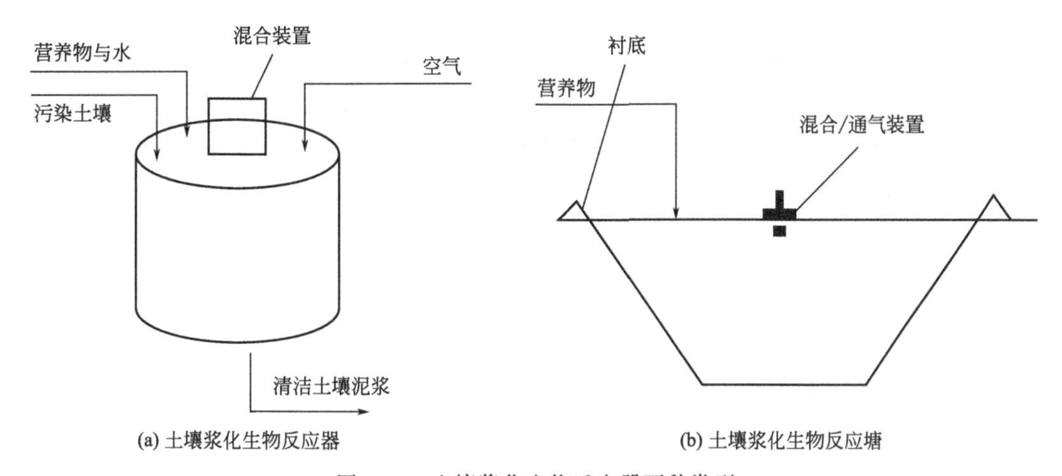

图 4-22　土壤浆化生物反应器两种类型

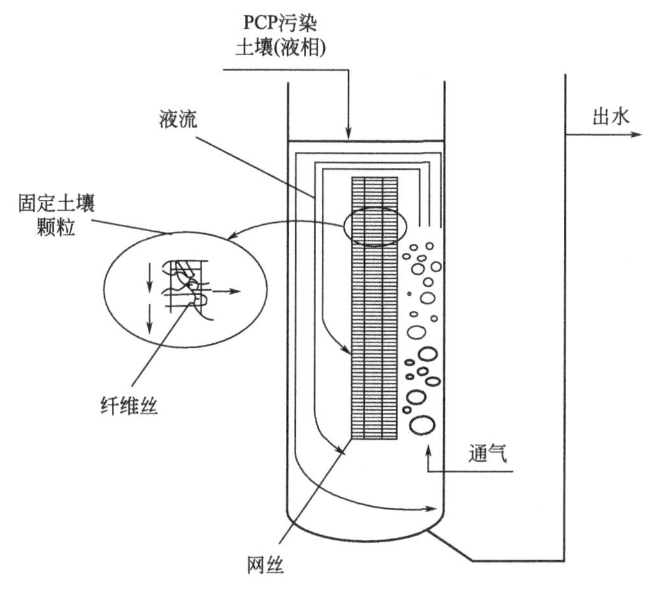

图 4-23　固定化膜生物反应器

改进该反应器的方法是采用高密度或高吸附率的细胞，并将其黏附或嵌入固态载体中制成固定化细胞（膜）反应器。修复受 PCP 污染土壤的泥浆工艺流程如图 4-24 所示。

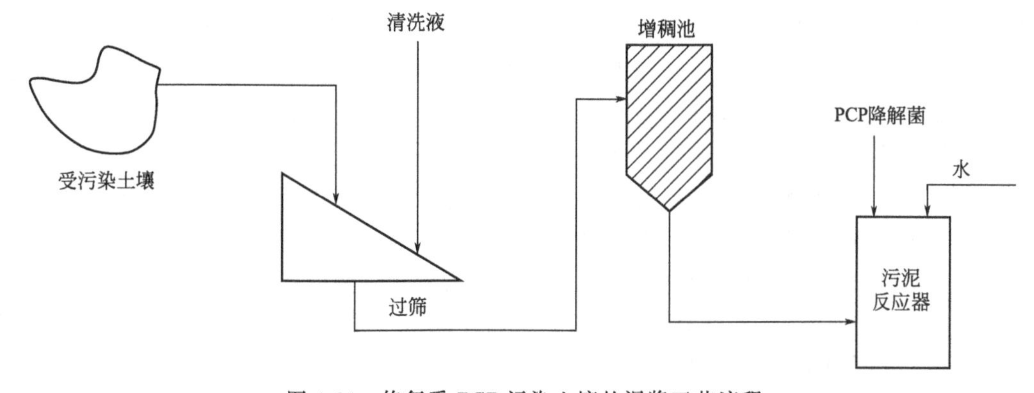

图 4-24　修复受 PCP 污染土壤的泥浆工艺流程

③ 好氧厌氧集成处理工艺

许多好氧菌不能降解的氯代化合物，可以被厌氧菌进行脱卤还原。因而可以将厌氧和好氧方法结合起来，用于难降解有机毒物的降解，好氧-厌氧工艺分两步进行，反应器内先实行厌氧处理，把土壤中难降解的复杂有机物还原为简单有机物或减低物质毒性，以利于好氧处理。如图 4-25 为三硝基甲苯（TNT）污染的土壤处理装置——好氧-厌氧生物反应器。

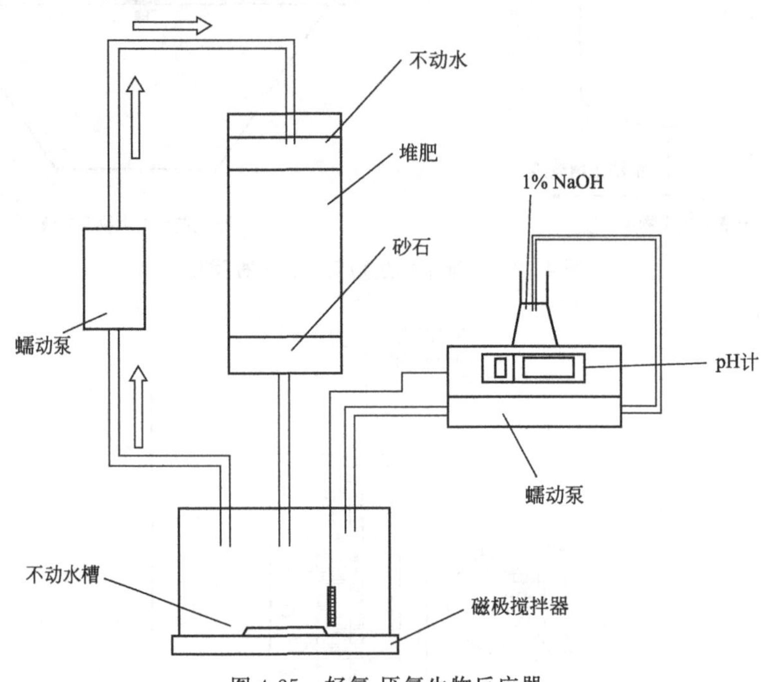

图 4-25　好氧-厌氧生物反应器

④ 蚯蚓生物反应器

蚯蚓生物反应器是 20 世纪 80 年代英国专家爱德华兹设计的一种处理有机废物的装置，最初用于处理植物废物和动物粪便等。国内主要用于城市生活垃圾和农村有机废物处理，产出小而均匀的颗粒状蚯蚓粪便，含有丰富的有益微生物和酶类，可作为生产有机食品的最佳肥料。据有关报道，开发和推广蚯蚓生物反应器，对于改善我国城乡生态与卫生环境，具有重要意义。

蚯蚓生物反应器最初用于处理植物废物和动物粪便，主要利用蚯蚓在自然界的生物学和生态学特点。蚯蚓可以不断吞食消化吸收有机废物，同时有机废物进一步被消化道内的微生物或接种的工程菌分解，并分泌出多种生物活性成分，实现有机废物的减量化、资源化处理。产出的蚯蚓粪肥酸碱度适宜，每克粪肥含 1 亿个左右的微生物，含有至少两种拮抗微生物，具有保水、保肥性能，含有植物所需的微量元素，是绿色环保的生物肥料。

蚯蚓生物反应器主要由反应器主体、加料和出料加工部分组成，图 4-26 为蚯蚓生物反应器结构示意。由于蚯蚓是一种活的生物，必须维持反应器内的合适温度、湿度条件，使其处于最佳生存环境并保持高效的处理能力。

蚯蚓生物反应器主体分成两个部分：上半部分为处理主体，高 1m；下半部分为收集装置，高 0.5m。反应器主体两端有两根标杆，标杆上附着电线、微喷水器水管、自动探测器探头电线等。控制面板在前端中央，由调控器、显示屏与控制开关等组成。

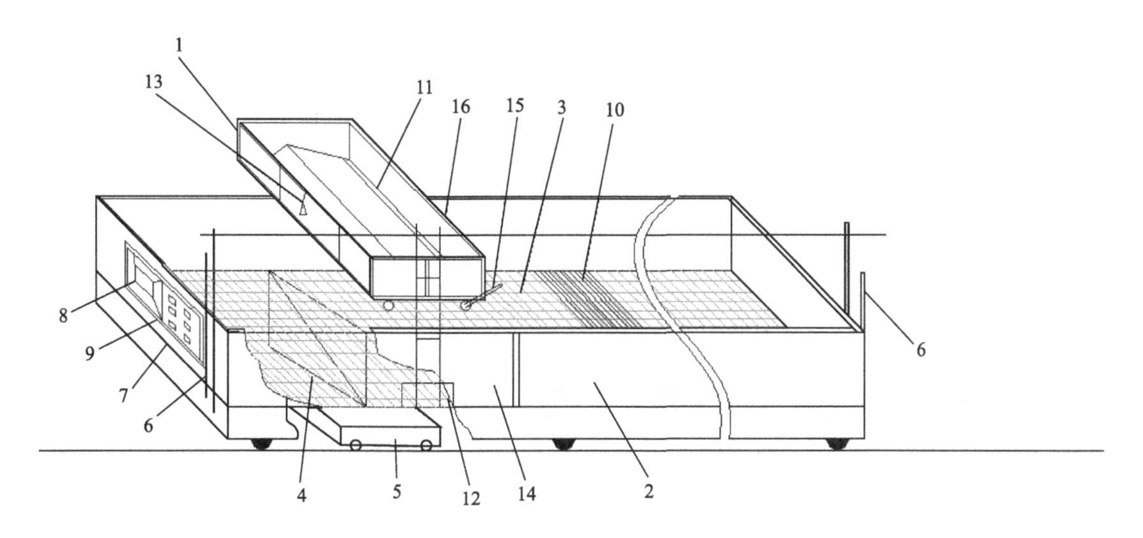

图 4-26　蚯蚓生物反应器结构示意图

1—布料器；2—反应箱；3—筛网；4—刮料器；5—收集器；6—标杆；7—中央调控器；
8—参数显示器；9—控制开关；10—电热丝；11—转轴；12—操作平台；
13—微喷水器；14—组成单元；15—电机；16—扶手

用蚯蚓处理的有机废物，可使废弃物转变为生产有机食品所必需的蚯蚓粪，蚯蚓粪作为生物肥料具有以下特点。

① 蚓粪的团粒结构孔隙大，酸碱度适宜，水气调和，具有保水保肥功能，可改良土壤，使土地不板结，适合农作物生长，增强作物抗旱、抗病能力。

② 与化肥相比，蚯蚓粪含有有益微生物和酶、多种氨基酸、植物所需的常量元素、植物生长素等。

③ 蚯蚓生长所需的温度、湿度等条件可以由电脑自动控制，使之保持在最佳生存环境和较高的处理效率。

立体多层薄层床蚯蚓反应器如图 4-27 所示，为装有传动输送带的立体多层薄层床蚯蚓反应器，有机废物（饵料）放置在薄层传动带上，蚯蚓也安置在有机废物中生活繁衍，饵料从漏斗到出料口，通到蚯蚓生活繁衍的传动带上，传动带由一个调节器控制，以一定速度连续向前移动，通过在出料端加强光照或去除空气，刺激并促使蚯蚓不断向饵料装载端移动而增加产率，当移动到卸载端，厚度为 5～20cm 的蚯蚓粪被卸载下来，作为产品被收集。

除了有立体多层反应器外，还有条垛式、标准化床、养殖箱、连续反应器等多种类型。从规模上可分为大型、中型、小型处理系统。大型反应器主要用来处理城市生活垃圾的有机废物部分、集约化养殖场的畜禽粪便和农业有机废物等；中小型反应器通常用来处理家庭生活垃圾，社区、学校、饭店等的有机废物。适当类型和规模的蚯蚓反应器的选择，需要综合考虑各种因素，如处理有机废物的种类及数量、地理环境、气候条件、水质状况等直接处理效果与能力的影响，同时还要结合当地政府的扶持政策、资金来源、生态环境需求和劳动力等辅助因素。

4.5.3.2　污染地块地下水的异位生物修复技术

对于污染地块的地下水，目前异位生物修复主要应用生物反应器法。生物反应器的处理方法是将地下水抽提到地上部分用生物反应器加以处理的过程，其自然形成一个闭路循环。

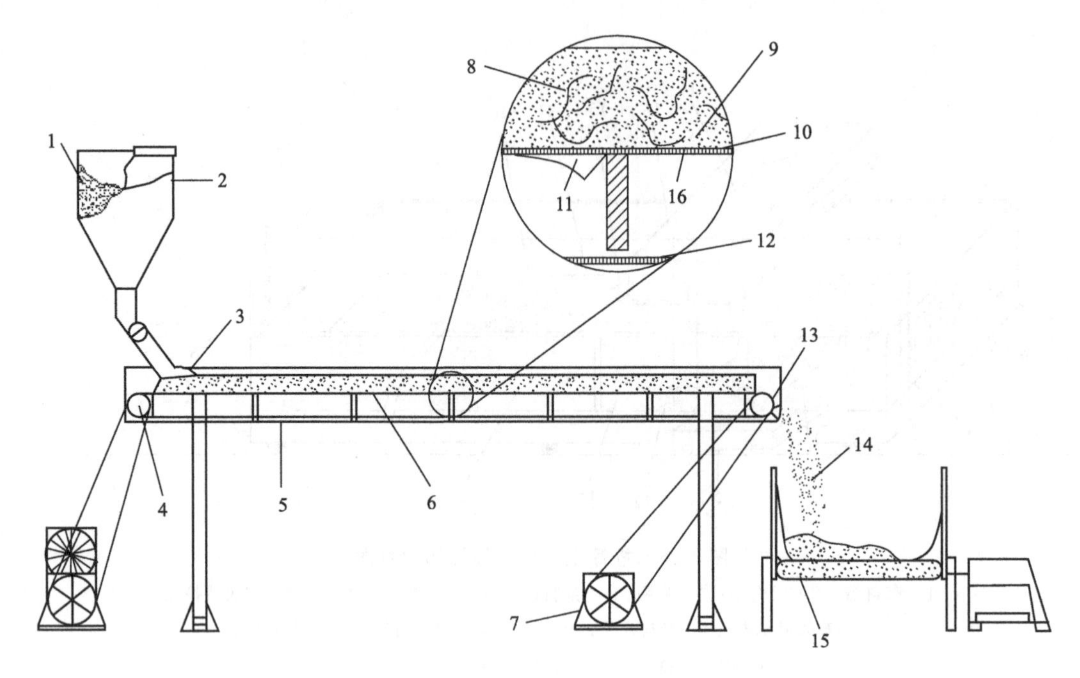

图 4-27　立体多层薄层床蚯蚓反应器

1—饵料；2—漏斗；3—出料口；4,13—转轴；5—薄层床底面；6,16—薄层床；7—电机；8—蚯蚓；9,14—蚯蚓粪；10—薄层床面；11—薄层床支架；12—传输带；15—蚯蚓粪收集面

同常规废水处理一样，所采用的反应器类型有多种形式。如细菌悬浮生长的活性反应器、串联间歇反应器、生物固定生长的生物滴滤池、生物转盘和接触氧化反应器、厌氧菌处理的厌氧消化和厌氧接触反应器，以及高级处理的流化床反应器、活性炭生物反应器等。

这种处理方法包括 4 个步骤：

① 将污染地下水抽提至地面；

② 在地面生物反应器内对其进行好氧降解，运转过程中要对反应器补充营养物和氧气；

③ 处理后再将地下水通过渗灌系统回灌到土壤内；

④ 在回灌过程中加入营养物和已驯化的微生物，并注入氧气，使生物降解过程在土壤及地下水层内亦得到加速进行。

生物反应器法不但可以作为一种实际的处理技术，也可用于研究生物降解速率及修复模型。连泵式生物反应器、连续循环升流床反应器、泥浆生物反应器等在修复污染的地下水方面已初见成效。

生物反应器也经常用于去除受污染地下水中的有机物。通常来说，可从水或污水中去除可溶性有机物的生物反应器可分为两种：悬浮式生长或附着式生长生物反应器。最常用的悬浮式生长型是活性污泥工艺，而附着式生长型则是滴滤工艺。一个典型的例子是某处木材防腐剂污染的地下水，主要污染物是 PCP。污染的地下水被从井中抽出，调节 pH 值并加入营养物，投入到采用可控温固体化膜生物反应器里，PCP 在里面得到充分的降解。

用于地下水修复的生物反应器系统通常比市政或工业污水处理厂规模小很多。这些反应器由能够支持细菌生长的物质作为填充物，或其他原则上能够使细菌附着生长的类似反应器。由于生物反应过程相对复杂并受其他多种因素影响，建议使用引导测试预测生物系统的性能。在工程设计时，需要确定填料高度、水力负荷、所需横截面积等参数来设计生物反应器的规格。

4.5.4　原位异位联合修复技术

原位-异位联合修复技术可分为水洗-生物反应器法（washing-bioreactor）和土壤-通气堆肥法（bioventing-composting）。水洗-生物反应器法是用水冲洗污染地块中的污染物，并将含有该污染物的废水经回收系统引入附近的生物反应器中，通过对降解菌连续提供营养物和氧气，来转化污染物；土壤通气-堆肥法是先对污染地块进行生物通气，然后进行堆制处理，以去除难挥发的污染物。

并不是所有的污染物质都很容易除去，也不是所有的污染物质都适宜降解，特别是对水不溶性污染物。这时可对其进行适当的预处理，如加入某种可溶、可混、可分散的生物表面活性剂，以提高有机化合物的生物降解速率；也可采用土壤萃取的方法来去除污染物，如利用液态二氧化碳萃取柴油、四氯苯酚等污染物质；还可采用清洗和物理分离相结合的技术先使污染物质进入液相或细颗粒相，然后将其收集起来进行生物处理。

对上述修复技术，要想获得良好处理效果，关键在于菌种的筛选和驯化。理论上几乎每一种有机污染物都能找到其对应的有效降解微生物，因此，寻找高效污染物降解菌是生物修复技术研究的热点。

4.5.5　污染地块生物修复的设计原理与场地要求

生物修复技术设计的主要内容是将电子受体、微生物营养物和活性微生物本身有效地输送至受污染的目标区域。

在设计开始阶段，需要对已知的材料包括现场地质和水力数据、污染评价报告、现场可行性研究结果和修复的要求进行仔细分析，确定修复工程需要达到的具体目标，也就是设计目标。

根据修复工程要求，选择合适的生物修复工艺过程，例如是否需要设立水井控制整个地下水的流动和污染物带的迁移，是否需要相关地面设施抽提，处理净化和回注添加微生物营养或者调节 pH 的地下水，是采用抽提井还是吹脱井，进行正压还是负压曝气，是否需要添加过氧化氢物质等。如果修复要求不那么迫切，也可以考虑只在地下水和污染物迁移的下游设立生物修复活性带，或者是仅仅采用自然生物修复措施即可。

确定了生物修复工艺，即可选择相应的工艺参数。例如，对于曝气带的生物修复，主要的参数有曝气井的作用半径范围、曝气压力、流量、微生物营养添加的浓度和流量等。对于地下水生物修复，主要的参数包括水井的作用半径范围、地下水抽取速率、微生物营养添加浓度和流量等。

生物修复需要进行的时间可以根据总的需氧量和氧的输送速率来“粗略估算”。之所以说“粗略估算”，是因为生物修复受许多过程因素的影响，例如氧是否能够及时输送至受污染区域，是否能够被微生物及时利用，是否存在竞争消耗过程（如铁氧化等）；并且，氧的输送还受设备本身的影响，例如，是否输送管道系统造价太高，或者是否输送压力要求太高。

主要设计步骤如下：①确定是否需要向生物修复区域输送微生物营养；②预测生物修复过程中可能出现的化学和微生物学方面的变化，设计对应的措施；③设计输送系统；④执行长期监测计划。

对于好氧生物修复过程，供应电子受体——分子氧有两种方式：物理方式和化学方式。物理方式是直接输送空气、纯氧或者输送经过充氧的水流。纯氧能够大幅度提高溶解氧的浓度，但是成本也相应上升；经过曝气充氧的水可以直接注入饱和带，但是溶解氧浓度受限制。化学方式是提供能够转化为分子氧的化学物质，过氧化氢是经常采用的化合物。微生物的营养成分一般是通过渗流，或者通过钻井注入。

结合现场工程的开展与应用，影响生物修复效果的因素可归结为以下几个方面：①污染物的生物可降解性；②化合物的矿化潜力；③特定的微生物、基质和其他条件；④营养物的可利用性；⑤场地水文地质特性，包括水力传导系数、饱和带厚度、各向均质性以及地下水埋深等参数；⑥污染物范围和分布；⑦生物地球化学参数，如溶解氧、氧化还原电位、CO_2以及其他参数（如NH_4^+、NO_3^-、SO_4^{2-}、S^{2-}、Fe^{2+}）等。其中，不同污染物的生物可降解性是影响生物修复技术可行性及修复效果的主要因素，直接影响修复工程的效果和技术体系的选择。不同有机污染物的生物可降解性比较如表4-9所示。

表4-9 不同有机污染物的生物可降解性比较

有机物种类	生物降解难易程度
简单烃 C1～C15	非常容易
酒精、苯酚类、胺类	非常容易
酸类、酯类、氨基化合物类	非常容易
烃 C12～C20	容易
醚类、单氯代烃	容易
烃＞C20	困难
多氯代烃	困难
多环芳烃类、多氯联苯类、杀虫剂	困难

对有效的生物修复，需要对污染地块各种运行条件和因子进行调控。这些条件主要包括氧气、水分及湿度、生物所需的营养元素、温度、土壤pH和微生物接种等。表4-10总结了生物修复所需的环境要素及最佳条件。

表4-10 生物修复的环境要素及最佳条件

环境因子	最佳条件
可利用的土壤水分	持水度25%～85%
氧气	好氧代谢：溶解氧＞0.2mg/L，含气孔隙的体积分数＞10% 厌氧代谢：氧气的体积分数＜1%
氧化还原电位	好氧和兼性厌氧：＞50mV 厌氧：＜50mV
营养物	足够的N、P及其他营养物（建议C：N：P的物质的量之比为120：10：1）
pH	5.5～8.5（对于大多数细菌）
温度	15～45℃（对于中温菌）

对于地下水的原位生物处理修复来说，优势条件包括：非毒性、好氧条件，易溶有机污染物；土层的渗透系数＞10^{-4} cm/s；pH值6～8，利于微生物生存；适应性强的土著菌，数量为104～107 CFU/g；适宜的营养水平，营养物质比例一般为C：N：P＝100：10：1；水分含量为25%～85%。

(1) 氧气

氧气是好氧微生物正常工作的必要条件，土壤和沉积物中的含氧量的减少会使微生物降解有机物的速度急剧下降。如土壤中烃类化合物的降解就需要在好氧条件下进行，1g 石油完全矿化成 CO_2 和 H_2O 需要 3～4 倍的氧。因此，提高石油生物降解的重要因素是提供足够的氧气。氧气是生物修复中最常用的电子受体，H_2O_2 也在生物修复中经常使用，另外一些有机物分解的中间产物和无机酸根（如硝酸根、硫酸根和碳酸根等）也可作为电子受体。

大部分情况下土壤的厌氧环境主要是积水造成的，或由于机械碾压使土壤处于块状结构导致通气性差。在石油污染的微生物修复中，为了避免因缺少电子受体而减缓修复速度，可采用的措施包括机械供氧或者添加有机肥料等电子受体。通过翻土可以改善土壤的通气条件，或直接向土壤中输入空气，从而提高生物降解率。为了增加土壤中的溶解氧，还可以将空气压入土壤、添加产氧剂等。而厌氧环境中甲烷、硝酸根和铁离子等都为有机物降解的电子受体。

对一面积为 $200m^2$，深度为 8m 的受石油烃类化合物污染的地区进行原位生物修复处理，可采用地下水抽取和过滤系统。具体方法是：从一个 8m 深的中心井和 10 个分布在处理地区周围的井中抽取地下水，然后用泵以 $30m^3/h$ 的流速输入一个 $50m^3/h$ 的曝气反应器中，反应一段时间后再输进颗粒滤槽中，经过滤后重新渗入地下。在此过程中，注入了分散剂和营养物，通过曝气和接种优势微生物等强化措施以促进污染物的降解。经过 15 周处理，土样中石油烃类化合物的浓度从 136～234mg/L 降低到 20～32mg/L。测定注入地下水和抽出的地下水中溶解氧的浓度，结果表明进水中的溶解氧为 8.4mg/L，而出水中的溶解氧为 2.4mg/L，说明在土壤中也在进行着较强的好氧生物修复过程。

需要注意的是，以硝酸盐作为电子受体时，应注意地下水对硝酸盐浓度的影响。

(2) 水分和湿度

水分是调控微生物、植物和细胞游离酶活性的重要因素之一，而湿度是生物修复必须调控的重要条件。水分不仅是营养物质和有机组分扩散进入生物活细胞的介质，也是代谢废物排出生物机体的介质。此外，水分对于土壤渗透性、可溶性物质的特性和含量、渗透压、土壤 pH 和土壤不饱和水力学传导率都有重要影响，从而影响污染土壤及地下水的生物修复。因此，场地的水分和湿度应控制适当，从而保证微生物在土壤环境中具有最佳的降解活性以及繁殖能力。有研究表明，基质势为－0.01MPa 可能是土壤水分有效性的最适宜水平。大多数情况下，土壤湿度会低于或在该范围的较低端，因此通常情况下需要补充水分。在工程设计时，生物修复所需水体积的计算可以通过土壤的初始含水率、孔隙度等进行计算。相比一些其他环境条件（如酸碱度和温度）。湿度具有更大的可调性。

(3) 营养元素

土壤和地下水中，尤其是地下水中，氮、磷是限制微生物活动的重要因素。土壤通常含有微生物活动所需的营养物，然而一来土壤中 N 和 P 含量一般不高；二来当土壤被有机物污染以后，微生物的碳源迅速增加，需要更多的营养物以强化生物修复，通常为了达到完全的降解，适当添加营养物质常常比接种特殊的微生物更为重要。因此可溶性 N 和 P 的含量即成为降解的调控或限制因子。为达到良好的效果，必须在添加营养盐之前确定营养盐的形式、合适的浓度以及适当的比例。

施加无机或有机肥料可以促进微生物对有机污染物的降解，但施加肥料必须考虑两点：①C、N 和 P 必须有合理的配比，三者的物质的量比建议为 120∶10∶1 或 100∶10∶1；②应针对污染物的特性来选择肥料。目前已经使用的营养盐类型很多，如铵盐、磷酸盐或聚磷酸盐等。除了污染物作为碳源外，微生物同时也需要N、P、S及一些金属元素等其他营养物质。N是氨基酸、核苷酸及维生素合成的必需元素，P是核酸、酶的必需元素，S是部分氨基酸及酶的必需元素。降解石油烃应选择亲油性（疏水性）肥料，添加酵母菌或酵母废液可以明显促进石油烃类化合物的降解，从而形成适合微生物生长的微环境。营养物质通常先溶解于水中，然后通过喷洒或灌溉进入土中。但是，过多地加入营养物质也会造成富营养化而促进藻类繁殖，不利于污染物的降解。如大量引入硝酸盐还可能导致厌氧降解占优势，抑制好氧菌的生长等。

(4) 温度

温度对微生物新陈代谢有着重要影响，进而影响有机污染物的生物降解效率。研究表明，高温能增加嗜油菌的代谢活动，一般在30～40℃时活性最大。土壤中石油烃的降解率随土壤温度的降低而不断减小，可能是酶活性的降低所致。就总体而言，微生物生长的温度范围较广，而每一种微生物都只能在一定温度范围内生长，尤其要注意微生物生长的最适宜温度、最高/最低耐受温度以及致死温度。温度变化不仅影响微生物的活动，同时还影响有机物的化学组成和物理性质。例如，低温下石油的黏度增大，有毒的短链烷烃挥发性减弱，水溶性增强，从而降低了石油烃的可降解性。

污染场地原位生物修复时，受气候、季节变化影响，土壤温度随之发生波动，从而不同的微生物区系将在不同时期占据优势。因此，注重土壤中微生物区系温度发生的变化的研究，也是提高有机污染物生物降解的一个重要方面。虽然温度是决定生物修复过程快慢的重要因素，但在实际现场处理中，温度不可控，应从季节性变化方面去选择适宜的修复时间。

(5) 土壤pH值

在污染场地的土壤修复中，土壤pH是重要的环境调控因子。由于土壤的不均一性，造成不同土壤环境下pH差异较大。土壤pH能影响土壤中污染物的形态分布，还会影响土壤微生物的生物学性质。微生物生存有自己最适宜的pH环境。一般情况下，多数真菌和细菌最适宜pH中性的土壤，即中性土壤是其发挥生物降解功能最适宜的环境条件。由于石油微生物降解过程的产酸作用，一定程度上会导致土壤pH值的下降。因此，在生物修复过程中，调控土壤的pH值是保证微生物降解活性的基本措施。一般的微生物所处环境的pH值应在6.5～8.5的范围内，而在实际环境中微生物被驯化适应了周围的环境，人工调节pH值可能会破坏微生物生态，反而不利于其生长。对酸性条件下土壤石油烃生物降解的研究结果表明，当土壤呈弱酸性（pH5.5～6.0时），石油烃49d的降解率是中性土壤（pH＝7.0～7.5）的40％～90％。

(6) 表面活性剂

在污染土壤中加入分散剂（一般为表面活性剂）可以促进微生物对有机污染物的利用。表面活性剂是一种由疏水基团和亲水基团组成的化合物，它的结构可以降低油水液面间的表面张力，使油膜分散成小油滴，这样就大大地增加了油膜的表面积，增加了微生物以及氧气与油滴的接触机会，进而促进微生物降解。目前，大部分研究者认为表面活性剂去除土壤中石油类污染物主要通过卷缩（roll-up）和增溶（solubilization）。生物表面活性剂作为石油分散剂来促进微生物降解，其优点在于：①可生物降解，不会造成二次污染；②无毒或低毒；③一般对生物的刺激性较低，可消化；④可以利用工业废物作为原料生产，并用于生态环境治理；⑤具有更好的环境相容性、更高的起泡性；⑥在极端温度、pH、盐浓度下具有更好的选择性和专一性；⑦结构多样，可适用于特殊的领域。

研究人员选用 LAS、SDS 和 SAS 对污染的土壤进行解吸实验，研究了这 3 种阴离子表面活性剂和腐殖酸钠对黄土中柴油类污染物的协同增溶作用。实验结果表明，腐殖酸钠和 3 种阴离子表面活性剂对黄土中柴油的解吸均有显著增溶作用，使柴油的解吸量明显增加，柴油的去除率最高可达 63%。表 4-11 列出了一些生物表面活性剂的结构特征。

表 4-11　几种性能良好的生物表面活性剂

微生物种类	生物表面活性剂类型	结构特征
分枝杆菌、野兔棒杆菌	糖脂和分枝菌酸	被酰化的带有 1-酰基-2-羧基酸
分枝杆菌	海藻糖二分枝菌酸脂	分支的总链长度为 C60～C90 的海藻糖
诺卡氏菌、球菌、棒杆菌	海藻糖二棒状杆菌分枝菌酸脂	分支的总链长度为 C60～C90 的海藻糖，但酰基较短
假单胞菌	鼠李糖脂	鼠李糖或二鼠李糖带有羟基酸或二聚物的糖苷
球拟酵母	槐二糖脂	与 17-羟基 C18 酸相连的槐二糖或乙酰化槐二糖
乙酸钙不动杆菌	肽和聚合物	带有蛋白质、多糖和脂肪酸
枯草芽孢杆菌	环脂肽	氨基酸肽环与脂肪酸链连接

(7) 共代谢基质

微生物共代谢分解难降解污染物现象已引起各国学者的关注。如以甲醇为基质时，一株洋葱假单胞菌（*P. ccpacia*）能对三氯乙烯共代谢降解。某些分解代谢酚或甲苯的菌也具有共代谢氯代乙烯的能力，特别是某些微生物还能共代谢降解氯代芳香类化合物。此外，污染物进入动物体后，机体的代谢机制可将其降解为相应的衍生物，一般情况下转化为毒性较低的衍生物，也可能使其急性或三致毒性增强，是代谢活化的作用。

微生物共代谢分解难降解污染物进行修复的局限性表现为：①受重金属和某些有机污染物的抑制；②微生物生长能够堵塞土壤空隙，降低治理土层的物质循环；③营养物的加入可能影响附近地面水体的水质；④残留物可能引起嗅味问题；⑤维修和人力资源要求可能很高，尤其是那些长期运行的治理系统；⑥对于阻碍营养物正常循环的低渗透性含水层，系统难以正常工作；⑦难以预测长期效应。

4.6　矿山的环境生物修复与治理

矿产资源的高强度采掘打破了自然与人居环境之间的平衡并带来突出的矿山环境问题，众多遗留问题给环境带来了负面的影响和严峻的挑战。矿区废弃地的生态恢复问题越来越受到世界各国的关注。在自然条件下，矿山废弃地经过自然演替可以恢复原貌，但一般需要 50～100 年的时间才能获得满意的植被覆盖，因此，通过人工干预在相对较短的时间内快速恢复矿山废弃地的生态环境状况尤为重要。当前我国矿山地质环境恢复和综合治理工作正发生着历史性、转折性、全局性的变化，正以区域生态功能特征统筹山上山下、地上地下、流域上下，通过“点、线、面”相结合的方式，立体式、系统性、全方位开展生态修复和保护。

4.6.1 矿山环境问题与生态环境恢复简介

矿山环境，指矿山周围的自然与社会环境体，由人类采矿活动产生的矿建系统和选、冶系统等人为环境与自然环境构成，主要包括开采地段、闭坑停采的含矿地段以及所影响到的毗邻地区的岩石圈、水圈、生物圈、大气圈之间相互作用（物质交换与能量流动）的客观地质体。矿山环境问题是一种以矿山环境为载体的负效应作用，指在矿产资源勘查、矿床开采、洗选加工以及废弃闭坑等矿产资源开发过程中对矿山环境造成的不良影响，其影响范围远大于采矿边界且时效超过矿山生产年限的数倍。

由于我国大部分矿区地形地貌条件复杂，矿山生产开发方式与工艺多样，产生了复杂多样且数量众多的矿山环境问题。其中，排土场指矿山剥离和掘进排弃物集中排放的场所，包括外排土场和内排土场，又称废石场、排岩场；尾矿库指由筑坝拦截谷口或围地构成的、用于贮存经选矿场选别后排出尾矿的场所；矸石场指煤矿采选过程中产生的含炭岩石及其他岩石等固体废物的集中排放和处置场所。矿山工业场地指为矿山生产系统和辅助生产系统服务的地面建筑物、构造物以及有关设施的场地。矿山污染场地是因堆积、储存、处理、处置或其他方式（如迁移）承载了有害物质，对人体健康或生态环境产生危害或具有潜在风险的矿山空间区域。

矿山生态环境恢复指对矿产资源勘探和采选过程中的各类生态破坏和环境污染采取人工促进措施，依靠生态系统的自我调节能力与自组织能力，逐步恢复与重建其生态功能。《固体矿产绿色矿山建设指南（试行）》要求在矿山开采中要履行矿山地质环境治理恢复与土地复垦义务，做到资源开发利用方案、矿山地质环境保护与土地复垦方案同时设计、同时施工、同时投入生产和管理，确保矿区环境得到及时治理和恢复。

矿山生态环境保护与恢复治理的一般要求如下。

① 禁止在依法划定的自然保护区、风景名胜区、森林公园、饮用水水源保护区、文物古迹所在地、地质遗迹保护区、基本农田保护区等重要生态保护地以及其他法律法规规定的禁采区域内采矿。禁止在重要道路、航道两侧及重要生态环境敏感目标可视范围内进行对景观破坏明显的露天开采。

② 矿产资源开发活动应符合国家和区域主体功能区规划、生态功能区划、生态环境保护规划的要求，采取有效预防和保护措施，避免或减轻矿产资源开发活动造成的生态破坏和环境污染。

③ 坚持“预防为主、防治结合、过程控制”的原则，将矿山生态环境保护与恢复治理贯穿矿产资源开采的全过程。根据矿山生态环境保护与恢复治理的重点任务，合理确定矿山生态保护与恢复治理分区，优化矿区生产与生活空间格局。采用新技术、新方法、新工艺提高矿山生态环境保护和恢复治理水平。

④ 所有矿山企业均应对照本标准各项要求，编制实施矿山生态环境保护与恢复治理方案。

⑤ 恢复治理后的各类场地应实现：安全稳定，对人类和动植物不造成威胁；对周边环境不产生污染；与周边自然环境和景观相协调；恢复土地基本功能，因地制宜实现土地可持续利用；区域整体生态功能得到保护和恢复。

矿山生态环境修复包括探矿、排土场、露天采场、尾矿库、尾矿再利用、矿区专用道路、矿山工业场地、沉陷区、矸石场、污染场地等的治理和生态恢复。

4.6.2 矿山环境生物修复与治理模式

矿山环境修复治理主要的技术方法有工程治理、生态修复和生物修复 3 种类型。其中，工程治理技术旨在消除环境中存在的安全隐患，通过对已有的或即将发生的问题采取改变物理力学性质、化学成分等措施来改变或加强地质结构、岩土体结构、水文地质结构，改善或缓解问题危险和影响程度，如充填开采、冒落矸石空隙注浆、裂隙注浆、锚喷护坡等。在工程治理技术中有专门用于解决地表土地修复相关问题的相关技术，分为岩土体平整技术与地质体整形技术，作为衔接工艺为生态修复工程和生物修复工程创造适宜的场地或立地条件，相互配合实现矿山地质环境、矿山水环境、矿山生态环境的修复治理工作。以下主要对矿山环境的生物和生态修复技术进行介绍。

生物修复技术适用于受污染的矿山环境载体，如受到污染的地表与地下水体、直接或间接受到污染的岩土体，其所起作用是改变矿山环境中遭受严重污染的岩土体及水体的化学成分，多使用原位生物修复技术，工程条件不利时也可采取异位生物修复技术。常见矿山环境生物修复技术如表4-12所示，利用生物修复技术在一定程度上可改善矿山环境质量，提升生态修复技术的实施效果。

表4-12　常见矿山环境生物修复技术

分类	生物修复技术	原理与特点	适用环境问题	适用特征
原位生物修复技术	生物通气	将氧气流导入不饱和土层中，增强土著细菌活性，促进土壤中有机污染物自然降解	土壤有机物污染	有机污染土壤
	空气注射	将空气压入饱和层中使挥发性污染物随气流进入不饱和层进行生物降解，同时促进饱和层的生物降解	土壤有机物污染	挥发性有机污染物和燃油污染土壤
	投菌技术	向被污染土壤投入外源的污染降解菌，提供细菌生长所需养分	土壤有机物污染	需提供外源细菌生长所需营养物质土壤
	土壤耕作	利用耕翻土壤，补充氧和营养物质以提高土壤微生物的活性，促进污染物生物降解	土壤污染、土壤有机物污染	通透性较差、污染较轻且污染物易降解土壤
	植被品种筛选	针对不同类别的污染及污染程度选取对应的生态型植被吸收重金属元素或污染物，改善土壤肥力，降低污染程度	土壤重金属污染、土壤有机物污染	利用植物生长吸收作用去除土壤污染物
异位生物修复技术	预制床技术	在预制床内铺石子砂子，将污染土壤平铺于预制床，加营养液和水、表面活性剂，定期充氧翻动，以完全清除污染物，减少污染物的迁移	土壤重金属污染、土壤有机物污染	清除土壤中污染物
	堆肥处理	将挖出的污染土壤堆成长条形的静态对，添加必要的养分和水分、表面活性剂，使土堆内的条件最优化而促进污染物的生物降解	土壤有机物污染	易腐殖质转化和降解的有机物污染
	生物反应器	将挖出的土壤加水制成浆状，与降解微生物和营养物质在反应器中混合，添加适量表面活性剂或分散剂，促进吸附的有机污染物解离	土壤有机物污染	满足微生物降解所需最适宜条件

矿山环境的生态修复技术是以修复被破坏、废弃土地中的植被、景观以及生物群落环境等为主要对象，既要用工程措施恢复被破坏的生态系统功能，又要充分发挥生态系统本身的恢复功能，分为自然修复与人工辅助修复两种类型，主要有植被修复、景观与生态修复及其他生态修复技术（表 4-13）。实际的矿山生态修复治理工程主要包括矿山土地复垦、矿山地质环境恢复治理、矿山保护保育工程，必须统筹山上山下、地上地下、矿内矿外，做好区域内系统性、整体性修复。

表 4-13　常见矿山环境生态修复技术

分类	生态修复技术	原理与特点	适用环境问题	适用特征
植被修复技术	人工生态林	选择合适树种，确定合理的配置参数，以有效复绿为目标	大气污染、水土流失、矿山次生地质灾害、水土流失	露天矿排土场生态修复
	人工灌木林	利用灌木植被对矿区进行固坡、护土，改善土壤条件		干旱地区矿山生态修复
	人工网垫	利用三维结构织网固定土壤与草籽，将网垫平铺固定在斜坡面，在网的空腔内撒播草籽和土，使坡面固定土壤并保存一定水分		岩体裸露山体、排土场坡体、矸石山等生态修复
	人工草栅格	利用人工草栅格有效固沙护坡，主要为植被修复如修复草地，草种存活率较高		干旱地区矿区沙漠化
景观与生态修复技术	人工湿地法	人工构建或改造为湿地生态系统，引入适宜的植被、动物等	水土流失、土地沙漠化	水体丰富或存在水体污染
	基塘法	按生态学原理对矿山内水面和土地进行生态修复，集约度高，初期投资大，对种养技术要求高		水体丰富、高潜水位区域
	生态演替法	利用生态自然演替规律，工程治理完成一定时间段生态环境自然修复		露天矿山及排土场生态修复
其他修复技术	植生袋植被修复	特制的植生袋按顺序码放在做好防护支撑的土质、石质和水土易流失的边坡上并用锚杆等方式固定	生态环境破坏、水土流失	排土场、矸石山以及土壤贫瘠沉陷区生态修复

矿山环境是一个复杂的系统，实际工程中修复环境一定会涉及多种技术的有机组合，继而形成矿山环境修复治理模式，将成为修复治理工程中制订技术方案、组织施工最理想的选择。表 4-14 列出了针对露天矿山环境问题修复治理实践中，依据不同的修复治理目标提出的露天矿山采坑修复治理模式。

表 4-14　露天矿山环境修复治理模式

修复治理对象	修复治理目标	露天采坑修复治理模式
露天矿山环境修复	边坡稳定性	“固废局部回填(采坑坡体压脚)＋削坡减载”模式、“坡体后缘裂缝填埋＋坡体裂缝压力灌浆”模式、“边坡排供水系统＋采坑填渣＋植被修复”模式、“裂缝变形监测＋坡面变形监测”采坑边坡监测预警模式
	景观与水域	“露天采坑台阶与边坡土地修复”模式、“人工湿地公园”模式、“矿山公园(矿山地质博物馆)改造”模式

在矿山环境修复治理实施后，对被矿山占用和损毁的土地资源进行矿山土地适宜性评价，厘定可行的开发利用类型，实现矿山土地资源类型的扭转和开发再利用。在修复治理前后，对矿山环境实施动态监测与预警，以及时发现存在的安全隐患，并实时捕捉先兆进行预警，同时也成为评价修复治理效果的重要手段之一。

如何摒弃以往治标不治本的修复理念，在“山水林田湖草生命共同体”的背景下，开展系统性、整体性的矿山修复工作成为当前我国矿山环境修复的关键点。

思考题

1. 简述土壤生态系统的结构和功能。
2. 地下水与土壤污染因果关系是什么？简述地下水与土壤污染协同防治的意义。
3. 试述土壤污染、土壤退化、水土流失和土壤荒漠化的区别。
4. 简述微生物活动对土壤重金属的稳定化过程。
5. 植物对土壤中重金属污染环境进行原位修复的基本原理和特点是什么？
6. 为什么植物-微生物联合修复能够增强重金属污染土壤的修复效果？
7. 举例说明微生物对土壤中持久性有机污染物的降解过程。
8. 何为可渗透反应墙技术？
9. 试述地下水污染生物修复技术的优点和局限性。
10. 简述污染地块生物修复的原位和异位修复的修复过程和技术特点。
11. 举例说明三种污染地块原位生物修复及其优缺点。
12. 污染地块原位生物修复设计需注意的工程问题有哪些？
13. 污染地块生物修复的设计与要求有哪些？
14. 矿山环境问题有哪些？矿山生态环境保护与恢复治理的一般要求是什么？
15. 举例说明 3 种常见矿山环境生物修复技术及其适用特征。
16. 简述矿山环境的生态修复技术类型及其适用性。

第5章 固体废物的生物处理技术

固体废物（solid waste），是指在生产、生活和其他活动中产生的丧失原有利用价值或者虽未丧失利用价值但被抛弃或者放弃的固态、半固态和置于容器中的气态的物品、物质以及法律、行政法规规定纳入固体废物管理的物品、物质。固体废物因为物理、化学和生物的不稳定性，在堆存环境中易形成可释放的污染物，对水体、大气以及土壤环境造成污染。我国对固体废物污染环境的防治，实行减少固体废物的产生量和危害性、充分合理利用固体废物和无害化处置固体废物的原则，即减量化、无害化、资源化的“三化”原则，促进清洁生产和循环经济发展。首先应尽量减少固体废物的处理量，其次根据固体废物的特点采用适宜的处理及综合利用技术。生物处理是处理和利用有机固体废物的一条重要途径，如堆肥化、厌氧消化、纤维素水解、污泥或垃圾制取蛋白、蚯蚓养殖分解垃圾等，其中堆肥化和厌氧消化已成为大规模处理固体废物的常用方法。

5.1 固体废物污染

5.1.1 固体废物的来源与分类

现代人类社会物流利用过程与固体废物产生的关系可概括为图5-1。可见，固体废物是

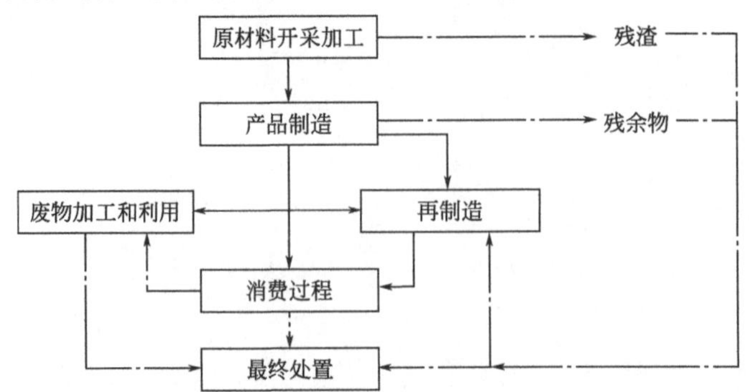

图5-1 现代人类社会物流利用过程与固体废物产生的关系

现代社会物流利用过程中难以避免的副产物。固体废物一般可分为以下3大类。

(1) 生活固体废物

生物固体废物又称城市固体废物或城市生活垃圾，是指在城市居民日常生活中或为日常生活提供服务的活动中产生的固体废物，以及法律、行政法规规定视为生活垃圾的固体废物。如厨余物、废纸、废塑料、废织物、废金属、废玻璃陶瓷碎片、粪便、废旧电器、庭院废物等。生活固体废物大都来源于城市居民家庭、城市商业、餐饮业、旅游业、服务业、市政环卫业、交通运输业、文教卫生业和行政事业单位、工业企业单位等。

(2) 工业固体废物

工业固体废物是指在工业生产活动中产生的固体废物。工业固体废物的来源非常广泛，主要行业有冶金、化工、煤炭、矿山、石油、电力、交通、轻工、机械制造、制药、汽车、通信和电子、建材、木材、玻璃等。工业固体废物来源非常复杂，根据工业的生产过程，一般可分为以下3类。

① 不具有原有使用价值或使用价值已经被消耗的原料或者产品，其原有形态没有改变，包括过期或受污染的原料、报废或不合格的产品。

② 生产过程中产生的、不能作为产品和原料使用的副产品，如各类工艺产生的危险废渣和废液、原材料提炼有用物之后的废弃物、反应产生的各种衍生废物，这一过程的特点是工业生产要符合物料平衡法则，除产生废水、废气和产品外，剩下的即固体废物。

③ 工业生产中产生的污染物和报废设施设备，如污染的物品、严重污染的土壤、拆解产生的废物等。

工业固体废物无论是固态废物还是液态、气态废物，只要是产生废物的生产工艺和生产原料不发生变化，其成分、性状等性质都不会随时间而发生大的变化，也不会随生产地点变化而变化；同时，废物的成分等也具有较高的均匀性，即相对的杂质含量较低。在化学特征方面，化学组成丰富，包含各类金属氧化物、卤代挥发性有机物、非卤代挥发性有机物、芳香族挥发性有机物、半挥发性有机物、酚类、酞酸酯类、亚硝胺类、硝基芳烃类和环酮类、多环芳烃类、卤代醚、有机磷化合物等有害成分。

(3) 危险废物

根据《中华人民共和国固体废物污染环境防治法》的定义，危险废物，是指列入国家危险废物名录或者根据国家规定的危险废物鉴别标准和鉴别方法认定的具有危险特性的固体废物。工业企业是危险废物的最主要来源之一，集中于化学原料及化学品制造业、采掘业、黑色和有色金属冶炼及其压延加工业、石油加工及炼焦业、造纸及其制造品业等工业部门，危险废物产量约占工业固体废物总量的1.5%～2.0%。

5.1.2 固体废物的危害

固体废物具有数量大、种类多、性质复杂、产生源广泛等特点。固体废物造成环境污染的途径很多，污染形式复杂。一旦造成环境污染，对环境的影响和破坏很难完全恢复，使社会、经济损失严重。固体废物对环境的危害主要表现为如下几个方面。

(1) 固体废物侵占地表空间

侵占地表空间是固体废物“堆存”的直接环境危害。堆存不仅使被占据的地表空间失去了原有的生产或生态功能，还直接改变了局部地表的岩土相组成，造成环境污染。

(2) 固体废物污染物流失危害水体和土壤环境

固体废物因为物理、化学和生物的不稳定性，在堆存环境中形成可释放的污染物。同时，基于物理、化学原理的干燥、风化、分解和由微生物所致的腐烂等过程，亦可产生可迁移的微细颗粒，同样是可释放的污染物。污染物在自然径流的作用下，造成了对地表水和地下水的污染；而在径流路径中被土壤截留，则形成了对土壤的污染。

(3) 固体废物形成挥发性污染物污染大气（空气）环境

固体废物的物理、化学和生物不稳定性，同样为固体废物转化为可挥发或空气可悬浮物质提供了基本条件。在堆存环境中，固体废物对大气环境的突出影响主要有：

① 原有或经过物理、化学和生物转化形成的微细颗粒，在风力的作用下形成扬尘；

② 固体废物中生物降解组分在微生物代谢作用下，产生致臭物等挥发性物质，造成环境恶臭污染；

③ 可燃固体废物在无控制的环境中燃烧，由不完全燃烧产物的热转化反应形成的多环芳烃和多氯联苯类（如二噁英类）污染物。

(4) 固体废物处理与利用过程中产生污染

固体废物是浓缩型的废物，其处理与利用过程中的转化反应十分复杂，大量生成各种组成的衍生物是其基本的特征。突出表现在以下方面：

① 填埋场渗滤液污染。生活垃圾、危险废物、一般工业固体废物填埋场均可能产生污染组分不同的渗滤液污染。

② 焚烧烟气污染。固体废物可燃组分中的硫、氯、氟元素，几乎定量地转化为 SO_2、HCl、HF 等气相污染物，氮则部分转化为 NO_x，挥发点低于燃烧温度的重金属化合物也会进入烟气形成气相污染。

③ 生物处理过程中的臭气污染（挥发性组分）。臭气污染大多来源于有机物生物代谢的中间产物（如挥发性脂肪酸类、醇类、醚类、萜烯类、胺类等），少数属于好氧或厌氧代谢的最终产物（如氨和硫化氢）。其中，部分挥发性组分属于低臭阈值物质（如有机胺、硫醇、硫醚等），构成臭气的主要成分。

④ 固体废物资源化产品的环境污染释放。固体废物资源化产品指的是以固体废物为主要原料，通过转化加工形成的可利用产物，如各种工业废渣制成的建材、生物可降解废物转化的堆肥等。如堆肥施用于土壤、建材产品成为各种建（构）筑物组成部分后，在环境物流（如自然径流浸提、植物根系吸收等）的作用下，均有可能发生再迁移而形成环境污染。

5.2 有机固体废物的生物处理技术

有机固体废物按照其产生和收集来源分为四类，即农业有机固体废物、生活有机固体废物、畜牧业有机固体废物、工业有机固体废物。美国将有机固体废物进行了详细分类，共分为七种基本类型：①动物粪便；②农作物残留物；③生活污泥；④食品生产废物；⑤工业有机废弃物；⑥木材加工生产废弃物；⑦生活垃圾。

有机固体废物的特点如下。

① 有机固体废物来源非常广泛，种类繁多，产生量巨大。

② 有机固体废物的成分复杂，其组成和产量受到许多因素的影响，如自然环境、气候条件、季节、经济发展水平、生活水平及习惯等，因此有机固体废物的成分和产量不固定、区域差异较大。

③ 有机固体废物有机质含量高，具有可生化降解性或可燃烧性，有机固体废物资源化潜力巨大，综合利用途径广泛。

这些废物中蕴含着大量的生物质能，有效利用这类生物质能源，对实现环境和经济的可持续发展具有重要意义。有机固体废物资源化处理过程主要分为两类：一是化学转化，包括热分解、水解、加氢等；二是生物化学转化，主要有堆肥化、沼气发酵化，也包括废纤维糖化、蛋白化等生物处理技术。生物处理法主要包括堆肥、沼气发酵化，也包括废纤维糖化、蛋白化等生物处理技术。其中，堆肥化是在适宜的控制条件下，使源于生物的有机废料发生生物化学反应得到稳定腐熟的有机复合肥，沼气发酵指将固体废物中的有机物在厌氧菌作用下转化为甲烷的过程。

5.2.1　好氧堆肥技术

好氧堆肥化是利用好氧微生物代谢使生物质废物降解稳定，不再易腐发臭，成为相容于植物生长的土壤调理剂的过程。

堆肥产物的主要用途如下。

① 用作土壤改良剂。使土质松软，多孔隙易耕作，增加保水性、透气性及渗水性，改善土壤的物理性能。

② 用作缓释有机肥。腐殖质阳离子交换容量（如 K^+、NH_4^+）是普通黏土的几倍到几十倍；可以螯合有害重金属如铜、铝、镉等降低其危害程度，有利于植物生长；增加土壤中微生物数量。

③ 用作生物滤料。堆肥的多孔隙结构可以做生物滤料，通过负载微生物的氧化作用将臭气中的 NH_3、H_2S 等成分进行氧化，减少臭气排放。

④ 用作填埋覆盖土。增强覆土的甲烷氧化活性，减少温室气体排放。

5.2.1.1　好氧堆肥化基本原理

好氧堆肥化涉及的微生物生化过程是复杂的，根据过程中堆层的温度变化，好氧堆肥化大致可分5个阶段，转化过程主要参数的变化特征见图5-2。

(1) 潜伏阶段（常温）

固体废物在有氧环境下开始堆置时，废物中原有或外加的微生物需要经过一段适应期才能开始生长繁殖。在这个阶段，部分微生物产生适应酶，其细胞物质开始增加，但微生物总数尚未增加；而另一些微生物因不适应新环境而死亡。适应的微生物生长到某个程度后便开始细胞分裂，生长繁殖速率逐渐加快，微生物总数开始增加。在此阶段，微生物会大量分泌水解酶，部分固体废物会被水解成可溶性物质。

(2) 升温阶段

在此阶段，已适应特定环境的微生物，利用物料中易降解的有机物，如可溶性物质、淀粉类多糖、蛋白质等进行旺盛繁殖。它们在转换和利用生化能的过程中，多余的生化能以热能的形式释放，使堆置环境温度不断上升。此阶段活跃的微生物以嗜温、需氧型为主，通常是一些无芽孢细菌，也包括放线菌、真菌。

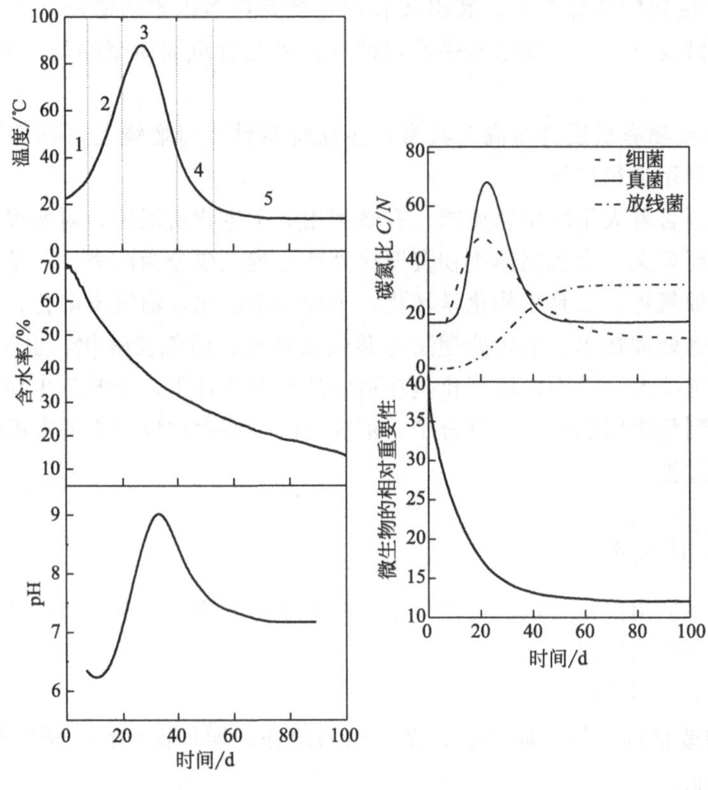

图 5-2 堆肥化过程参数变化

(3) 高温阶段 (45℃以上)

当堆层温度升到 45℃以上，即可认为进入高温阶段。在此阶段，嗜温性微生物受到抑制甚至死亡，嗜热性微生物逐渐代替了嗜温性微生物的活动，物料中残留的和新形成的可溶性有机物质继续分解转化，复杂的有机化合物如半纤维素、纤维素、蛋白质等也开始被剧烈分解。微生物代谢速率急剧上升。

在高温阶段，各种嗜热性微生物的最适温度也是不相同的，而且，在堆肥温度上升过程中，嗜热性微生物的种类是互相更替的。通常，在 50℃左右进行活动的主要是嗜热性真菌、细菌和放线菌；温度上升到 60℃以上时，真菌几乎完全停止活动，仅有嗜热性放线菌与细菌继续活动；温度升到 70℃以上时，大多数嗜热性微生物也已不能适应，微生物大量死亡或进入休眠状态，此时，尽管因高温微生物死亡，其分泌的部分耐高温酶依然可能维持活力，使有机物得以继续降解，温度可能进一步上升。但是，降解主体已消失，降解难以持续进行。因此，堆肥高温阶段必须采取堆体散热措施，使微生物在适宜条件下完成对有机物的降解。

(4) 降温阶段 (45℃～常温)

堆肥进程中，随着可利用有机物的减少，微生物代谢和生长速率逐渐下降，因代谢而产生的热量减少。当产生的热量低于散失的热量时，堆层温度就开始逐渐下降。当堆体温度下降至 45℃以下时，嗜温性微生物又重新占据优势。嗜温性微生物对剩下的较难及难降解有机物（如脂肪、纤维素等）做进一步分解，并逐渐形成腐殖质。此阶段结束后，固体废物中所有的易降解有机物和大部分较难降解有机物已基本被分解，物料已基本达到稳定，病原微生物和种子被杀灭。

(5) 腐熟阶段(常温)

经过上述4个阶段后,物料中剩下的是难降解有机物,如木质素、微生物残体、新形成的腐殖质等。此阶段的优势微生物为嗜温性的,细菌和放线菌数量有所下降,而真菌会大量繁殖,难降解有机物会被缓慢分解,腐殖质不断增多、聚合度和芳构化程度不断提高,此即堆肥化的腐熟阶段。

在工程上,通常将堆肥化过程划分为两个阶段,即主(一次)发酵和次(二次)发酵。主发酵包括潜伏、升温、高温和降温阶段,一般持续5~20d,主要功能是实现固体废物的稳定化和无害化。次发酵对应于腐熟阶段,持续30~180d或更长时间,次发酵的功能是实现固体废物的腐熟化,获得腐熟的堆肥产品。

堆肥化是微生物分解有机物的生物化学过程,因此微生物是堆肥的主体。堆肥化微生物的来源主要有两方面:一方面是固体废物固有的大量微生物种群,如生活垃圾中一般细菌数量在10^4~10^{16}个/kg;另一个方面是人为加入的特殊菌种(如枯草芽孢杆菌、放线菌等),这些菌种对堆肥有机物具有较强的分解能力,能够加速堆肥反应的进程。在堆肥化过程中,随着有机物的降解,微生物在数量和种群上也随之发生变化。表5-1为好氧堆肥化过程微生物种群数量变化的典型值。

表5-1 好氧堆肥过程中微生物种群数量

可鉴别的种类		数量/(个/g)		
		升温阶段	高温阶段	降温阶段
细菌	嗜温菌	10^8	10^6	10^{11}
	嗜热菌	10^4	10^9	10^7
放线菌	嗜热菌	10^4	10^8	10^5
真菌	嗜温菌	10^6	10^3	10^5
	嗜热菌	10^3	10^7	10^6

堆肥中含有的微生物种类主要有细菌、放线菌和真菌,有时还有原虫等原生动物。各类微生物功能如下。

① 细菌能够分泌的酶的种类覆盖面广,有利于细菌利用各类有机物;凭借较大比表面积的优势,可快速将可溶性底物吸收到细胞中;平均世代时间短于真菌,增殖速率大。在堆肥过程中,细菌在数量上通常要比体积更大的微生物(如真菌)多得多,对有机物降解的贡献达80%~90%。

② 放线菌属于原核生物界细菌门真细菌纲中的放线菌亚门,其生长速率远低于大多数细菌和真菌。因此,在高营养水平条件下,其竞争优势要低于其他微生物。放线菌能够分泌一些酶分解纤维素、木质素、角质素和蛋白质等复杂有机物。尽管放线菌降解纤维素和木质素的能力并没有真菌强,但它比细菌、真菌更能耐受高温和更宽的pH范围。因此,在堆肥过程中的高温阶段是分解木质纤维素的优势菌群。

③ 真菌能分泌胞外酶水解有机物质,特别是对纤维素、木质素有较强的降解能力。由于其菌丝的机械穿插作用,真菌还对物料施加一定的物理破坏作用,促进生物化学作用。

好氧堆肥化过程微生物的群落结构受很多因素的影响,其中温度和可利用的有机物种类是造成微生物种群结构与代谢速率变化最主要的因素。堆肥微生物各自适应的温度范围如图5-3所示。

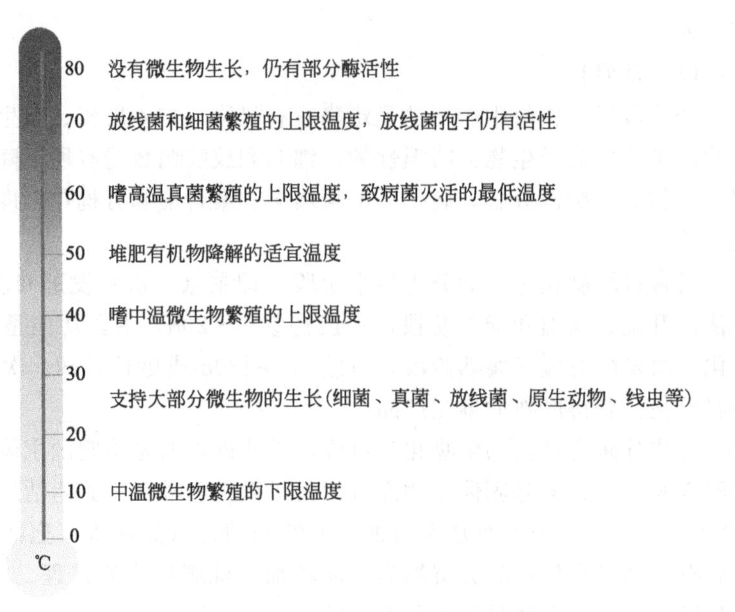

图 5-3 堆肥微生物的温度适应范围

① 在潜伏阶段和升温阶段（40℃以下），嗜温菌、耐热型真菌和细菌是主要的降解者，其温度范围几乎有利于所有微生物的生长。细菌的竞争优势大于真菌，细菌数量一般要超过其他微生物，成为堆肥化初期的主要降解者和热量的产生者。

② 高温阶段，微生物的种类多样性显著下降，主要是各类嗜热性或耐热型细菌、放线菌或真菌在活动。在 50～60℃仍非常活跃的细菌一般是能生成孢子的，比如芽孢杆菌属（*Bacillus*）；堆层温度超过 60℃后，优势细菌主要是嗜热性的；当堆层温度超过 70℃时，非芽孢性细菌如氢杆菌属（*Hydrogenobacter*）和栖热菌属（*Thermus*）是主要降解者。嗜热性放线菌的数量和多样性在 45～55℃时会大量增加。在 45～48℃会出现所谓的“火风”周期，物料表面会被白色的放线菌菌丝覆盖，此阶段最主要作用是氨的再同化，在堆肥化后期则不会再出现此现象。当温度超过 60℃，放线菌的数量和多样性以及它们在有机物降解过程的重要性均会显著下降。

③ 在降温和腐熟阶段，嗜温性微生物重新占据主导地位。此时的细菌数量下降了 1～2 个数量级，但细菌的种类和代谢功能多样性会增加，从而有利于物料的腐熟化进程。这些细菌不仅是简单的有机物氧化者，同时还参与了产氢、产氨、亚硝酸氧化、硫氧化、固氮、硫酸还原、硝化、合成胞外多糖等生化过程。各种嗜温性和耐热型放线菌也会重新大量出现。而温度下降、物料含水率下降，以及此时残余物料的主要成分是纤维素、半纤维素、木质素，也有利于嗜温性和耐热型真菌的生长。

④ 堆肥产生的高温条件也能实现堆肥无害化目标。固体废物原料本身或在好氧堆肥化过程中出现的微生物有些是对植物生长有害的致病菌，如细菌类的枯草芽孢杆菌（*Bacillus subtilis*）、蜡状芽孢杆菌（*Bacillus cereus*），真菌中的木霉菌（*Trichoderma*）、绿黏帚菌（*Gliocladium virens*）；有些是对人类或动物健康有害的致病菌，如沙门菌（*Salmonella*）、李斯特菌（*Listeria*）、粪产碱菌（*Alcaligenes faecalis*），烟曲霉（*Aspergillus fumigatus*）、白色念珠菌（*Candida albicans*）；还有的可能是病毒或寄生虫，如隐孢子虫（*Cryptosporidium parvum*、*ascaris*）、胞囊线虫（*Cyst-forming nematodes*）。通常用于指示无害

化程度的指示生物，包括沙门菌、肠球菌（*Enterococci*）、金黄色葡萄链球菌（*Straphylococcus aureus*）、大肠杆菌（*Escherichia coli*）和线虫（*nematodes*）卵。在60℃的高温条件下，大部分病原微生物和寄生虫卵不耐热，可被杀灭去除，决定有效杀灭这些有害生物的因素是高温及其持续的时间。因此为了满足卫生要求，杀灭致病菌和杂草种子，生活垃圾堆肥要求在>55℃条件下保持5 d以上。但是，当温度过高（65～70℃），不少微生物会形成孢子，孢子呈不活动状态，对灭菌和堆肥化都不利，而且高温持续时间过长，也会影响嗜温菌的再殖，因此，当温度过高时需要通过加大通风量来降温。

5.2.1.2　好氧堆肥化方法

目前常用的好氧堆肥方法主要有条垛式堆肥、仓式堆肥和动态好氧堆肥工艺，国内以条垛式堆肥和动态好氧堆肥工艺为典型。

(1) 条垛式堆肥方法

条垛式堆肥方法按其通风供氧方式可分为静态堆肥和翻堆堆肥两类。

① 静态堆肥

典型的条垛式静态堆肥技术亦称快速好氧堆肥技术。生活垃圾堆置在经整理后的地面和通风管道系统上，通过自然复氧、强制吸风或送风来保证发酵过程所需的氧量，堆体表面覆盖约30cm的腐熟堆肥，以减少臭味的形成及保证堆体内维持较高的温度，整个发酵周期为2～3周（图5-4）。

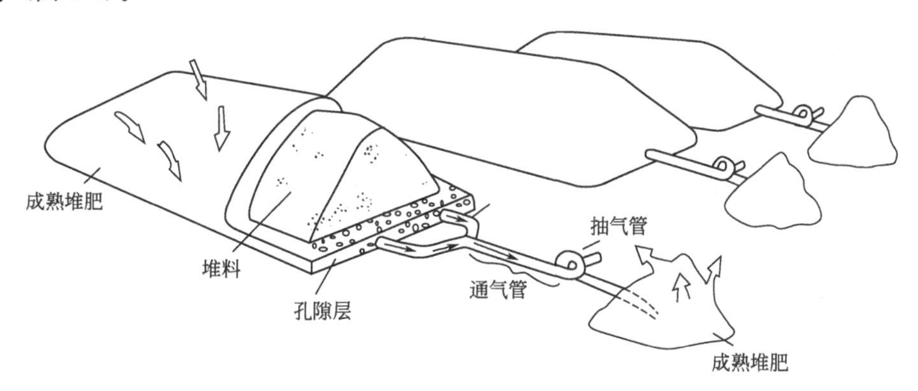

图5-4　条垛式静态堆肥技术

覆膜静态好氧堆肥是近年来开发的新型堆肥技术，利用高分子膜材料覆盖堆肥垛体，进行密闭覆盖发酵。功能膜的选择透过性功能可以为好氧发酵微生物营造良好的生存环境，膜内水蒸气和二氧化碳等小分子气体可以透过，臭气等大分子气体被阻隔，减少臭气的排放和氨的流失，抑臭除臭效果良好。通过微压送风系统，保证发酵堆体内部供氧均匀充分，为好氧发酵构建一个适宜的环境，实现堆体快速升温，加速有机质分解，高温环境使得致病性微生物、草籽得到有效杀灭，从而确保发酵产物的无害化水平。该技术具备便捷、环保的优势，运行能耗低，劳动强度和人工成本也大幅度降低。

② 翻堆堆肥

翻堆堆肥技术是国外较为传统的堆肥方法之一，应用较为广泛。它采用机械翻堆机使堆肥物料与空气接触而补给氧气，链式翻堆机工作原理见图5-5。典型流程为：利用输送机将预处理后的有机固体废物堆积成一定形状的堆体，为保证堆体中的碳氮比和增加干物质的质量分数，需先将各种物料进行混合，堆肥过程中堆体温度可达75℃，通过机械翻堆可保证堆肥内的氧气供应，翻堆时间约为每周2次，整个堆肥过程需要6～12周。

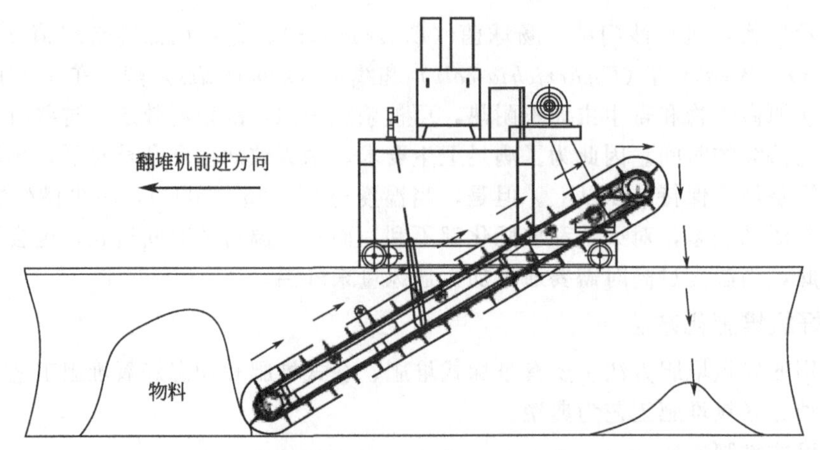

图 5-5 链式翻堆机工作原理及物料位移路线

(2) 槽仓式堆肥工艺

物料经传送带由布料机在一次发酵仓内均匀布料，一次发酵仓采用矩形仓体，由仓顶或仓侧进料。仓的一侧设置装载机进出的密闭门，底部设置供风管道强制通风，以保证好氧发酵进行。顶部设抽风管道将一次发酵仓内气体抽出后需除臭才能排放；仓底设集水管道收集渗滤液，在物料含水量偏低时可利用这些渗滤液回喷到发酵堆。一次发酵周期为 10 天左右，二次发酵时间在 20 天以上。

(3) 筒仓式堆肥

筒仓式堆肥结合了机械好氧堆肥及翻堆堆肥两种工艺的优点（图 5-6），空气通过有穿孔的发酵仓底部强制送入堆体，同时仓上部依靠搅拌装置对堆体进行翻堆供氧，物料在仓内停留时间约为 1 周。这种工艺一般适用小规模处理，具有通风阻力小、堆肥压实现象少、发酵周期短等优点。

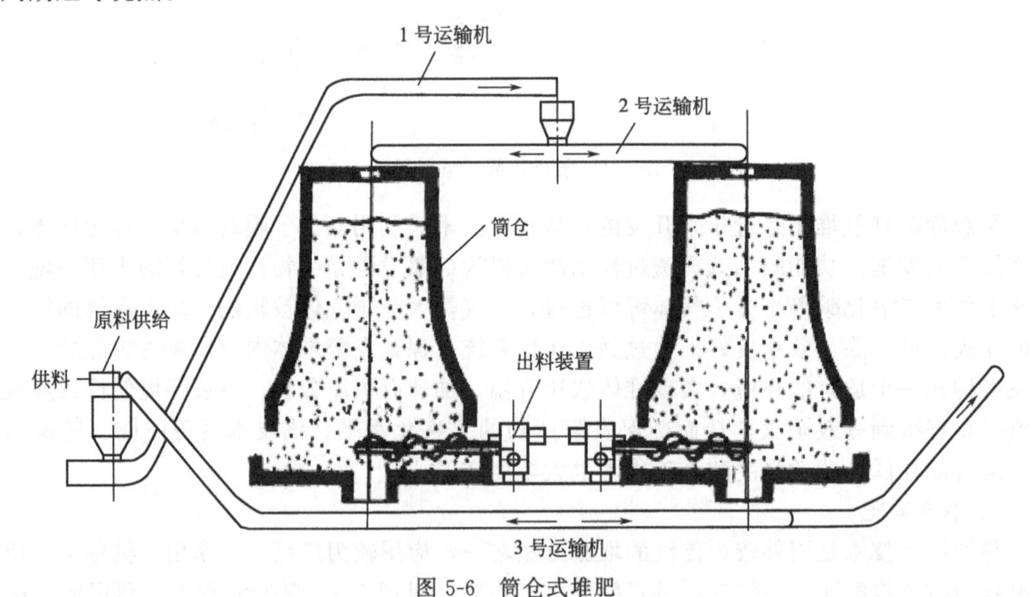

图 5-6 筒仓式堆肥

(4) 动态好氧堆肥工艺

① 连续式动态好氧堆肥工艺

固体废物首先经过人工辅助分拣后进入滚筒发酵反应器内，滚筒在发酵过程中缓慢转动，物料随着转筒的转动而不断翻滚、搅拌、混合，并逐渐向筒的下方移动，直到最后排出。新鲜空气由鼓风机从生物反应器的尾部鼓入反应器内，物料逆向流动；物料在反应器内经过降解后，自尾部出料至滚筒筛筛分。筛下物料进入二次发酵车间，再进一步降解发酵。该工艺优点是一次发酵温度高、停留时间短。

② 间歇式动态好氧堆肥工艺

间歇式堆肥是将原料一批批地发酵，其特点是采用分层均匀进出料方式：一次发酵仓底部每天均匀出料一层，顶部每天均匀进料一层，分层发酵。发酵周期大大缩短，发酵仓数比静态一次发酵工艺大大减少，但其操作较复杂，处理规模一般不宜太大。

5.2.1.3　堆肥化过程的影响因素

堆肥化过程的影响因素包括物料性质和环境因素两方面。其中物料性质主要有物料有机质含量、生物可降解性、C/N、含水率、物料的颗粒粒径、空隙率等；环境因素主要包括温度、氧气浓度、pH 等。

(1) 物料性质

① 物料的有机物含量

为了确保好氧堆肥化过程具有有效的高温阶段，首要的是保证热量和温度间的平衡。低的有机物含量产生的热量将不足以维持所需要的堆体温度，并且其堆肥产品由于肥效低而影响使用。但是，过高的有机物含量又可能会产生局部厌氧现象和臭气。堆肥化过程一般要求有机物含量最好不低于 20%。

② 生物可降解性

不同有机物的生物可降解性有所差别，如淀粉、蛋白质的生物可降解性要优于脂肪、木质纤维素、甲壳素，而塑料、橡胶等则是不可生物降解物质。较低的生物可降解性会延长堆肥化进程及达到腐熟化的时间，而较高的生物降解性容易导致堆体局部厌氧、臭气、产酸和 pH 降低等现象。如厨余垃圾的淀粉、蛋白质类含量较高，在堆肥过程中需要调控产酸和 pH 酸化的问题。

③ 物料碳氮比（C/N）

碳是微生物细胞构成和能量的供给源，氮是微生物体蛋白质构成元素，也是重要的营养源。一般情况下，生活垃圾堆肥化过程推荐的适宜碳氮比范围为 20∶1～40∶1，最优范围为 25∶1～30∶1。C/N 太高，氮源不足，微生物增殖和活性受到抑制，堆肥化过程减缓；C/N 太低，氮元素过剩，反应过程中微生物分解介质中氮元素的量超过合成自身细胞所需的氮，多余的氮会以氨氮形式释放，造成氮损失，同时产生恶臭。各种生物质固体废物的碳氮比例列于表 5-2。不同 C/N 的物料可通过混合堆肥进行调配。除碳、氮养料外，堆肥化过程所需要的宏量营养物还包括钾、磷；所需要的微量元素有钙、铜、锰、镁、钴等。因此，堆肥化过程中必须检测和调整合适的营养物比例。

表 5-2　生物质固体废物的典型特征

材料	N 含量(干基)/%	C/N（质量比）	含水率(湿基)/%	平均密度/(kg/m^3)
小麦秸秆	0.3～0.5	100～150	—	—
食品垃圾	1.9～2.9	38～43	65～68	—
水果废物	0.9～2.6	20～49	62～88	—
蔬菜废物	2.5～4	11～13	—	—
鱼肉加工业污泥	6.8	5.2	94	—

续表

材料	N含量(干基)/%	C/N(质量比)	含水率(湿基)/%	平均密度/(kg/m³)
屠宰场混合废物	7～10	2～4	—	—
鸡粪	1.6～3.9	12～15	22～46	269～365
牛粪	1.5～4.2	11～30	67～87	471～595
猪粪	1.9～4.3	9～19	65～91	—
活性污泥	5.6	6	—	—
消化污泥	1.9	16	—	—

④ 物料的含水率

水分是微生物细胞的重要组成部分，微生物只能吸收、利用水中溶解的营养成分，因此，水分是好氧堆肥化过程所不可缺少的。当含水率低于23%时，水分成为限制因素，因此必须保持一定的湿度。一般含水率越高，微生物代谢活动越强。但含水率过高，多余的水分会堵塞孔隙空间，空气难以渗透到物料堆层内部，造成局部厌氧状态，温度也随之急剧下降，其结果是形成发臭的中间产物（如硫化氢、硫醇、氨等）。因此，含水率一般宜控制在40%～70%，最优范围为50%～55%。在堆肥化后期，物料含水率应保持在较低的状态（约30%），以防止已稳定化的堆肥产品重新出现生物活动。

对于不同物料组分，由于其持水能力不同（以极限含水率表征），实际操作过程中其最优含水率也不同。当物料的结构强度较高时（如木块、秸秆、干草、米壳），允许的最高含水率可相应提高（可达75%～80%）；相反，若物料的结构强度较低，容易压实（如厨余果皮），则允许的最高含水率相应降低（仅55%～60%）；而污泥、粪便这些无定形的固体废物，没有丝毫结构强度，则其堆肥化过程需添加填充料，以达到足够的结构强度。

⑤ 物料颗粒的粒径和空隙率（骨架结构）

理论上粒径越小，比表面积越大，单位时间内作用于基质的微生物数量越多，越有利于反应进行，但是，粒径过小会阻碍氧气的传递。最佳粒径范围与该物料的结构强度有关（表现在抗机械粉碎、重力挤压的强度）。结构强度大的物料变湿后仍能维持原来的形状，所以即使粒径很小，也不会对反应产生不良影响；而结构强度小的物质变湿后会堆积在一起，压实成为团状，颗粒间的空隙减小，使氧气无法进入物料的团块中心。空隙率主要影响氧气在物料中的扩散和物料的极限含水率。空隙率由骨架物质支撑起物料的空间结构而形成，与物料强度和含水率有关。

(2) 环境因素

① 温度

好氧堆肥化是微生物对有机物质的生物氧化产能过程。但是，大约只有40%～50%的能量能被微生物利用合成ATP（图5-7），而剩余的能量则以热量的形式释放，导致堆体物料的温度持续上升，最高可达到70～90℃。温度决定了堆肥化过程微生物的种类和微生物的活性：在微生物保持活性的温度范围内，温度越高微生物活性越大，降解有机质的速率也越高；但温度太高，微生物活动会急剧下降，甚至死亡。

② 氧气浓度

好氧微生物只能在有氧环境中（O_2 体积分数＞5%）进行代谢活动，将有机物完全转化为二氧化碳和水。氧气浓度过低，会导致堆层中存在低氧或无氧区域，有机物不完全代谢形成各种中间产物（是恶臭产生的直接原因），且降解速率降低、能量释放不完全。

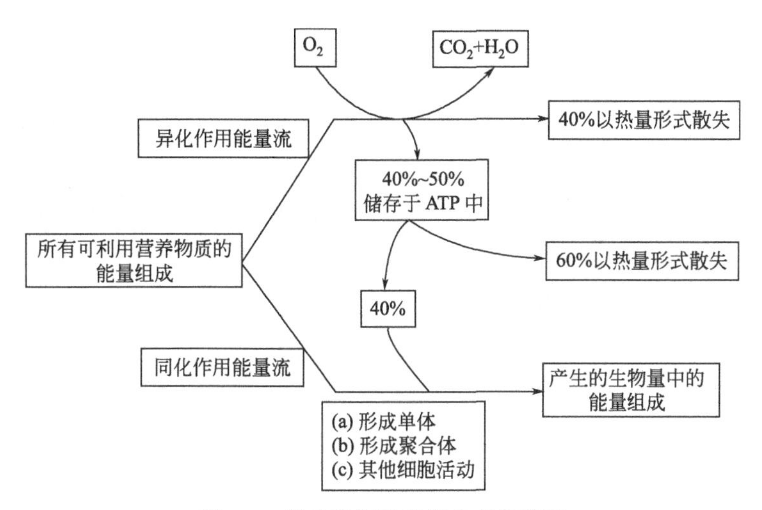

图 5-7　微生物新陈代谢的产能情况

③ pH 值

固体废物的 pH 值在 3～11 范围内均可以进行生物处理，但堆肥化过程可行的 pH 范围为 5～9，最优范围为 6.5～8。其中，细菌偏好中性环境，真菌偏好微酸性环境，而放线菌偏好微碱性环境。由于生物反应过程中会产生各种中间产物，如挥发性有机酸、NH_3，因此 pH 会随着生化过程不断波动。如厨余垃圾在堆肥初期 pH 容易酸化，堆肥过程中随着中间产物有机酸的降解，pH 会逐渐恢复到中性水平。如果出现 pH 过低或过高的状态，并且明显抑制了生化过程，则可以通过投加 $Ca(OH)_2$ 或过磷酸钙调节 pH 值。

5.2.2　厌氧发酵技术

厌氧消化是有机物在厌氧条件下通过微生物的代谢活动而被稳定，同时伴有甲烷和二氧化碳等气体产生的过程。厌氧消化因能回收利用沼气，所以又称沼气发酵。厌氧处理过程中不需要供氧，动力消耗低，一般仅为好氧处理的 1/10，有机物大部分转变为沼气（可作为生物能源），更易于实现处理过程的能量平衡，同时也减少了温室气体的排放。

5.2.2.1　厌氧发酵技术原理

厌氧消化依靠多种厌氧菌和兼性厌氧菌的共同作用，进行有机物的降解。由于厌氧消化的原料来源复杂，参与代谢的微生物种类繁多，其中涉及多种生化反应和物化平衡过程。

根据当前主流的四阶段理论，厌氧消化一般可以分为水解、酸化、乙酸化和甲烷化 4 个阶段，其主要降解途径见图 5-8。

(1) 水解

水解过程是一个胞外酶促反应过程，主要是将颗粒态烃、蛋白质和脂肪水解为可以被微生物直接利用的葡萄糖、氨基酸和长链脂肪酸（LCFA）的胞外水解过程。水解的其他初级分解产物是生物惰性颗粒物和溶解性物质。水解还包括厌氧消化系统内部死亡的微生物分解作为新底物被再利用的过程。

(2) 酸化

酸化是溶解性基质葡萄糖、氨基酸和 LCFA 在微生物的作用下被降解为各类有机酸（乙酸、丙酸、丁酸、戊酸、己酸、乳酸、甲酸）、氢、二氧化碳和氨的过程。酸化一般没有

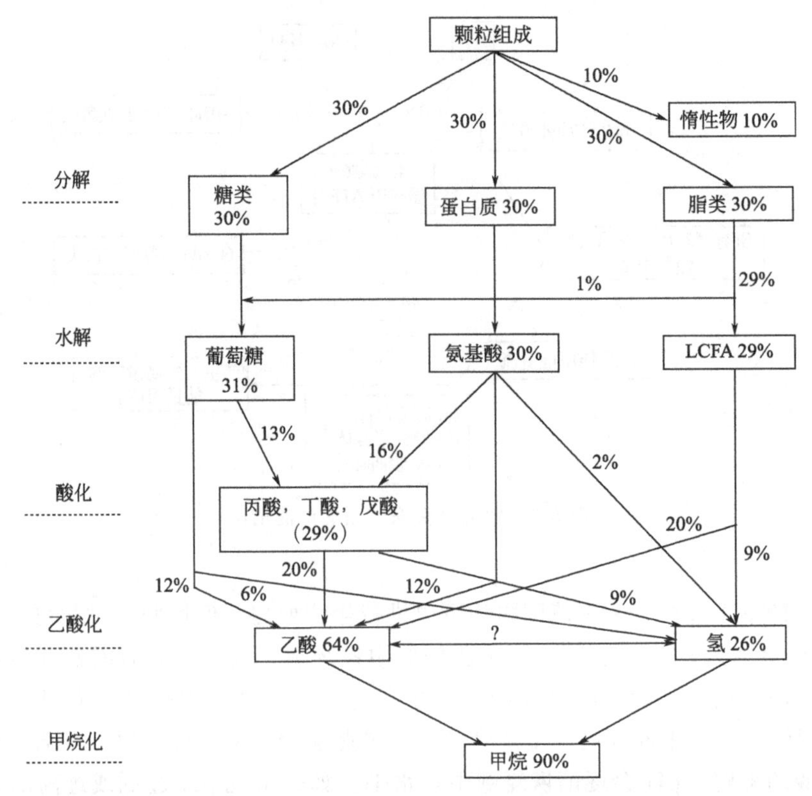

图 5-8 厌氧消化理论的主要降解途径

外部的电子受体和供体。而 LCFA 的降解是带有外部电子受体的氧化过程，因此被划入乙酸化过程中。因为酸化可以在没有附加电子受体存在时发生，所以产生的自由能较高，反应可以在高的氢气和甲酸浓度下发生，并且具有较高的生物产率。

(3) 乙酸化

乙酸化过程是酸化产物利用氢离子或碳酸盐作为外部电子受体转化为乙酸的降解过程。丙酸和碳链更长的脂肪酸、醇、若干芳香族酸被分解为乙酸、氢、二氧化碳。该过程往往只有与氢营养型甲烷化过程同时进行时，才能维持系统低的氢和甲酸盐浓度，满足热力学反应进行的条件。由于氢在热力学和化学计量数上与甲酸盐相似，所以电子受体产物（氢或甲酸盐）通常是指氢。

(4) 甲烷化

甲烷化过程是厌氧微生物利用乙酸、H_2/CO_2 或利用甲醇、甲胺和二甲基硫化物等含甲基的底物生成甲烷的过程。根据底物的不同类型，可分为氢营养型甲烷化、乙酸营养型甲烷化和甲基营养型甲烷化。乙酸营养型甲烷化是乙酸脱羧生成 CH_4 和 CO_2；氢营养型甲烷化是用 H_2 还原 CO_2 生成 CH_4；甲基营养型甲烷化是含甲基底物转化生成 CH_4。

厌氧消化微生物是由不同类型微生物组成的复合生物菌群。整个过程属串联代谢，复合生物菌落按次序相继分解有机物，在相应的代谢不受阻碍时，这个过程才能顺利进行。因此，厌氧消化过程对于干扰因子，如有毒物质、pH 和温度等代谢环境条件要比好氧过程敏感得多。在厌氧生物处理过程中，微生物的种类主要以厌氧菌和兼性厌氧菌为主。参与有机物逐级厌氧降解的微生物主要有 3 大类，依次为水解酸化菌、产氢产乙酸菌和产甲烷菌，同型乙酸化细菌和共生乙酸氧化菌也可在一定的条件下参与厌氧消化过程。

① 水解酸化菌。水解酸化菌也称为发酵细菌，是一个相当复杂而庞大的细菌群，包括专性厌氧细菌和兼性厌氧菌，兼性厌氧菌的存在能够降低厌氧反应器内的氧气分压水平，从而避免专性厌氧微生物受氧的损害与抑制。专性厌氧细菌主要有梭状芽孢杆菌属（*Clostridium*）、瘤胃球菌属（*Ruminococcus*）、拟杆菌属（*Bacteroides*）、丁酸弧菌属（*Butyrivibrio*）、优杆菌属（*Eubacterium*）和双歧杆菌属（*Bifidobacterium*）等；兼性厌氧菌包括链球菌（*Streptococcus*）和一些肠道菌等。

② 产氢产乙酸菌。该类菌群负责完成乙酸化步骤，容易受氢分压的影响，往往需要与氢营养型甲烷菌共生时才能生存。氢营养型甲烷菌利用了分子氢，从而可以减轻环境中的氢分压，为产氢产乙酸菌提供必要的热力学条件。常见的丙酸降解菌为 *Syntrophobacter fumaroxidans*、*Pelotomaculum thermopropionicum*，丁酸降解菌为 *Syntrophomonas wolfei*、*Syntrophus aciditrophicus*。

③ 同型乙酸化菌和共生乙酸氧化菌。在厌氧条件下，同型乙酸化菌既能利用有机基质产生乙酸，也能利用 H_2 和 CO_2 产乙酸，进行混合营养代谢。同型乙酸化菌有伍德乙酸杆菌（*Acetobacterium woodii*）、威林格乙酸杆菌（*Acetobacterium wieringae*）和乙酸梭菌（*Clostridium aceticum*）等。一小部分同型乙酸化菌还具有双向的代谢功能，不仅能利用 H_2 和 CO_2 产生乙酸，也能降解乙酸形成 H_2 和 CO_2，故称为共生乙酸氧化菌。

④ 产甲烷菌。产甲烷菌是严格的厌氧菌，大部分只能利用一碳化合物形成甲烷，生长的基质包括 H_2/CO_2、H_2/CO、甲酸、乙酸、甲醇、甲醇/H_2、甲胺或者二甲硫醚。乙酸营养型产甲烷菌有甲烷八叠球菌目（Methanosarcinales）中的甲烷八叠球菌科（Methanosarcinaceae）和甲烷鬃菌科（Methanosaetaceae），前者可以利用包括乙酸、氢、甲醇等的多种底物，而后者仅以乙酸作为唯一可利用的底物。氢营养型产甲烷菌主要包括甲烷八叠球菌科（Methanosarcinaceae）、甲烷杆菌目（Methanobacteriales）、甲烷球菌目（Methanococcales）、甲烷微菌目（Methanomicrobiales）、甲烷火菌目（Methanopyrales）。

5.2.2.2　有机固体废物的厌氧消化工艺

厌氧消化处理废弃物（包括废水与固体废物）已经有很长的发展历史。尤其是废水（包括工业废水、生活废水、畜禽粪便废水等）的厌氧处理，国内外有着大量的规模化应用实例，但关于利用厌氧消化处理有机固体废物的研究报道和规模化应用仍相对较少。近 20 年来，随着厌氧法处理生活垃圾的研究和应用被各国所重视，针对高含固率反应器的搅拌难、反应活性受抑制等问题开发了一系列生活垃圾厌氧处理工艺。

(1) 法国 Valorga 工艺

该工艺采用渗滤液部分回流与沼气压缩搅拌相结合的技术（图 5-9），具有较好的经济与环境效应。该工艺采用中温或高温消化，垃圾平均产气量 $110m^3/t$。目前欧洲有十几个采

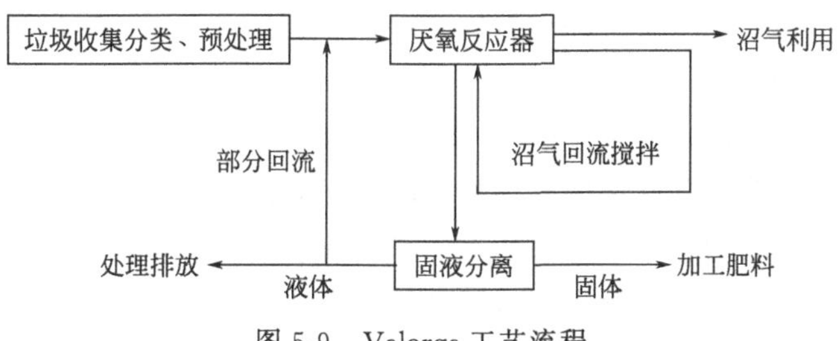

图 5-9　Valorga 工艺流程

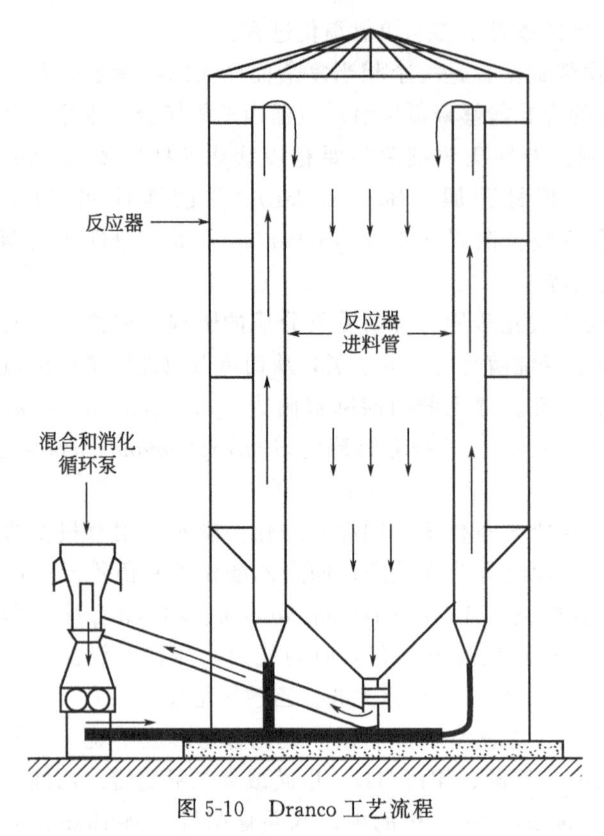

图 5-10 Dranco 工艺流程

用该工艺的垃圾处理厂。

(2) 比利时 Dranco 工艺

该工艺是将生活垃圾从反应器的上部加入，经过厌氧反应后从下部排出，排出物经过脱水后，固体物质用作土壤改良剂，液体部分回流调节垃圾的固体含量（图 5-10）。在工艺过程中采用 50～58℃高温消化，停留时间 20 天，沼气平均产量为每吨生活垃圾 100～200m^3。到目前为止，在西方国家，采用该工艺的垃圾处理厂有七家年处理能力达 1 万～3.5 万吨，分布在德国、比利时、瑞士和澳大利亚。

(3) HASL 工艺

HASL 工艺（hybrid anaerobic solid/liquid）为两步厌氧工艺（图 5-11），由渗滤液喷淋固体床反应器和高效液体产沼反应器来组合处理垃圾，该工艺既解决了固体有机废物进出厌氧消化器的困难，又防止高含固率反应器易酸化现象出现。该类型反应器主要应用在中小型处理规模。

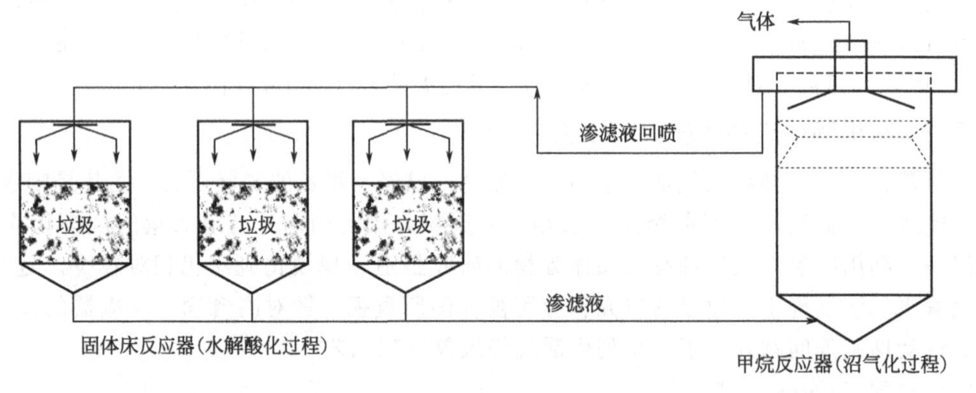

图 5-11 HASL 工艺流程

5.2.2.3 厌氧消化过程的影响因素

厌氧消化过程主要受固体废物的原料性质和厌氧消化过程环境条件的影响。

(1) 固体废物原料性质

① 生物可降解性。固体废物的厌氧生物可降解性由两方面的因素决定，即有机物本身的化学组成和结构以及微生物降解此有机物的能力。固体废物一般由难降解和易降解两部分构成。常用木质素含量来预测固体废物作为厌氧代谢底物的生物可降解性能，木质素含量越高，可降解性越差。生物可降解性可通过物理化学手段进行预处理而得到改善，如高温高压下加热、酸碱处理、汽爆等。

② 物料的颗粒尺寸。为使生物化学反应顺利进行，反应物的接触面积必须足够大。反应物的表面积通常随颗粒尺寸的大小成比例变化；为尽量增大反应物的比表面积，在厌氧消化之前通常需要对物料进行粉碎，物料经粉碎后厌氧消化速率得到大大提高。但是，当进料主要为易降解物质时，由于这类物质容易被微生物利用，粉碎对厌氧消化的影响不显著。

③ 宏量营养物。厌氧消化的原料必须含有厌氧微生物生存和增殖所必需的 C、N、P 等宏量养分。为了有效地进行厌氧消化，C/N 以（20∶1）～（30∶1）为宜，磷含量一般为有机物的 1/1000 为宜。碳氮比过低，会造成碳源不足，菌体增殖量降低，过剩的氮会变成游离 NH_3，抑制产甲烷菌的活动；碳氮比过高，菌体增殖速度也会受限制，有机物降解速度减慢、反应速率降低。

④ 微量营养物质、抑制物和促进剂。在生物处理中，原料中必须含有微生物细胞合成必需的某些微量物质，如 Zn、Cu、Mn、Mo、Co、Ni、W、B 等；还有些物质可以促进生物化学反应的过程，起到催化作用，如活性炭、硫酸亚铁、三氧化二铁、氧化镁和磷矿粒等。但是，微量营养物质和促进剂在添加的时候也需要考虑剂量，浓度过高反而会抑制厌氧微生物的生命活力，对厌氧反应有毒害作用。

(2) 厌氧消化过程环境条件

① pH 和碱度。每种微生物可在一定的 pH 范围内活动，但它们的最适 pH 是不同的，微生物细胞对底物的吸收也受介质 pH 的影响。在不同的 pH 条件下，底物在溶液中存在的形式也可能不同。图 5-12 表示厌氧消化的产酸和产气两个阶段的最适 pH 范围。水解酸化允许的 pH 范围较宽，在 pH 4～7 的范围内发酵细菌增殖仍是活跃的；而产甲烷菌对环境 pH 变化的适应性很差，需要绝对的碱性环境，最适 pH 范围是 7.3～8。发酵细菌和产甲烷菌共存反应器的最适 pH 范围是 6.5～7.5。

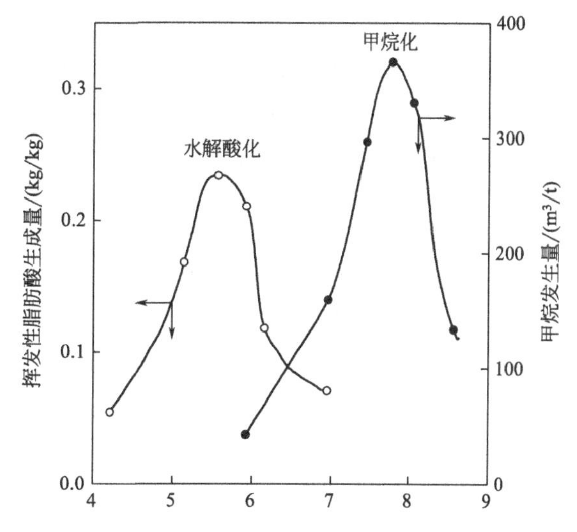

图 5-12　水解酸化及甲烷化的最适 pH 范围

HCO_3^- 及 NH_4^+ 是形成厌氧处理系统碱度的主要原因，高的碱度能使厌氧处理系统具有较强的缓冲能力。一般要求碱度在 2000mg/L 以上，可通过投加石灰或含氮物料的办法进行调节。

② 氢分压。丙酸降解生成乙酸和氢的过程只有在氢分压低于 10.13Pa 才能进行，而氢转化成甲烷的过程只有在氢分压大于 0.1013Pa 时才可行。因此，反应器中氢分压应控制在 0.1013～10.13Pa 的范围。氢的累积也会抑制长链脂肪酸的 β 氧化。

③ 温度。温度是影响微生物生存及生物化学反应最重要的因素之一。厌氧发酵过程主要存在两个最适温度范围（图 5-13），即 30～43℃的中温范围和 50～60℃的高温范围。

④ 生物量。厌氧消化处理中，有机物的降解与厌氧微生物量有关。厌氧微生物量高，反应器的转化效率及允许的处理负荷就高。专性厌氧的产甲烷菌生长速率慢，世代时间长。因此，厌氧污泥的驯化、培养时间较长。对于固体废物，因其很难与微生物颗粒分离，所以适宜液体处理的厌氧反应器不宜用于固体废物的处理。因此，在工艺上一般选用推流式、间歇式、连续搅拌式、大比例污泥（出流）回流，也可通过固相-液相二段式工艺，使甲烷化

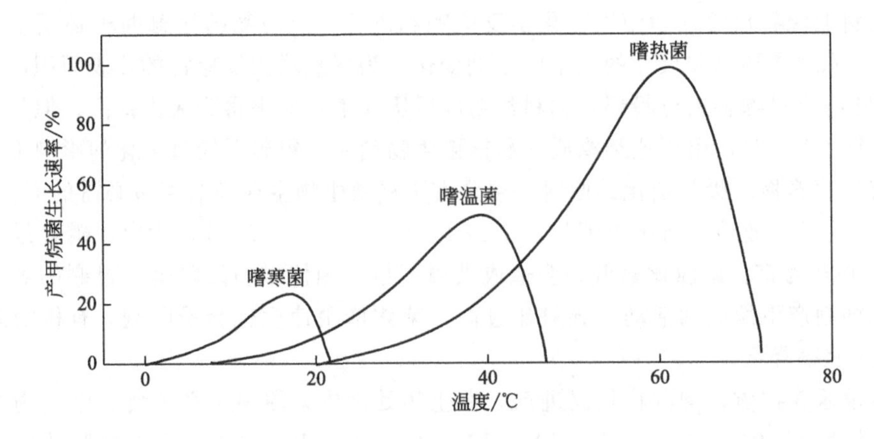

图 5-13 厌氧发酵过程的两个最适温度范围

步骤能在高效反应器中进行，从而提高厌氧消化处理效率。

⑤ 搅拌。厌氧反应器内的生化反应是基于微生物和有机质之间的传质进行的。反应器内保持好的传质条件及优良的微生物生存环境，才能使厌氧消化过程很好地进行。搅拌的作用有两方面，一是可以使反应器内温度和浓度保持均匀，防止局部酸积累，使生化反应生成的硫化氢、氢气等对厌氧菌活动有害的气体迅速排出，使反应器控制在一个良好的微生物生存环境之中；二是可以使加入的原料与反应器内富集厌氧降解微生物的物料混合，使产生的浮渣破碎，即让原料中的有机质与厌氧微生物密切接触，在反应器内造成一个良好的传质环境。因此，搅拌是提供厌氧消化均匀环境，提高厌氧消化效率的关键。特别是对于固体废物的厌氧消化，由于其具有的高含固率和物料颗粒态特征，传质效率较低，需要通过搅拌来大幅度地提高反应器的传质效率。

5.2.3 其他生物转化技术

20 世纪 70 年代末，Hartemtein 等将赤子爱胜蚓（*Eisenia foetida*）引入污泥处理过程并将最终产品加工成土壤基质；几乎在同一时期，有学者以蝇蛆为生物反应器，将动物粪便转化为腐熟度高、稳定性好且养分充足的有机堆肥，并获得数量可观且高附加值的蝇蛆蛋白。随后，根据蚯蚓等食腐性生物的生理特性及其处理废弃物的效能，学者与从业者逐步发展并总结了蚯蚓堆肥（vermicomposting）和蝇蛆生物转化（larvae bioconversion）这一类生物堆肥处理技术。

生物堆肥的实质是生物/微生物在适宜条件下的代谢作用。虽然蚯蚓属环节动物门寡毛纲，可归于蠕虫，而蝇蛆为双翅目蝇科的幼虫体，隶属昆虫，但两种生物降解技术均利用引入的虫体将有机废物转化为类腐殖质，其生物质产品主要为富含高蛋白蚯蚓、蝇蛆本身与堆肥。生物堆肥含较高的类腐殖质化合物、活性微生物、生物酶和氮磷等养分，将其农用（蝇蛆转化技术则需二次堆制工艺），可以显著提高土壤肥效，故在工艺过程、基质-虫体-微生物作用原理等方面具有共性。

5.2.3.1 蚯蚓堆肥

蚯蚓堆肥，是利用蚯蚓的取食消化作用分解有机物，是一种复杂的生物氧化过程，并且存在一个复杂且稳定的食物网结构。蚯蚓的消化系统极为发达，胃部具有砂囊状的结构，摄入的大颗粒的废弃物通过砂囊的研磨作用得到粉碎；蚯蚓的消化道还可以分泌出大量活性极高的酶，形成功能丰富的酶系统，废弃物被蚯蚓吞食后在体内酶的作用下会很快形成蚓肥，因此这个处理过程通常称为蚯蚓堆肥或蚯蚓稳定化作用（vermistabilization）。蚯蚓堆肥处理不仅利用蚯蚓特殊的生态学功能，还利用了蚯蚓与环境中某些微生物的协同作用，形成物理、化学及生物学性质更加优良的堆肥产物。

蚯蚓堆肥过程中废弃物的物理、化学和生物学性质的变化如下。

(1) 蚯蚓对废弃物物理性质的影响

从形态学上看，蚯蚓堆肥产物是一种黑色、均一、无臭味的优质有机肥料。经蚯蚓的取食、消化、分解后，蚯蚓堆肥具有良好的多孔性、通气性、排水性和较高的持水量以及较大的比表面积，可为堆肥中有益微生物的生存创造良好的外部环境条件。同时废弃物经过蚯蚓肠道消化，有益于其水稳性团聚体的形成，产物具有更好的吸收和保持营养物质的能力。此外，蚯蚓堆肥中 pH 值通常更趋近于中性，这可能是由于微生物代谢过程中产生的 CO_2 和有机酸中合作用。

(2) 蚯蚓对废弃物的化学性质影响

堆肥过程实际上是一个碳氮循环中的矿质化和腐殖化过程。堆肥物料中碳素为微生物活动提供碳源，微生物分解和转化可利用有机碳生成 CO_2、水和热量；而氮素转化主要是微生物参与下的矿化和生物固氮作用来完成的，而蚯蚓的存在加速了有机物料的分解和矿化，促进堆肥的腐殖化。概括地讲，经蚯蚓堆制过程，废弃物的有机碳含量降低，全氮含量增高，C/N 降低，有机质转化为稳定的腐殖质类复合物质。在此过程中，堆肥中可溶性小分子有机化合物因被降解而逐渐减少，而可供植物直接吸收的有效态氮、磷、钾、钙、镁等矿质养分的含量显著提高，相应的，其可溶性盐含量、阳离子交换性能也都增加。因此，蚯蚓堆肥过程中有机碳的降低，可归结为微生物对有机物料的降解和矿化作用，以及蚯蚓本身活动和新陈代谢消耗部分有机碳。而氮含量的增加主要原因为堆肥物料干重降低，相对浓缩了堆肥产物中的氮素浓度。此外，蚯蚓黏液、含氮排泄物、刺激蚯蚓生长的激素和酶也在一定形式上增加了产物中的总氮含量。

(3) 蚯蚓对废弃物的生物学性质影响

蚯蚓堆肥过程是一个复杂的生物氧化过程，在此过程中，最直接的贡献者是堆肥微生物。但是，通过研究探讨堆肥微生物在整个过程的动态变化发现，蚯蚓对堆肥微生物的活性和多样性发挥了至关重要的直接和间接作用。简言之，蚯蚓是重要的驱动者。一方面，蚯蚓可通过对废弃物分解、破碎、消化和团聚体形成等方式刺激堆肥微生物群落结构的变化；另一方面，蚯蚓可直接选择性取食堆肥中的特种细菌和真菌，并且蚯蚓与微生物对碳源的利用本身也存在一个竞争的关系，蚯蚓可加快微生物生存所需要资源的枯竭，来影响微生物生物量和生长速度。

蚯蚓堆肥处理技术的主要影响因素包括蚯蚓品种、环境温度、堆料湿度、物料（C/N）、接种密度及其他因素等。

(1) 蚯蚓品种

蚯蚓是一种杂食性的环节动物，喜欢生活在富含有机质和湿润的土壤中。目前世界上生存的蚯蚓种类众多，但适宜人工养殖且具综合经济价值的品种较少，赤子爱胜蚓、北星二号、大平二号等爱胜利属可选为优良品种。在国内外垃圾处理实践中应用最广泛的是赤子爱胜蚓。赤子爱胜蚓生长周期短，繁殖率高，便于管理，食性广泛，适于在室内外养殖，喜好在厩肥、污泥、固体废物堆等地方生活，是处理有机废物的优良蚓种。

(2) 环境温度

蚯蚓是变温动物，其体温随环境的变化而变化。蚯蚓分解处理温度应控制在 0～29℃，最适温度为 20～25℃。若温度超过 30℃，蚯蚓数量开始减少，温度超过 35℃，蚯蚓就无法生存而死亡，从而影响其处理能力。

(3) 堆料湿度

蚯蚓是湿生动物，水是其生存的必要条件。一般情况下湿度（pF）为 2.7 左右，最低 pF 不能低于 3.4。蚯蚓的呼吸是通过体表吸收溶解在体表含水层的氧气，因此堆料湿度对其生存非常重要。如果生活垃圾中含水量过低，蚯蚓就会因脱水而萎缩，进而呈半休眠状，长时间会导致其死亡；但含水量过高，蚯蚓会因为供氧不足而窒息死亡。

(4) 物料（C/N 值）

待处理的有机废物是蚯蚓新陈代谢和生长繁殖所需物质和能量的供应者，其营养性如 C/N 值对蚯蚓堆肥处理效果有很大的影响。众多研究认为，待处理物料 C/N 值为 25 时蚯蚓可以获得最高的生殖率以及最高的摄食能力，而且堆制后的产物具有较高的肥力并对环境污染最小，因此正常情况下，控制 C/N 为 25～35。如果农村生活垃圾的 C/N 值较低，可通过添加家畜粪或秸秆来调节。

(5) 接种密度

蚯蚓的接种密度太大容易造成拥挤使蚯蚓个体之间产生抑制作用，影响蚯蚓的生长繁殖，密度太小又会降低有机废弃物的处理效率。一般认为 1.6kg/m^2 的投放密度可实现最佳的处理效果。

(6) 其他因素

蚯蚓生存的 pH 值范围为 6.0～8.5，最佳 pH 值为 6.8。蚯蚓自身对环境 pH 有一定的调节能力，但只限于弱酸和弱碱。可通过预处理或用水淋洗或添加石灰调节到最佳 pH 值范围。蚯蚓是好氧性环节动物，在应用时应保证良好的通气条件，尽量避免环境缺氧。

蚯蚓处理垃圾主要方法有蚯蚓生物反应器和土地处理法。蚯蚓生物反应器，可以和垃圾源头分类相配合，对混合收集的垃圾需要进行分选 ，将不能为蚯蚓利用或对蚯蚓处理不利的物质（如金属、玻璃、塑料、橡胶等）去除，然后再进行粉碎、喷湿、传统堆肥等预处理，将其中的大部分致病微生物、寄生虫和苍蝇幼虫杀死，从而实现无害化。图 5-14 为蚯蚓堆肥用于生活垃圾处理的技术路线。

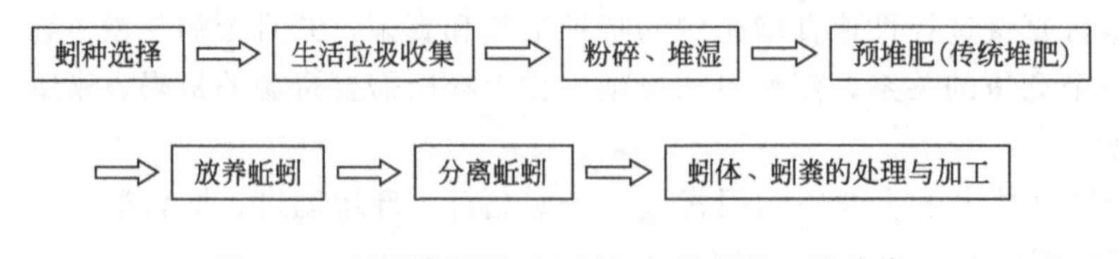

图 5-14　蚯蚓堆肥用于生活垃圾处理的工艺路线

土地处理法是在田地里采用简单的反应床或反应箱进行蚯蚓养殖并处理生活垃圾的一种方法，目前在农村生活的处理中应用较多。蚯蚓养殖方式包括室内架式养殖、室内条式养殖和露天养殖等（图 5-15）。以下列举了一些国内外蚯蚓处理生活垃圾的应用实例。

室内架式养殖　　室内条式养殖

露天养殖

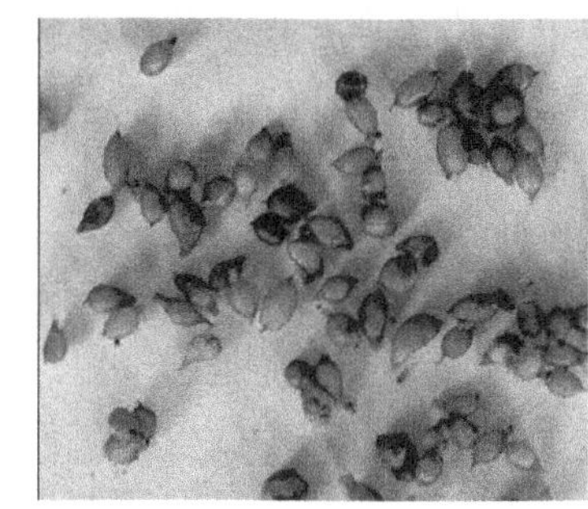

蚯蚓茧

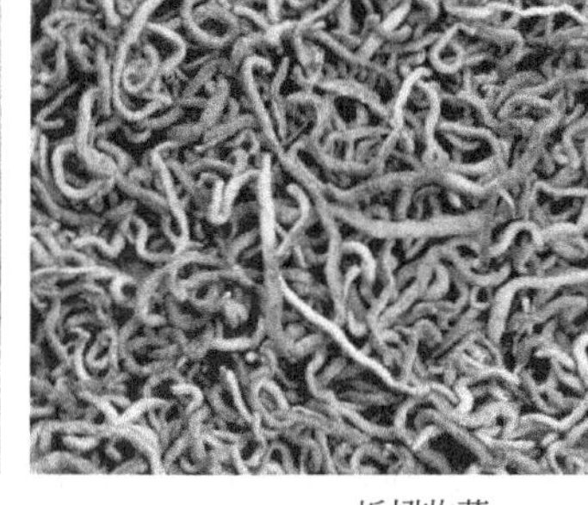

蚯蚓收获

图5-15　蚯蚓养殖方式

(1) 国外实例

1991年在法国罗纳河畔的Lavoulte市建立了世界上第一座利用蚯蚓处理城市生活垃圾的工厂，日处理垃圾20～30t，仅需4个工人操作，垃圾的处理成本每吨约为360法郎。美国从治理环境出发，在全国推行“后院蚯蚓堆肥法”。由于措施得力，受到了公众的支持。2000年澳大利亚悉尼奥运会期间，利用4000万条蚯蚓处理奥运村生活垃圾，做到垃圾不出村就地消纳。加拿大安大略省克劳克利用蚯蚓每天处理垃圾20t，同时获得十几吨蚓粪和大量鲜蚓。

(2) 国内实例

20世纪80年代中期，清华大学环境工程研究所便开始了养殖蚯蚓处理城市生活垃圾的可行性研究。2000年北京海淀区环卫所在清华大学工作的基础上，在三星庄垃圾处理场建立了一座蚯蚓处理生活垃圾中试装置，并投入生产运行。2002年，中国农业大学在河北唐山建立了大型蚯蚓生物反应器，每天处理有机垃圾6t，同时产出生物肥料4～5t。与国外相比，该生物反应器结构更简单，成本更低，不仅适宜处理农村人畜粪便，而且能高效处理城乡生活垃圾，更适合在我国推广应用。

5.2.3.2　黑水虻处理

水虻科（Stratiomyidae）隶属双翅目（Diptera）短角亚目（Brachycera），是该目较大的一个科，在世界大部分地区都有分布，在热带、亚热带地区分布的种类尤其丰富，一些腐生性的水虻科昆虫能够取食禽畜粪便和生活垃圾，产出高价值的动物蛋白饲料，适合开展资源化利用。黑水虻幼虫为腐食性，食量大，抗逆性强，对人类无害，已成为一种重要的饲用资源昆虫，在禽畜粪便与生活垃圾无害化处理、动物蛋白饲料生产、抗菌肽提取等方面得到应用和推广，具有较高的开发潜力。

除对基质的嚼碎、翻转、生物通风等物理作用外，杂食性蛆体的内脏及唾液腺亦能生化降解有机废物，其丰富的酶结构（淀粉酶、酯酶、蛋白酶及胰蛋白酶等），不仅能降解基质碳水化合物、脂肪及蛋白成分，还能储存脂肪，并还原降解含氮化合物，最终将高黏度粪便转化为气味低、结构松散的堆肥产物，作为有机肥料还田将带来额外经济效益。收获的幼虫本身富含50%（干重）以上的粗蛋白，是赖氨酸、蛋氨酸、苯丙氨酸等必需氨基酸的有效来源。

2013年联合国粮食及农业组织（FAO）第171号林业文件报告《可食用昆虫：食品和饲料安全的未来前景》中力推黑水虻。黑水虻含粗蛋白44%～48%，脂肪34%～35%，其含量和鱼粉及肉骨粉相近或略高。黑水虻的营养成分较为全面，含有动物所需的多种氨基酸，其每一种氨基酸含量都高于鱼粉，其必需氨基酸总量是鱼粉的2.3倍，蛋氨酸含量是鱼粉的2.7倍，赖氨酸含量是鱼粉的2.6倍。黑水虻原物质和干粉的必需氨基酸，总量分别为44.09%和43.83%，均超过联合国粮食与农业组织和世界卫生组织提出的参考值。

相对于其他养殖品种而言（蚯蚓和黄粉虫的养殖周期为4～5个月），黑水虻的养殖周期短至32天，作为餐厨垃圾处置的幼虫生长期仅为7～10天。黑水虻处理餐厨垃圾的基本工艺流程如图5-16所示。餐厨垃圾经过脱水、除油、破碎处理，利用微生物菌种乳酸菌发酵对餐厨垃圾进行除臭，然后再利用黑水虻幼虫取食，在1～2周昆虫转化周期内，厨余垃圾可减量80%，干物质转化率可达到30%左右。处理后得到两类高附加值产品：黑水虻幼虫与虫粪。虫子风干可做花鸟鱼虫有机饲料出口销售，虫粪可做肥料。

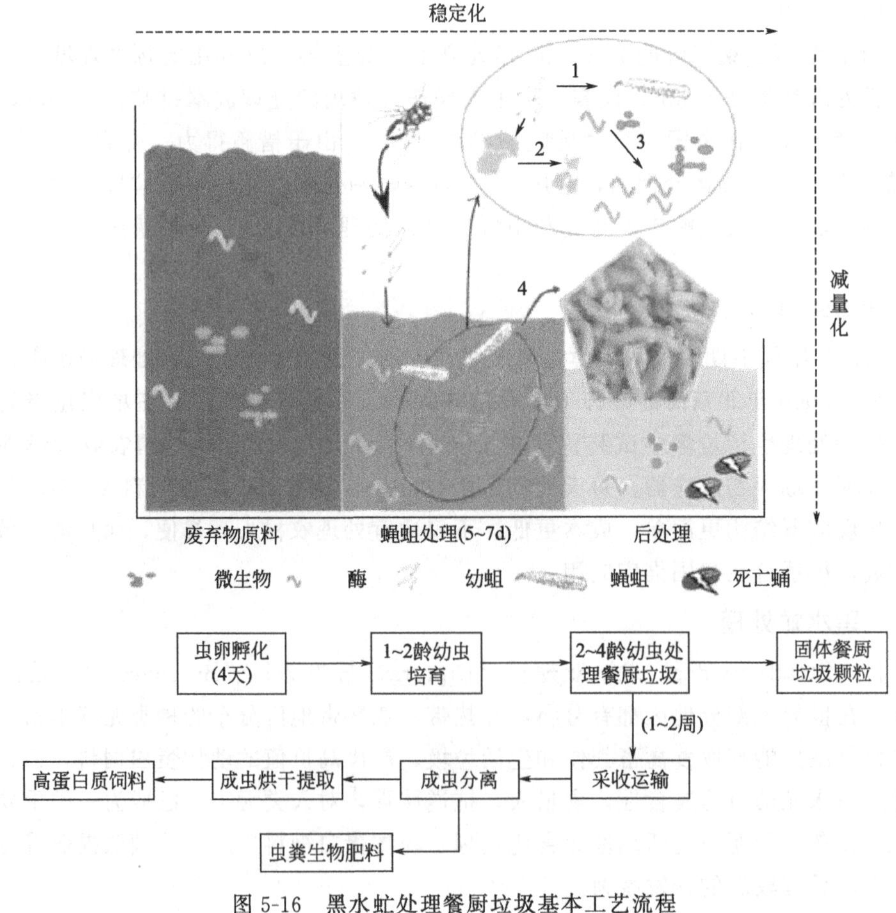

图5-16 黑水虻处理餐厨垃圾基本工艺流程

5.3 工业固体废物的生物修复

工业固体废物，是指在工业生产活动中产生的固体废物。其数量庞大、种类繁多、成分复杂，处理相当困难。目前只是有限的几种工业废物得到利用，如钢铁渣、粉煤灰和煤渣，其他工业废物仍以消极堆存为主，部分有害的工业固体废物采用填埋、焚烧、化学转化、微生物处理等方法进行处置。

5.3.1 微生物湿法冶金

生物冶金是近代湿法冶金工业的一种新工艺。它主要是应用生物溶浸贫矿、废矿、尾矿及冶炼的炉渣，以回收各种有色金属和稀有金属，防止矿产资源流失，最大限度地利用矿藏，以达到资源的可持续利用的目的。

据记载，运用微生物浸出金属已有百余年的历史，真正在矿冶工业上使用湿法冶金是从铜的细菌浸出开始的。20 世纪 80 年代对难浸金矿石进行细菌预氧化的工业实践大大推进了微生物技术在矿冶中的应用。微生物技术在低品位金属矿、难浸金矿、矿冶废料处理等方面具有巨大潜力。目前，在细菌浸铜基础上已发展到微生物法提取多种金属，如铀、钴、钼、铋、锌、锰、铅、铊、镉等。在加拿大、俄罗斯、印度等国广泛应用细菌法溶浸铀矿，利用细菌浸矿，可以从其他方法所不能提取的低品位铀矿石（0.01%～0.05% U_3O_8）中回收铀，而其成本仅为其他方法的一半。用细菌法溶浸镍矿石 5～15d，可浸出镍 80%～96%，而无菌溶浸镍的提取率仅为 9.5%～12%。细菌法浸出贫锰矿的锰达 69%，细菌浸矿的另一个用途是从煤矿中浸溶除去煤中所含黄铁矿中的硫，即煤的生物脱硫。

关于生物冶金浸出金属技术的作用原理，目前主要认为有两个方面。

① 细菌的间接作用（钝化反应浸出）。通过细菌的作用产生硫酸和硫酸铁，然后通过硫酸或硫酸铁作为溶剂浸出矿石中的有用金属。硫酸和硫酸铁溶液是一般硫化矿物和其他矿物化学浸出法（湿法冶炼）中普遍使用的有效溶剂。例如黄铁矿（FeS_2）、辉铜矿（Cu_2S）中，细菌均能引起如下反应：

$$2S+3O_2+2H_2O \longrightarrow 2H_2SO_4$$

$$4FeSO_4+2H_2SO_4+O_2 \longrightarrow 2Fe_2(SO_4)_3+2H_2O$$

$$Cu_2S+2Fe_2(SO_4)_3 \longrightarrow 2CuSO_4+4FeSO_4+S$$

细菌在生化反应中产生的硫酸及硫酸铁，配合矿石自然化学氧化中产生的硫酸及硫酸铁，使有用金属浸出来。在细菌浸出硫化铜矿石以回收铜时，投入铁屑后，溶解中的硫酸铜通过下列反应而沉淀出铜，其反应为：

$$CuSO_4+Fe \longrightarrow FeSO_4+Cu\downarrow$$

② 细菌对矿石的直接浸出作用。有研究发现细菌不依赖于硫酸铁的作用而直接浸蚀金属，电子显微镜清晰地显示一株氧化硫杆菌在硫结晶的表面集结后，对矿石浸蚀的痕迹；在矿石表面微生物菌体产生的各种酶，也支持细菌直接作用浸矿的学说。据报道，氯化亚铁硫杆菌（*Acidithiobacillus ferrooxidans*）和氧化亚铁钩端螺旋菌（*Leptospirillum ferrooxidans*）与矿物（如黄铁矿）表面的亲和力非常强，它们能够迅速地附着到矿物表面。同时，细菌产生的胞外多糖（EPS）对微生物附着到矿物表面起非常重要的作用。EPS 层使细菌附

着到矿物表面形成基底，细菌在上面分裂繁殖并最终形成生物膜（图 5-17）。据估计，EPS 层中铁含量高达 53g/L，可能形成了某种铁的络合物，含铁的 EPS 层也可以作为氧化反应进行的场所。

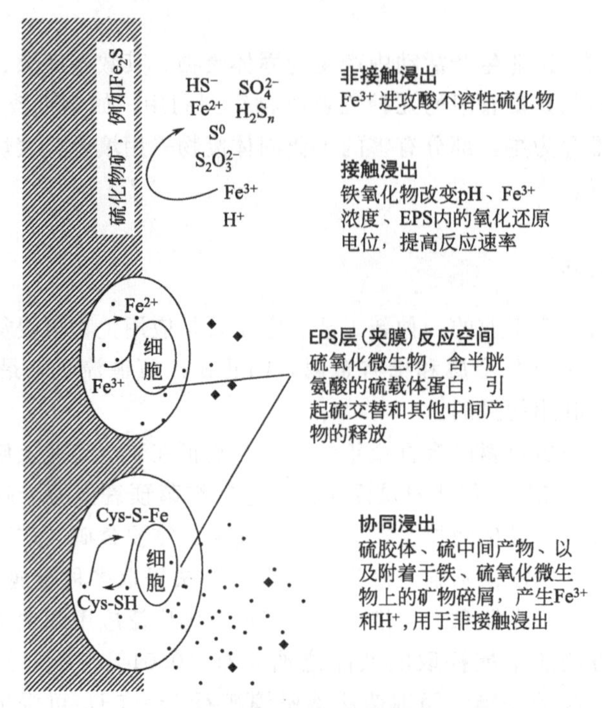

图 5-17　黄铁矿氧化机理示意图

大部分情况下，上述两类作用同时发挥作用，如氯化亚铁硫杆菌浸出金属的基本反应可归纳为：

（ⅰ）硫化物氧化

$S^{2-} \longrightarrow S^0 \longrightarrow SO_3^{2-} \longrightarrow SO_4^{2-}$

$ZnS \longrightarrow Zn^{2+} + SO_4^{2-}$

（ⅱ）亚铁离子氧化

$Fe^{2+} \longrightarrow Fe^{3+}$

$CuFeS_2 \longrightarrow Cu^{2+} + Fe^{3+} + 2SO_4^{2-}$

（ⅲ）铁离子作为氧化剂

$Fe^{2+} \longrightarrow Fe^{3+}$

$FeS_2 + 2Fe^{3+} \longrightarrow 3Fe^{2+} + 2S^0$

$UO_2 + 2Fe^{3+} \longrightarrow UO_2^{2+} + 2Fe^{2+}$

（A）金属浸出

$MS \longrightarrow MS^{2+} + SO_4^{2-}$

（A+B）金属浸出

$FeS_2 \longrightarrow Fe^{3+} \longrightarrow 2SO_4^{2-}$

间接浸出

$MS + 2Fe^{3+} \longrightarrow M^{2+} + 2Fe^{2+} + S^0$

微生物促进的 Fe^{2+} 的再氧化，通过不同的中间产物进行氧化，因此，金属硫化物的溶解反应并不相同。对于酸不溶性的金属硫化物，如黄铁矿（FeS_2）、辉钼矿（MOS_2）和 WS_2，其氧化反应为硫代硫酸盐机理；而对于酸溶性的金属硫化物，如 ZnS、$CuFeS_2$ 和 PbS，其氧化反应为聚硫化物机理。

（1）硫代硫酸盐机理

在该机理中，溶解反应通过 Fe^{2+} 进攻酸不溶性的金属硫化物进行，硫代硫酸盐是主要的中间产物，硫酸盐是主要的终产物，以黄铁矿为例，反应可以表示如下：

$$FeS_2 + 6Fe^{3+} + 3H_2O \longrightarrow S_2O_3^{2-} + 7Fe^{2+} + 6H^+$$
$$S_2O_3^{2-} + 8Fe^{3+} + 5H_2O \longrightarrow 2SO_4^{2-} + 8Fe^{2+} + 10H^+$$

(2) 多聚硫化物机理

酸溶性的金属硫化物的溶解通过 Fe^{3+} 和 H^+ 的组合作用进行，单质 S 是主要的中间产物。单质 S 相对稳定，但也可能被硫氧化细菌氧化成硫酸盐。ZnS 是酸溶性金属硫化物的例子：

$$ZnS + Fe^{3+} + H^+ \longrightarrow Zn^{2+} + 0.5H_2S_n(\text{多聚硫化物}) + Fe^{2+}\ (n \geqslant 2)$$
$$0.5H_2S_n + Fe^{3+} \longrightarrow 0.125S_8 + Fe^{2+} + H^+$$
$$0.125S_8 + 1.5O_2 + H_2O \longrightarrow SO_4^{2-} + 2H^+$$

目前生物冶金所用微生物多为化能自养型细菌，大多能耐酸，甚至在 $pH<1$ 时仍能生存。有的细菌能氧化硫磺及硫化物，从中获取能量以供生存，如氧化硫硫杆菌（*T. thiooxidans*）；有的细菌可氧化铁及铁化物，如氧化亚铁硫杆菌（*T. ferrooxidans*）。

氯化亚铁硫杆菌生长在无机硫化物上的活性受环境因素的影响很大。当维持最适浸出条件时，可以达到金属最大浸出速率。pH 值、温度、营养物浓度、Fe^{3+} 浓度、矿石的粒度及表面积、浸渣、表面活性剂和有机溶剂、氧化还原电位以及细菌对特定基质的适应性等因素都会影响金属的浸出速率。此外，微生物对金属的转化作用表现为氧化作用、还原作用和甲基化作用。

根据矿物资源的配置状态，生物冶金工艺主要分为以下三种方法。

(1) 生物反应罐法

典型生物反应罐法流程图如图 5-18 所示。在第一阶段，反应罐通常并联，以保证有足够的时间让微生物生长，使微生物细胞数量达到稳态而不被冲洗出去。经过粉碎的矿石加入反应罐，保持悬浮在水中，并加入少量的化肥级的 $(NH_4)_2SO_4$ 和 KH_2PO_4。矿石氧化反应是放热反应，因此，必须采取冷却措施。反应过程中需要通入大量的空气，并进行剧烈的搅拌，以保证矿石处于均匀悬浮状态，并顺利转入下一级反应罐。

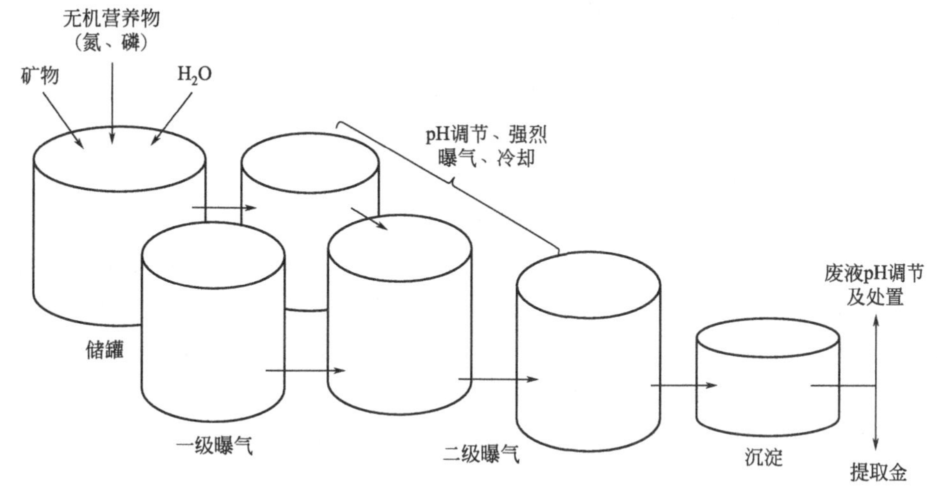

图 5-18　典型生物反应罐法流程图

(2) 生物堆浸法

生物堆浸法通常是在矿场地面上，铺上混凝土或沥青等防渗材料，将矿石堆置其上，高

10～20m，自矿顶面上浇注或喷淋含菌的溶浸液。典型生物堆浸法的流程图如图 5-19 所示。在此过程中注入生物生长所需的空气，菌液散布矿堆并自上而下浸润，经过一段时间后，浸出有用金属。含金属的浸出液积聚在矿堆底部，集中送入收集池中，而根据不同金属的性质，采取适当的办法回收有用的金属。

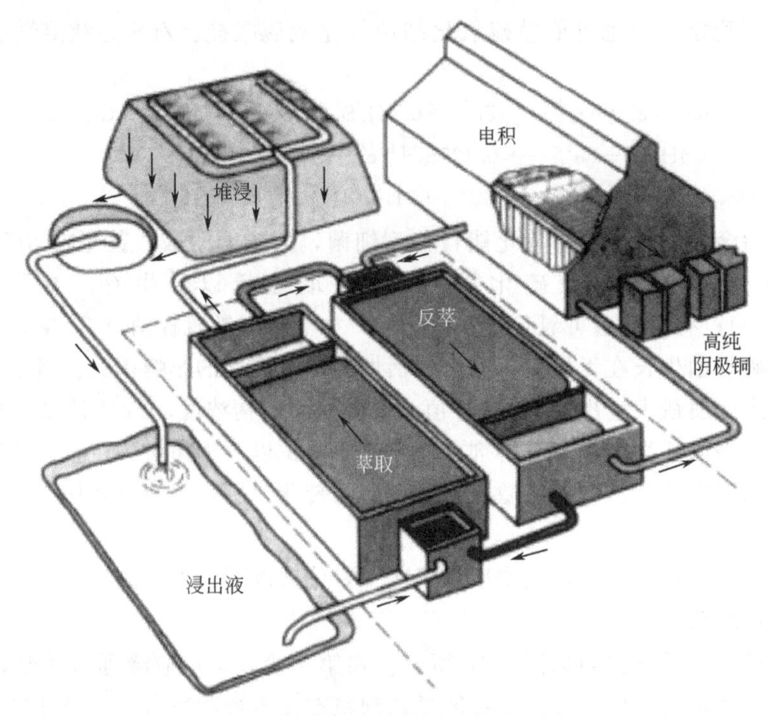

图 5-19　典型生物堆浸法的流程图

(3) 矿床内浸出法

矿床内浸出是一种直接在矿床内浸出金属的方法，对矿床相对集中而不分散的矿区为宜，也可以用于矿内开采或露天开采后的废矿坑作进一步溶浸处理。方法是在开采完毕的场所和部分露出的矿体上，浇淋细菌溶浸液。另外，还有进行细菌法地下浸出的，即当矿区钻孔至矿层，将细菌溶浸液由钻孔注入，通气，待其溶浸一段时间，抽出溶浸液进行回收金属处理。矿床内浸出法的优点是，由于矿石不需要运输，亦不需开采选矿，可节约大量人力物力，亦可减少环境的污染，是投资较少的一种生物冶金技术。

生物冶金技术存在的问题是其浸出作用时间或金属回收周期过长。其影响因素除生物菌种外，也与矿石堆中矿粒的直径以及矿里间的空隙有关。矿粒平均直径较小、矿石间隙为20%～25%的空隙度时较为适宜。此外矿堆裸露面越大，其浸出速度越快。在生物冶金过程中，应用表面活性剂如 Tween-20，可扩大矿石与细菌的接触面积，增加生物浸矿溶剂的渗透性，促进有关矿石的生物浸滤，增加金属的回收率。此外，由于矿石中存在着杂质，如脉石等，亦耗费一定量细菌浸液中的酸量，也影响了生物冶金的效果。

5.3.2　电子垃圾污染的生物修复

电子垃圾（electronic waste，e-waste），通常是指废弃的电子产品，如电脑、电视机和移动电话等，而电器和电子设备废弃物（WEEE）还包括传统的非电子产品如冰箱和微波炉。但随着电器计算机化的发展，二者的区别越来越小。因此，电子垃圾被认为是包括电视机、电冰箱、空调、电风扇、废旧手机、变压器、电子游戏机等在内的废旧的或者不能再使用的电子电器产品。

随着电子技术的发展和电子产品更新换代的加快，电子垃圾的数量持续增加，目前已成为全球增速最快的固体废物之一。全球每年约产生2000万～5000万吨电子垃圾，其中1/3来自美国，1/4来自欧盟，并且，全球电子垃圾每年的增速达4%。据报道，2010年中国产生电子垃圾约为230万吨，仅次于美国，且以每年13%～15%的速度增长。此外，发达国家产生的电子垃圾大量出口到发展中国家。

电子垃圾除含有大量贵重金属外，还包含了大量持久性有毒污染物。电子垃圾的安全处置是一个世界性难题，不当的回收和处置极易造成环境污染。

电子垃圾在堆放以及粗放的手工拆解、焚烧、酸洗等过程中，极易向环境释放大量的有毒有害物质，其成分和含量相当复杂，并非简单的污染物累积，使得电子垃圾污染具有复杂性和难治理性。其中，电子垃圾堆放会向环境释放Cu、Pb、Sb、Hg、Cd、Ni、多溴联苯醚（PBDEs）和PCBs等污染物；而电子垃圾焚烧会向环境中释放二噁英、呋喃、PAHs和多卤代芳香烃（PHAHs）；电子垃圾酸洗会释放酞酸酯污染物（PAEs）、多溴联苯（PBBs）和多氯代二苯并二噁英或多氯代二苯并呋喃。电子垃圾释放的有毒污染物可通过多种途径进入大气、水体、沉积物和土壤环境，经过一系列迁移转化，对生物体和人体健康形成潜在威胁。

我国经济快速发展的珠江三角洲某典型区域有较长的露天拆卸废旧变压器、电子洋垃圾及焚烧废弃电缆电线的历史，导致大量的重金属和PAHs、PBDEs和PCBs等直接或间接进入水土环境，使得该地区成为我国典型电子垃圾污染区，对当地土壤、水体生态系统及居民健康造成极大的威胁。

植物对PAHs的修复表现为植物提取修复和根际对PAHs的矿化和降解作用。种植植物的土壤中苯并［*a*］芘的残余量为44%，而未种植植物土壤中残余量为53%；植物能够促进土壤中苯并［*a*］芘的矿化和挥发。同时，植物可促进芘的降解，种植植物8周后的土壤中芘消失74%，而未种植植物的土壤中芘最多消失40%。

植物对PBDEs的吸收与植物种类、种植方式以及PBDEs的溴代数目有关。研究表明，根部BDE-209吸收量与根部脂质含量成显著正相关，转运系数与根部的BDE-209含量有关。原理可能是在土壤-植物系统中发生了BDE-209的脱溴和羧基化，低溴代PBDEs更容易被植物吸收。植物还可以吸收土壤中的风化PBDEs，并且将其从根部转移到地上部，从而有效去除电子垃圾污染土壤中的PBDEs。微生物对PBDEs的修复主要包括好氧脱溴和厌氧降解。与好氧微生物降解相比，多溴联苯醚的厌氧降解速度大为减慢，脱溴过程中未见苯环羟基化或甲氧基化的现象，主要是转化生成无溴的联苯醚进行降解。目前发现的在厌氧条件下能降解PBDEs的菌株仅有硫螺菌（*Sulfurospirillum multivorans*）、乙烯类脱卤球菌（*Dehalococcoides ethenogenes* 195）、限制性脱卤杆菌（*Dehalobacter restrictus* PER-K23）和哈氏脱硫杆菌（*Desulfitobacterium hafniense* PCP-1），并且主要采用污泥或者土壤中的微生物菌群作为实验材料开展的微生物降解实验。PBDEs同系物众多、水溶性差且具有异生性，加之溴代阻燃剂降解微生物菌种匮乏，从而在很大程度上限制了PBDEs的微生物降解效率。

植物土壤PCBs的修复作用主要包括直接吸收富集和根际降解。植物通常更易吸收和转运低氯代PCBs，因PCBs的水溶性随着氯原子的增加而降低。土壤中PCBs的去除效率取决于植物品种的选择，植物品种直接决定了其根际圈微生物的群落组成。微生物降解土壤中

PCBs 的途径主要包括好氧生物降解和厌氧脱氯。为了达到更为高效的 PCBs 修复效果，通常采用厌氧脱氯和好氧降解联合处理 PCBs 污染。在生物修复 PCBs 时，土著植物和土著微生物是首选，它们对污染环境具有更强的适应性和耐性，并且降低了当地生态系统失衡的风险。

电子垃圾拆解区典型的 POPs 和重金属污染的高效微生物菌种和植物资源缺乏是制约生物修复在电子垃圾污染治理中应用的关键，因此需要寻找、筛选具有 POPs 和重金属高效降解/转化特性的菌株和植物。微生物修复重金属污染土壤的方法参见第 4 章相关内容。

由于电子垃圾的非法和粗放拆解，我国电子垃圾主要拆解区存在不同程度的重金属和有机物复合污染。然而，复合污染的生物毒性、环境中迁移、转化和归趋、不同污染物间的交互作用更为复杂，其修复技术的研究还极为缺乏。截至目前发现的对电子垃圾污染地块 POPs 和重金属具有高效降解/转化特性的微生物包括：短芽孢杆菌、嗜麦芽窄食单胞菌、铜绿假单胞菌、苏云金芽孢杆菌、巨大芽孢杆菌、黄孢原毛平革菌、蜡状芽孢杆菌、铅黄肠球菌、氧化节杆菌、热带假丝酵母、解脂假丝酵母、酵母融合菌。具有降解/转化功能的植被包括：杂交狼尾草、紫花苜蓿、龙葵、再力花、空心菜、芥菜、苣菜、鱼腥草。

思考题

1. 简述有机固体废物的类型及其生物处理技术。
2. 好氧堆肥化过程一般有哪几个阶段？堆肥化过程的影响因素有哪些？
3. 简述堆肥中含有的微生物种类及其功能。
4. 常用的好氧堆肥工艺有哪些？分别简述其特点。
5. 简述主流的厌氧发酵四阶段理论及其应用。
6. 厌氧生物处理过程中的微生物的种类主要有哪些？
7. 举例说明两种生活垃圾厌氧处理工艺。
8. 何为蚯蚓稳定化作用？简述蚯蚓稳定化作用用于生活垃圾处理的工艺路线。
9. 以餐厨垃圾处理为例，试述黑水虻处理技术的工艺路线和意义。
10. 什么是微生物湿法冶金？常见的微生物类型有哪些？
11. 查阅资料论述电子垃圾污染环境的生物修复技术及其发展。

第6章　海绵城市建设中的生物修复技术

受全球气候变化影响，强降雨引发的城市洪涝问题面临不断加剧的风险。城市雨水问题是一个综合性、复杂的系统问题，涉及水生态、水安全、水环境、水资源等诸多方面，处理不当将严重影响人们生产、生活和城市有序运行。针对城市径流污染及相应的雨洪管理，传统的末端治理设施占地面积大、建设集中，却无法改善城市环境。发达国家在城镇化过程中也曾出现过类似情况，这些国家及时调整城市规划和基础设施建设理念和方法，通过现代雨洪管理体系，合理控制并管理雨水径流，有效缓解了城市雨水问题。借鉴国际上低影响开发建设模式的成功经验，根据我国相关政策法规的要求和低影响开发雨水系统的工程实践经验，我国提出了建设自然积存、自然渗透、自然净化的海绵城市（sponge city）的国家战略，既是生态文明建设的重要内容，也是实现城镇化和环境资源协调发展的重要体现。通过海绵城市建设，最大限度地减少城市开发建设对生态环境的影响，将70%的降雨就地消纳和利用。

6.1　海绵城市概述

6.1.1　海绵城市与低影响开发

海绵城市，是指通过城市规划和建设的管控，从源头减排、过程控制和系统治理着手，综合采用“渗、滞、蓄、净、用、排”等技术措施，统筹协调水量与水质、生态与安全、分布与集中、绿色与灰色、景观与功能、岸上与岸下、地上与地下等关系，有效控制城市降雨径流，最大限度地减少城市开发建设行为对原有自然水文特征和水生态环境造成的破坏，使城市能够像“海绵”一样，在适应环境变化和抵御自然灾害等方面具有良好的弹性，实现自然积存、自然渗透、自然净化的城市发展方式，有利于达到恢复城市生态、涵养城市水资源、改善城市水环境、保障城市水安全、复兴城市水文化的多重目标。

传统城市和海绵城市的比较如表6-1所示。

表 6-1 传统城市和海绵城市的比较

项目	传统城市	海绵城市
理念	以排为主	综合利用控制
途径	集中快排	渗、滞、蓄、净、用、排
措施	灰色基础设施	绿色基础设施+灰色基础设施
领域	单一学科	跨专业、跨学科、跨部门
目标	单一目标	恢复生态、涵养水源、改善水环境、保障水安全、复兴水文化的多重目标
效益	单一	经济、环境、生态多重效益
控制	末端控制为主	源头减排+过程控制+系统治理

十余年前甚至更早的时间，国际上已经有“海绵城市”的相关理念和提法。美国马里兰州在 20 世纪 70 年代提出最佳管理措施（best management practices，BMPs），通过工程和非工程措施结合控制雨水径流污染。1990 年美国马里兰州提出低影响开发（low impact development，LID）的暴雨管理和面源污染处理技术。澳大利亚在 80 年代末提出水敏感性城市设计（WSUD），强调通过城市规划和设计来减少对自然水循环的负面影响和保护水生态系统，将雨洪管理、供水和污水管理一体化。英国在 1999 年建立可持续城市排水系统（SUDS），由传统的以“排放”为核心提升到维持良性水循环的可持续排水系统，考虑水质、水量、水景观、生态价值。美国 BMPs 和 LID 等城市雨洪管理方面的工作，从维护城市弹性的角度来看，已经折射出城市海绵的构想。值得注意的是，这里已经涉及一个与海绵城市相关的“弹性城市”（resilient city）概念。“弹性城市”在国际上受到关注已有多年，其涉及的范畴较广，包括城市能源节约、公众安全、洪涝控制、社会经济可持续发展等许多领域的宏观概念和体系。

真正意义上的城市现代雨洪管理相关研究和实践在我国也已有 20 多年的经验积累。国家“十一五”科技支撑项目及水专项中开始设立针对不同流域的城市径流污染控制相关课题；“十二五”水专项中，专门设立了“低影响开发城市雨水系统研究与示范”项目，开展适用于不同地区的低影响开发系统研究和工程示范等。这些长期的研究和投入为后续海绵城市理论体系、技术体系的构建和工程建设进行了重要的前期研究探索、技术储备和工程实践积累。2014 年住房和城乡建设部印发《海绵城市建设技术指南——低影响开发雨水系统构建（试行）》(建城函〔2014〕275 号)，借鉴国际上低影响开发建设模式的成功经验，并吸纳了我国相关政策法规的要求和低影响开发雨水系统的工程实践经验，提出了海绵城市建设的基本原则，规划控制目标分解、落实及构建技术框架，明确了城市规划、工程设计、建设、维护及管理过程中低影响开发雨水系统构建的内容、要求和方法，并提供了我国部分实践案例。2019 年 8 月 1 日《海绵城市建设评价标准》(GB/T 51345—2018) 正式实施。

低影响开发即在场地开发过程中采用源头、分散式措施维持场地开发前的水文特征，也称为低影响设计（low impact design，LID）或低影响城市设计和开发（low impact urban design and development，LIUDD）。其核心是维持场地开发前后水文特征不变，包括径流总量、峰值流量、峰现时间等（图 6-1）。从水文循环角度，要维持径流总量不变，就要采取渗透、储存等方式，实现开发后一定量的径流量不外排；要维持峰值流量不变，就要采取渗透、储存、调节等措施削减峰值、延缓峰值时间。发达国家人口少，一般土地开发强度较低，绿化率较高，在场地源头有充足空间来消纳场地开发后径流的增量（总量和峰值）。我国大多数城市土地开发强度普遍较大，仅在场地采用分散式源头削减措施，难以实现开发前后径流总量和峰值流量等维持基本不变，所以还必须借助中途、末端等综合措施，来实现开发后水文特征接近于开发前的目标。

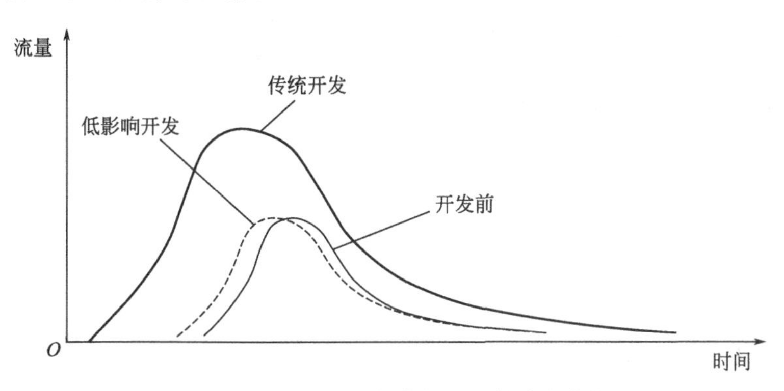

图 6-1　低影响开发与传统开发的水文特征

在我国，低影响开发的含义已延伸至源头、中途和末端不同尺度的控制措施。城市建设过程应在城市规划、设计、实施等各环节纳入低影响开发内容，并统筹协调城市规划、排水、园林、交通、建筑、水文等行业部门，共同落实低影响开发控制目标。因此，广义来讲，海绵城市具有更广泛的内涵，可以看作是一个综合的平台。

6.1.2　海绵城市建设的原则和途径

海绵城市建设应着重于以下五个方面的原则。

① 规划引领。城市总体规划应创新规划理念与方法，将低影响开发雨水系统作为新型城镇化和生态文明建设的重要手段。城市各层级、各相关专业规划以及后续的建设程序中，应落实海绵城市建设、低影响开发雨水系统构建的内容，先规划后建设，体现规划的科学性和权威性，发挥规划的控制和引领作用。

② 生态优先。城市规划中应科学划定蓝线和绿线。城市开发建设应保护河流、湖泊、湿地、坑塘、沟渠等水生态敏感区，优先利用自然排水系统与低影响开发设施，实现雨水的自然积存、自然渗透、自然净化和可持续水循环，提高水生态系统的自然修复能力，维护城市良好的生态功能。

③ 安全为重。以保护人民生命财产安全和社会经济安全为出发点，综合采用工程和非工程措施提高低影响开发设施的建设质量和管理水平，消除安全隐患，增强防灾减灾能力，保障城市水安全。

④ 因地制宜。各地应根据本地自然地理条件、水文地质特点、水资源禀赋状况、降雨规律、水环境保护与内涝防治要求等，合理确定低影响开发控制目标与指标，科学规划布局和选用下沉式绿地、植草沟、雨水湿地、透水铺装、多功能调蓄等低影响开发设施及其组合系统。

⑤ 统筹建设。地方政府应结合城市总体规划和建设，在各类建设项目中严格落实各层级相关规划中确定的低影响开发控制目标、指标和技术要求，统筹建设。低影响开发设施应与建设项目的主体工程同时规划设计、同时施工、同时投入使用。

海绵城市的建设途径可从以下三个方面考虑。

① 对城市原有生态系统的保护。最大限度地保护原有的河流、湖泊、湿地、坑塘、沟渠等水生态敏感区，留有足够涵养水源、应对较大强度降雨的林地、草地、湖泊、湿地，维持城市开发前的自然水文特征，这是海绵城市建设的基本要求。

② 生态恢复和修复。对传统粗放式城市建设模式下，已经受到破坏的水体和其他自然环境，运用生态的手段进行恢复和修复，并维持一定比例的生态空间。

③ 低影响开发。按照对城市生态环境影响最低的开发建设理念，合理控制开发强度，在城市中保留足够的生态用地，控制城市不透水面积比例，最大限度减少对城市原有水生态环境的破坏，同时，根据需求适当开挖河湖沟渠，增加水域面积，促进雨水的积存、渗透和净化。

6.2 低影响开发技术的生物和生态措施

海绵城市建设中，低影响开发技术按主要功能一般可分为渗透、储存、调节、传输、截污净化等几类。通过各类技术的组合应用，可实现径流总量控制、径流峰值控制、径流污染控制、雨水资源化利用等目标。低影响开发技术除了满足城市总体规划、专项规划等相关规划提出的低影响开发控制目标与指标要求外，还应结合气候、土壤及土地利用等条件，在城市建筑与小区、道路、绿地与广场、水系等应用主体中，合理选择单项或组合的以雨水渗透、储存、调节等为主要功能的技术及设施。

低影响开发技术包含若干不同形式的低影响开发设施，主要有透水铺装、绿色屋顶、下沉式绿地、生物滞留设施、渗透塘、渗井、湿塘、雨水湿地、蓄水池、雨水罐、调节塘、调节池、植草沟、渗管/渠、植被缓冲带、初期雨水弃流设施、人工土壤渗滤等。各单项设施往往具有多个功能，如生物滞留设施的功能除渗透补充地下水外，还可削减峰值流量、净化雨水，实现径流总量、径流峰值和径流污染控制等多重目标。因此应根据设计目标灵活选用低影响开发设施及其组合系统，根据主要功能按相应的方法进行设施规模计算，并对单项设施及其组合系统的设施选型和规模进行优化。不同模式下低影响开发设施的控制目标如表6-2所示。

表 6-2　不同模式下低影响开发设施控制目标

设施分类	单项设施	控制目标					
		径流总量控制模式		径流峰值调节模式	径流污染控制模式		雨水集蓄利用模式
		渗透减排	调蓄减排	径流峰值	径流污染	污染物去除率(以SS计)/%	雨水利用
常用	透水铺装	●	○	○	○	80～90	○
	绿色屋面	●	○	○	○	70～80	○
	雨水花园	●	●	○	●	70～95	○
	下沉式绿地	●	●	○	○	—	○
	植草沟	●	○	○	○	35～90	○
	蓄水池	○	●	○	○	80～90	●

续表

设施分类	单项设施	控制目标					
		径流总量控制模式		径流峰值调节模式	径流污染控制模式		雨水集蓄利用模式
		渗透减排	调蓄减排	径流峰值	径流污染	污染物去除率（以 SS 计）/%	雨水利用
其他	渗透塘	●	●	◯	◯	70～80	○
	渗井	●	●	◯	◯	30～50	○
	湿塘	○	●	●	◯	50～80	●
	雨水湿地	○	●	●	●	50～80	●
	雨水罐	○	●	◯	◯	80～90	●
	调节塘	○	○	●	◯	—	○
	调节池	○	○	●	○	—	○
	渗管/渠	◯	◯	○	◯	35～70	○
	初期雨水弃流设施	○	○	○	●	40～60	◯
	人工土壤渗滤	○	○	○	◯	75～95	○

注：●表示强；◯表示较强；○表示弱或很小。

以下对低影响开发技术的部分生物和生态措施进行介绍。

6.2.1　绿色屋顶

绿色屋顶（green roof）也称种植屋面、屋顶绿化等，根据种植基质深度和景观复杂程度，绿色屋顶又分为简单式和花园式，基质深度根据植物需求及屋顶荷载确定，简单式绿色屋顶的基质深度一般不大于 150mm，花园式绿色屋顶在种植乔木时基质深度可超过 600mm，绿色屋顶的设计可参考《种植屋面工程技术规程》(JGJ 155)。绿色屋顶的典型构造如图 6-2 所示。

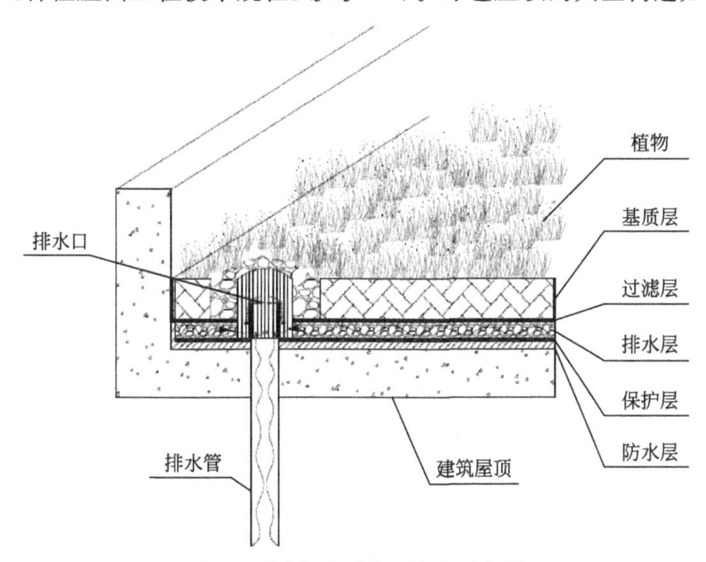

图 6-2　绿色屋顶典型构造示意图

绿色屋顶的工程设计应遵循防、排、蓄、植并重，安全环保，节能经济，因地制宜等原则，并要考虑施工环境和工艺的可操作性。绿色屋顶适用于符合屋顶荷载、防水等条件的平屋顶建筑和坡度≤15°的坡屋顶建筑，可有效减少屋面径流总量和径流污染负荷，具有节能减排的作用，但对屋顶荷载、防水、坡度、空间条件等有严格要求。对于地震频发、降雨量过小的地区，不建议使用绿色屋顶作为径流污染的源头削减措施。

绿色屋顶应及时补种修剪植物、清除杂草、防治病虫害；溢流口堵塞或淤积导致过水不畅时，应及时清理垃圾与沉积物；排水层排水不畅时，应及时排查原因并修复；屋顶出现漏水时，应及时修复或更换防渗层。

绿色屋顶对降水的滞留是通过介质储存和植被蒸发共同实现的。不同地区绿色屋顶的降雨滞留率大约在60%～80%之间。绿色屋顶对径流水质具有一定的净化作用，一般认为对氨氮、TN和TP的控制效果好于硝态氮。

6.2.2 下沉式绿地

下沉式绿地具有广义和狭义之分，广义的下沉式绿地泛指具有一定的调蓄容积（在以径流总量控制为目标进行目标分解或设计计算时，不包括调节容积），且可用于调蓄和净化径流雨水的绿地，包括生物滞留设施、渗透塘、湿塘、雨水湿地、调节塘等。狭义的下沉式绿地指低于周边铺砌地面或道路在200mm以内的绿地，典型构造如图6-3所示。狭义的下沉式绿地应满足以下要求。

① 下沉式绿地的下凹深度应根据植物耐淹性能和土壤渗透性能确定，一般为100～200mm。

② 下沉式绿地内一般应设置溢流口（如雨水口），保证暴雨时径流的溢流排放，溢流口顶部标高一般应高于绿地50～100mm。

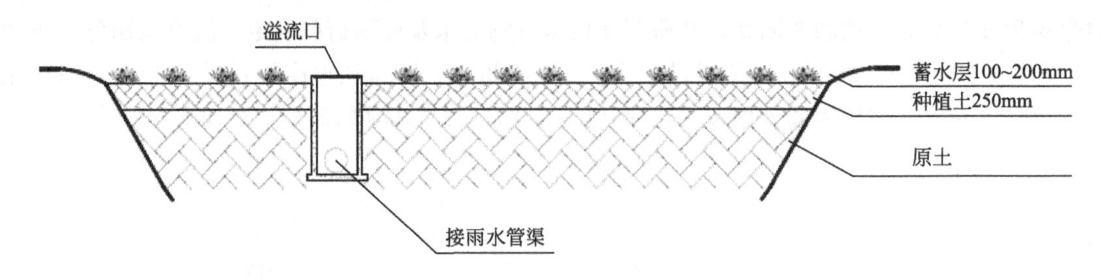

图6-3 狭义的下沉式绿地典型构造示意图

就降雨径流的控制而言，下沉式绿地是一种典型的储存渗透设施，可广泛应用于城市建筑与小区、道路、绿地和广场内。对于径流污染严重、设施底部渗透面距离季节性最高地下水位或岩石层小于1m及距离建筑物基础小于3m（水平距离）的区域，应采取必要的措施防止次生灾害的发生。狭义的下沉式绿地适用区域广，其建设费用和维护费用均较低，但大面积应用时，易受地形等条件的影响，实际调蓄容积较小。

6.2.3 生物滞留设施

生物滞留设施，是指在地势较低的区域，通过植物、土壤和微生物系统蓄渗、净化径流雨水的设施。生物滞留设施分为简易型生物滞留设施和复杂型生物滞留设施，按应用位置不同又称作雨水花园、生物滞留带、高位花坛、生态树池等。生物滞留设施的基本构造如图6-4所示。

生物滞留设施不仅有效改善雨水径流水质，削减城市道路径流和洪峰，而且建造费用低，容易和城市基础设施相融合。图 6-5 和图 6-6 分别为简易型和复杂型生物滞留设施典型构造。生物滞留设施在美国以及其他发达国家已快速成为最有效和应用最广泛的城市暴雨最佳管理设施之一。

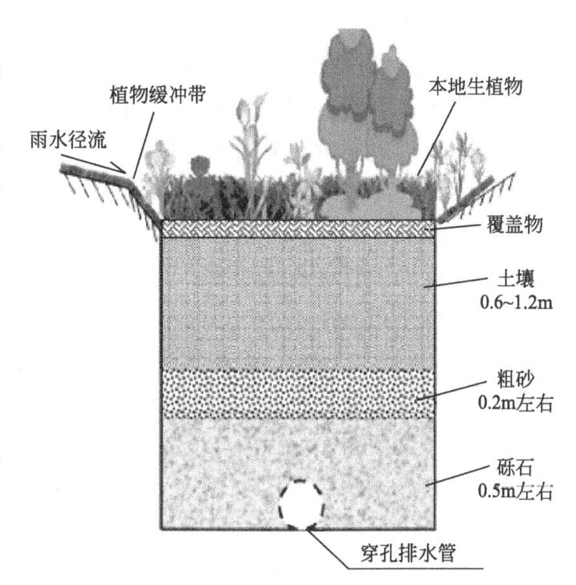

图 6-4　生物滞留设施的基本构造

生物滞留设施应满足以下要求。

① 对于污染严重的汇水区应选用植草沟、植被缓冲带或沉淀池等对径流雨水进行预处理，去除大颗粒的污染物并减缓流速。应采取弃流、排盐等措施防止融雪剂或石油类等高浓度污染物侵害植物。

② 屋面径流雨水可由雨落管接入生物滞留设施，道路径流雨水可通过路缘石豁口进入，路缘石豁口尺寸和数量应根据道路纵坡等经计算确定。

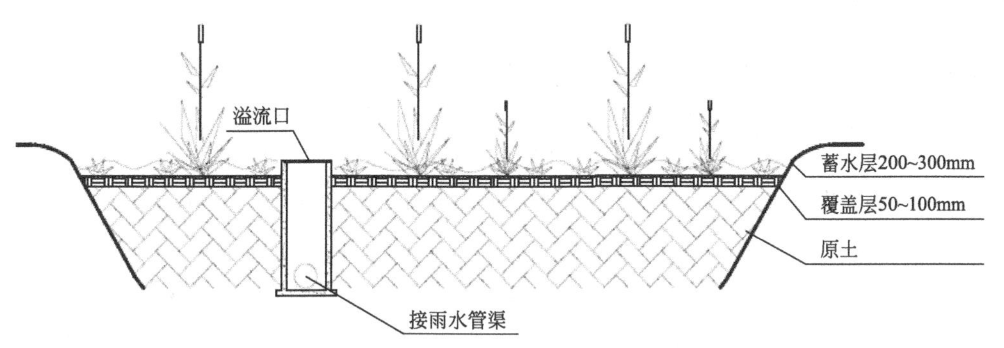

图 6-5　简易型生物滞留设施典型构造示意图

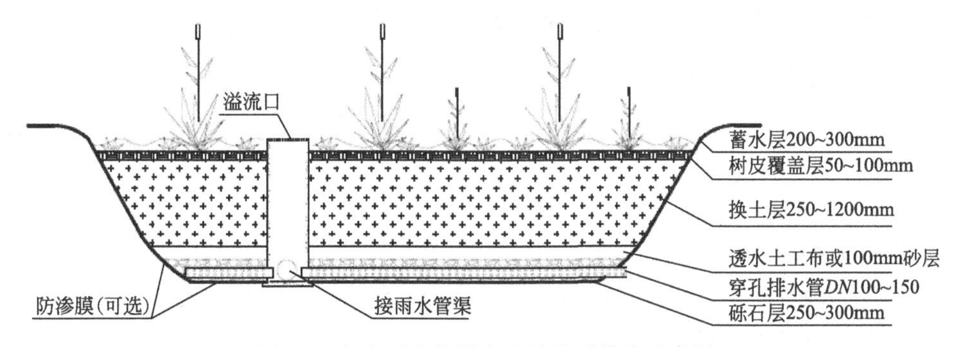

图 6-6　复杂型生物滞留设施典型构造示意图

③ 生物滞留设施应用于道路绿化带时，若道路纵坡大于 1%，应设置挡水堰/台坎，以减缓流速并增加雨水渗透量。设施靠近路基部分应进行防渗处理，防止对道路路基稳定性造成影响。

④ 生物滞留设施内应设置溢流设施，可采用溢流竖管、盖篦溢流井或雨水口等，溢流设施顶一般应低于汇水面 100mm。

⑤ 生物滞留设施宜分散布置且规模不宜过大，生物滞留设施面积与汇水面面积之比一

般为 0.05～0.1。

⑥ 复杂型生物滞留设施结构层外侧及底部应设置透水土工布，防止周围原土侵入。如经评估认为下渗会对周围建（构）筑物造成塌陷风险，或者拟将底部出水进行集蓄回用时，可在生物滞留设施底部和周边设置防渗膜。

⑦ 生物滞留设施的蓄水层深度一般为 200～300mm，同时设 100mm 的超高，综合考虑植物耐淹性能和土壤渗透性能换土层介质类型及深度应满足出水水质要求，还应符合植物种植及园林绿化养护管理技术要求；为防止换土层介质流失，换土层底部一般设置透水土工布隔离层，也可采用厚度不小于 100mm 的砂层（细砂和粗砂）代替；砾石层起到排水作用，厚度一般为 250～300mm，可在其底部埋置管径为 100～150mm 的穿孔排水管，砾石应洗净且粒径不小于穿孔管的开孔孔径；为提高生物滞留设施的调蓄作用，在穿孔管底部可增设一定厚度的砾石调蓄层。

生物滞留设施主要适用于建筑与小区内建筑、道路及停车场的周边绿地，以及城市道路绿化带等城市绿地内。生物滞留设施形式多样，适用区域广，易与景观结合，径流控制效果好，建设费用与维护费用较低，但地下水位与岩石层较高、土壤渗透性能差、地形较陡的地区，应采取必要的换土、防渗、设置阶梯等措施避免次生灾害的发生，将增加建设费用。

6.2.4 雨水湿地

雨水湿地利用物理、水生植物及微生物等作用净化雨水，是一种高效的径流污染控制设施，雨水湿地分为雨水表流湿地和雨水潜流湿地，一般设计成防渗型以便维持雨水湿地植物所需要的水量，雨水湿地常与湿塘合建并设计一定的调蓄容积。雨水湿地一般由进水口、前置塘、沼泽区、出水池、溢流出水口、护坡及驳岸、维护通道等构成。雨水湿地典型构造如图 6-7 所示。

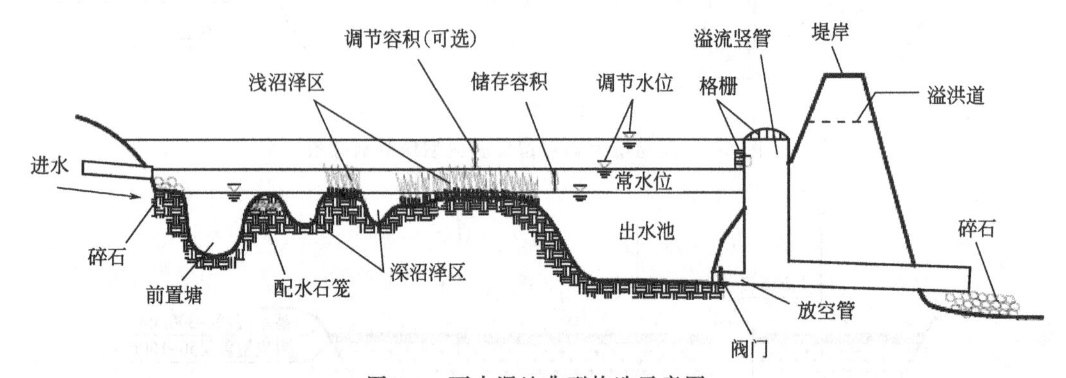

图 6-7 雨水湿地典型构造示意图

雨水湿地应满足以下要求。

① 进水口和溢流出水口应设置碎石、消能坎等消能设施，防止水流冲刷和侵蚀。

② 雨水湿地应设置前置塘对径流雨水进行预处理。

③ 沼泽区包括浅沼泽区和深沼泽区，是雨水湿地主要的净化区，其中浅沼泽区水深范围一般为 0～0.3m，深沼泽区水深范围一般为 0.3～0.5m，根据水深不同种植不同类型的水生植物。

④ 雨水湿地的调节容积应保证在 24h 内排空。

⑤ 出水池主要起防止沉淀物的再悬浮和降低温度的作用，水深一般为 0.8～1.2m，出水池容积约为总容积（不含调节容积）的 10%。

雨水湿地适用于具有一定空间条件的建筑与小区、城市道路、城市绿地、滨水带等区域，可有效削减污染物，并具有一定的径流总量和峰值流量控制效果，但建设及维护费用较高。

6.2.5　植草沟

植草沟指种有植被的地表沟渠，可收集、输送和排放径流雨水，并具有一定的雨水净化作用，可用于衔接其他各单项设施、城市雨水管渠系统和超标雨水径流排放系统。

植草沟的类型，除转输型植草沟（图 6-8）外，还包括渗透型的干式植草沟及常有水的湿式植草沟，可分别提高径流总量和径流污染控制效果。干式植草沟的典型断面构造如图 6-9 所示。干式植草沟适用于居住区，湿式植草沟适用于小型停车场或收集屋面雨水径流。

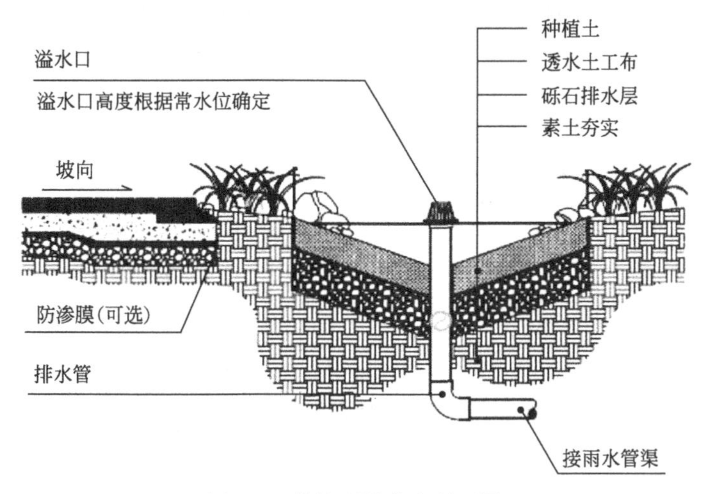

图 6-8　转输型植草沟断面图

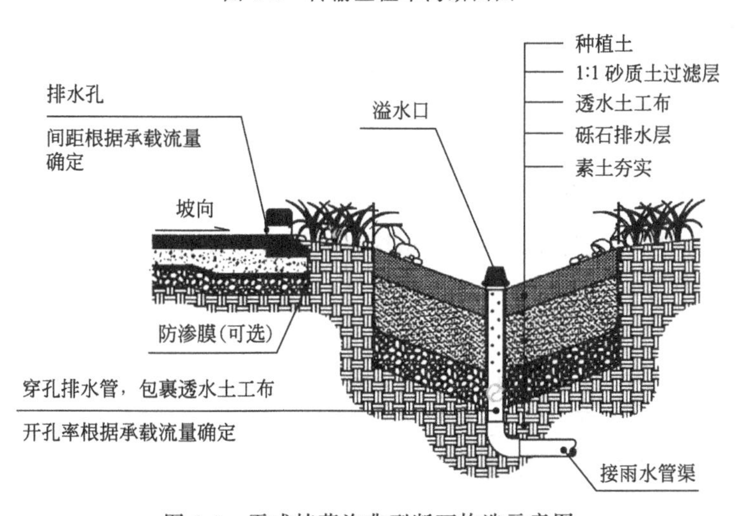

图 6-9　干式植草沟典型断面构造示意图

植草沟应满足以下要求。

① 浅沟断面形式宜采用倒抛物线形、三角形或梯形。

② 植草沟的边坡坡度（垂直：水平）不宜大于 1∶3，纵坡不应大于 0.04。纵坡较大时宜设置为阶梯型植草沟或在中途设置消能台坎。

③ 植草沟最大流速应小于 0.8m/s，曼宁系数宜为 0.2～0.3。

④ 转输型植草沟内植被高度宜控制在 100～200mm。

植草沟适用于建筑与小区内道路，广场、停车场等不透水面的周边，城市道路及城市绿地等区域，也可作为生物滞留设施、湿塘等低影响开发设施的预处理设施。植草沟也可与雨水管渠联合应用，场地竖向允许且不影响安全的情况下也可代替雨水管渠。植草沟具有建设及维护费用低、易与景观结合的优点，但已建城区及开发强度较大的新建城区等区域易受场地条件制约。

6.2.6 植被缓冲带

植被缓冲带为坡度较缓的植被区，经植被拦截及土壤下渗作用减缓地表径流流速，并去除径流中的部分污染物。植被缓冲带坡度一般为 2%～6%，宽度不宜小于 2m，典型构造如图 6-10 所示。

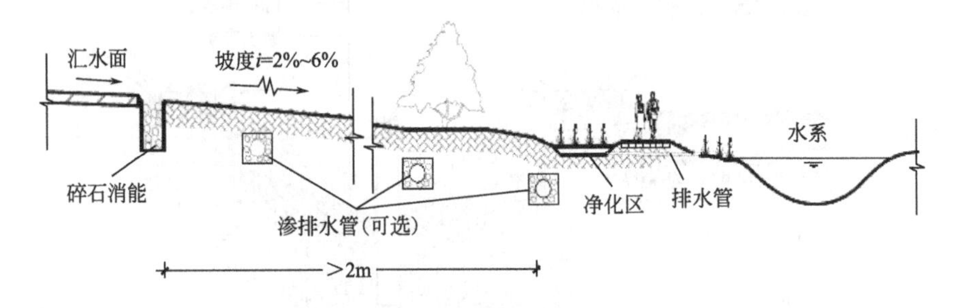

图 6-10 植被缓冲带典型构造示意图

植被缓冲带适用于道路等不透水面周边，可作为生物滞留设施等低影响开发设施的预处理设施，也可作为城市水系的滨水绿化带，但坡度较大（大于 6%）时其雨水净化效果较差。植被缓冲带建设与维护费用低，但对场地空间大小、坡度等条件要求较高，且径流控制效果有限。

6.2.7 生态和生物措施效果

美国联邦交通部门对主要径流污染生态控制措施除污效率的研究结果如表 6-3 所示。可以看出不同应用条件下设施对污染物的去除率波动大，说明结合实际条件合理设计和应用这些设施至关重要。

表 6-3 低影响开发生态措施污染物去除效率 单位：%

项目		TSS	TP	TN	NO_3^--N	重金属
雨水塘		46～90	20～90	28～50	24～60	24～89
雨水湿地		65	25	20	—	35～65
渗透/生物滞蓄设施	渗透沟渠	75～90	50～70	45～70	—	75～99
	渗透池	75～90	50～70	45～70	—	50～90
	生物滞蓄	75	50	50	—	75～80
植被措施	植被沟	30～90	20～85	0～50	—	0～90
	植被过滤带	27～70	20～40	20～40	—	2～80

6.3　海绵城市最佳实践区案例

上海世博会城市最佳实践区位于世博园区浦西部分，占地面积 16.85hm²，包括北区和南区两个片区，在 2010 年上海世博会期间展示了宜居家园、可持续的城市化和历史遗产保护与利用等内容。后世博时代，城市最佳实践区旨在打造一个充满活力的复合街坊和富有魅力的城市客厅，其建设目标是达到美国绿色建筑委员会颁发的 LEED-ND（leadership in energy and environmental design for neighborhood development）铂金级认证，该认证是目前国际上最为先进和具有实践性的绿色建筑认证评分体系。示范区年径流总量控制率达 90%，有效减少雨水径流产生量以及径流污染带来的城市水环境污染。

世博会城市最佳实践区北区面积 7.13hm²，雨水收集量为 929m³，其中可利用雨水量 89m³/d（包括绿化灌溉、冲厕、道路及广场冲洗、洗车用水），3 天利用水量为 267m³，其余 662m³ 雨水需要在 3 天内就地下渗。2010 年上海世博会期间，在城市最佳实践区北区内设计展示了一个微缩版的成都活水公园案例，利用成都活水公园的水流循环系统蓄水，并将活水公园内的荷花池改造成雨水渗透塘，实现本区域收集的雨水在 3 天内就地下渗，总体设计方案如图 6-11 所示。

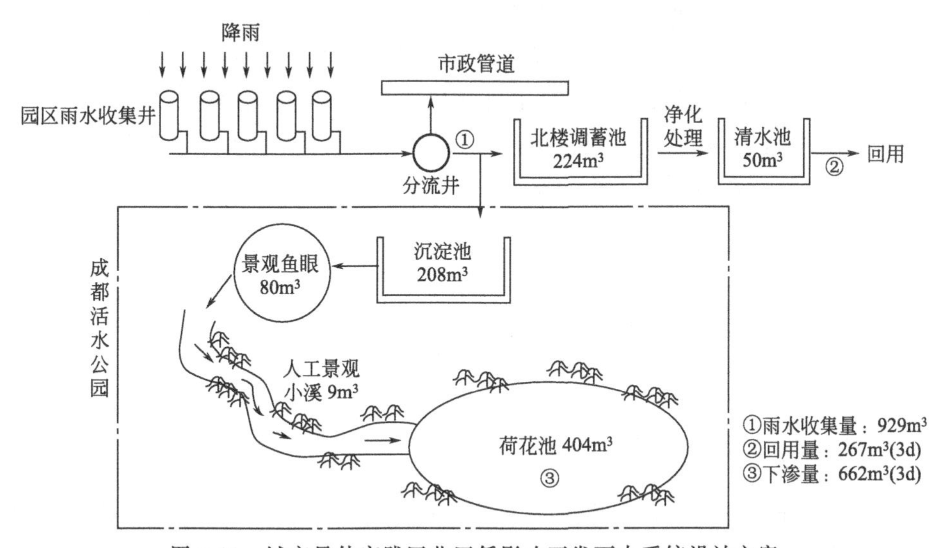

图 6-11　城市最佳实践区北区低影响开发雨水系统设计方案

世博会城市最佳实践区南区面积 9.72hm²，共需收集雨水量 1375m³。与北区不同，南区没有成都活水公园这样的可以蓄水和改造下渗的荷花池。根据南区实际情况，提出利用南区 3# 地块的绿地空间，在绿地下面形成蓄水下渗空间，实现南区雨水就地下渗。

思考题

1. 海绵城市与低影响开发的概念是什么？试述两者的区别和联系。
2. 简述海绵城市建设的原则和建设途径。
3. 海绵城市建设中低影响开发技术有哪几种类型？
4. 举例说明 5 种生物和生态相关的低影响开发措施及其技术要点。
5. 查阅相关的文献资料，试述上海世博会城市最佳实践区的系统设计方案及其技术要点。

第7章 农业面源污染的生物修复

全球范围内，农业面源污染已成为导致水质污染的主要原因之一，对农业面源污染的控制不仅逐步成为水污染治理的重中之重，也逐步成为现代农业和社会可持续发展的重要课题。农业是高度依赖资源条件、直接影响自然环境的产业，加强农业面源污染防治，可以充分发挥农业生态服务功能，把农业建设成为美丽中国的“生态屏障”。同时，加强农业面源污染治理，是转变农业发展方式、推进现代农业建设、实现农业可持续发展的重要任务。自20世纪80年代以来，我国通过多年的自主研发和借鉴国外的成功经验，已经形成了面向农田面源污染控制、农村生活污水治理、农业废弃物、畜禽粪便和生活垃圾处理，以及水塘、小河等小水体修复等一系列颇有成效的技术。

7.1 农业面源污染概述

7.1.1 面源污染与农业面源

面源污染又称非点源污染，主要由土壤泥沙颗粒、氮磷等营养物质、农药、各种大气颗粒物等组成，通过地表径流、土壤侵蚀、农田排水等方式进入水、土壤或大气环境。

面源污染按照来源的不同，可细分为农业面源污染和城市面源污染。随着城市污水收集管道、雨污分流工程和海绵城市的建设，城市面源污染正逐步得到有效解决。农业面源污染是指不合理使用化肥、农药、过度的禽畜水产养殖以及农膜残留、农作物秸秆、农村生活污水、垃圾等废弃物造成的水体、土壤、生物和大气污染。相对城市地区，农业面源污染已经成为当前地表水体污染的主要来源，是导致过量养分排放到水体中的最主要驱动因素。

7.1.2 农业面源污染形成的特征

在集约化农田、土壤和水中的养分浓度比地表水高很多，这种浓度梯度加速了养分从土壤向地表水扩散、输送，导致农业面源污染负荷向就近地表水体迁移。农业面源污染主要有以下三大特征。

(1) 分散性

农业面源污染通常产生在广阔的领域，无法追踪其具体的来源、产生的时间和污染物的浓度。农业面源污染的来源广泛，这就导致了农业面源污染的极大分散性。农业面源污染物的形成与发展涉及污染物的运输与转化。受传统生活习惯影响，我国农村生活以一家一户一院的形式为主。农村污水包括农村生活污水（如粪尿水、洗衣水、厨房水等）和农村生产废水（由散户畜禽养殖、小作坊等排放）。农村生活污水和生产废水未经处理的直接排放也是引发农业面源污染的主要原因。

(2) 随机性和不确定性

农业面源污染的排放过程具有明显的不确定性，并且不能量化。化肥和农药的使用量具有明显的个体差异性，污水的排放量的多少也是随机发生。此外，降水的不确定性导致农业面源污染在时间和空间上的不确定性和随机性。排放时间、频率和组成的不确定，也被称为农业面源污染的“三大不确定性”，极大地增加了面源污染防控的难度。

(3) 隐蔽性和不易监测性

由于农业面源污染来源和排放过程中的不确定性，大量的污染源通过地表径流或者地下径流进入江河湖泊，进而形成规模大但浓度低的江河湖泊污染，这种规模大而且浓度低的隐蔽性特征，导致了农业面源污染治理的难度更大。农村人居环境中，由于缺乏管理和规划，大部分农村地区没有污水和垃圾收集处理系统，即使有也有不少处于闲置状态，导致分散式的生活污水或垃圾渗滤液直接进入河流和农田生态系统中，势必形成大规模和低浓度的面源污染负荷。

7.1.3　农业面源污染的控制策略

西方国家和日本基于保护性耕作的主要目标，复种指数低，面源污染防治多以牺牲农业生产产量或中小企业发展为代价来达到保护小区域环境的目的。我国人多地少，粮食安全问题突出，耕地集约化程度高，需要改善的水环境面积大且水系纷繁复杂，决定了我国农业面源污染的防控不可能像西方国家和日本一样，采用某一或几项高效技术，利用大量闲置土地来进行湿地或隔离带工程建设以实现污染物削减，也不可能在短期内实现高密度、高频次污染物的自动检测。同时，由于我国农业发展还没达到一定的规模化，农业生产也缺乏严格的技术规程或标准，亦很难在短时间内完成相关环境立法。

我国农业面源污染治理总体思路为：

① 强化顶层设计，优化调整农业结构和布局，坚持“以地定养、种养结合、资源节约、循环利用、生态净化、协调发展”的基本原则；

② 源头预防与过程防治相结合、工程措施与生态补偿相结合、工程建设与技术集成相结合、重点治理与综合防治相结合的方式；

③ 转变农业发展方式，促进农业面源污染减排，探索高效治理模式，推动资源节约型、环境友好型、生态保育型可持续农业发展。

国内外开展了大量的有关农业面源污染防控的研究，开发了不少行之有效的技术，其中部分技术还建立了示范工程，如节水灌溉、保护性耕作和生态沟渠。但是，这些更多是关注技术层面的防控，缺乏系统和全面的控制体系；更多的只是关注对农业生态系统局部或某个要素的修补或完善，而缺乏对整个农业生态系统功能的恢复与优化。事实上，农业生态系统的各种物质循环，如水分和养分，以及各个生态要素之间是相互作用的。因此，要维持和提高农业生态系统内在消纳农业面源污染的能力，需要从生态系统的全局出发，构建一个生态系统要素与物质交换、能流与物流联动、信息流互换的综合防控策略。

基于区域污染物联控思路，我国学者提出了“源头减量（reduce）——过程阻断（retain）——养分再利用（reuse）——生态修复（restore）”的4R策略。即在农业面源污染控制工程建设过程中，以实现农业环境保护、农业经济可持续发展与农村人居环境和谐发展为目标，从污染物产生的源头开展污染物的减量化工程，在污染物迁移过程中开展污染物的拦截与阻断工程，充分利用粪污中的养分回用到农业生态系统，并对面源污染物进行深度的处理与再净化，在此基础上对农业生态系统进行环保修复，实现农业生态系统自我修复功能的提高和系统的稳态转换。

农业面源污染治理需要从源头减量、传输过程的阻断与拦截、养分的回收利用以及水体的生态修复等环节协调完成，每个环节都应采取相关技术实现。由于有些环节中并不涉及相关的生物修复技术，因此本章主要从涉及农业面源的四个主要领域（农田、畜禽养殖、水产养殖和农村人居环境），对相关的生物和生态修复技术进行介绍。

7.2 农田污染治理的生物修复技术

农田面源污染指农业生产活动中的氮素和磷素等营养物、农药以及其他有机或无机污染物，通过农田地表径流和农田渗漏等途径污染地表和地下水环境。农田面源污染问题是中国农业发展必须直面的、不可逃避的现实问题。农田面源污染，不仅有可能导致直接威胁粮食质量和粮食安全，还会对农田土地造成更严重的生态破坏，甚至有造成农田不可修复、永久性失去耕地价值的风险，进一步的还有可能形成严重的江河湖泊富营养化、农药残留加剧、土地严重板结、水系绿藻泛滥等大面积生态灾难。

7.2.1 农田面源污染的产生过程和特征

农田面源污染主要源于种植方式污染和农药化肥残留污染。农田面源污染产生过程为：种植业生产过程中为保证农作物生产和收获，经常使用大量肥料（化肥、有机肥）和农药等农用化学品，造成这些农用化学品在土壤中大量累积。在降雨及灌溉的驱动下，肥料中的氮磷及农药中的有机组分等通过径流、淋溶、侧渗向水体迁移；肥料中的氮和农药中的有机组分通过挥发进入大气，随后又通过大气干湿沉降向水体迁移；农田废弃物大量堆积产生的污染物随径流、淋溶、侧渗向水体迁移。

农田面源污染物向水体的迁移主要受降雨、施肥、灌排等的驱动，具有明显的不确定性和时空变异性。降雨强度越大，径流量越大，农田向水体迁移的污染量越多。施肥量越高，污染产生的风险越大。施肥一周内是农田面源污染的高风险期，施肥一周以后则风险较低。农田面源污染发生受土壤类型、耕作方式及肥料种类等的影响。旱地主要以淋溶和氨挥发损失为主，稻田以径流和氨挥发损失为主。

农田种植业生产过程中产生的污染物主要包括氮、磷、农田废弃物和残留农药等，造成我国土壤及水体污染的农药主要是有机氯（滴滴涕、六六六、毒杀酚等）和有机磷（甲胺磷、对硫磷、敌敌畏等）两大类。农田面源污染诊断时通过采集典型时期农田径流水、沟渠水、淋溶水样，分析其污染物种类，监测从农田挥发的污染物种类，结合对污染受纳水体利用途径、土壤性质、环境要素（降雨等）和施肥等，来综合判断区域内污染物种类。

农田面源污染的特征主要表现在以下几个方面。

① 农田面源污染面广量大，污染主体多，污染源分散且隐蔽，污染发生的时间和空间具有随机性和不确定性，难监测、难量化。因此，农田面源污染控制的难度较大。

② 农田面源污染不仅包括氮、磷等无机物污染，还包括农药带来的有机污染，呈复合污染特征。加上农业生产经营的多样化，使得农田面源污染难以像点源污染治理那样制订统一的技术标准和措施。因此，农田面源污染难以治理。

③ 农田面源污染物具有量大和低浓度特征，难治理、成本高、见效慢。农田面源污染物主要是氮和磷，排放的大部分污染物在进入水体后浓度相对较低。由于浓度低，污染物来源多而分散，造成治理难度加大，传统的脱氮除磷工艺去除效率较低、成本高且见效慢。

④ 农田面源污染监管难。我国农业涉及人口众多，生产主体庞大（千家万户），涉及管理部门多（农业、环保、林业等），协调管理困难。

7.2.2　农田面源污染的控制原则与策略

农田面源污染的控制应遵循总量控制原则，采取源头控制、过程阻断、末端强化相结合，遵循污染中氮、磷与水的资源化利用原则，同时还有与农村生态文明建设相结合原则。

农田面源污染控制应对面源污水实行分区、分级、分时段综合处理和控制。

分区控制即划分不同污染风险区进行控制，根据农田距离河湖的位置进行风险区的划分。离河湖近的区域应严格实行总量控制，可适当减少农产品产量，发展生态循环农业，政府可采取一定的生态补偿措施；其他地区要兼顾产量和环境，发展高产高效低污农业。

分级控制，即根据不同区域污染水体的重要性以及污染途径的贡献进行优先排序分级控制。如北方旱作区地下水硝酸盐超标严重，应重点控制渗漏，以氨挥发和径流控制为辅；南方地表水体富营养化严重，应重点控制径流，以氨挥发和渗漏控制为辅；农药污染严重的区域则以农药控制为主。分段控制，即根据污染发生过程中污染的严重程度进行分段控制，应重点对雨季进行控制，对污水进行收集与处理，降雨时应重点控制初期径流（此时污染物浓度较高）。施肥季应注重施肥一周内的污染防控，此期为污染的高风险期。

农田面源污染源头控制的主要技术有：土地利用规划与空间布局、化肥减量化技术、种植制度优化、土壤耕作优化、氨挥发控制技术、节水灌溉技术、农作物秸秆利用技术、农药减量化与残留控制技术等。其中涉及的生物修复技术不多。

农田面源污染物质大部分随降雨径流进入水体，在其进入水体前，通过建立生态拦截系统，有效阻断径流水中氮磷等污染物进入水环境，是控制农田面源污染的重要技术手段。目前农田面源污染过程阻断常用的技术有两大类：一类是农田内部的拦截，如稻田生态田埂技术、生态拦截缓冲带技术、生物篱技术、设施菜地填闲作物种植技术、果园生草技术（果树下种植三叶草等减少地表径流量）；另一大类是污染物离开农田后的拦截阻断技术，包括生态拦截沟渠技术、生态护岸边坡技术等。这类技术多通过对现有沟渠的生态改造和功能强化，或者额外建设生态工程，利用物理、化学和生物的联合作用对污染物主要是氮磷进行强化净化和深度处理，不仅能有效拦截、净化农田氮磷污染物，而且滞留土壤氮磷于田内和（或）沟渠中，实现污染物中氮磷的减量化排放或最大化去除以及氮磷的资源化利用。

农田面源污染物离开农田、沟渠后的汇流被收集，再进行末端强化净化与资源化处理，如前置库技术、生态塘技术、人工湿地技术等。这类技术多通过对现有塘池的生态改造和功能强化，或者额外建设生态工程，利用物理、化学和生物的联合作用对污染物主要是氮磷进行强化净化和深度处理，不仅能有效拦截、净化种植区污染物，还能滞留种植区氮磷污染，回田再利用，实现种植区氮磷污染物减量化排放或最大化去除。

以下主要对农田面源污染过程阻断和末端治理的相关生物修复技术进行介绍。

7.2.3 植物篱技术

植物篱一般为等高草篱，是指在坡耕地中以某一间距（3～5m，取决于坡度、土壤特征、降水特征、草篱特征等多种因素）沿等高线种植的草带（通常为双行，宽度小于3m），尤其适用于水蚀坡耕地。植被过滤带是位于农田与地表水体之间的带状植被区域，又称植被缓冲带。植物篱技术易实施、成本低廉，具有很大的应用价值。一般是在土埂或坡地上种植多年生且有一定经济效益的木本或草本植物。

植物篱及过滤带植物需具备较强的耐冲刷及改善土壤渗透性的能力，因此，适宜植物类型多为茎秆粗壮、分蘖能力强、根系发达的多年生植物。常用篱带植物品种的名称、形态特征、分布及环境适宜性汇总于表7-1。

表7-1　植物篱中常用的植物品种、形态特性及其环境适宜性

植物名称	形态特征	分布及环境适宜性
狼尾草 *Pennisetum alopecuroides*	多年生，株高30～120cm，须根发达	世界均有分布；对土壤适应性强，耐干旱贫瘠
野古草 *Arundinella anomala*	多年生，株高60～120cm，须根粗壮	除新疆、西藏和青海未见本种外，我国各省区均有分布；俄罗斯东部、朝鲜、日本及中南半岛各地也有分布；适宜生长于海拔2000米以下的山坡灌丛、道旁、林缘、田地边及水沟旁
黑麦草 *Lolium perenne*	多年生，株高30～90cm，须根发达，分蘖多	分布于克什米尔地区、巴基斯坦、欧洲、亚洲暖温带、非洲北部；适宜的土壤pH为6～7
香根草 *Vetiveria zizanioides*	多年生，根系发达，株高1～2m，分蘖强	主要分布于热带、亚热带地区；耐旱耐贫瘠
皇竹草 *Pennisetum sinese*	多年生，株高4～5m，须根发达，分蘖强	主要分布于热带、亚热带地区；喜温暖湿润气候，对土壤要求不严
牛尾梢草 *Festuca elatior* L.	多年生，株高0.5～2m，须根坚韧粗壮	分布于我国东北、华北、西北及世界各地；耐寒，耐旱
百喜草 *Paspalum noatum*	多年生，匍匐茎，枝条高15～80cm，根系发达	分布于热带、亚热带地区；适宜在年降水量大于750mm的地区生长，对土壤要求不严
黄花菜 *Hemerocallis citrina*	多年生，株高30～65cm，根簇生，根端膨大	主要分布于我国秦岭以南、湖南、江苏、浙江、湖北、江西、四川、甘肃、陕西、吉林、广东与内蒙古等地；耐瘠、耐旱，对土壤要求不严
麦冬 *Ophiopogon japonicus*	多年生，株高30cm，须根，肉质块根	主要分布于我国西南、长三角、珠三角地区，日本、越南、印度也有分布；喜温暖湿润，对土壤条件有特殊要求，适宜于微碱性砂质壤土
银合欢 *Leucaena leucocephala*	灌木或小乔木，株高2～6m	原产热带美洲，现广布于各热带地区，我国台湾、福建、广东、广西和云南均有分布；耐旱，适为荒山造林树种
紫穗槐 *Amorpha fruticosa* Linn.	豆科落叶灌木，枝褐色、被柔毛，叶互生，株高1～4m	原产美国东北部和东南部，我国东北、华北、西北及山东、安徽、江苏、河南、湖北、广西、四川等省区均有栽培；抗逆性强，耐寒耐干旱，对土壤要求不严

续表

植物名称	形态特征	分布及环境适宜性
马桑 *Coriaria nepalensis*	嫩枝、叶柄多呈红色，花冠红色，全株有毒，株高1.5～2.5m	主要分布于我国西北和西南等地；适应性强，耐旱、耐瘠，在中性偏碱土壤生长良好
黄荆 *Vitex negundo*	灌木或小乔木，小枝四棱形，掌状复叶，株高2～5m	主要分布于我国长江以南各省，北达秦岭淮河，非洲东部经马达加斯加、亚洲东南部及南美洲的玻利维亚也有分布；适应性强，耐旱、耐瘠
金荞麦 *Fagopyrum dibotrys*	根状茎木质化，茎直立，叶片三角形，株高50～100cm	分布于我国陕西、华东、华中、华南及西南；印度、尼泊尔、克什米尔地区、越南、泰国也有；适应性较强，对土壤要求较低，耐旱、耐寒
野葛 *Pueraria lobata*	木质藤本，块根肥厚，各部有黄色长硬毛，顶生小叶菱状卵形	分布于朝鲜、日本和中国；在我国除新疆、西藏外分布遍及全国；耐寒、抗旱、耐贫瘠，土壤适应性强

植物篱对径流、泥沙及污染物流失的控制主要通过植物的拦截、过滤以及吸收、利用，土壤的渗透、吸附，以及微生物的分解、转化3个方面的协同作用。近三十年来，国内外科学家先后研究了不同植物篱对径流和泥沙的拦截效果，其中，研究最多的为香根草（*Vetiveria zizanioides*）。香根草植物篱不仅在我国南方红壤和紫色土坡耕地有较好的径流和泥沙拦截能力（红壤坡耕地分别可拦截29%～72%径流和56.25%～97.4%泥沙，紫色土坡耕地可分别拦截75%径流和83%泥沙，而且在泰国北部沙壤中等坡度坡耕地也可拦截72%径流和98%泥沙），甚至在大于30%的陡坡对径流和泥沙的控制率也分别可达到31%～69%和62%～86%。除香根草以外，多种其他植物种类在不同地区也显示出较好的水土保持效果，例如，藤本植物野葛（*Pueraria lobata*）、百喜草（*Paspalum notatum*）、黄花菜（*Hemerocallis citrina*）和麦冬（*Ophiopogon japonicus*）等。

7.2.4 生态拦截技术

（一）生态田埂

农田地表径流是氮磷养分损失的主要途径之一，也是残留农药等向水体迁移的重要途径。现有农田的田埂一般只有20cm左右，遇到较大的降雨时，很容易产生地表径流。将现有田埂加高10～15cm，可有效防止30～50mm降雨时产生地表径流，农田生态田埂结构如图7-1所示；或在稻田施肥初期减少灌水以降低表层水深度，从而可减少大部分的农田地表径流。在田埂的两侧可栽种植物，形成隔离带，在发生地表径流时可有效阻截氮磷养分损失和控制残留农药向水体迁移。太湖地区将田埂高度增加8cm，稻季径流量和氮素径流排放分别降低73%和90%。

（二）生态拦截带

生态拦截带技术以生态学理论为依据，通过生态拦截带、菜地生态拦截沟构建、草后续利用及维护三项技术的集成，将旱地的沟渠集成生态型沟渠，同时在旱地的周边建一生态隔离带，由地表径流携带的泥沙、氮磷养分、农药等通过生态隔离带被阻截，将大部分泥沙、部分可溶性氮磷养分、农药等留在生态拦截带内，拦截带种植的植物可吸收径流中的氮磷养分，从而减少地表径流携带的氮磷等向水体迁移。

生态拦截带宽度应兼顾土地价值和污染拦截效率，拦截带植物应兼顾污染拦截效率和植

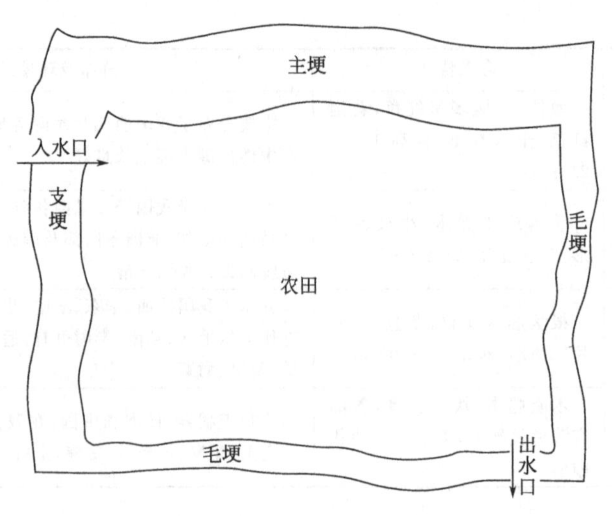

图 7-1　农田生态田埂结构

物利用价值。生态拦截带拦截污染物效率与污染物形态、径流量、拦截带宽度、拦截带植物密度及其生长情况、坡度、土壤性质等有关。生态拦截带拦截效率是评价生态拦截带效果的重要参数。

（三）生态拦截沟渠

田间沟渠是用于雨季田间排水，防止田间作物渍害的重要农田基本建设内容。如果沟渠过度硬质化，虽然有利于排水，但对田间面源污染物拦截效率非常低，不利于农田面源污染防治。设计、建设兼顾排水和拦截农田面源污染物的生态沟渠具有重要意义。

生态沟渠用于收集农田径流、渗漏排水，一般位于田块间。生态沟渠通常由初沉池（水入口）、泥质或硬质生态沟框架和植物组成。初沉池位于农田排水出口与生态沟渠连接处，用于收集农田径流颗粒物。一般渠体的断面为等腰梯形，可设计上宽 1.5m，底宽 1.0m，深 0.6m（图 7-2）。

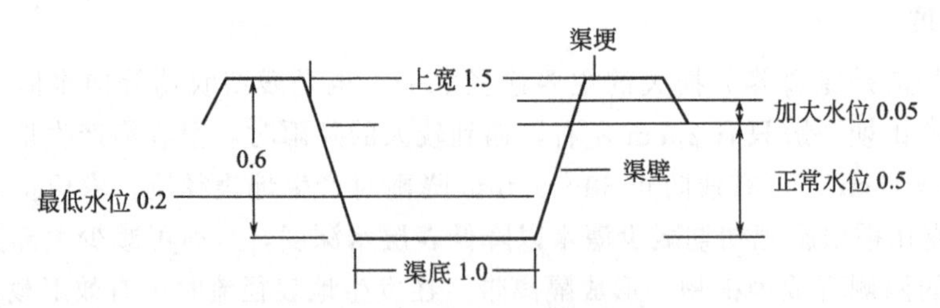

图 7-2　生态沟渠断面示意图（单位：m）

生态沟渠框架采用泥质还是硬质取决于当地土地价值、经济水平等因素。土地紧张、经济发达的地区建议采用水泥硬质框架，而土地不紧张、经济实力弱的地区可采用泥质框架。生态沟渠框架（沟底、沟板）用含孔穴的水泥硬质板建成，空穴用于植物（作物或草）种植。

生态拦截型沟渠系统主要由工程部分和植物部分组成（图 7-3），它的两侧沟壁和沟底均由蜂窝状水泥板组成，沟底、沟板种植的植物既能拦截农田径流污染物，也能吸收径流水、渗漏水中的氮磷养分，达到控制污染物向水体迁移和氮磷养分再利用目的。空穴密度，沟底及沟板植物种植密度、植物种类和植物生长，沟长度、宽带、深度和坡度，水流速度及水泥性质等影响生态沟渠对农田污染拦截效率。两侧沟壁具有一定坡度，沟体较深，沟体内相隔一定距离构建小坝减缓水速、延长水力停留时间，使流水携带的颗粒物质和养分等得以沉淀和去除。

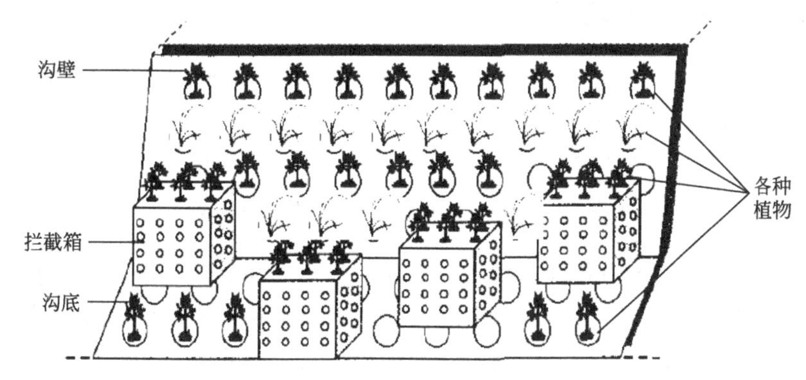

图 7-3　生态拦截型沟渠系统

植物是生态拦截沟渠的重要组成部分。应选择对氮、磷等污染物具有较强吸收能力，生长旺盛，具有一定的经济价值或易于处置利用，并可形成良好生态景观的植物。生态沟渠中的植物可由人工种植和自然演替形成，沟壁植物以自然演替为主。

（四）生态排水系统滞留拦截

旱作区或水旱轮作区的旱作季节农田径流流入沟渠，随后汇流进入塘池系统。排水系统包括引流渠和生态塘池系统。水田或水旱轮作区的水稻种植季节，生态排水系统仅包括生态沟渠和生态塘池系统。

对于大面积连片旱地，在田间可以建设若干地表径流收集系统，收集田间径流水，并输送入生态塘池系统。径流输送系统可以通过地下暗管，也可通过地上沟渠输送。

生态塘池系统主要用于收集、滞留沟渠排水。一个区域应建设若干个生态塘系统-梯级生态塘系统。经过生态塘系统处理的水可以进一步流入下游湿地系统，或直接用于农田灌溉。

生态塘池系统一般包括两部分，位于前端的沉降塘系统和位于后端的滞留系统，沉降塘系统深度要大于后端。生态塘通常因地制宜，依当地地势、地形、地貌和当地实际情况而建。采取废弃塘改造方法成本低，泥质和硬质化均可，取决于当地土地和经济发展水平。生态塘长、宽、深比例，植物种类、密度、生长和植物配置影响生态塘对农田面源污水中污染物拦截效率。前端生态塘系统深度一般大于 1m，位于后端的滞留系统深度约 0.3m。生态塘池长期运行后，应该对其进行清淤，清除的淤泥经过合理处理可回用肥田。

7.2.5　前置库技术

前置库技术因其费用较低、适合多种条件等特点，是目前防治面源污染的有效措施之一。前置库技术通过调节来水在前置库区的滞留时间，使径流污水中的泥沙和吸附在泥沙上的污染物质在前置库沉降。利用前置库内的生态系统，吸收去除水体和底泥中的污染物。

前置库通常由沉降系统、强化净化系统、进水导流与出水回用系统 3 个部分组成（图 7-4）。沉降系统可利用现有的沟渠，加以适当改造，并种植水生植物，对引入处理系统的地表径流中的污染颗粒物、泥沙等进行拦截、沉淀处理。

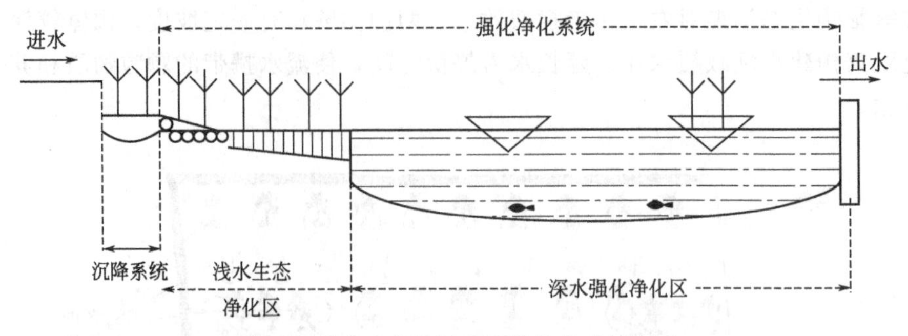

图 7-4 强化净化前置库系统的组成结构图

强化净化系统分为浅水净化区和深水净化区，其中浅水生态净化区类似于砾石床的人工湿地生态处理系统。首先沉降带出水以潜流方式进入砾石和植物根系组成的具有渗水能力的基质层，污染物质在过滤、沉淀、吸附等物理作用，微生物的生物降解作用、硝化反硝化作用以及植物吸收等多种形式的净化作用下被高效降解，再进入挺水植物区域，进一步吸收氮磷等物质，对入库径流进行深度处理。深水强化净化区利用具有高效净化作用的易沉藻类、具有固定化脱氮除磷微生物的漂浮床，以及其他高效人工强化净化技术进一步去除氮、磷和有机污染物等，库区可结合污染物净化进行适度水产养殖。为防止前置库系统暴溢，可设置导流系统，20min 后的后期雨水可通过导流系统排出库区。经前置库系统处理后的地表径流，也可以通过回用系统回用于农田灌溉。

前置库设计过程中要考虑光照、温度、水力参数、水深、滞水时间、前置库库容、存储能力、污染负荷大小等因子。对氮的去除率是滞水时间和氮磷比的函数，一般氮磷比越小，去除率越大。

7.3 畜禽养殖污染的生物修复技术

7.3.1 畜禽养殖污染来源和污染控制技术

畜禽养殖场排放的粪便、污水和恶臭气体对大气、水体、土壤、动物与人体健康以及生态系统都产生了直接或间接的影响。畜禽养殖污染物的来源主要有畜禽粪便的污染、饲料带来的污染、兽药残留引起的污染以及其他污染。这些污染，有的直接进入环境带来环境污染问题，有的通过一些间接的途径进入环境造成了环境污染。因此其污染源和造成污染的途径是多方面的。

① 畜禽粪便的污染。畜禽粪污中不仅含有导致水体的五日生化需氧量、化学需氧量、悬浮物、氨氮、总磷剧增的大量有机污染物，同时畜禽粪便发酵还会产生大量的氨气、硫化氢、粪臭素、甲烷、二氧化碳等有毒有害气体。

② 饲料带来的污染。个别用户畜禽饲养操作不规范，饲养设备不合适，造成饲料浪费，污染环境；同时，饲料中蛋白质含量较高，非必需氨基酸在体内降解后排出体外，可导致氮对环境的污染；此外，谷物中不能被动物吸收的植磷，绝大部分也会随粪便排出体外污染环境。

③ 兽药残留引起的污染。兽药在动物体内经过生物转化后，由尿和粪排泄到外界环境中，被植物吸收，在植物体内富集，并保持很长时间的抑菌活性，对人类产生危害。以抗生素为例，它被动物吃食后，短时间内进入动物血液循环，最终大多数的抗生素经肾脏的过滤随尿液排出体外，少量未排出体外的抗生素则残留在体内，这些残留的抗生素就能直接或间接对人体产生毒副作用。

④ 其他污染。畜禽生长过程中大量使用各种能促进生长和提高饲料利用率、抑制有害菌的微量元素添加剂，如硒、铜、锰、锌、砷等。这些无机元素在畜禽体内的消化吸收利用率极低，在排出的粪便中含量却很高。在畜禽生长过程中高浓度长期使用，使得土壤中和畜禽机体内的重金属或有毒物质大量增加。这不但会抑制作物和动物本身的生长，而且当作物和动物机体内富集的这些金属元素的浓度超过一定标准时就会对人类的健康造成威胁。

我国畜禽养殖分布广，管理难度大。养殖户环境保护意识相对薄弱，畜禽废弃物、污水任意排放会导致大量畜禽废弃物、污水未经处理直接进入空气、土壤和水体中，造成养殖场（区）周边环境恶化。畜禽废弃物产生的污染物已成为我国环境污染的主要来源之一。

畜禽养殖过程中的污染防控技术主要包括畜禽饲料控制、污染发酵床工程控制等。对于畜禽养殖中产生的废弃物污染防控，规模化养殖场可因地制宜地采用污水减量、厌氧发酵、养殖粪便资源化工程利用、厌氧沼气加异位发酵床工程控制等技术，或者按照种养一体化、三改两分再利用等模式处理畜禽粪污。以下对相关的生物修复工程进行介绍。

7.3.2　发酵床工程控制技术

生态发酵床养殖技术是指综合利用微生物学、生态学、发酵工程学原理，以活性功能微生物菌作为物质能量“转换中枢”的一种生态养殖模式。这种技术的核心在于利用活性强大的有益功能微生物复合菌群长期、持续和稳定地将动物粪尿废弃物转化为有用物质与能量，同时达到将猪等动物的粪尿完全降解的无污染、零排放的目的，是一种环保型养殖模式。发酵床工程控制技术起源于国外，从1992年开始，许多国家开始对发酵床养殖进行系统研究与实践，逐渐形成了较为完善的技术规范，我国在2000年开始将这项技术应用于养殖业，并取得了显著的经济、社会和生态效益。

（一）生猪养殖污染发酵床工程控制技术

发酵床养猪技术是以发酵床为基础的粪尿免清理的新兴环保生态养猪技术。其核心是猪排泄的粪尿被发酵床中的微生物分解转化，无臭味，养殖过程污水零排放，对环境无污染。发酵床垫料主要由微生物发酵剂及锯末谷壳等农业有机废物组成，厚度一般为60～90cm。北方发酵床垫料原料一般为锯末、谷壳、玉米秸秆、小麦秸秆、玉米屑、菌渣等；南方发酵床垫料原料一般为锯末、谷壳、蔗渣、菌渣、稻草及椰壳纤维等。目前南北方室内发酵床垫料原料用得最多的均为锯末和谷壳。将垫料各组分按比例混匀，堆积发酵至60～70℃，然后将垫料摊开，即可发挥发酵床的粪尿消纳功能。发酵床垫料的温度一般保持在40～50℃。废弃的垫料可进行资源转化，用于生产肥料、蘑菇基质等农业产品。其最大的优势主要体现在“零排放”(图7-5)。

发酵床垫料的筛选应考虑发酵过程中优势菌种生物学特性及微生物对猪粪尿的分解作用。垫料筛选应考虑：①可溶性糖含量低；②粗纤维含量高；③铺设的垫床能形成较高的孔隙度；④廉价易得；⑤谷类作物副产物要避免霉菌的污染和霉菌毒素的富集。

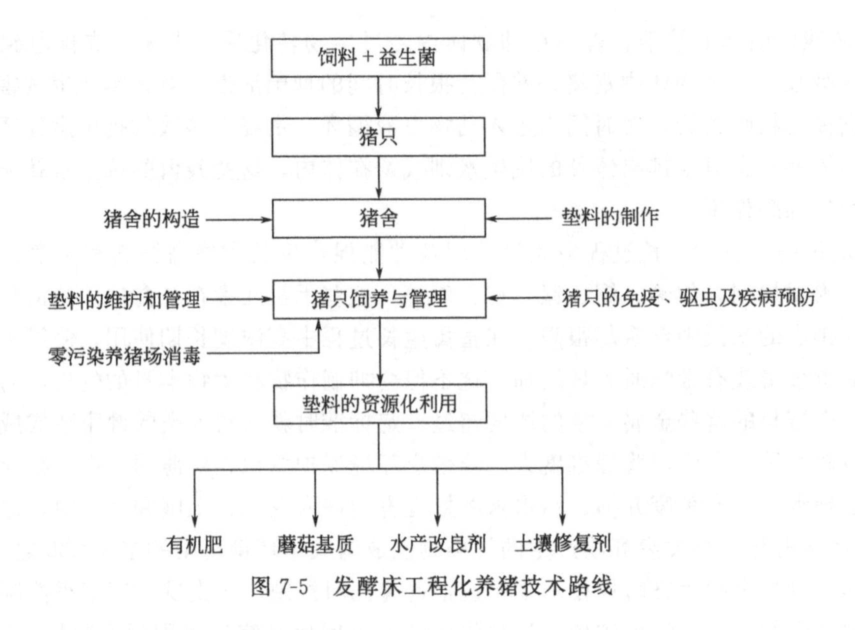

图 7-5　发酵床工程化养猪技术路线

（二）牛养殖污染发酵床工程控制技术

发酵床养牛的原理为：利用微生物的分解转化作用，对牛粪尿进行分解转化，降低牛舍氨气产生量，防止寄生虫的传染，减少牛的发病率，促进牛健康生长。

发酵床养牛一般是卷帘框架式的结构。一般要求牛舍东西走向坐北朝南，圈舍的长度不限，宽度 10～15m，发酵床内留 1m 过道以便操作，充分采光、通风良好，南北可以敞开，食槽与水槽要分开在发酵床的两边。牛舍墙高 3～4m，中部设置卷帘，阳光可照射床面，以利于微生物的生长繁殖，利于发酵。

发酵床养牛的垫料一般分三层（图 7-6）。牛舍垫料层厚度共为 90cm，每层厚度 30cm。根据不同季节、牛舍面积大小，以及与所需的垫料厚度计算出所需要的秸秆、稻草以及发酵剂的添加量，其中，添加发酵剂的浓度为 0.001～0.002kg/L。为保持其粪尿持续分解能力，应定期补充发酵剂以维护发酵床正常微生态平衡。为使垫料微生物正常繁殖，维持垫料粪尿分解能力，应定期向垫料中补充水分，垫料合适的含水率通常为 38%～45%，常规补水方式可采用加湿喷雾补水。

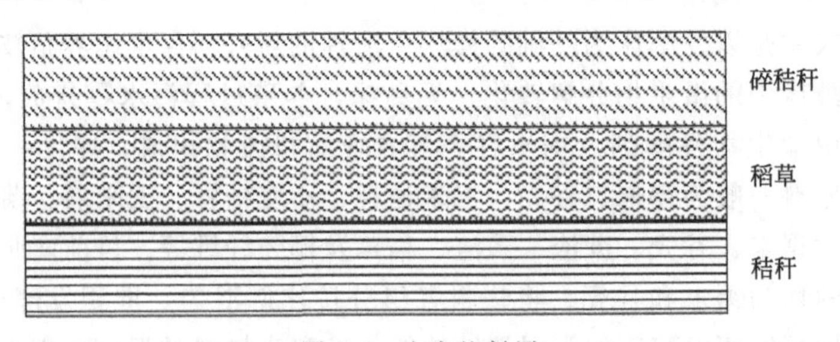

图 7-6　牛舍垫料层

发酵床养牛旧垫料还可进行资源化，如肥料化（生物有机肥、复混肥等）和基质化（食用菌栽培、蚯蚓养殖基质）。

（三）鸡养殖污染发酵床工程控制技术

发酵床养鸡的原理：运用土壤里自然生长的、被称为土著微生物的多种有益微生物，对鸡的排泄物进行降解、消化。

鸡舍采用砖瓦结构，东西走向，坐南朝北，标准发酵床鸡舍宽度为11m，长度自定，顶部有透气天窗，南北两侧设有通风窗，要求离发酵床面20～30cm高，规格1.2×1m，通风窗的间距一般为2～3m。发酵床养鸡垫料池宜采用地上式垫料池，制作简单、实用；在整栋鸡舍中相互贯通，不打横格，其四周一般使用24cm厚的砖墙，高度为40cm。

菌种必须选择有正式批准文号、安全、应用效果好、性价比高的菌种。垫料原料根据本地资源条件，选用锯末和稻壳。垫料锯末和谷壳的配比一般为1∶1，微生物菌剂添加的量0.001～0.002kg/L，通常用谷糠或麦麸将菌剂稀释之后再与垫料混合。混合均匀的垫料，加水调整湿度至45%左右。将混合好的垫料填入垫料池中发酵，一般夏季3～5d，冬季7d即可。垫料发酵成熟后，即可进雏。

（四）养殖废水异位发酵床处理

畜禽养殖业废水处理的基本方法与步骤国内外所用的工艺流程大致相同，即固液分离-厌氧消化-好氧处理。养殖场高浓度的有机废水，采用厌氧消化工艺可在较低的运行成本下有效地去除大量的可溶性有机物，COD去除率达85%～90%，而且能杀死传染病菌，有利于养殖场的防疫。较为常用的有以下几种：厌氧滤器（AF）、上流式厌氧污泥床（UASB）、复合厌氧反应器（UASB＋AF）、两段厌氧消化法和升流式污泥床反应器（USR）等。厌氧消化即沼气发酵技术已被广泛地应用于养殖场废物处理中。

异位发酵床养殖废水处理模式是通过排污管收集废液，将其引入到高位收集池，利用高位差将废液均匀布设于生物异位发酵床，利用发酵床中的物料对粪污进行分解转化。发酵床的规格可设计为宽3～6m，深1～1.5m（图7-7）。异位发酵床底端有一渗滤漏槽，发酵后的渗滤液通过渗滤槽流到另一侧，另一侧设置收集池，用潜水泵回喷或用一些植物进行吸收利用。

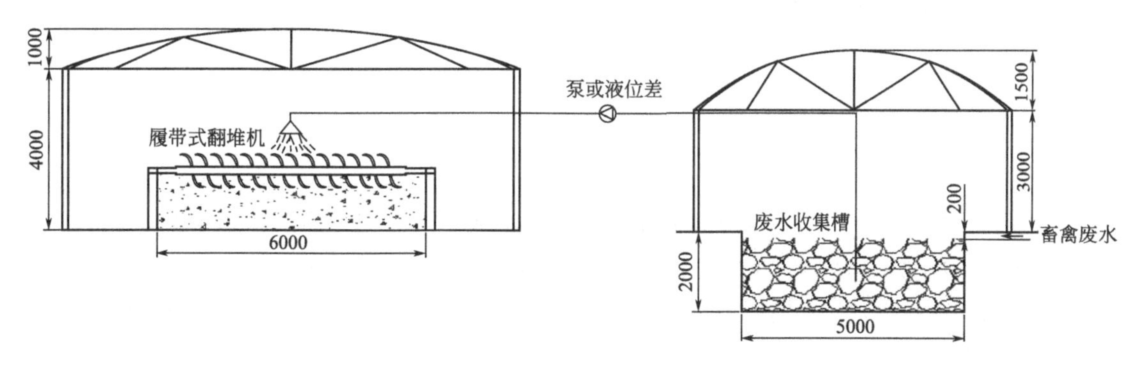

图7-7　畜禽废水异位发酵槽处理模式示意图（单位：mm）

干捡粪-异位发酵床物料配比可视物料的种类和多少，随时调整配比，同时在混合物料中添加0.1%～0.2%的固体发酵剂。主要使用机械翻堆手段，确定污染控制技术参数。每周根据物料湿度和发酵情况调整物料，通过履带式翻堆机对物料进行翻堆。根据垫料的发酵情况可以适当添加发酵剂，加强发酵。

（五）厌氧沼气加异位发酵床工程控制技术

根据养殖场粪污的特性，其工艺流程可设计为：雨污分流-粪尿收集-固液分离-调节均质-厌氧发酵-异位发酵床-肥料化（图7-8）。

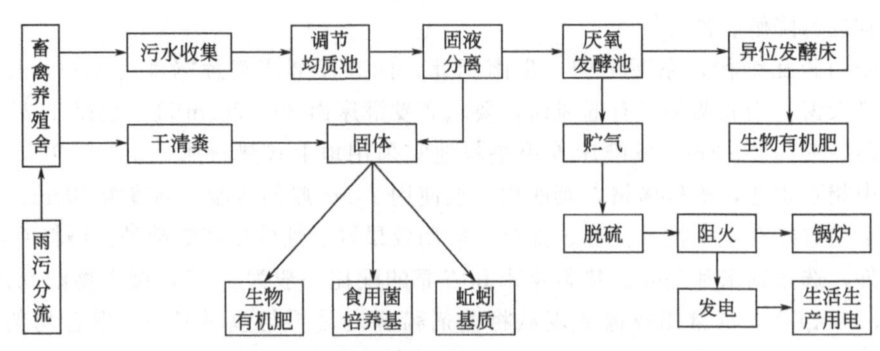

图 7-8 养殖场粪尿综合处理工艺流程

沼液-发酵床设计可参考如下流程：在沼气发酵设备的末端建造异位发酵床，通过排污管将沼液引入到高位收集池，利用高位差将沼液布设于生物异位发酵床。发酵床的规格设计为宽 2～4m，深 80～100cm，便于垫料进出及翻耙等机械操作（图 7-9）。

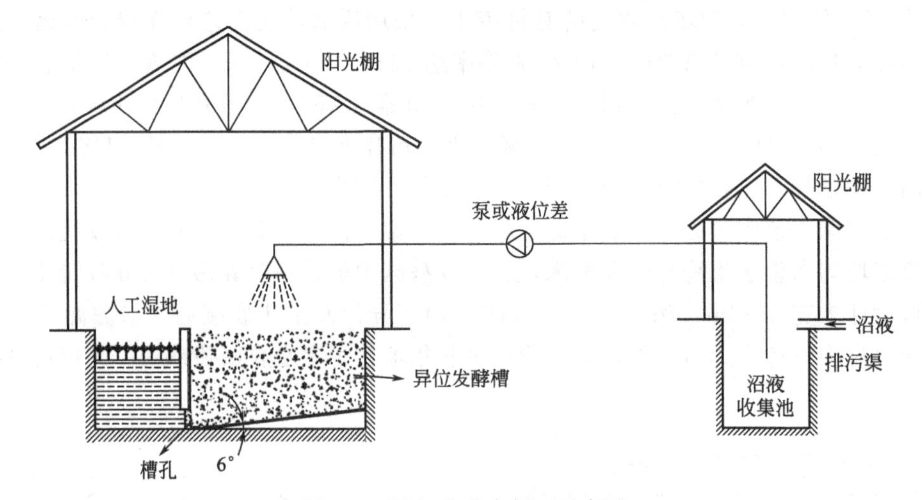

图 7-9 沼液-发酵床剖面示意图

7.3.3 畜禽养殖粪便资源化工程利用技术

畜禽养殖粪便经过沼气处理或氧化塘处理后的肥水浇灌农田，同时开展利用过剩废弃物生产有机肥，配套污水处理设施等，通过畜禽粪便和废弃物的资源化利用，实现畜禽废弃物资源化利用和达标排放。据养殖场的清粪工艺、配套农田面积等，因地制宜选择一种或几种循环利用模式。

（一）畜禽粪便高值转化利用技术

利用畜禽粪便饲养蚯蚓、蝇蛆及水虻等，能够规模化解决养殖场粪便的污染问题，并把粪便转化成动物蛋白饲料，这种饲料含有丰富的蛋白质（60%～63%）和脂肪（15%～29%），同时还含有各种必需氨基酸、营养价值接近或高于鱼粉和豆饼，是一种高蛋白饲料，可用于水产、畜牧养殖。经处理后的畜禽粪便，含水率下降，无需添加任何辅料可直接堆肥并快速升温发酵，摆脱了高湿畜禽粪便堆肥升温慢，常规堆肥依赖干辅料的难题。在辅料紧缺、价格大幅上涨的情况下，减少了有机肥生产通过循环经济的手段解决农业生产和发展中的污染问题，变废为宝，实现环境和资源的可持续利用，具有广阔的市场前景。其转化利用

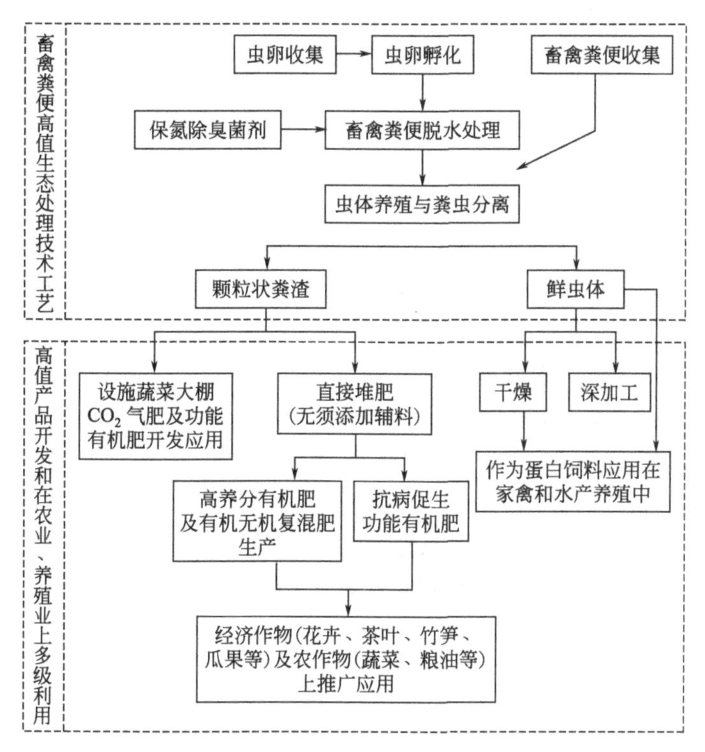

图 7-10　畜禽粪便高值转化利用模式示意图

模式如图 7-10 所示。

（二）畜禽粪便基质化利用技术

利用畜禽粪便（例如牛粪）与其他物料一起制备食用菌生产基质，用下来的菌渣可参与堆肥再次发酵生产有机肥。同时，也可对畜禽粪便直接堆肥发酵生产有机肥，其工艺流程如图 7-11。

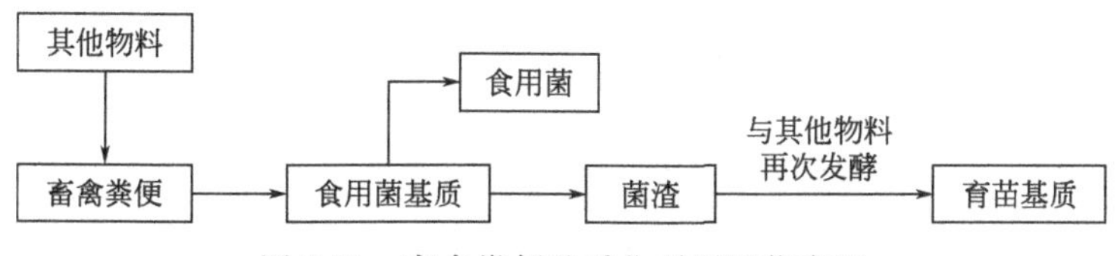

图 7-11　畜禽粪便基质化利用工艺流程

（三）种养一体化模式

针对周边配套农田、山地、果林或茶园充足的养殖场，养殖粪便经过沼气处理或氧化塘处理后的肥水浇灌农田，通过畜禽粪便和废弃物的资源化利用，实现粪便污水“零”排放。相关工程建设的内容主要包括粪水贮存处理相结合的氧化塘或沼液贮存池、肥水或沼液输送设备、田间贮存池、配水池、肥水田间利用管网与配套设施、配置提升泵和流量计等。

（四）三改两分再利用模式

采用“三改两分再利用”技术，即改水冲清粪或人工干清粪为漏缝地板下刮粪板清粪，改无限用水为控制用水，改明沟排污为暗道排污，固液分离、雨污分离。畜禽粪便经过高温堆肥无害化处理后生产有机肥，养殖废水经过氧化塘等处理后为肥水浇灌农田，建设内容主要包括改造雨污分离管道系统，购置粪便机械清粪设备、固液分离设备、固体粪便强制通风好氧堆肥系统、氧化塘处理贮存一体化设施、肥水输送设备，建设肥水田间贮存池、管网等农田利用配套设施。

（五）污水深度处理模式

采用污水深度处理技术，通过高效厌氧和好氧相结合的工艺，提高养殖废水处理效果，实现污水达标排放。主要建设内容包括：集水池、预处理池、高效厌氧发酵池、好氧处理池、多级生物净化塘、消毒池、膜生物反应池等基础设施，污水泵、固液分离机、曝气装置和自控装置等配套设备。

（六）养殖密集区废弃物集中处理模式

采用粪车转运-机械搅拌堆肥-堆制腐熟-粉碎-有机肥的固体粪便处理工艺，提高肥料附加值；采用养殖场户污水暂存-吸粪车收集转运-固液分离-高效生物处理-肥水贮存-农田综合利用的污水处理工艺，提高处理效率、实现污水资源化利用。

建设内容主要包括：养殖场粪污原地收集贮存设施、固体粪便集中堆肥车间及加工设施、污水高效生物处理设施和肥水利用设施，以及粪污转运、粪便处理和污水处理等配套设备。

7.4 水产养殖污染的生物和生态修复技术

7.4.1 水产养殖污染及控制技术

水产养殖业一直以来是改善农村经济结构，农民奔小康、脱贫致富的重要途径。随着水产品市场需求的扩大，其巨大发展潜力迎合了人们对水产品不断增长的需求而获得了迅猛发展，水产养殖业因而得到蓬勃发展，养殖规模不断扩大。2018 年，我国水产养殖总产量超过 5000 万吨，占水产品总产量的比重达 78%以上，成为世界上唯一养殖水产品总量超过捕捞总量的主要渔业国家。

按养殖水体划分，水产养殖可分为海水养殖和淡水养殖。按养殖方式划分：海水养殖可分为池塘养殖、普通网箱养殖、深水网箱养殖、筏式养殖、吊笼养殖、底播养殖和工厂化养殖；淡水养殖可分为围栏养殖、网箱养殖和工厂化养殖。按水域划分：海水养殖可分为海上养殖、滩涂养殖和其他养殖；淡水养殖可分为池塘养殖、湖泊养殖、水库养殖、河沟养殖、其他养殖和稻田养成鱼。

随着水产养殖业的不断发展，养殖污染问题也逐渐引起广泛关注。水产养殖污染是指水产养殖过程中排放的尾水、产生的淤泥、养殖中病死水生动物和渔药、饲料包装物等废弃物，未经处理和收集，直接排放或丢弃到养殖场所周边，对水环境或周边环境造成污染和危害。水产养殖的具体环境影响表现为以下两个方面。

① 残余饵料、肥料或各种养殖生物的排泄物及残骸等在分解过程中，会消耗水体中的溶解氧，并释放出各种氨氮、亚硝酸盐、硝酸氮等产物，从而增加水体中 COD、总氮、总磷、氨氮等的含量，造成水体富营养化，水体溶解氧含量低，水质恶化等。

② 残饵、各类代谢物等的非溶解部分会沉积在池底，增加底质耗氧量，降低底质的氧

化还原能力，释放出硫化氢、甲烷等，增加水体中氮、磷等含量，最终导致底栖生物的组成与数量发生改变，进而影响养殖水域的生态环境。

水产养殖对环境潜在的影响主要包括生物栖息地的改变，废弃物增加环境负荷，对深层地下水影响，化学物质的污染，土壤盐碱度的变化，等。水产养殖带来的污染是农业面源污染的重要组成部分，不仅危害养殖生产系统本身，而且也对周围区域的水环境、生物多样性以及人类的健康造成威胁。

因地制宜建设分隔式池塘清洁养殖、工厂化循环水养殖减排等工程，推广应用生态净水、循环利用、清洁生产等水产养殖减排技术，以减少水产养殖废水排放、提高水资源利用率；推行标准化生态健康养殖，发展大水面生态增养殖、工厂化循环水养殖、多品种立体混养及稻田综合种养等养殖模式，已经成为我国水产健康养殖和可持续发展的主要方向。在有效控制外源污染的同时，通过调控水生生态系统结构，恢复自然、健康与稳定的水生生态系统功能，增强对外界干扰的缓冲能力，使水生生态系统处于良性与可持续循环状态。

水产生态健康养殖模式，既可为百姓提供优质、安全、生态的水产品，又还百姓清水绿岸、鱼翔浅底的秀丽景色。采用生物调控的方法，利用生物之间及生物和水环境之间的复杂关系进行水质调控，以达到生态平衡，是有效改善水环境质量、提高养殖生产成功率的安全技术。

7.4.2　微生物制剂

利用现代生物技术，从自然环境中分离得到对生态环境中污染物具有降解作用的微生物，如能降解养殖水体中氨态氮或亚硝态氮的硝化细菌、对养殖环境致病性细菌有裂解作用的蛭弧菌，通过生物工程技术对所分离的微生物进行优化、筛选，得到能有效改善养殖水体环境的微生态制剂，为更好地发展养殖业提供基础。

微生物制剂又称益生菌、利生菌、益生素。它是根据微生物生存繁殖的原理，对动物体及其生活环境中正常的有益微生物菌种或菌株经过鉴别、选种、大量培养、干燥等一系列加工手段制成后，重新介入其体内或环境中形成优势菌群以发挥作用的活菌制剂。

根据微生物制剂应用范围，可以分为医用微生态制剂、兽用微生态制剂、环境改良微生态制剂和农用微生态制剂等。其中，医用微生态制剂广泛应用于临床上多种疾病的防治，已成为人们有病辅治、未病防治、无病保健的重要工具；兽用微生态制剂是采用乳酸杆菌、双歧杆菌、蜡样芽孢杆菌等制作的活菌制剂，用于防治畜、禽、鱼的消化道、泌尿道疾病；农用微生态制剂是以多种蜡样芽孢杆菌构成的植物微生态制剂，通过调节微环境、寄主、正常微生物种群和病原微生物之间的平衡，可使农作物产量提高10%～30%。环境改良用微生态制剂主要用于水体环境和固体废物的处理，包括生活污水、工业废水、养殖水域、固体废物、城市环境的治理和改良。

微生物制剂在水产养殖业中的应用包括两方面：一方面是拌饵投喂，用以改善鱼虾肠道微生物菌群、提高鱼虾消化率、增强鱼虾免疫力的饲料微生物添加剂，目前应用较多的菌类有乳酸菌、芽孢杆菌、酵母菌等；另一方面是改善水质的水体微生物调控剂，主要有光合细菌、芽孢杆菌、硝化细菌等。利用不同菌株的不同特性，将多种微生物菌株培育后复合为复合微生物制剂，往往可发挥综合效果。此外，还可利用生物学和遗传工程技术，改造益生菌的遗传基因，将外源性基因转入菌中，构建更优良的菌株。

在水产微生态制剂上，微生态制剂作用机理主要通过生态占“位”、优势种群和生态平衡的理论来解释。大部分水产致病菌是条件性致病菌，如鳗弧菌、嗜水气单胞菌等，环境条件、宿主状况以及它们本身数量与发病致病有密切关系。优势种群益生菌在养殖环境中可以通过占据生态位来控制条件性致病菌的发展，达到在变化的过程中保持优良环境的目的。在正常微生物种群及其宿主和环境所构成的微生态系统内，少数优势种群对整个种群起控制作用，使失衡的微生态达到新的平衡。此外，微生态制剂的作用机理还有生物屏障理论、生物夺氧理论以及能量流、物质流及基因流的“三流循环”学说等。

微生态制剂的微生物必须在生物学和遗传学特征上保证安全和稳定，一次应用前必须经过严格的病理、毒理试验，证明无毒、无害、无耐药性等副作用才能使用。目前常用的微生物种类主要有乳酸菌、芽孢杆菌、酵母菌、放线菌、光合细菌等几大类。我国1994年农业部批准使用的微生物品种有：蜡样芽孢杆菌、枯草芽孢杆菌、粪链球菌、双歧杆菌、乳酸杆菌、乳链球菌等，其中大部分也属于乳酸菌类。生产AA级农产品规定的微生态制剂主要有：芽孢杆菌（蜡样芽孢杆菌与枯草芽孢杆菌等）、硝化和反硝化菌、乳酸杆菌、酵母菌及丝状真菌、光合细菌，用于水体调节的微生态制剂主要有芽孢杆菌制剂、光合细菌制剂。

7.4.3 水产养殖废水生态净化技术

水产养殖废水污染物主要有以下几种：悬浮颗粒物、有机物、氨氮、亚硝酸盐、磷等。水产养殖废水的特点是污染物的种类较少，其水质特点如表7-2所示。水产养殖废水一般具有高浓度氨氮和硝酸盐氮，不仅对水产养殖动物有巨大危害，也是自然环境水体富营养化的重要原因之一，因而去除水产养殖系统中的氨氮和硝酸盐氮是废水处理的主要目标。同时，水产养殖尾水具有一次排水量大的特点，给处理带来了很大困难。渔业生态化和废水零排放也成为当前水产养殖业发展的新理念。

表7-2 典型养殖种类养殖期间排放的废水水质

养殖种类	废水水质				
	COD /(mg/L)	TN /(mg/L)	NH_4^+-N /(mg/L)	TP /(mg/L)	pH
南美白对虾	140.8	6.9	1.5	4.5	—
黄颡鱼	161.0	10.9	8.0	2.2	7.1
黑鱼	70.8	7.2	2.1	0.6	—
温室甲鱼	99.7	17.6	11.6	3.3	—
罗非鱼	253.0	18.5	—	17.5	7.0
石斑鱼	112.0	63.6	—	6.8	8.5

与物理、化学的处理方式相比，生物处理方式能够以更低的成本去除水产养殖废水中的污染物，并且在处理的过程中几乎没有副产物产生，减少了后续的处理步骤。常用的生物工程技术主要有生物滤池、生物转盘、生物流化床、生物膜反应器等；生态工程技术主要有水生生物净化、人工湿地、生态浮岛、生态坡和生态沟渠。多数技术属于水生物和生态修复的内容，以下仅对几种其他常见技术进行介绍。

（一）大型藻类生物净化技术

大型藻类的生物净化作用自20世纪70年代开始，逐渐得到人们的重视。目前实验进行的大型藻类生物净化作用所涉及的大型藻类包括绿藻、褐藻、红藻等，主要针对养殖自身污染研究，养殖环境的营养盐负荷以及可能造成的赤潮生物的暴发研究。

大型藻类的生长需要吸收大量的溶解有机物和无机物，且优先选择NH_4^+，比如可食江蓠就可以快速吸收NH_4^+。不仅如此，它们还可以吸收重金属（Fe^{3+}、Zn^{2+}、Cu^{2+}），这对养殖后期养殖动物健康生长具有重要意义。大型藻类具有很强的净化废水的能力，尤其对于富营养化的养殖污水更是变废为宝、化害为利的良方。同时，大型海藻产品可作为食物食用，是重要的绿色食品，还可以作为饲料、工业原料和有机肥料，是具有较高经济价值的商品。在海水养殖集中的区域或者工厂化养鱼的排水区域，大规模的栽培大型海藻是吸收利用营养盐物质、净化水质、减轻养殖区富营养化的有效途径之一。

20世纪90年代以来，欧盟启动了有关富营养化和大型海藻的EUMAC研究计划，以研究海藻在海区富营养化过程中的响应和作用，研究水域跨越波罗的海到地中海的欧洲沿岸海区。瑞典和智利的科学家们通过在鱼类养殖区栽培江蓠，利用鱼类养殖过程中产生的废物作为海藻生长的营养源，从而降低养殖水域中氮和磷的浓度，同时提高了单位水体综合养殖的经济效益。研究显示，$1hm^2$的海区每年可生产江蓠258t，通过江蓠的收获，可去除1020kg氮和374kg磷。因此，大型海藻是海洋环境中非常有效的生物过滤器。表7-3为几种常见海藻每吨转移C、N和P的质量比较。从表7-3可以算出，每收获1t紫菜鲜藻，从水体转移出的N、P分别为6.2kg和0.6kg。由此可见，紫菜鲜藻具有降低营养负荷的作用，并且生物修复效应非常明显。

表7-3 几种常见海藻每吨转移C、N和P的质量比较

海藻	营养成分		
	C/kg	N/kg	P/kg
海带	7.9	0.22	0.03
紫菜	2.7	0.62	0.06
江蓠	2.5	0.25	0.003

利用大型海藻对富营养化海水养殖区进行生物修复最大的特点是系统不引入大量的外来物质，靠养殖体系自身的营养物质和能量起作用，大型海藻在适宜的条件下自行生长，不需要人为施加能量，是一个自发的过程。因此，大型海藻的生物修复是一个自然过程。

（二）底栖动物生物净化技术

作为水体生态系统的一个重要组成部分，底栖软体动物，如河蚌、牡蛎、螺蛳等，可有效降低水体中富营养物质的含量，明显改善水质，在理论和应用上都有着重要的意义。大量研究证实，底栖软体动物对污染水体中的低等藻类、有机碎屑、无机颗粒物具有较好的净化效果。许多实验研究表明，底栖动物群落在底栖-浮游偶合和营养物质的释放过程中起着非常大的作用，某些沿岸和河口的底栖动物在限制浮游生物初级和次级生产量中具有重要作用。

7.4.4 水产生态健康养殖技术

（一）多营养级综合养殖模式

多营养级综合养殖（integrated multi-trophic aquaculture，IMTA）是一种生态系统水平的适应性管理策略，是保证水产养殖可持续发展的重要方式。多营养级综合养殖的主要形式是将不同种类生物养殖在同一个单元中，养殖种类之间依靠互营共生的关系共存，上层养殖种类产生的废弃物能够成为次一层养殖种类需要的营养物质，其不但提高了投放饵料中营养成分的利用率，同时也可减少养殖区域底部固体废物的沉积，构成一个平衡的生态环境。在多营养级综合养殖系统中，贝类和其他滤食性动物能够将大量未消化鱼饲料和鱼类排放的粪便转变为自身有机质，经济价值较高的海藻类可以吸收鱼类排放的氮和磷用于自身的生长，底部饲养无脊椎品种则可以进一步去除有机物并加强底栖环境与上层环境的物质交换过程。这种基于多营养级综合养殖的方式能够以最大利用率吸收饵料中的营养成分，其在我国沿海地区养殖场有较好的应用。

（二）稻渔综合种养技术

中国的稻田养鱼历史悠久，是最早开展稻田养鱼的国家。稻渔综合种养（integrated farming of rice and aquaculture animal）是在传统的稻田养鱼模式基础上逐步发展起来的生态循环农业模式，即通过对稻田实施工程化改造，构建稻渔共作轮作系统，通过规模开发、产业经营、标准生产、品牌运作，能实现水稻稳产、水产品新增、经济效益提高、农药化肥施用量显著减少，是一种生态循环农业发展模式。

稻渔综合种养以维护和改善稻田生态环境、实现可持续发展为目标，运用生态学和现代科学技术，将水产养殖与水稻种植（含水生植物）结合在一起，使农业资源和能源能够得到多环节、多层次的综合利用，从而达到高产高效的目的。

“稳粮增收”是稻渔综合种养的生命力所在，“不与人争粮，不与粮争地”是确保稻渔综合种养持续健康发展的基本原则。《稻渔综合种养技术规范》(SC/T 1135—2017）明确要求：平原地区水稻产量每667m^2不低于500kg，丘陵山区水稻单产不低于当地水稻单作平均单产；沟坑占比不超过10%；与同等条件下水稻单作对比，单位面积纯收入平均提高50%以上，化肥施用量平均减少30%以上，农药施用量平均减少30%以上；不使用抗菌类和杀虫类渔用药物。

“稻鱼共生”，可以一水两用、一田多收、粮鱼双赢。同时，由于不施农药化肥，所以“稻鱼共生”也非常有利于保护生态环境。2005年，“稻鱼共生系统”被联合国粮农组织选为首批全球重要农业文化遗产。当前，稻渔综合种养模式呈现出从单纯“稻鱼共生”向稻、鱼、虾、蟹、贝、龟鳖、蛙等共生和轮作的多种模式发展的趋势，已逐步形成稻-蟹、稻-虾、稻-龟鳖、稻-鱼、稻-贝、稻-蛙及综合类等多种典型模式。稻渔综合种养技术模式在全国各地因地制宜，进一步本地化，区域特色明显。

（三）池塘“鱼-水生植物”生态循环技术

池塘“鱼-水生植物”生态循环技术是基于共生原理，涉及鱼类与植物的营养生理、环境、理化等学科的绿色农业新技术，就是在养殖池塘立体栽培植物，将渔业和种植业有机结合，利用鱼类与植物的共生互补，进行池塘“鱼-水生植物”生态系统内物质循环，实现传统池塘养殖的生态、休闲和景观三者的融合，互惠互利。

（四）循环水零废生态养殖模式

循环水零废生态养殖模式是结合环境工程水处理工艺的生态养殖模式，养殖期间对养殖水体动态处理和循环利用，养殖周期结束后对养殖尾水处理达标后再排放（图7-12）。养殖区采用高效低耗增氧推流设备，生化区和过滤区采用弱碱性生物质功能填料和滤料，水质净化区面积仅占总养殖面积的5%左右。这种生态养殖模式在保证养殖效益的同时，极大地降

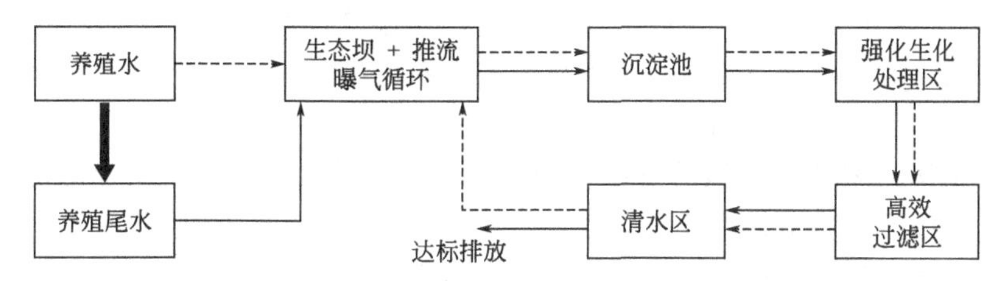

图 7-12　循环水零废生态养殖模式

低了水产养殖尾水对自然水体的污染。

（五）虾菜轮作技术

我国杭州湾慈溪等地提出了一种基于新型生态养殖塘的虾菜轮作模式，包括水产养殖和蔬菜种植，二者交替进行，即“轮作”，能够有效利用养殖空间，促进农业与水产业有机结合，实现“一田多用、虾菜双收”，是一种高质、高产、高效生态种养模式。其中，水产养殖在每年的 6～9 月份时间段进行，蔬菜种植在每年的 10 月份至次年 5 月份时间段进行。例如水产养殖的养殖对象是 6～9 月份生长高峰的南美白对虾，蔬菜种植的对象是冬春季栽培的西蓝花、雪里蕻和榨菜等蔬菜。

7.5　农村人居环境治理的生物修复技术

美丽乡村是优质农产品的供给站、都市文明的后花园和精神乡愁的栖息地。改善农村人居环境，建设美丽宜居乡村，是实施乡村振兴战略的一项重要任务。农村水环境、农村生活垃圾、厕所粪污和农村生活污水，是农村人居环境治理的重要任务。2018 年发布的《农村人居环境整治三年行动方案》明确提出以农村垃圾、污水治理和村容村貌提升为主攻方向，加快补齐农村人居环境突出短板。其中，农村生活垃圾的生物修复技术可参见第 5 章的相关内容。

本章节主要对农村生活污水和厕所粪污处理处置的部分生物修复方法进行简单介绍。

7.5.1　农村水环境的生物修复技术

7.5.1.1　农村黑臭水体的生物修复技术

农村黑臭水体是指各县（市、区）行政村（社区等）范围内颜色明显异常或散发浓烈（难闻）气味的水体。2019 年生态环境部发布了《农村黑臭水体治理工作指南（试行）》，明确了农村黑臭水体排查、治理方案制订和试点示范的具体要求。

农村黑臭水体依据水体异味或颜色明显异常（如发黑、发黄、发白等）感官特征进行识别。如果某水体存在异味、颜色明显异常任意一种情况，即视为黑臭水体。水质监测指标包括透明度、溶解氧和氨氮 3 项指标，指标阈值分别为＜25cm、＜2mg/L 和＞15mg/L。3 项指标中任意 1 项不达标即为黑臭水体。对西北地区、长江中下游地区等区域含泥沙量较大的水体，当只有透明度指标不达标时，不判定为黑臭水体。

导致水体黑臭的主要原因，包括农村生活、畜禽养殖、水产养殖、种植业面源、企业排污、生活垃圾和生产废弃物污染、底泥淤积及其他污染问题等。农村黑臭水体的治理按照

“山水林田湖草”生命共同体和绿色发展的理念，遵循“控源截污、内源治理、水体净化”的基本技术路线，通过治理工程的全面实施，实现系统性修复。其中，控源截污和内源治理是选择其他技术类型的基础与前提。

农村黑臭水体治理技术措施的选择应遵循“系统综合、标本兼治、经济适用、利用优先、绿色安全”的原则。治理模式应结合农村地区自然地理、社会经济、人文风俗等，符合区域实际条件和体现区域特征，并且能够复制和易推广，避免由于盲目照搬城市黑臭水体治理或其他地区治理技术模式而导致的“水土不服”。生物修复技术和生态净化是农村黑臭水体治理主要修复措施，具体措施可参照第 3 章的相关内容。

7.5.1.2 农村生活污水的生物修复技术

我国有 60 万个行政村，250 万个自然村，农村在我们国家社会经济结构中占有重要的地位，但是排水和污水处理设施不足。近年来，农村污水治理受到重视并发展迅速。农村生活污水是农村居民生活产生的污水，主要包括厕所污水和生活杂排水。农村生活日渐城市化，生活污水主要来自农家的厕所冲洗水、厨房洗涤水、洗衣机排水、淋浴排水及其他排水。根据水中污染物浓度高低，我国农村生活污水主要分为两类，一类是灰水，主要包括洗浴、洗涤、厨房排水等；一类为黑水，主要包括人畜粪尿及粪便冲洗水等。

我国农村生态环境污染类型多样、来源广泛，表现出日趋严重的复合型污染特征，在治理上存在很大的难题。农村生活污水主要特征见表 7-4。

表 7-4 农村生活污水的主要特征

项目	特 征
水质	水质不稳定，不同时段的水质差别大；主要污染物为 COD、SS、总氮、氨氮、总磷以及致病微生物，可生化性强
水量	分布分散、间歇排放、水量变化系数大；单个地方产生量少，但总量巨大且逐年增加
时间	早晚比白天排水量多，夜间排水量少；夏季排放多，冬季最少
区域	相较于北方，南方污水量大，但污染物浓度普遍低于北方；开发旅游的乡村及景区的主要污染物来自旅游及相关产业

我国虽然已经制订了一些农村生活污水处理技术，以及建设了一些污水处理工程，但能够正常运行的相对较少。可见，农村生活污水治理，要按照“因地制宜、尊重习惯，应治尽治、利用为先，就地就近、生态循环，梯次推进、建管并重，发动农户、效果长远”的基本思路，充分考虑城乡发展、经济社会状况、生态环境功能区划和农村人口分布等因素，根据农村不同区位条件、村庄人口聚集程度、污水产生规模，因地制宜采用污染治理与资源利用相结合、工程措施与生态措施相结合、集中与分散相结合的建设模式和处理工艺。

农村生活污水主要有分户污水处理、村庄集中污水处理和纳入城镇污水处理管网处理三种方式。距离中心城镇较近的村落可以优先考虑集中纳污至市政污水处理厂。村落污水收集系统中，农户污水可由单户修建化粪池或沼气池处理后再收集；也可以先收集后再经过化粪池或沼气池处理。

《农村生活污水处理工程技术标准》(GB/T 51347—2019) 建议农村生活污水处理宜采用生物膜法（厌氧生物膜法、生物接触氧化池、生物滤池和生物转盘等）、活性污泥法（活性污泥法、氧化沟、膜生物反应器等）、自然生物处理（人工湿地和稳定塘等）和物理化学方法（格栅、沉砂池、调节池和化学除磷等）。

农村生活污水有机物含量相对偏高，有毒有害物质含量少，处理工艺常常以生物处理为核心。我国经济发展不平衡，经济水平也是决定污水处理工艺选择的重要因素。国际上对农村生活污水的处理主要有生物处理和生态处理技术。生物技术以日本的净化槽为代表，是一种大型污水厂处理工艺小型集约化应用技术。用于我国农村时存在建设及运行成本高、管理人员专业素质要求高，还有一般不具备除磷功能等弊端，在我国广大农村地区难以大规模推广应用。单一的生态处理技术主要在澳大利亚、北美等土地资源丰富、环境容量大的地区运用，所需占地较大，处理效果受季节影响明显。而我国经济发达的农村地区受土地资源和地理位置的双重制约，不具备应用的条件。

经济条件一般、土地较宽裕（拥有空闲地、自然池塘或闲置沟渠等）及周边无特殊环境敏感点的村庄，可参考图 7-13 的简易工艺模式和工艺流程。

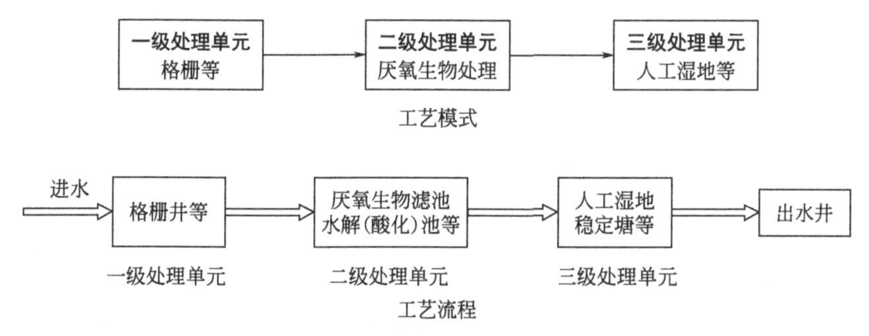

图 7-13　简易工艺模式和工艺流程示意图

居住集聚程度高、经济条件相对较好、对氮磷去除要求较高的村庄，处理规模不宜小于 $10m^3/d$，可参照图 7-14 的相对复杂的工艺模式和工艺流程。

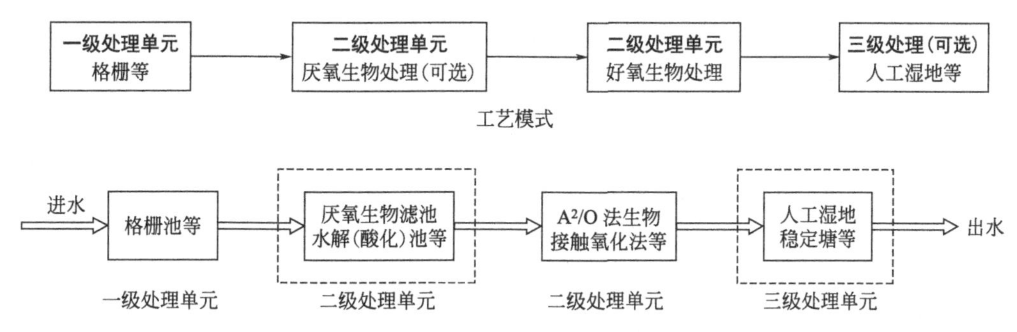

图 7-14　农村污水处理的工艺模式和工艺流程示意图

农村生活污水处理技术的基础研究已经取得了一定的成效，可供选择的污水处理技术较多，但是实际应用推广存在一些困难。我国农村地区地域辽阔，各地情况差异较大。考虑到农村污水治理建设费用巨大等原因，参照国外发达国家治理历程，全面实现农村污水治理还需较长时间努力，我国农村污水治理应当稳步依次推进。

7.5.2　农村厕所粪污的生物修复技术

厕所在人们生活中有着特殊、重要的地位，卫生厕所是农村文明的重要标志。通过美丽乡村建设和“厕所革命”的不断推进，我国一些地区农村厕所的新建及改扩建数量大幅提高，建设和管理水平也得到了一定的提升。农村“厕所革命”关系到亿万农民群众生活品质的改善。“厕所革命”的重点在农村，难点也在农村。

我国提出农村“厕所革命”应按照“有序推进、整体提升、建管并重、长效运行”的基本思路，先试点示范、后面上推广、再整体提升，推动农村厕所建设标准化、管理规范化、运维市场化、监督社会化，引导农民群众养成良好如厕和卫生习惯，切实增强农民群众的获得感和幸福感。

农村厕所污染物类型主要包括尿液、灰水等液态污染物，粪便、厕纸等固态污染物，氨、硫化氢等气态污染物，病原微生物（细菌、寄生虫）、蚊蝇等生物污染物。农村厕所污染物移动性强，易随水体、大气、生物扩散，污染范围广。液态和固态污染物主要污染水体和土壤，气态污染物主要污染大气环境，厕所生物污染物容易传播疾病，增加人群发病率（表 7-5）。

表 7-5　农村厕所污染及防治措施

污染类型	污染来源	污染范围	防治措施
液体	尿液、灰水等	水体与土壤	干湿分离
固体	粪便、厕纸等	水体与土壤	干湿分离
气体	氨、硫化氢等	大气	发酵除臭
生物	病原微生物、蚊蝇等	人群	发酵除臭

农村厕所粪污既是污染源，也是重要的有机肥资源。在农村改厕过程中，粪尿治理是农业清洁生产体系和农村环境综合整治的先行工程，应构建“粪尿收集-有机肥生产-农田施用-食物生产-人类利用”的物质循环体系。

随着卫生厕所和厕所革命的不断开展，我国农村的卫生厕所普及率逐步提高，厕所类型不断丰富。受气候、水文、地质等自然条件，经济水平、村落规模和基础设施等发展水平，民族风俗、年龄分布和教育程度等人文素养，补贴额度、宣传培训与维修服务等政策落实因素影响，各区域农村厕所类型、数量、利用程度与功效等存在明显差异。应通过创新厕所类型、规范厕所建设和使用技术，开展粪尿集中处理，增加农田消纳能力，提高粪尿资源循环性，因地制宜地推进农村厕所建设、利用与管理工作，充分发挥农村改厕政策对人居环境提升的作用。

7.5.3　“千村示范、万村整治”工程

“千村示范、万村整治”工程，简称“千万工程”，是“绿水青山就是金山银山”理念在基层农村的成功实践，荣获联合国“地球卫士奖”中的“激励与行动奖”。2003 年 6 月，以农村生产、生活、生态的“三生”环境改善为重点，浙江启动“千万工程”，开启了以改善农村生态环境、提高农民生活质量为核心的村庄整治建设大行动。

浙江省以实施“千万工程”、建设美丽乡村为载体，聚焦目标，突出重点，持续用力，先后经历了示范引领、整体推进、深化提升、转型升级 4 个阶段。2003～2007 年是“示范引领”阶段，1 万多个建制村率先推进农村道路硬化、垃圾收集、卫生改厕、河沟清淤、村庄绿化；2008～2012 年为“整体推进”阶段，主抓生活污水、畜禽粪便、化肥农药等面源污染整治和农房改造建设；2013～2015 年为“深化提升”阶段，启动农村生活污水治理攻坚、农村生活垃圾分类处理试点、历史文化村落保护利用工作，美丽乡村创建全面铺开；

2016 年以来，迈向转型升级阶段，打造美丽乡村升级版；2018 年开始打造“千万工程”升级版，高水平推进农村人居环境提升三年行动。

浙江农村人居环境整治工作的重要经验，是坚持先易后难、先点后面，通过试点示范，带动整体提升。不搞一刀切，不搞大拆大建，更多地注重村庄的特色与个性，因势利导，推动人与人、人与自然的和谐，村庄形态与生态环境的相得益彰，这是浙江省实施“千村示范、万村整治”工程所倡导的。具体可参见《中央农办、农业农村部、国家发展改革委关于深入学习浙江“千村示范、万村整治”工程经验扎实推进农村人居环境整治工作的报告》。

思考题

1. 什么是农业面源？简述农业面源污染形成的特征。
2. 分析和比较我国农业面源污染的控制策略与国外的区别。
3. 简述农田面源污染的产生过程和特征。
4. 什么是植物篱技术？植物篱对面源污染的控制原理是什么？
5. 简述农田面源污染的生态拦截技术类型和特点。
6. 简述强化净化前置库系统的组成及设计要点。
7. 何为发酵床工程控制技术？举例说明发酵床工程技术的原理及要点。
8. 简述两种畜禽养殖粪便资源化工程利用的技术工艺及特点。
9. 微生物制剂在水产养殖污染控制中的应用有哪些？
10. 何为稻渔综合种养？
11. 试述农村黑臭水体与城市黑臭水体在监测指标和技术措施选择方面的异同点。
12. 农村生活污水的类型和特点有哪些？常用的生物修复技术有哪些？
13. 我国为什么要进行农村厕所革命？
14. 何为“千村示范、万村整治”工程？查阅相关资料说明学习“千万工程”在我国美丽乡村建设的意义。

第8章　环境生物修复的可处理性和工程设计

环境工程的广阔领域涵盖各种生物和非生物的环境污染和生态问题的解决方案。生物修复技术可以消除或减弱环境污染物的毒性，可以降低污染物对人类健康和生态系统的风险。生物修复技术亦不是万能的，必须在一定的原则下，经过可处理性试验，对决定生物修复技术效果的关键因素进行基本了解，然后基于技术经济效果评价去设计合适的修复技术方案。同样的生物修复技术可以是好的也可以是坏的，必须根据实际情况确定。这取决于风险与回报，取决于价值评价的标准，取决于可靠性和结果的不确定性，取决于短期与长期的角度，取决于在特定情形下需要采取预防措施的程度。大多数情况下，基于对所有相关因素千丝万缕的考虑，好坏的判断取决于是否有理想的结果，或最低程度的可接受性。这些因素不仅包括物理、化学和某项生物技术的生物学层面，而且还包括社会和经济的考虑。也就是说，同样的技术是好是坏，取决于一个系统角度评价的结果。

8.1　环境生物修复工程的原则

环境生物修复技术的关键在于选择、合理设计操作的环境条件，促进或强化在天然条件下本来发生很慢或不能发生的降解或转化过程。尽管生物修复技术多种多样，生物修复的地点千差万别，但它必须遵守四个基本原则，即使用合适的微生物/生物、在合适的地点和合适的环境条件下进行，以达到保持修复系统中生物活性最大的目的，同时具有合适的技术费用。针对具体的生物修复工程，这里的合适应被理解为“高效率”。比如，微生物 X 降解污染物 A 的速度如何？降解是否彻底？微生物 X 和微生物 Y 与微生物 Z 相比降解速度如何？如果改动了微生物 X 的 DNA，它降解污染物 A 的效率将会发生什么变化？微生物 X 是否能够应用于类似的化合物降解中？应用范围有多广？这些都是极为重要的问题。效率是不可或缺的，但不是有效性的唯一组成。

(1) 合适的生物

合适的生物是生物修复工程的先决条件，指具有正常生理和代谢能力并能降解污染物的生物体系，包括细菌、真菌或动植物及其组成的生态系统，其中微生物起着十分重要的作用。

(2) 合适的场所

合适的场所是指要有污染物和适合生物相接触的地点。例如，在表层土壤中存在的可降解苯的微生物无法降解位于蓄水层中的苯系污染物，必须先抽取污染水到地面的地上生物反应器内处理，或将合适的微生物引入污染的蓄水层中处理。

(3) 合适的环境条件

合适的环境条件是指要控制或改变环境条件，使生物的代谢和生长活动处于最佳状态。环境因子包括温度、无机营养盐（主要是氮和磷）、电子受体（氧气、硝酸盐和硫酸盐）和 pH 值等。

(4) 合适的技术费用

生物修复技术的费用必须尽可能的低，一般应低于消除该污染物的其他物化技术方法。

然而，随着环境生物技术的广泛应用，特别是基因工程菌的应用，如何控制和防范环境生物技术应用可能带来的负面效应已愈发令人关注。例如，转抗除草剂基因作物的基因漂移问题和转基因生物使用过程中的扩散问题等。因此，这就对环境生物修复技术的设计和使用者提出了新的要求：如何从宏观生态系统的角度使用和管理所采用的生物技术？如何避免或降低环境生物技术带来的风险？如何从社会、经济、人文等多角度去考虑生物技术的应用？这些都是环境生物技术发展过程中日益面临的重要问题。微生物，特别是那些在遗传上超负荷的，必须看到它们在整个修复系统内如何适应系统，而不仅仅是作为修复系统的一部分。这就需要环境修复工程师从生态学的视角出发，做到心中存在整个系统，考虑到空间和时间的影响因素，采用系统方法进行生物修复工程设计。基于生态系统修复的角度，以下三条生态工程的原理，既是描述生态系统的基本原则，同时体现了生态工程伦理的本质精神，应在生态修复设计的实践中践行。

① 一切都有联系。

② 一切都在发生变化。

③ 我们都在其中。

8.2 生物修复工程的可处理性试验

8.2.1 可处理性试验的目的和类型

环境中的污染物种类繁多，形态随环境条件的变化不断转化；污染现场各有特点，氧浓度、营养物浓度等均可影响污染物的生物可利用性及生物的生长发育等，因此在某一现场起作用的生物修复技术在另一场合并不一定有效。所以需要对每个现场都进行可处理性试验，提供污染物在生物修复过程中的行为和归宿的数据，用以评估生物修复技术的可行性和局限性，达到保持生物修复系统中生物活性最大的策略。根据可处理性试验研究得到的净化时间、净化效果以及处理费用等，结合具体受污染现场的处理要求，才能决定生物修复技术是否适用于该污染现场。

环境生物修复工程开展可处理性试验研究的主要目的是为了提高原位修复方法成功的可

能性，具体包括以下几个方面：

① 收集污染物和污染现场的特性数据用以评估生物修复技术的可行性和局限性，保持生物修复系统效率最大化；

② 提供污染物在生物修复过程中的行为和归宿数据；

③ 评价生物修复所能达到的速度和程度；

④ 评价修复过程中可能出现的问题；

⑤ 评估修复时间、达到的程度及费用。

生物修复的目标是将有毒有害的污染物降解或转化成为对人类和生态环境无害的产物，因此在进行可处理试验时一般应考虑监测污染物的降解过程和最终产物的毒性。在进行可处理试验时必须设置非生物因素的对照，以便测定物理和化学过程（如吸附、非生物性水解、取代、氧化和还原等）引起的污染物浓度降低。从而能够真实地评价生物修复技术对污染物削减的贡献。还可采用物料衡算和矿化计算准确评估生物降解的方法有效性，其中，物料衡算需要测定目标污染物及其转化产物；矿化计算需要测定二氧化碳（或甲烷）或氯、溴等基团的释放。

8.2.2 可处理性试验的方法

可处理性试验的数量与类型取决于污染场址和污染物的性质。通常，可处理性研究的工作量与污染场址和污染性质的不确定相关：当不确定性较低时，只需要较少努力就能确保成功；相反，不确定性高，则需要进行大量的研究工作。表 8-1 介绍了分级确定可处理性研究类型的方法。每一级回答不同类型的问题。对无法由其他来源确定答案的所有层级都应开展可处理性研究。

表 8-1　分级确定可处理性试验研究类型的方法

步骤	目标	方法
1	确定是否可以选择生物降解方式	室内微环境条件下简单的生物降解性试验，回答“是”或“否”
2	评估生物修复的影响因素，如浓度对反应动力学的影响，是否需要其他基质或营养物等	各种类型的室内微环境试验，包括摇瓶培养、反应器试验等
3	评估特定场址因素，如水文地质条件、异质性等	现场中试研究

用第一步来回答基本的问题：对特定厂址中的污染物，采用生物降解法可行吗？如果从文献资料或以往的生物修复经验可知，此污染物是可生物降解的，这时就不需要进行第一步的实验研究。如果是不常见的、无法鉴别（例如，它们只是在色谱图中才有峰值）的污染物，或者污染物可能具有抑制性（例如，含有毒性有机化合物、重金属或高盐度）或不相容性（例如，已知有些污染物只能被好氧降解，而其他污染物只能厌氧降解）的混合物形式存在时，经常需要开展第一步的研究。

第一步研究的技术应尽可能简单。可采用管式微生物培养法、血清瓶实验、矮瓶实验等，通常都能获得满意的结果。这些方法的关键是要避免挥发和吸附的复杂影响，保证微环境中的反应条件对被评估的反应是最优的。与非生物控制实验结果进行比较，目标污染物的减少通常足以对生物降解的可行性问题给出“是”或“否”的答案。

确立了方法的可行性之后，需要进行第二步的研究，其目的是为了估计反应速率，鉴别复杂的影响因素。根据实际情形，第二步可以解决的问题范围很广。以下是能够解决的一些相关问题。

① 污染物的浓度与污染物的生物降解速率之间的函数关系是什么？

② 其他基质，如初级电子供体和受体，其浓度如何影响反应速率？

③ 需要添加的基质和营养物的化学计量关系是什么？外源物质的化学计量需要量应特别根据外源物质的使用方式来确定。例如，外源物质可以作为支持生长的基质或营养物、共代谢基质、电子的源或汇。

④ 环境因素，如低温，是否影响反应速率？

⑤ 是否有中间代谢物，特别是有毒的中间产物产生？

⑥ 污染物被降解之前是否需要解吸附或溶解？添加表面活性剂能否增加降解的速率？

⑦ 有毒物质，包括中间产物和其他基质，是否干扰生物降解？

第二步的试验可采用的试验系统类型很多，包括第一步的所有实验系统，如柱式试验、土床试验、泥浆反应等。系统设计应该由需要解决的特殊问题和取样要求决定。即使试验系统与第一步中的相同，但在第二步试验中，取样和分析强度必须大得多。第二步的研究应该尽可能采用实际的水体、土壤、含水层和地下水样品等。

从第二步的研究应该得到的结果包括原位修复反应速率的合理估计值，抑制作用、溶解度或中间产物对原位修复的影响，以及基质和营养物的需要量等。这些信息，结合对污染现场的水文地质和污染物特征的了解，应该能够进行现场生物修复工程的设计。

第三步的现场中试用来回答“在实际的特定污染场址条件下，原位生物修复能否获得成功”这一问题。即使微生物对原位生物修复能产生有利影响，实际场址的异质性和弱渗透性也会导致现场修复项目失败。如果污染场址的特性显示，场址的水文地质学特征简单，可渗透性高，这时可以不需要进行第三步的试验。

第三步的试验通常在污染场址上的一个小区域中进行。中试位置的水文地质和污染物特征应能够代表整个场址。中试的原位条件应该模拟所提出的生物修复方案。中试场址必须足够大才会遇到实际的复杂情形。作为中试研究中设计和评估的一部分，应该推荐生物修复中有关迁移和微生物方面的模拟模型。

8.3　环境生物修复工程设计

为了确定生物修复技术是否适用于某一受污染环境和某种类型的污染物，需要进行科学合理的生物修复工程设计。一般可从以下几个方面开展设计。

(1) 资料收集和现场调查

资料收集和现场调查的内容包括以下几个方面。

① 污染物的种类和化学性质、在环境介质中的浓度和分布水平以及受污染的时间和程度等。

② 当地正常情况下和受污染后微生物和生物的种类、数量和活性以及在环境中的分布，有条件地需分类鉴定微生物的属种，检测微生物的代谢活性，从而确定现场是否存在适宜于完成生物修复的微生物或动植物种群。

③ 环境介质的特征，如水体的物理化学性质、富营养状态和生物多样性等特征，土壤的温度、孔隙度和渗透率等性质。

④ 受污染现场的水文、地理、地质和气象条件以及空间因素（如可利用的土地面积、沟渠等）。

⑤ 相关的法律法规和标准规范。环境修复的目标值须结合国家和地方相应的规范性文件确立。

(2) 技术查询

在掌握当地信息后，应向有关单位（信息中心、信息网站、企事业单位、高等院校和科研院所等）咨询是否有过在相似的情况下进行过生物修复的案例，以便采用或移植他人经验。

(3) 修复技术比较和选择

根据现场信息，对包括生物修复在内的各种修复技术以及相互之间可能的组合进行全面客观的评价，提出可行性方案，确定最佳技术。

(4) 可处理性试验

如果生物修复技术可行，就需设计小试和中试试验，从中获取有关污染物毒性、温度、营养和溶解氧等限制性因素的资料，为工程设计实施提供基本工艺参数。

小试和中试可以在实验室也可以在现场进行。在进行可处理性试验时，应选择合理的样品采集和检测分析方法，进行全过程的质量控制程序，来获得详实的数据，以保障结果的可比性和可靠性。进行中试时，不能忽视规模因素，否则根据中试数据推出的现场规模的设备能力和处理费用可能会与实际大相径庭。

(5) 技术经济评价

在可行性研究的基础上，对所选择的修复方案进行技术经济评价。技术效果评价的指标包括原生污染物的去除率、次生污染物的增加率和污染物毒性的增加率等。经济效果评价包括修复的一次性基建投资与服役期的运行成本。

(6) 工程设计

如果小试和中试表明生物修复技术可行，同时基建和运行成本合理，就可以开始生物修复计划的具体设计。

8.4 环境生物修复工程的评价策略

生物修复的“成功性”难以在现场试验中得到“证实”，这是生物修复未能得到广泛应用的制约因素之一。对于需要复杂微生物学知识的技术，以及这些技术与水文学、地质学和土壤化学等学科是如何联系的，管理者、经营者和公众是非常谨慎的。当技术成功性的度量既不明显，也没有得到一致认可时，谨慎的决策者可能会寻求其他解决途径，包括昂贵的替代措施，如抽提处理法或焚烧法等。

评价方法的建立和接受是一个漫长的过程，这是因为：

① 相关部门和个体对成功的解释是不同的。管理者通常只是根据水或土壤中的污染物浓度是否满足某些执行标准来定义成功；生物修复业主实际上对是否省钱感兴趣；公众担心

的是他们是否受到污染的威胁；生物修复技术的研究和开发人员则希望证明修复过程的因果关系。这意味着，达到对评价方法的一致同意，需要在许多相关部门和个体中开展持久的沟通工作。这些团体包括管理者、用户、公众、工程师、微生物学家、水文地质学家、化学家等，他们是风险承担者，需要对关键技术做出判断。

② 可以提出许多度量成功的方法，但是没有一种方法对某类污染、环境条件或生物修复方法普遍适用。总会起作用的是专家和与特定现场相关的判断。

③ 生物修复更倾向于在原位操作，具有内在的异质性，原位修复技术放大了异质性的作用，取样困难而且成本高，同时微生物的分布往往也是高度局部性的。

虽然对生物修复的评价是极富挑战性的，也不容易进行标准化，但是，如果评价项目设计恰当，生物修复评价是可以进行的。修复项目评价的关键在于，对“成功性”的度量必须要将微生物/生物的活动与所观测到的污染物减少直接联系起来。为了做到这一点，美国国家研究会 NRC（1993）基于以下 3 类证据，提出了生物修复的评价策略：

① 污染现场特征污染物减少量的记录；

② 证明现场微生物在预期条件下有污染物转化潜力的室内分析；

③ 证明生物降解潜力确实能在现场实现的一种或多种证据。

这 3 类证据是最重要但又最难获得的。它们与环境介质中可被生物降解的污染物减少量相联系。可使用的测量方法很多，表 8-2 简单总结了一些技术及其作用。在所有场合中都应该进行测量，其目的在于：①证明现场环境的物理化学性质或微生物种群是在按预测的方式变化；②将这些化学及微生物的变化与污染物减少量相关联。

表 8-2　证明现场生物降解的技术小结

技　术		迹　象
直接测量现场样品	细菌数量	在背景条件下污染物降解菌的种群增加
	室内微生物环境中细菌活动速率	生物降解的潜在速率
	细菌适应性培养	生物修复开始后的生物降解速率增加
	无机碳浓度	有机污染物氧化形成的无机碳
	碳同位素比	来源于有机污染的无机碳
	电子受体浓度	污染物氧化过程中使用的电子受体降低
	厌氧活动副产物	使用 O_2 以外的电子受体时的产物形成
	中间代谢产物	复杂有机污染物的分解产物
	不可降解组分与可降解组分比率	可降解组分的相对减少量
在现场进行的试验	试验区域内受生物刺激的微生物	工程化生物修复中通过生物刺激引起的微生物活性的增加
	测量电子受体摄取速率	原位代谢速率
	监测守恒型示踪器	非生物机理导致的污染物减少
	标记污染物	有机污染物中碳的去向
模拟试验	模拟非生物的质量减少	非生物机理作用下的潜在减少量
	直接模拟	原位生物降解速率

能够提供主要证据的技术和只能提供验证性证据的技术之间存在本质的区别。主要证据应该能够同样程度地证明生物修复的成功或失败。表 8-2 的各种技术中，电子受体的化学计

量消耗，从有机碳形成的无机碳，以及降解率随时间的增加等，是主要技术验证的重要证据。只能证实发生了某反应的证据并不是主要技术，对消耗或形成速率进行定量表示是非常重要的。只能证实发生某反应的证据并不总是主要证据，相反，反应速率必须与污染的减少量相对应。

验证性证据通常只能支持成功，缺乏这类证据并不能证明会失败。关于验证性证据，好的技术包括细菌或原生动物的种群增加（因太难发现而不能成为主要证据）、中间代谢产物（它们本身能被降解）的测定、不可降解组分与可降解组分的比率增加（其他机理也不同程度地在起作用）。

由于受污染的环境很复杂并且很难取得好的样品，一种类型的测量几乎不可能提供明确的证据。为了证明某一生物修复技术的成功性，需要用许多主要的和验证性的技术来建立一个有效的环境背景。在某些情况下，反应混淆不清或污染物背景值高，不可能测定所有相关的“足迹”。然而为了确保自然衰减能够可靠地保护公众健康和环境，测定一些与污染物减少量相对应的“足迹”是有必要的。

思考题

1. 环境生物修复工程的原则有哪些？工程设计需掌握的资料有哪些？
2. 什么是可处理性试验？可处理性试验有哪些类型？
3. 简述分级确定可处理性试验研究类型的方法。
4. 如何评价环境生物修复工程成功与否？

主要参考文献

[1] 陈玉成.污染环境生物修复工程.北京：化学工业出版社，2003.
[2] 吴启堂，陈同斌.环境生物修复技术.北京：化学工业出版社，2007.
[3] 张乃明.饮用水源地污染控制与水质保护.北京：化学工业出版社，2018.
[4] 何品晶.固体废物处理与资源化技术.北京：高等教育出版社，2011.
[5] 段昌群.环境生物学.第2版.北京：科学出版社，2016.
[6] 李素英.环境生物修复技术与案例.北京：中国电力出版社，2015.
[7] 高廷耀，顾国维，周琪.水污染控制工程（下册）.4版.北京：高等教育出版社，2015.
[8] 戴树桂.环境化学.第2版.北京：高等教育出版社，2006.
[9] 张颖，伍钧.土壤污染与防治.北京：中国林业出版社，2012.
[10] 席北斗，魏自民，刘鸿亮.有机固体废弃物管理与资源化技术.北京：国防工业出版社，2006.
[11] 肖楚田，肖克炎，李林.水体净化与景观——水生植物工程应用.南京：江苏科学技术出版社，2013.
[12] 金相灿.湖泊富营养化控制理论、方法与实践.北京：科学出版社，2013.
[13] 金相灿，周付春，华家新，等.城市河流污染控制理论与生态修复技术.北京：科学出版社，2015.
[14] 刘俊国，安德鲁·克莱尔.生态修复学导论.北京：科学出版社，2017.
[15] 成玉宁，张祎，张亚伟，等.湿地公园设计.北京：中国建筑工业出版社，2012.
[16] Matlock M D，Morgan R A.生态工程设计——恢复和保护生态系统服务.吴巍，译.北京：电子工业出版社，2013.
[17] 杜河清.河湖淤泥无害化资源化处理处置技术.北京：中国农业科学技术出版社，2015.
[18] 韩玉玲，岳春雷，叶碎高，等.河道生态建设——植物措施应用技术.北京：中国水利水电出版社，2009.
[19] 董哲仁.生态水利工程学.北京：中国水利水电出版社，2019.
[20] 尹华，唐少宇，彭辉，等.电子垃圾污染生物修复技术及原理.北京：科学出版社，2016.
[21] 李宏煦.硫化铜矿的生物冶金.北京：冶金工业出版社，2007.
[22] 杰夫·郭.土壤及地下水修复工程设计.北京：电子工业出版社，2013.
[23] 李广贺，李发生，张旭，等.污染场地环境风险评价和修复技术体系.北京：中国环境科学出版社，2010.
[24] 王焰新.地下水污染与防治.北京：高等教育出版社，2007.
[25] Whisenant S G.受损自然生境修复学.赵忠，译.北京：科学出版社，2008.
[26] Clewell A F，Aronson J. Ecological restoration：principles，values and structure of an emerging profession，Second Edition. Washington DC：Island Press，2013.
[27] Vallero D A. Environmental Biotechnology：a Biosystems Approach. Elsevier Inc.，2010.
[28] Barton L L，David A S. Transport and remediation of subsurface contaminants. Washington DC：American Chemical Society，1992：99-107.
[29] National Research Council. In Situ Bioremediation：When does it work. Washington，D C：National Academy Press，1993：207.
[30] Millennium Ecosystem Assessment. Ecosystems and human well-being：synthesis report. Washington D C：Island Press，2005.
[31] Jorgensen S E.系统生态学导论.陆健健，译.北京：高等教育出版社，2013.
[32] 曹志洪，周健民.中国土壤质量.北京：科学出版社，2008.
[33] 王静，单爱琴.环境学导论.北京：中国矿业大学出版社，2013.
[34] 吴启堂.环境土壤学.北京：中国农业出版社，2015.
[35] 戴维斯，康韦尔.环境工程导论.北京：清华大学出版社，2010.
[36] 孙英杰，孙晓杰，赵由才.冶金企业污染土壤和地下水整治与修复.北京：冶金工业出版社，2008.
[37] 何连生，祝超伟，席北斗，等.重金属污染调查与治理技术.北京：中国环境出版社，2013.

[38] 胡文翔，应红梅，周军. 污染场地调查评估与修复治理实践. 北京：中国环境科学出版社，2012.
[39] 王礼先. 林业生态工程学. 北京：中国林业出版社，2000.
[40] 魏晓华，孙阁. 流域生态系统过程与管理. 北京：高等教育出版社，2009.
[41] 谢平. 论蓝藻水华的发生机制——从生物化学、生物地球化学和生态学视点. 北京：科学出版社，2007.
[42] 安树青，张轩波，张海飞，等. 中国湿地保护恢复策略研究. 湿地科学与管理，2019，15（2）：41-44.
[43] 薛高尚，胡丽娟，田云，等. 微生物修复技术在重金属污染治理中的研究进展. 中国农学通报，2012，28（11）：266-271.
[44] 聂亚平，王晓维，万进荣，等. 几种重金属（Pb、Zn、Cd、Cu）的超富集植物种类及增强植物修复措施研究进展. 生态科学，2016，35（2）：174-182.
[45] 齐延凯，孟顺龙，范立民，等. 湖泊生态修复技术研究进展. 中国农学通报，2019，35（26）：84-93.
[46] 王寿兵，徐紫然，张洁. 大型湖库富营养化蓝藻水华防控技术发展述评. 水资源保护，2016，32（4）：88-99.
[47] 陈航，黄可谈，陈中平，等. 生物膜技术在受污染地表水修复中的应用. 浙江水利水电专科学校学报，2010，22（1）：43-46.
[48] 王超，王永泉，王沛芳，等. 生态浮床净化机理与效果研究进展. 安全与环境学报，2014，14（2）：112-116.
[49] 段红东，王建平，李发鹏. 国外生态水利工程建设理念、实践及其启示. 水利发展研究，2019，（7）：64-67.
[50] 姜霞，王书航，张晴波，等. 污染底泥环保疏浚工程的理念·应用条件·关键问题. 环境科学研究，2017，30（10）：1497-1504.
[51] 管冬兴，楚英豪. 蚯蚓堆肥用于我国农村生活垃圾处理探讨. 中国资源综合利用，2008，26（9）：29-30.
[52] 张志剑，刘萌，朱军. 蚯蚓堆肥及蝇蛆生物转化技术在有机废弃物处理应用中的研究进展. 环境科学，2013，34（5）：1679-1686.
[53] 梁丽琛. 电子垃圾拆解区土壤污染与生物修复技术. 环境科学与技术，2016，39（8）：64-76.
[54] 雷孝章，曹叔尤，江小华. 森林系统对降雨径流的调节转换规律研究. 中国水土保持科学，2008（S1）：24-29.
[55] 彭少麟，任海，张倩媚. 退化湿地生态系统恢复的一些理论问题. 应用生态学报，2003，14（11）：2026-2030.
[56] 陆光华，刘颖洁. 地下水有机污染的生物修复技术及应用. 水资源保护，2003，4：15-18.
[57] 胡亚虎，魏树和，周启星，等. 螯合剂在重金属污染土壤植物修复中的应用研究进展. 农业环境科学学报，2010，29（11）：2055-2063.
[58] 杨亚川，莫永京，王芝芳，等. 土壤-草本植被根系复合体抗水蚀强度与抗剪强度的试验研究. 中国农业大学学报，1996，1（2）：31-38.
[59] 谢平，李燕. 海岸沙地防护林的小气候效应. 中国沙漠，2001，21（1）：96-99.
[60] 吕彪，许耀照，赵芸晨，河西走廊内陆盐渍土生物修复与调控研究. 水土保持通报，2008，28（3）：198-200.
[61] 魏树和，周启星. 重金属污染土壤植物修复基本原理及强化措施探讨. 生态学杂志，2004，23（1）：65-72.
[62] 王亚男，程立娟，周启星. 植物修复石油烃污染土壤的机制. 生态学杂志，2016，35（04）：1080-1088.
[63] 石赔礼，李文华. 森林植被变化对水文过程和径流的影响效应. 自然资源学报，2001，16（5）：481-487.
[64] 林学政，陈靠山，何培青，等. 种植盐地碱蓬改良滨海盐渍土对土壤微生物区系的影响. 生态学报，

2006，26（3）：801-807.

［65］ 黄淑惠.细菌固定金属的作用机制.微生物学通报，1992，(03)：171-173.

［66］ 武强，刘宏磊，赵海卿，等.解决矿山环境问题的“九节鞭”.煤炭学报，2019，44（1）：10-22.

［67］ 张巍，许静，李晓东，等.稳定塘处理污水的机理研究及应用研究进展.生态环境学报，2014，23（8）：1396-1401.

［68］ 沈明玉，吴莉娜，立志，等.厌氧氨氧化在废水处理中的研究及应用进展.中国给水排水，2019，35（6）：16-21.

［69］ 杨林章，吴永红.农业面源污染防控与水环境保护.中国科学院院刊，2018，33（2）：168-176.

［70］ 张雪莲，赵永志，廖洪，等.植物篱及过滤带防治水土流失与面源污染的研究进展.草业科学，2019，36（3）：677-691.

［71］ 乔卫龙，张桦，徐向阳，等.水产养殖废水及固体废弃物处理的研究进展.工业水处理，2019，39（10）：26-31.

［72］ 王永生，刘彦随，龙花楼.我国农村厕所改造的区域特征及路径探讨.农业资源与环境学报，2019，36（5）：553-560.

［73］ Huisman J，Codd G A，Paerl H W，et al. Cyanobacterial blooms. Nature Reviews Microbiology，2018，16：471-483.

［74］ Huang H，Zhang S，Christie P，et al. Behavior of Decabromodiphenyl Ether（BDE-209）in the Soil? Plant System：Uptake，Translocation，and Metabolism in Plants and Dissipation in Soil. Environmental Science & Technology，2010，44（2）：663-667.

［75］ van Dam N M，Bouwmeester H J. Metabolomics in the rhizosphere：tapping into belowground chemical communication. Trends in Plant Science. 2016，21（3）：256-265.

［76］ Chen C，Wang J L. Influence of metal ionic characteristics on their biosorption capacity by Saccha-romyces cerevisiae. Applied Microbiology and Biotechnology，2007，74（4）：911-917.

［77］ van Roy S，Vanbroekhoven K，Dejonghe W，et al. Immobilization of heavy metals in the saturated zone by sorption and in situ bioprecipitation processes. Hydrometallurgy，2006，83（1/2/3/4）：195-203.

［78］ Macaskie L E，Dean A C R，Cheethan A K，et al. Cadmium accumulation by a *Citrobacter* sp.：the chemical nature of the accumulated metal precipitate and its location on the bacterial cells. Journal of Medical Microbiology，1987. 133（3）：539-544.

［79］ Sondi I，Matidjevic E. Homogeneous precipitation by enzyme-catalyzed reactions-strontium and barium carbonates. Chemistry of Materials，2003，15（6）：1322-1326.

［80］ Fujita Y，Redden G D，Ingram J C，et al. Strontium incorporation into calcite generated by bacterial ureoly-sis. Geochimica et Cosmochimica Acta，2004，68（15）：3261-3270.

［81］ Pollard A J，Reeves R D，Baker A J M. Facultative hyperaccumulation of heavy metals and metalloids. Plant Science，2014，217-218：8-17.

［82］ Rascio N，Navari-Izzo F. Heavy metal hyperaccumulating plants：How and why do they do it? And what makes them so interesting? Plant Science，2011，180（2）：169-181.